华大基因-国家基因库系列

生物信息数据库建设、使用与管理指南

张　勇　严志祥　魏晓锋　朱　赢　操利超　主编

科学出版社

北　京

内 容 简 介

本书以“生物信息数据库建设”为中心，首先全面地介绍了国内外常见的生物信息数据库，并就生物“大数据”时代生物信息数据库建设过程中存在的问题进行了探讨。先从数据来源、数据类型、生物数据分析方法、生物信息分析平台等方面探讨如何对生物数据库的数据进行管理，包括数据采集、数据存储、备份和恢复等。接下来介绍数据库设计的方法、原则及常见生物信息数据库的特点，并以 NCBI 为例介绍了生物信息数据库如何进行数据提交和检索等。最后阐述在生物信息数据库构建过程中，应结合生物数据本身的特点，不仅要考虑到生物数据的重要性、安全性和准确性，还从伦理学和知识产权保护的角度进行探讨，而这是生物领域研究工作者容易忽略但十分重要的部分，应当予以重视。

本书对我国生物信息数据库建设的规范化和标准化具有重要参考价值，并有利于促进我国生物行业的健康快速发展。

图书在版编目(CIP)数据

生物信息数据库建设、使用与管理指南 / 张勇等主编．—北京：科学出版社，2014. 10

(华大基因—国家基因库系列)

ISBN 978-7-03-041800-5

Ⅰ. ①生… Ⅱ. ①张… Ⅲ. ①生物-信息-数据库 Ⅳ. ①Q-39

中国版本图书馆 CIP 数据核字(2014)第 219590 号

责任编辑：夏 梁 孙 青 / 责任校对：钟 洋

责任印制：赵 博 / 封面设计：北京铭轩堂广告设计有限公司

科学出版社 出版

北京东黄城根北街 16 号

邮政编码：100717

http://www.sciencep.com

北京科印技术咨询服务有限公司数码印刷分部印刷

科学出版社发行 各地新华书店经销

*

2014 年 10 月第 一 版 开本：787×1092 1/16

2019 年 1 月第四次印刷 印张：19

字数：430 000

定价：150.00 元

(如有印装质量问题，我社负责调换)

《生物信息数据库建设、使用与管理指南》编委会

主　编　张　勇　严志祥　魏晓锋　朱　赢　操利超

编　委　(按姓氏汉语拼音排序)

陈凤珍　李　博　李　玲　李　霞　刘　克　沈维燕　肖　萍　徐超萍　游丽金　袁翠红

前 言

生命科学是一门研究自然生命特性的重要学科。一直以来,无数人都为生命的奥秘痴迷不已。早期的生命科学更多关注生物物质的化学本质,随着对生命科学的认识越来越深入,研究关注点得以进一步细分。20 世纪 50 年代,遗传物质 DNA 双螺旋结构的发现开创了分子水平的生物学新时代,而现代生物学中最重要的基本规律之一——中心法则,则更清晰地描述出 DNA、RNA、蛋白质之间的关系,极大地推动了现代生物学的发展,也清晰地阐述了基因组、转录组、蛋白质组之间的信息流向关系,可以说为“组学”的研究发展奠定了坚实的基础。

20 世纪 80 年代,美国科学家率先提出人类基因组计划,并于 1990 年启动。按照计划,科学家们准备解码人体内的 4 万个基因,绘制人类基因图谱。人类基因组计划与曼哈顿原子弹计划和阿波罗登月计划并称为三大科学计划,被誉为生命科学的“登月计划”。这一科学大工程由美国、英国、法国、德国、日本和中国六个国家共同参与,项目耗资 30 亿美元。中国有幸成为六个国家之一,可以说自人类基因组计划起,我国就开始参与其中,并且在后续的基因组学科高速发展中不断贡献力量。这一重大项目的顺利参与和实施也标志着我国生命科学研究,特别是基因组学研究开始跻身国际前列。

伴随人类基因组计划项目的实施,越来越多的基因组完成测序,随之产出了数以亿计的碱基序列。由于数据量巨大,为了更好地分析,必须引入信息学的技术和相关手段,因此,一门新的学科——生物信息学得以迅速发展,利用数学、信息学、统计学、计算机科学等方法来研究生物学问题。今天,生物信息学成为生命科学中的重要组成部分,生命科学也开始由过去的实验科学转变为开始重视信息科学的使用。

基因组计划实施的最基本的工作即“测序”,“测序”技术可以说是数据产出的方法。20 世纪 90 年代至 21 世纪初,基因数据产出主要依靠 Sanger 法(第一代测序技术)。2007 年,第二代测序技术的出现使得生命科学数据的增长一下呈现了爆炸趋势。这种爆炸式发展远远超越了经典的摩尔定律。各国研究人员都渐渐意识到,这种前所未有、突破了 IT 技术发展的速度,未来将使得数据的存储、管理、应用成为巨大挑战。因此,我们要思考关键性问题、挑战,对当前情况做好总结,对未来做好展望、布局。这一巨大挑战背后也孕育着巨大机遇。

“大数据”正在成为我们工作与生活中越来越重要的一个要素。由于测序技术的飞速发展,生命科学也开始进入“大数据”时代。2013 年 3 月 6 ~8 日,国家自然科学基金委员会信息科学部、管理科学部、政策局会同生命科学部、地球科学部在上海联合举办主题为“‘大数据’技术与应用中的挑战性科学问题”的第 89 期“双清论坛”。我有幸做了题为“基因组学——大科学、大数据、大挑战”的大会报告,会间与信息科学、计算机科学专家等进行了深入交流。大家一方面感叹生命科学的数据爆炸超出想象，另一方面也发现现有的信息技术、计算机算法等与生命科学还有待更深入融合，行业间的交流沟通还是远远不足的。

生命科学领域最知名的生物信息数据库有 NCBI、EBI、DDBJ（组成 INSDC 协会）。它们形成了一个生命信息数据联盟，共享数据，这种格局使得我国对于生命科学信息数据的把控力较弱，存在风险。为了更好地保护生物信息资源，支撑我国基础科学研究乃至推动产业落地，2011 年 1 月，国家发展和改革委员会批复同意依托深圳华大基因研究院组建运营深圳国家基因库，下设生物样本资源库和基因信息数据库两大部分。同年 10 月，发改委、财政部、工信部、卫生部批复同意建设方案。现在，基因信息数据库已经成为我国最大最全的数据库，并成功实现了支撑基础科学研究和推进产业落地的发展模式。

2011 年，从数据的存储、管理、挖掘、应用的角度，我提出了"生物谷歌"的概念，试图打造一个"整合全球生物信息，使人人皆可访问并从中受益"的体系。这是全球范围内第一次提出这样的想法。2012 年 12 月 13～15 日，我在第一届深圳国际生物科技创新论坛暨展览会上报告了"生物谷歌"的概念，被媒体广泛报道。后来，我站在大数据的发展趋势及未来大数据的应用角度（尤其是医疗领域）又对未来进行了展望和畅想。

为了更好地确立规范，积极推动生物信息数据库在我国的发展，我们启动了一系列相关的标准制定工作。2013 年 12 月，国家标准化管理委员会批复同意深圳华大基因研究院与中国食品发酵研究院、深圳市标准技术研究院组成 ISO/TC276 国内技术对口工作组，以工作组的形式承担国内技术对口单位的任务，成为国际相关标准制定的中国唯一对口单位。2014 年 1 月，我们起草的《生物基因信息数据库建设与管理规范》作为深圳市地方标准发布实施。2014 年 5 月，我参加了在柏林召开的 ISO/TC276 国际会议，代表中国发言并争取相应权益，强调凭借我们在生物信息领域的优势，中国完全有实力与各国一道引领相关国际标准的制定，各国代表也充分尊重和认可了我们的实力。这让我们更加感到生物信息数据库及相关领域的重要性和工作推进的迫切性。

畅想未来，一方面站在国家战略布局的角度，我国现在不断加强对于遗传资源、数据的保护和管理是十分必要的；另一方面，我们需要通过制定标准、规范，以更加开放的心态与国际加强合作，共享经验；最后，应该有更多的人参与到生物信息数据的产出、存储、挖掘、应用的研究和工作中去。回顾信息技术、互联网的发展历史，我们今天的生命科学生物信息的数据爆炸和当时的互联网信息爆炸何其相似。在未来的 10～15 年，非常有可能涌现出一批科研院所、企业实现颠覆性的研究和工作。"大数据"将给我们带来前所未有的机遇，生命科学正在向一个全新的领域迈进。

生物信息数据库（广义到生命科学大数据）的涵盖范围、涉及领域非常广。本书以"生物信息数据库"为重点对象，内容涵盖：国内外现状和未来问题挑战；生物信息数据的来源、类型、分析平台、质量标准、管理体系、备份恢复和安全管理；生物信息数据库的设计与开发；生物信息数据库的使用；伦理学问题；知识产权保护。由于篇幅原因，本书仅仅针对与"生物信息数据库"相关的部分内容，我们期待与大家分享工作中的经验体会，与各位同仁共同探讨和交流，促进我国生物信息数据库规范有序地发展，提升行业领域的整体水平，为未来的更快发展提供必要支撑。

最后感谢我的同事严志祥组织本书的编写，感谢魏晓锋、朱赢和操利超具体把握本书的技术内容；感谢陈凤珍、肖萍和袁翠红在资料汇集和文档校对中付出的努力，感谢李博、李玲、李霞、刘克、沈维燕、除超萍、游丽金等对本书编写提出的宝贵意见和建议；特别感谢国家基因库周欣和程乐对本书出版提供的大力支持；还要感谢科学出版社生物分社为本书的出版所做的大量工作，特别是王静分社长和夏梁编辑所付出的辛劳。

本书成稿仓促，虽经努力，文中仍不免有疏漏和错误之处，希望得到大家的批评和指正。我们也将进行持续的改进，不断提升现有内容质量。

张　勇

2014 年秋于深圳

目　　录

第三篇 建立生物信息数据库的实用指南

第四篇 生物信息数据库的使用管理规范

第五篇　伦理学问题

第六篇　生物信息数据库知识产权保护

第一篇　生物信息数据库概述

本篇首先从整体上对生物信息数据库的发展历程等进行简单叙述。然后在分类的基础上，对一些代表性的生物信息数据库进行了详细介绍，包括数据库的建立、数据的内容以及数据提交和下载等方面。本篇的最后对国内外生物信息数据库的发展状况进行了简单介绍，并就在生物信息数据库的建设过程中存在的问题及解决思路进行了探讨。

1 生物信息数据库

1.1 生物信息数据库概述

最近五六十年,随着各种实验和测序技术的不断发展与完善,生物分子原始数据量急剧膨胀,积累了海量的分子生物学数据。同时,随着越来越多生物物种的基因组及相关序列测定的完成,获得数据已经不是生物研究的重心,现在生物学研究的重心是:从海量生物数据中挖掘有用的信息,并研究其所包含的生物学意义。

但是在面对如此大量的、以指数方式增长的数据时,传统的方法已经来不及迅速消化这些新数据,无法对这些数据进行有效的管理和维护。为了能更好地利用这些数据,有必要采用更有效的方法来管理和维护这些数据。为此已经产生了成百上千个生物信息数据库,来对这些信息进行收集、分类处理。《核酸研究》(*Nucleic Acids Research*,NAR)杂志在 2014 年的 *Database Issue* 中公布:NAR 在线分子生物学数据库收集网站已经收录了 1552 个分子生物信息数据库(http://www.oxfordjournals.org/nar/database/a/)。这些数据库都是由专门的机构建立和维护的,他们负责收集、组织、管理和发布生物分子数据,向生物学研究人员提供大量有用的信息。现在的数据库不仅提供数据检索,还提供数据分析等服务,以满足生物学研究人员研究和应用的需要。

近年来因特网的飞速发展,使得在全球范围内有效管理飞速增长的生物信息数据成为可能。GenBank、EMBL(European Molecular Biology Laboratory)、DDBJ(DNA Data Bank of Japan)三大数据库于 1988 年建立了合作关系,共同成立了国际核酸序列数据库协会(International Nucleotide Sequence Database Collection,INSDC,http://www.insdc.org/),每天将更新的数据进行交换和共享,以保证各数据库中数据信息的完整与同步。每个机构负责收集来自不同地理分布的数据(EMBL 负责欧洲,GenBank 负责美洲,DDBJ 负责亚洲等),对其进行分析及注释,然后将来自各地的所有信息汇总在一起,三个数据库共同享有并向世界开放。从理论上说,这三个数据库所拥有的 DNA 序列数据是完全相同的。

生物信息数据库逐渐发展到今天,已经形成了明显的特征。

1) 数据量呈指数增长趋势,数据库的更新速度不断加快

生物分子数据库最突出的特征是数据量呈指数增长,随着数据量的爆炸性增长,数据库的更新速度也不断加快,许多数据库几乎是每天更新。

2) 数据库使用频率增长更快

人们越来越感觉到生物分子数据的重要性,也认识到其中的价值,因此,各种数据库的使用人数和使用频率都在不断增加。

3) 数据库的复杂程度不断增加

数据库中除了基本数据之外,还包括大量的注释、参考文献、与其他数据库的链接等相关信息。例如,在 SwissProt 数据库中,注释项涉及蛋白质的功能、结构域和活性位点、二级结构、四级结构、翻译后修饰、与其他蛋白质的相似性、与该蛋白质关联的疾病、序列变化等。

4) 数据库网络化

《核酸研究》杂志 2013 年收录了 1512 个分子生物信息数据库,这些数据库大都可以通过因特网来访问,并且公共数据库之间相互链接,使用户可以迅速得到大量相关的生物分子信息。有的系统还将多个生物分子数据库整合在一起,形成具有专业用途的二次数据库和复合数据库等。

5) 面向应用

首先,各个数据库服务器除了提供生物数据之外,还提供许多工具,如核酸数据库提供的序列搜索、比对分析工具等,生物大分子结构数据库提供的结构比对程序、结构模拟程序等。其次,还在原始数据库的基础上开发了许多具有特殊生物学意义和专门用途的二次数据库、蛋白质分类数据库、蛋白质二级结构数据库等。

6) 先进的软硬件配置

从计算机硬件方面来看,许多数据库使用高性能的大型服务器,高效地管理数据和运行服务程序。从系统软件方面来看,许多数据库使用数据库管理系统。例如,欧洲生物信息学研究所(European Bioinformatics Institute,EBI)用 Oracle 数据库软件管理、维护核酸数据库 EMBL;而基因组数据库(genome database,GDB)则由 Sybase 数据库系统来管理和维护,即便是安装镜像,也需要有 Sybase 系统的支撑。

随着数据库复杂程度的不断增加,世界上已经建立了几百个二次数据库。值得一提的是现在一次数据库和二次数据库之间的界限已经越来越模糊,许多一次数据库在发展过程中已经兼具二次数据库的特点,如 SCOP(structural classification of proteins)、CATH(class,architecture,topology and homologous superfamily)等数据库都已经具有一些二次数据库的特点。

1.2 生物信息数据库的分类

现在的生物信息数据库数量巨大、种类繁多,归纳起来大致可以分为:核酸序列和结构数据库、蛋白质序列和结构数据库、常见的基因组数据库、综合数据库和其他主要数据库等。数据库的分类可参照表 1-1,一些代表数据库及网址见表 1-2。

表 1-1 数据库分类表

数据库分类	代表数据库
核酸序列数据库	GenBank、ENA、DDBJ
核酸结构数据库	NDB
蛋白质序列数据库	PIR、SwissProt、UniProt、OWL、PROSITE
蛋白质结构数据库	PDB、PDBj、PDBv、BMRB、wwPDB、SCOP、CATH、Pfam
蛋白质相互作用数据库	HPRD、BIND、IntAct、MINT、DIP、MIPS

续表

数据库分类	代表数据库	
常见的基因组数据库	常见模式生物的基因组数据库	Colibri、AceDB、SGD、ZFIN、FlyBase、MGI、TAIR
	微生物数据库	GenoList
	真核生物数据库	炎黄数据库、水稻数据库、熊猫数据库
疾病数据库	OMIM、ClinVar、dbSNP、LSDB、HGMD、单基因遗传病网	
综合数据库	NCBI、UCSC、EMBL、Ensembl、miRBase、dbRES、CBIS、HHMD、中国动物主题数据库	
代谢及功能注释数据库	KEGG、HMDB、DGA、HAMAP	
其他主要数据库	HAPMAP、BOLD、ENCODE、GO、DBD、European Ribosomal RNA database、GigaDB、CLiMB	

1.2.1 核酸序列数据库

最早的 DNA 序列数据库于 1982 年在欧洲分子生物学实验室诞生，随即开始了一个数据库爆炸的时代。国际上代表性的核酸序列数据库为：美国国家生物技术信息中心(National Center of Biotechnology Information，NCBI)管理的核酸序列数据库(GenBank)、欧洲生物信息学研究所(EBI)管理的核酸序列数据库(ENA)及日本国家遗传学研究所(National Institute of Genetics，NIG)管理的 DNA 数据库(DNA database of Japan，DDBJ)。三者的关系如图 1-1 所示。

图 1-1 GenBank、ENA、DDBJ 关系图

表 1-2 各代表数据库及网址

代表数据库	网址
Ensembl	http://asia. ensembl. org/index. html
AceDB	http://www. acedb. org/
SGD	http://www. yeastgenome. org/
UCSC	http://genome. ucsc. edu/
GenBank	http://www. ncbi. nlm. nih. gov/genbank/
DDBJ	http://www. ddbj. nig. ac. jp/
BioSino	http://www. biosino. org/pages/database. htm
PIR	http://pir. georgetown. edu/
TrEMBL	http://www. expasy. org/
NDB	http://ndbserver. rutgers. edu/
PDB	http://www. rcsb. org/pdb/home/ home. do(http://www. wwpdb. org/)
SCOP	http://scop. mrc-lmb. cam. ac. uk/scop/
CATH	http://www. cathdb. info/
KEGG	http://www. genome. jp/kegg/
Colibri	http://genolist. pasteur. fr/Colibri/
PROSITE	http://PROSITE. expasy. org/
DSSP	http://swift. cmbi. ru. nl/gv/dssp/
HSSP	http://swift. cmbi. ru. nl/gv/hssp/
NCBI	http://www. ncbi. nlm. nih. gov/
OWL	http://www. bioinf. man. ac. uk/dbbrowser/ OWL/index. php
YH database	http://yh. genomics. org. cn/
BGI Rise Database	http://rise2. genomics. org. cn/

中国自主开发的核酸序列数据库——BioSino 数据库,由中国科学院上海生命科学研究院生物信息中心维护。

1.2.1.1 GenBank

GenBank 于 1979 年开始建设,1982 年投入使用,由美国国家生物技术信息中心(NCBI)构建、维护和管理(http://www.ncbi.nlm.nih.gov/genbank),图 1-2 为 GenBank 主页。GenBank 包含了所有已知的核酸序列和蛋白质序列,以及与它们相关的文献著作和生物学注释。GenBank 的主要数据来源为:由序列发现者提交的序列、由测序中心提交的大量表达序列标签(expressed sequence tag,EST)序列和其他测序数据、其他数据机构协作交换数据而来的数据及美国专利商标局提供的已发表专利的序列数据。

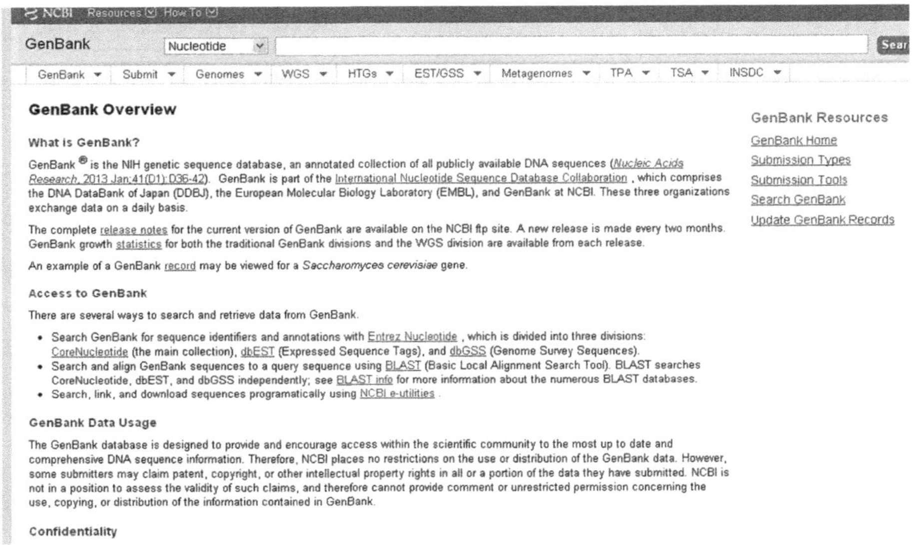

图 1-2 GenBank 数据库主页

GenBank 里的数据按来源大约有 55 000 个物种。每个记录代表了一个单独的、连续的、带有注释的 DNA 或 RNA 片段;每条 GenBank 数据记录包含了对序列的简要描述、学名、物种分类名称、参考文献、序列特征表以及序列本身的信息。序列特征表里包含对序列生物学特征注释,如编码区、蛋白质翻译、转录单位、重复区域、变异和修饰位点等。GenBank 中的数据文件,按照惯例被分成独立的类别,根据主要的分类群分为:细菌类(BCT)、病毒类(VRLA)、灵长类(PRI)、啮齿类(ROD),以及新增的 EST 数据、基因组测序数据、高通量基因组(high-throughput genomic,HTG)、环境样品(environment sample,ENV)等 16 类。

测序工作者可以把自己工作中获得的新序列提交给 NCBI,添加到 GenBank 数据库。BankIt 是 NCBI 提供的一个在线提交序列的工具(http://www.ncbi.nlm.nih.gov/BankIt),由一系列表单构成,使用比较简便。用户提交序列后,会从电子邮件收到自动生成的数据条目、GenBank 的新序列编号,以及完成注释后的完整的数据记录。BankIt 工具适用于独立测序工作者提交少量序列,特别是只有一条或很少几条记录需要提交时,应该选择 BankIt。BankIt 不适合大量序列的提交,也不适合提交很长的序列,EST 序列和 GSS 序列也不应该用 BankIt 提交。

Sequin 是 NCBI 提供的独立的多平台提交程序(http://www.ncbi.nlm.nih.gov/Sequin),大量的序列提交可以由 Sequin 程序完成。Sequin 程序能方便地编辑和处理复杂注释,并包含一系列内建的检查函数来保证序列的质量。它还可用于提交来自系统进化、种群和突变研究的序列,可以加入比对的数据。在不同操作系统下运行的 Sequin 程序都可以在 FTP 上找到并下载使用。

NCBI 以传统的纯文本文件格式在 FTP 服务器上发布 GenBank 的数据,并且每两个月更新一次。GenBank 的数据类型见表 1-3,用户可以从 NCBI 的 FTP 服务器上免费下载完整的 GenBank 数据库数据集,或下载积累的新数据。NCBI 还提供广泛的数据查询、序列相似性搜索以及其他分析服务,用户可以从 NCBI 的主页上找到这些服务。

表 1-3 GenBank 数据类型

缩写	代表数据类型
PRI	primate sequences
ROD	rodent sequences
MAN	other mammalian sequences
VRT	other vertebrate sequences
INV	invertebrate sequences
PLN	plant, fungal and algal sequences
BCT	bacterial sequences
VRL	viral sequences
PHG	bacteriophage sequences
SYN	synthetic sequences
UNA	unannotated sequences
EST	EST sequences(expressed sequence tags)
PAT	patent sequences
STS	STS sequences(sequence tagged sites)
GSS	GSS sequences(genose survey sequences)
HTG	HTG sequences(high throughput genosic sequences)
HTC	HTC sequences(high throughput cDNA sequences)
ENV	Environmental sampling sequences
CON	Constructed sequences

NCBI 的数据库检索查询系统是 Entrez(http://www.ncbi.nlm.nih.gov/sites/gquery),使用 Entrez 检索系统可以访问 GenBank 中的序列记录。Entrez 是一个基于 Web 的数据库检索系统,可以检索 35 个数据库。利用 Entrez 系统,用户不仅可以方便地检索 GenBank 的核酸数据,还可以检索来自 GenBank 和其他数据库的 DNA 和蛋白质序列数据、基因组图谱数据、种群序列数据、来源于分子模型数据库(molecular modeling database, MMDB)的蛋白质结构数据,以及由 PubMed 获得 MEDLINE 的文献数据。Entrez 中搜索到的数据可以以多种格式输出,也可以逐个下载或打包下载。

BLAST(basic local alignment search tool)序列相似性搜索是 GenBank 数据最基本和使用最多的分析方式。NCBI 提供 BLAST 系列程序集,用于检测一条查询序列与数据库所有序列的相似性。BLAST 搜索可以在网站上运行,也可以在 FTP 上下载独立的程序集在本地运行。

1.2.1.2 ENA

ENA 是由位于德国海德堡市的欧洲分子生物学实验室(European Molecular Biology Laboratory,EMBL)1980 年创建的,于 1982 年提供服务(http://www.ebi.ac.uk/ena/)。目前由欧洲生物信息学研究所负责管理和维护。图 1-3 为 ENA 数据库主页。

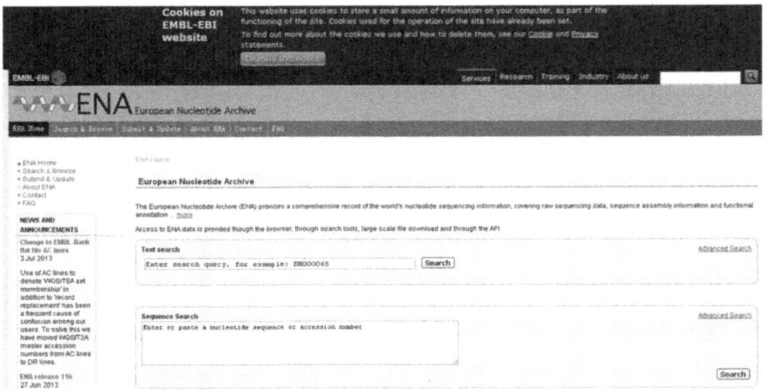

图 1-3 ENA 数据库主页

ENA 是欧洲最主要的核酸序列数据库,收集存储了欧洲大部分核酸序列等生物学数据。其数据库数据的主要来源是基因组测序中心和序列发现者提交的数据、从生物医学期刊上收录已经发表的序列数据、欧洲专利局提供的数据以及和其他两大核酸数据库交换而来的数据。

ENA 数据库的基本单位也是序列条目,包括核苷酸序列本身和注释两部分。ENA 根据种属来源和序列来源被分成若干个子库,如根据种属来源可分为病毒(Viruses)、噬菌体(Bacteriophage)、原核生物(Prokaryotes)、真菌(Fungi)、植物(Plants)、无脊椎动物(Invertebrates)、脊椎动物(Vertebrates)、哺乳动物(Mammals)、人类(Human)、细胞器(Organelles)等;根据序列来源,可分为专利序列、人工合成序列、表达序列标签(EST)、高通量基因组(HTG)等。

ENA 的查询检索可以通过因特网上的序列检索系统(sequence retrieval system,SRS,http://srs.ebi.ac.uk/)服务完成。SRS 由 EMBL 开发,如图 1-4 所示。SRS 最初是为核酸序列数据库 ENA 和蛋白质序列数据库 SwissProt 的查询开发的。SRS 可链接到主要的核酸及蛋白质数据库,现在可以查询世界各地 SRS 服务器上的 300 多个数据库。SRS 支持以文本文件形式存放的各种数据库,包括核酸序列数据库 ENA、蛋白质序列数据库 SwissProt、蛋白质结构数据库 PDB、文献数据库 MEDLINE 等。

ENA 数据库检索主要有两种方式:关键词检索和序列类似性检索。在检索时,SRS 系统采用了建立数据库索引文件的方式,因此能够快速、高效地对各种数据库进行查询。此外,SRS 系统具有查询结果相关处理功能,每次查询结果可作为进一步查询的子数据库,对查询结果进行组合或筛选。

SRS 的另一个重要特点就是将序列分析等常用程序整合到了基本查询系统中。用

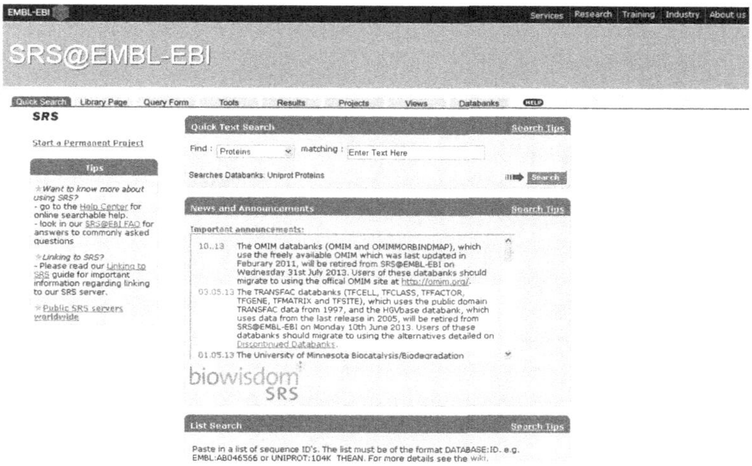

图 1-4 ENA 的 SRS 检索服务

户可以对查询结果直接进行进一步的分析处理。例如，可利用 BLAST 和 FASTA 查询程序进行数据库搜索，找出其同源序列；也可以用 PrositeSearch 程序，寻找功能位点；或是用 ClustalW 程序进行多序列比较。

向 ENA 核酸序列数据库提交序列可以通过 Webin 工具，Webin 是基于 Web 的序列提交工具，是将核酸序列和生物学注释信息提交给 ENA 数据库的首选系统，可支持单个、多个及大批量序列信息的快速提交，使用 Webin 是获取序列编号最快的方法。用户也可以用 NCBI 开发的 Sequin 软件来向 ENA 核酸序列数据库提交序列数据。Webin 系统可于 ENA 网站上下载，ENA 的数据集也可以通过 EBI 的 FTP 服务器免费获取。

1.2.1.3 DDBJ

日本 DNA 数据库(DNA Data Bank of Japan，DDBJ)创建于 1984 年，于 1987 年正式服务，由日本国家遗传学研究所负责管理、维护(http://www.ddbj.nig.ac.jp/)。DDBJ 数据库是亚洲唯一的核酸序列数据库，DDBJ 从研究者处收集核酸序列数据，并且给数据提交者发放国际认证的核酸序列编号。DDBJ 收集的序列数据主要来自于日本研究者，但也接收其他国家的研究者提交的序列，并发放序列编号。DDBJ 每天都与 GenBank、EMBL 交换数据，因此 DDBJ 里的核酸序列数据也是非常完整的。DDBJ 数据库主页提供了数据提交(data submission)、数据库检索(data search)、数据分析(data analysis)等功能，如图 1-5 所示。

向 DDBJ 提交数据可通过 DDBJ nucleotide sequence submission system、MSS(mass submission)和 Sequin 三个途径。

DDBJ nucleotide sequence submission system 原名为 SAKURA，利用该资源提交数据可使用日文或英文两种文字，用户可以按软件提供的模板格式(start from template)提交数据，也可进行标准格式提交。利用该方法提交的数据格式较规范，是 DDBJ 推荐使用的途径。

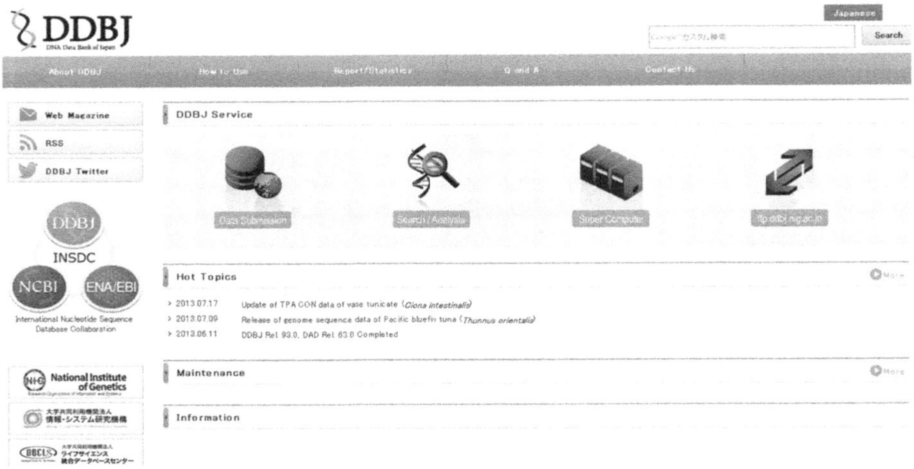

图 1-5　DDBJ 数据库主页

当提交的序列较长、需同时提交大量数据或不适于 SAKURA 提交时，可选用 MSS (mass submission)途径提交。该提交方式要求在数据正式提交之前，通过 mass@ ddbj. njg. ac. jp 与该机构工作人员取得联系，并提供数据提交日期、要求获得登录号的日期、公布日期及联系人信息(姓名、联系地址、E-mail 等)。

Sequin 是由 NCBI 开发的一个独立的数据处理软件，可用于 GenBank、EMBL、DDBJ 序列数据的提交与更新。

DDBJ 中的数据检索包括 Getentry、Sfgate & WAIS、TXSearch、SRS 等方式，用于检索 DDBJ 数据库中的原始数据。DDBJ 数据库所检索到的数据结果，系统都提供链接(link)、存储(save)、浏览(view)及序列分析(launch)等处理方式。

利用 Getentry 搜索方式对 DDBJ 数据库进行检索时，可以输入登录号进行检索，最多可同时检索 10 条数据，各登录号之间用逗号(,)分隔，连续的多个号码可以用“-”表示(注:分隔符均需为英文格式)。检索结果可直接在页面显示，也可通过 E-mail 的形式获得。

Sfgate & WAIS 是一种比较简单的关键词检索途径，在检索词输入框内输入检索策略，点击“start search”按钮即可完成检索。

TXSearch(taxonomy retrieval)是一种根据生物分类学的分类名称作为关键词进行检索的检索途径。定义好各项信息后，点击 search 按钮，即可得到初步检索结果。初步检索结果提供了所检索词的详细信息，如完整的家系名称、该词的其他名称、遗传密码等；同时还可点击“Go to lower taxa”、“Get sequence(s) related to this taxon” 以了解该词的下级分类词或获取该词的相关序列信息。

在 DDBJ 网站上也整合了许多分析工具，如可通过 Homology 采用 FASTA/BLAST 检索对用户提供的序列或片段作同源性分析；也可以用 ClustalW 程序进行多序列比较；可以利用 MiGap 注释系统对微生物基因组进行注释等。此外，DDBJ 主页上也有与其他重要数据库和数据中心的链接。也可以通过 DDBJ 的 FTP(ftp://ftp. ddbj. nig. ac. jp/)下载

DDBJ 数据库的各类数据。

1.2.2 核酸结构数据库

核酸结构数据库(nucleic acid database, NDB, http://ndbserver. rutgers. edu/)是一个关于核酸三维结构信息的数据库,于 1992 年建立。核酸数据库(NDB)由美国国家科学基金会(National Science Foundation, NSF)和美国能源部(Department of Energy)资助,其目标是组装和分配核酸的结构信息。目前 NDB 数据库仍接受美国国家科学基金会和美国能源部的资助。图 1-6 为 NDB 数据库主页。

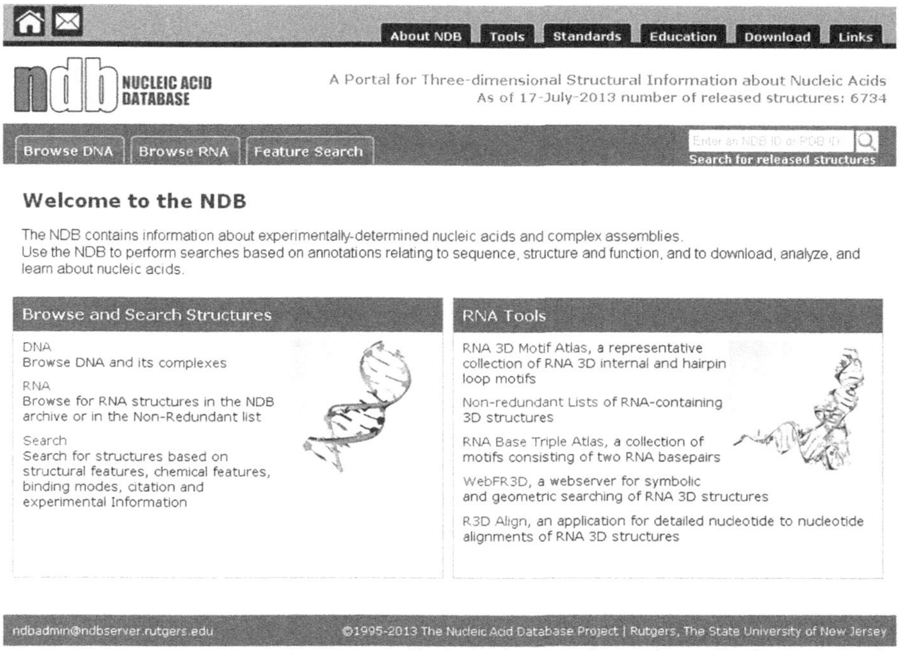

图 1-6 NDB 数据库主页

NDB 数据库提供三种搜索方式:NDB Search、NDB Integrated Search、NDB Status Search。利用 NDB Search 可以搜索通过 X 射线晶体学或磁共振测定的核酸结构;NDB Integrated Search 是一个替代 NDB 搜索的应用程序,它提供了更灵活的搜索,并会生成报告;NDB Status Search 的结果中则会提供一个关于核酸的晶体结构状态的报告。

用户可以利用 ADIT(auto deposition input tool)工具向 NDB 数据库提交数据,用户通过 ADIT 提交坐标数据(coordinates)后将被分配一个 ID 号;在发布数据前,作者将会收到处理过的文件和一个结构总结报告用于确认;一旦获得作者的允许,这个结构数据将被公布在核酸数据库(NDB)和蛋白质结构数据库(PDB)中。

NDB 数据库同样为用户提供数据下载。用户可从 FTP 服务器上下载各种数据,NDB 将数据分为坐标文件(coordinate files)和实验数据(experimental data)两大类,用户可根据各自的需求下载各类数据。NDB 也提供了大量的分析软件和工具,点击"Tools"进入后便可以根据自己的需求选用。

1.2.3 蛋白质序列数据库

历史上，由于蛋白质序列测定技术先于 DNA 序列测定技术问世，蛋白质序列的搜集也早于 DNA 序列。20 世纪 60 年代中期到 80 年代初，美国国家生物医学研究基金会（National Biomedical Research Foundation，NBRF）的 Dayhoff 及其同事们搜集了当时所有已知的氨基酸序列，编著了《蛋白质序列与结构图册》，主要用来研究蛋白质的进化关系。这本图册中的数据演化为后来的蛋白质信息资源（protein information resource，PIR）。

与核酸序列数据库的国际合作相呼应，1988 年，美国的国家生物医学研究基金会（NBRF）、日本的国际蛋白质信息数据库（Japanese International Protein Information Database，JIPID）和德国的慕尼黑蛋白质序列信息中心（Munich Information Center for Protein Sequences，MIPS）合作成立了国际蛋白质信息中心（PIR-International），共同收集和维护蛋白质序列数据库。

1.2.3.1 PIR

PIR 是创建最早、使用最为广泛的蛋白质序列数据库。1984 年，美国国家生物医学研究基金会正式启动蛋白质信息资源（protein information resource，PIR）计划，蛋白质序列数据库也随之诞生（http://pir.georgetown.edu/）。该数据库的建立最初是为了协助研究人员识别和翻译蛋白质序列信息，目前由 NBRF、MIPS 和 JIPID 共同维护这个国际上最大的公共蛋白质序列数据库。PIR 数据库在 GenBank 和 EMBL 数据库上均建立了镜像站点。

PIR 是一个全面的、经过注释的、非冗余的蛋白质序列数据库，其中包括从 GenBank 中翻译 DNA 序列所得的蛋白质数据，以及来自几十个完整基因组的蛋白质序列。图 1-7 为 PIR 数据库主页。PIR 数据库中的所有序列数据都经过整理，超过 99% 的序列已按蛋白质家族分类，50% 以上还按蛋白质超家族进行了分类。PIR 数据库按照数据的性质和注释层次的不同分为 4 个不同部分，分别为 PIR1、PIR2、PIR3 和 PIR4。PIR1 中的序列已经验证，注释最为详尽；PIR2 中包含尚未确定的冗余序列；PIR3 中的序列尚未加以检验，也未加注释；而 PIR4 中则包括了其他各种渠道获得的序列，既未验证，也无注释。

PIR 数据库中除了蛋白质序列数据之外，还包含以下信息：

（1）蛋白质名称、蛋白质的分类、蛋白质的来源；

（2）关于原始数据的参考文献；

（3）蛋白质功能和蛋白质的一般特征，包括基因表达、翻译后处理、活化等；

（4）序列中相关的位点、功能区域。

PIR 的注释中还包括对许多序列、结构、基因组和文献数据库的交叉索引以及数据库内部条目之间的索引，这些内部索引帮助用户在条目之间更方便地进行检索。PIR 提供三类序列搜索服务。

（1）基于文本的交互式查询：用户通过关键字进行数据查询。

（2）标准的序列相似性搜索：包括 BLAST、FASTA 等。

（3）结合序列相似性、注释信息和蛋白质家族信息的高级搜索：包括按注释分类的

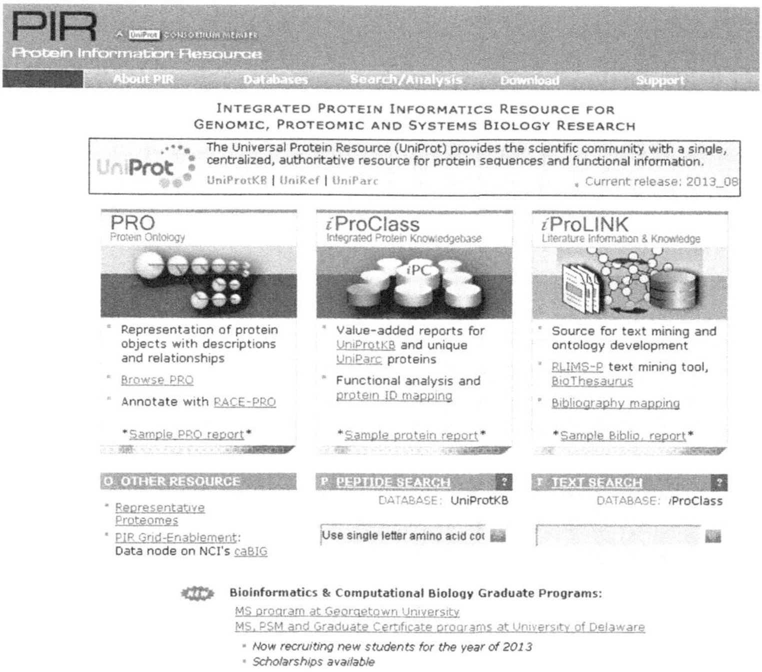

图 1-7 PIR 数据库主页

相似性搜索、结构域搜索等。

用户可从主页的“Search/Analysis”项下进入搜索页面，并从 PIR 提供的众多搜索工具中选择所需要的进行搜索。其次在“Search/Analysis”项下可以进行序列比对(sequence alignment)，包括多重比对(multiple alignment)和双序列比对(pairwise alignment)。

目前，PIR 包括三个子数据库，分别是蛋白质序列数据库(PIR-PSD)、蛋白质分类数据库(iProClass)以及非冗余的蛋白质参考资料数据库(PIR-NREF)。

PIR 数据库每季度都发行一次完整的数据库，每周可以得到更新部分，用户可在 FTP 上(ftp://ftp. pir. georgetown. edu/databases/)下载。用户可以从主页的“Download”处进入 FTP 以及 iProClass、PIRSF、PRO，并下载相关数据及指导文件。

1.2.3.2 SwissProt

SwissProt 是经过注释的蛋白质序列数据库，由欧洲生物信息学研究所(EBI)维护，网址是 http://www. ebi. ac. uk/swissprot/。数据库由蛋白质序列条目构成，每个条目中包含蛋白质的序列信息、引用文献、分类、注释等信息，注释中包括了蛋白质的功能、转录后修饰、特殊位点及区域、二级结构、四级结构、与其他序列的相似性、序列残缺与疾病的关系、序列变异体和冲突等信息。SwissProt 中尽可能地减少了冗余序列，并与其他 30 多个数据库之间建立了交叉引用，包括核酸序列库、蛋白质序列库和蛋白质结构库等。

利用序列提取系统，即 SRS 可以很方便地检索 SwissProt 及其他 EBI 的数据库。SwissProt 只接受直接测序所得的蛋白质序列，序列提交过程可以在其 Web 页面上完成。

1.2.3.3 UniProt

蛋白质数据库 UniProt(universal protein resource)是欧洲生物信息学研究所(European Bioinformatics Institute,EMBL-EBI)、瑞士生物信息学研究所(Swiss Institute of Bioinformatics,SIB)和 PIR 之间合作的成果,由 SwissProt、TrEMBL(translation of EMBL)和 PIR-PSD 三大数据库的数据整合而成(http://www.UniProt.org/)。UniProt 的建立旨在为科学研究人员提供全面、优质、可自由获取的蛋白质序列和功能信息资源。

UniProt 由 4 部分组成,如图 1-8 所示,各自有其不同的用途。

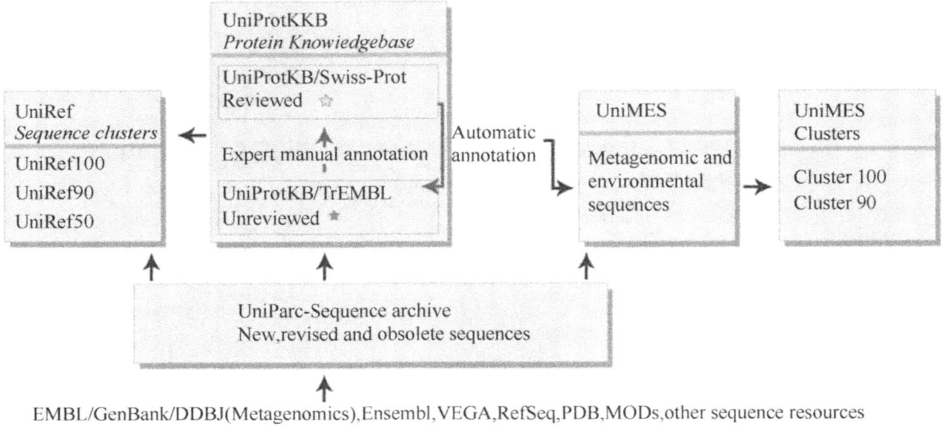

图 1-8 UniProt 数据库构成图

(1) UniProtKB(UniProt knowledgebase)是经过专家校验的数据集,主要由 UniProtKB/SwissProt 和 UniProtKB/TrEMBL 两部分组成,UniProtKB/SwissProt 包含检查过的、手工注释的条目,而 UniProtKB/TrEMBL 包含未检查的、自动注释的条目。

(2) UniRef(UniProt reference clusters)包含序列簇(sequence clusters),用于加快序列相似性搜索。

(3) UniParc(UniProt archive)是一个综合性的非冗余数据库(non-redundant database,NRDB),包含了所有主要的、公开的数据库的蛋白质序列,每条序列提供稳定的、唯一的编号。该数据库只含有蛋白质的序列信息,而没有注释数据。

(4) UniMES(UniProt metagenomic and environmental sequences)是一个专门开发用于宏基因组和环境数据的数据库。

UniProt 为用户提供了一个用来提交蛋白质数据的工具 SPIN(https://www.ebi.ac.uk/swissprot/Submissions/spin/index.jsp)。SPIN 是基于 Web 的工具,用于向 UniProt knowledgebase 直接提交蛋白质测序所得序列及其生物学注释。图 1-9 为 UniProt 的数据格式。

SPIN 使用非常方便,它通过用户界面一步一步引导用户顺利完成整个提交过程。UniProt 首页也提供了一系列分析工具。

(1) Text Search 是 UniProt 中最基础,也是使用最多的查询方法;在 Text Search 中可

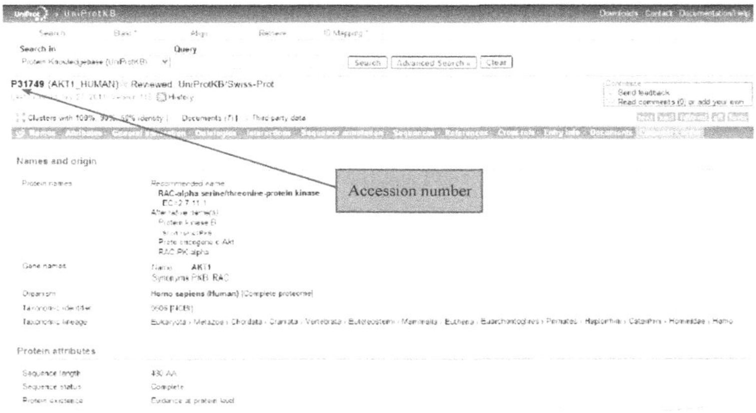

图 1-9 UniProt 的数据格式

以进行一些简单的逻辑操作。用户在查询完成后,可以根据自己的需要选择条目下载到本地,以方便进一步的使用和分析。

(2) BLAST 是最常见的同源比对工具,可以输入序列或 UniProt 标识符。

(3) Align 下利用 Clustal Omega 程序可以比对两个或两个以上的蛋白质序列。

(4) 可以在其 FTP 上下载 UniProt 数据库中的数据(ftp://ftp. UniProt. org/pub/databases/UniProt/)。

1.2.3.4 OWL

OWL 是一个非冗余的复合蛋白质序列数据库(http://www. bioinf. man. ac. uk/dbbrowser/OWL/index. php),主要由 4 个一次序列数据库复合而成,包括 SwissProt 数据库、PIR1-3 数据库、GenBank(编码序列翻译)和 NRL-3D(蛋白质结构数据库)。OWL 现存于 Leeds 大学,是由 Leeds 大学和 Warrington 的 Daresbury 实验室合作开发的。图 1-10 为 OWL 数据库的主页。

图 1-10 OWL 数据库主页

在 OWL 数据库的合成过程中，根据每个数据库所包含序列信息情况的不同，赋予它们不同的优先级别，SwissProt 数据库具有最高的优先权。其他数据库与其比较，删除一些相同序列的信息和一些相差单个氨基酸序列的信息。因此，OWL 数据库是一个非冗余的蛋白质序列数据库，也使得其相似性搜索效率更高。尽管如此，OWL 数据库仍然有一些问题，即在该数据库中仍然有一些错误的序列和对 GenBank 中不正确序列的注释。英国的 EMBnet 国家节点上提供有针对于 OWL 的 BLAST 服务，在 SEQNET、UCL 上的节点也能找到该地址。

1.2.3.5 PROSITE

PROSITE 数据库是第一个蛋白质序列二次数据库(http://prosite. expasy. org/)，由瑞士生物信息学研究所(SIB)于 20 世纪 90 年代初期开始构建，现在由 SIB 维护。

PROSITE 是蛋白质活性位点和模式数据库，包含了与蛋白质功能直接相关的序列。从某种意义上说，蛋白质序列二次数据库实际上也是蛋白质功能数据库，因为从这些数据库中，可以得到有关蛋白质功能、家族、进化等信息。

PROSITE 数据库是基于对蛋白质家族中同源序列多重序列比对得到的保守性区域，这样区域通常与生物学功能有关，如酶的活性位点、配体或金属结合位点等。通过对 PROSITE 数据库的搜索，可判断该序列包含什么样的功能位点，从而推测其可能属于哪一个蛋白质家族。PROSITE 的主页(图 1-11)上提供各种相关检索服务。

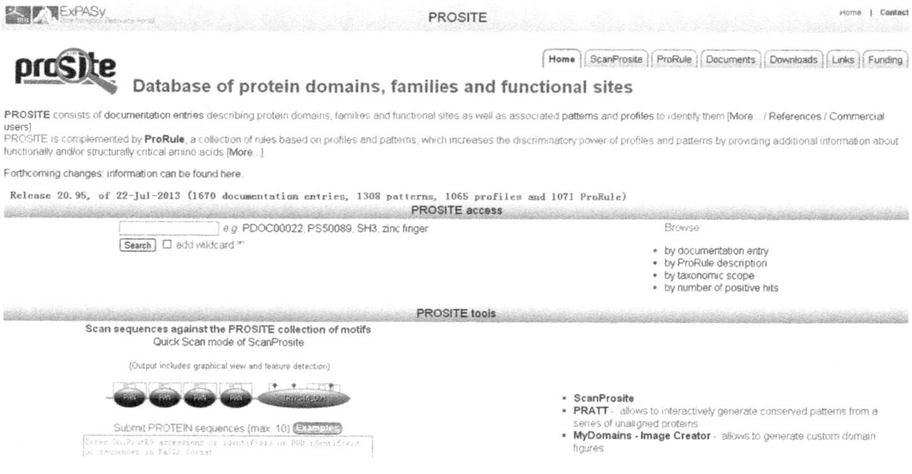

图 1-11　PROSITE 数据库主页

PROSITE 数据库收集了生物学有显著意义的蛋白质位点和序列模式，并能根据这些位点和模式快速和可靠地鉴别一个未知功能的蛋白质序列应该属于哪一个蛋白质家族。有的情况下，某个蛋白质与已知功能蛋白质的整体序列相似性很低，但由于功能的需要保留了与功能密切相关的序列模式，这样就可能通过 PROSITE 搜索找到隐含的功能 Motif，因此是序列分析的有效工具。PROSITE 中涉及的序列模式包括酶的催化位点、配体结合位点、与金属离子结合的残基、二硫键的半胱氨酸、与小分子或其他蛋白质结合的区域等。除了序列模式之外，PROSITE 还包括由多序列比对构建的 profile，能更敏感地发现序列与 profile 的相似性。

PROSITE 数据库用正则表达式(regular expression)表示序列模式,构建 PROSITE 数据库时,采用多序列比对得到一定的候选序列模体,并把序列模体中的信息简化为具有一定规则的表达式,即正则表达式。并以此为基础,对 SwissProt 数据库进行搜索,得到的结果再经过人工检验以确定该序列模型匹配程度的优劣。

PROSITE 数据库实际上包括两个数据库文件:一个为数据文件,即 PROSITE,该文件给出了能进行匹配的序列及序列的详细信息;另一个为说明文件 PROSITEDoc,该文件给出了该序列模式的生物学功能及其文献资料来源。

1.2.4 蛋白质结构数据库

1.2.4.1 PDB

蛋白质结构数据库(protein data bank, PDB, http://www.rcsb.org/pdb/home/home.do)是美国纽约 Brookhaven 国家实验室于 1971 年创建的。目前,PDB 数据库由结构生物信息学研究合作组织(Research Collaboratory for Structural Bioinformatics, RCSB)负责管理和维护。

PDB 是目前最主要的收集生物大分子(蛋白质、核酸和糖类)三维结构的数据库,是收集通过 X 射线单晶衍射、磁共振、电子衍射等实验手段确定的蛋白质、多糖、核酸、病毒等生物大分子三维结构的数据库。图 1-12 为 PDB 数据库主页。随着晶体衍射技术的不断改进,结构测定的速度和精度也逐步提高。20 世纪 90 年代以来,多维磁共振溶液构象测定方法的成熟,使那些难以结晶的蛋白质分子的结构测定成为可能;蛋白质分子结构数据库的数据量迅速上升。近年来,核酸三维结构测定也进展迅速。

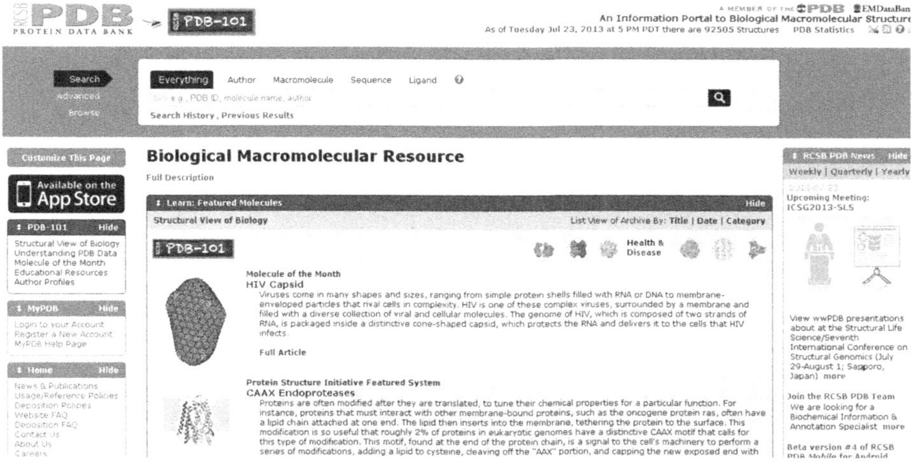

图 1-12 PDB 数据库主页

PDB 数据库以文本文件的方式存放数据,每个分子各用一个独立的文件。除了原子坐标外,还包括物种来源、化合物名称、结构递交以及有关文献等基本注释信息。此外,还给出分辨率、结构因子、温度系数、蛋白质主链数目、配体分子式、金属离子、二级结构信息、二硫键位置等和结构有关的数据。

PDB 数据库允许用户用各种方式以及逻辑组合(AND、OR 和 NOT)进行检索,可检索的字段包括功能类别、PDB 代码、名称、作者、空间群、分辨率、来源、入库时间、分子式、参考文献、生物来源等项。用户不仅可以得到生物大分子的各种注释、坐标、三维图形、VAML 等,还能从一系列指针链接到与 PDB 有关的数据库,包括 SCOP、CATH、MEDLINE、ENZYME、SWISS-3DIMAGE 等。此外,英国伦敦大学开发的 PDB-sum 数据库是基于网络的 PDB 注释信息综合数据库,用于对 PDB 数据库的检索,使用十分方便。它还将 RasMol、CN3D 等分子图形软件综合在一起,同时具有分析和图形显示功能。

和核酸序列数据库一样,用户可以通过网络直接向 PDB 数据库提交数据。PDB 数据库会在每周三进行更新,最新更新的时间和链接会显示在网页的右上角。用户可通过 FTP 下载 PDB 数据库的序列和结构等数据,有多个下载格式供用户选择,所有的 PDB 文件均有压缩和非压缩版以适应用户传输需要。在 PDB 的服务器上还提供与结构生物学相关的多种免费软件的下载,如 Rasmol、Mage、PDBBrowser、3DB Brower 等。

1.2.4.2 PDBj

日本蛋白质结构数据库(protein data bank Japan, PDBj, http://pdbj.org/#! home)主要负责收集和管理来自亚洲和大洋洲区域的生物大分子三维结构数据,由 JST-NBDC 和大阪大学提供资源,与美国的 RCSB、BMRB 和欧洲 PDBe 共同合作,在对国际性的生物大分子立体结构数据库的 PDB 档案文件进行维护的同时,还提供各种结构分析的应用工具,图 1-13 为 PDBj 数据库主页。

图 1-13 PDBj 数据库主页

PDBj 的数据提交工具为 ADIT(auto deposition input tool,图 1-14)。提交的数据分为非 NMR 数据(ADIT)和 NMR 数据(ADIT-NMR)两种。ADIT 的使用很方便,进入数据提交页面,先选择实验方法和分子结构类型,然后上传坐标文件和机构因子文件,点击提交即可。

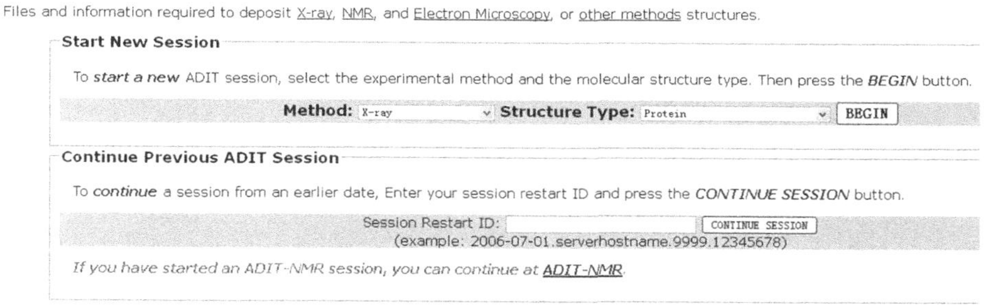

图 1-14 PDBj 数据提交页面

PDBj 提供自己的数据查看器、分析工具(图 1-15)和衍生数据库(图 1-16),以便于促进从不同的角度进行结构生物学和生物信息学的研究。

图 1-15 相关服务软件

PDBj Mine 是 PDBj 数据库中最主要的查询方法(图 1-17 为 PDBj 搜索工具)。在页面顶部的搜索框页面可以输入一般的关键词、作者名字和氨基酸序列片段作为搜索关键词,每个结果条目都有其总结页面,并链接到包含更详细的结构、功能和实验信息的页面。若需更详细的条件搜索可以使用高级搜索。

1.2.4.3 PDBe

欧洲蛋白质结构数据库(Protein Data Bank in Europe, PDBe, http://www.ebi.ac.uk/pdbe/)负责收集和管理欧洲区域的生物大分子结构的数据资源,图 1-18 为 PDBe 数据库主页。

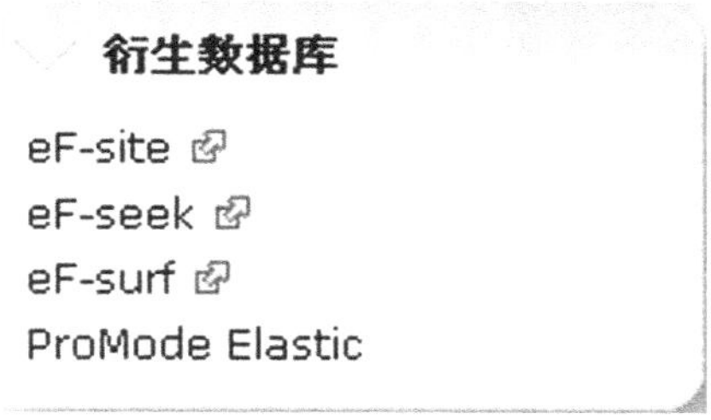

图 1-16 衍生的数据库

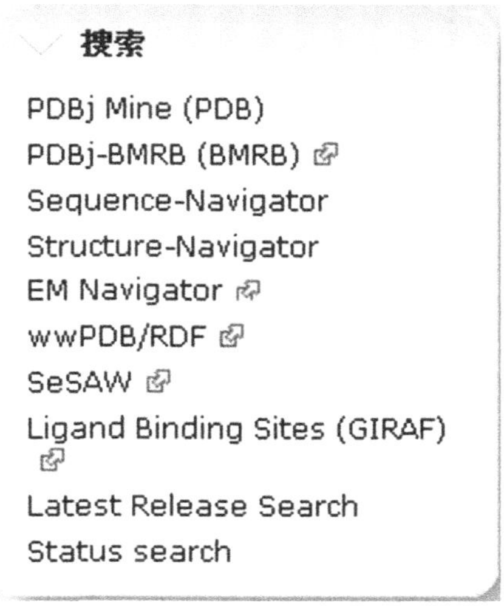

图 1-17 相关的搜索页面

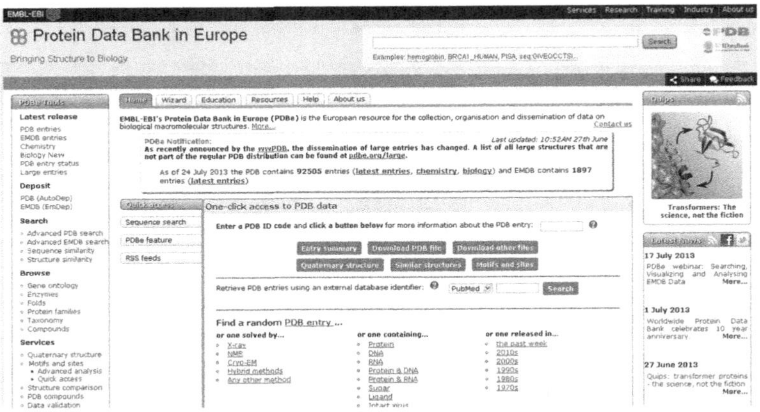

图 1-18 PDBe 数据库主页

PDBe 提供简单的文本查询和更复杂的基于 3D 结构的查询。PDBeMotif 是一个快速且强大的搜索工具,通过同时搜索蛋白质序列、其化学结构和 3D 数据,使得对蛋白质数据库(PDB)的搜索变得更容易。

此外,PDBe 积极开发应用工具,提供服务和资源,促使结构相关的数据应用于生物医学。PDBe 开发了几个大分子结构分析工具,如动态的结构展示工具——PDB protfolio,结构相似性比对工具——Structure comparison,可用于蛋白质的 3D 结构比对等。

可以使用 AutoDep Deposition Tool 向 PDBe 数据库提交数据。提交数据时网页上会提供一个参考号码,并要求设置密码,以便于继续上一次未完成的数据提交任务。

1.2.4.4 BMRB

BMRB(biological magnetic resonance data bank, http://www.bmrb.wisc.edu/)中的数据是利用磁共振得到的蛋白质、多肽、核酸和其他生物分子的结构数据,图 1-19 为 BMRB 数据库主页。

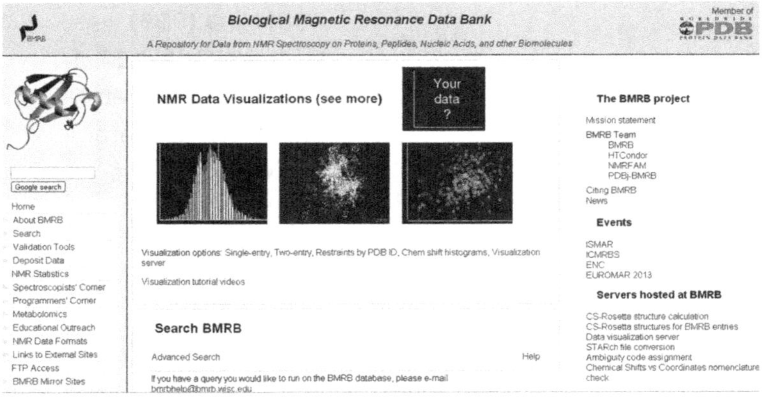

图 1-19 BMRB 数据库主页

BMRB 数据库包括如下 4 个主要子库：

（1）包含定量核磁共振光谱参数（指定的化学位移、耦合常数和峰列表）和派生数据（弛豫参数、偶极耦合常数 p*K*a 值等）的数据库；

（2）一个关系型数据库，包含磁共振测定蛋白质结构的限制参数数据，它随着 PDB 条目的更新而不断更新；

（3）包含磁共振实验得到的时域光谱数据（未处理的）的数据库，用于显示光谱共振和确定生物大分子的结构；

（4）一个包含超过 250 种代谢物的时域 NMR 谱数据、光谱图像、光谱峰列表和指定的化学移位等信息的数据库。

向 BMRB 数据库提交数据可以使用 ADIT-NMR 数据提交系统，这一系统是以 ADIT 软件平台为基础开发的，研究人员可以仅向 BMRB 提交数据，也可以同时向 PDB 和 BMRB 提交数据。

利用此系统提交数据时，可以自动检查上传文件中所包含的原子坐标的格式，因此用户在提交数据之前可以进行验证（图 1-20），用户可以用生成报告来评估结构数据的质量，并决定是否继续提交或进一步完善数据。

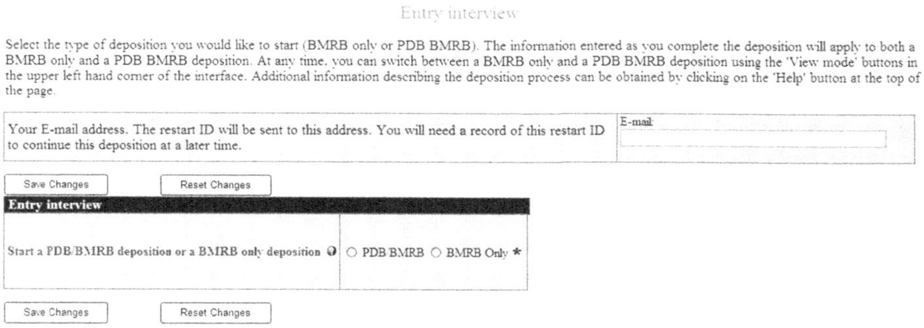

图 1-20 Entry interview 页面

1.2.4.5 wwPDB

2003 年，RCSB PDB（美国）、PDBe（欧洲）、PDBj（日本）和 BMRB（美国）组建了全球范围的 PDB 数据库（worldwide protein data bank，wwPDB，http://www.wwpdb.org/），以达到数据共享、统一数据格式的目的。wwPDB 的合作旨在统一维护 PDB 大分子结构数据，为全球研究人员提供公开可用的、免费的大分子结构数据库，图 1-21 为 wwPDB 数据库主页。

wwPDB 的一个特点是成员之间所有的数据都使用统一标准来注释和加工，所以尽管数据总量呈指数级增长，其工具总能够有效地获取数据。

wwPDB 数据库更偏向于管理蛋白质数据，所以数据的提交、下载、搜索都不是通过 wwPDB 网站，而是通过各个成员数据库的网站（没有链接到 BMRB 的 FTP），目前 wwPDB 的数据由 RCSB PDB 保存。各成员网站的访问地址见表 1-4，相应的数据量统计见表 1-5。

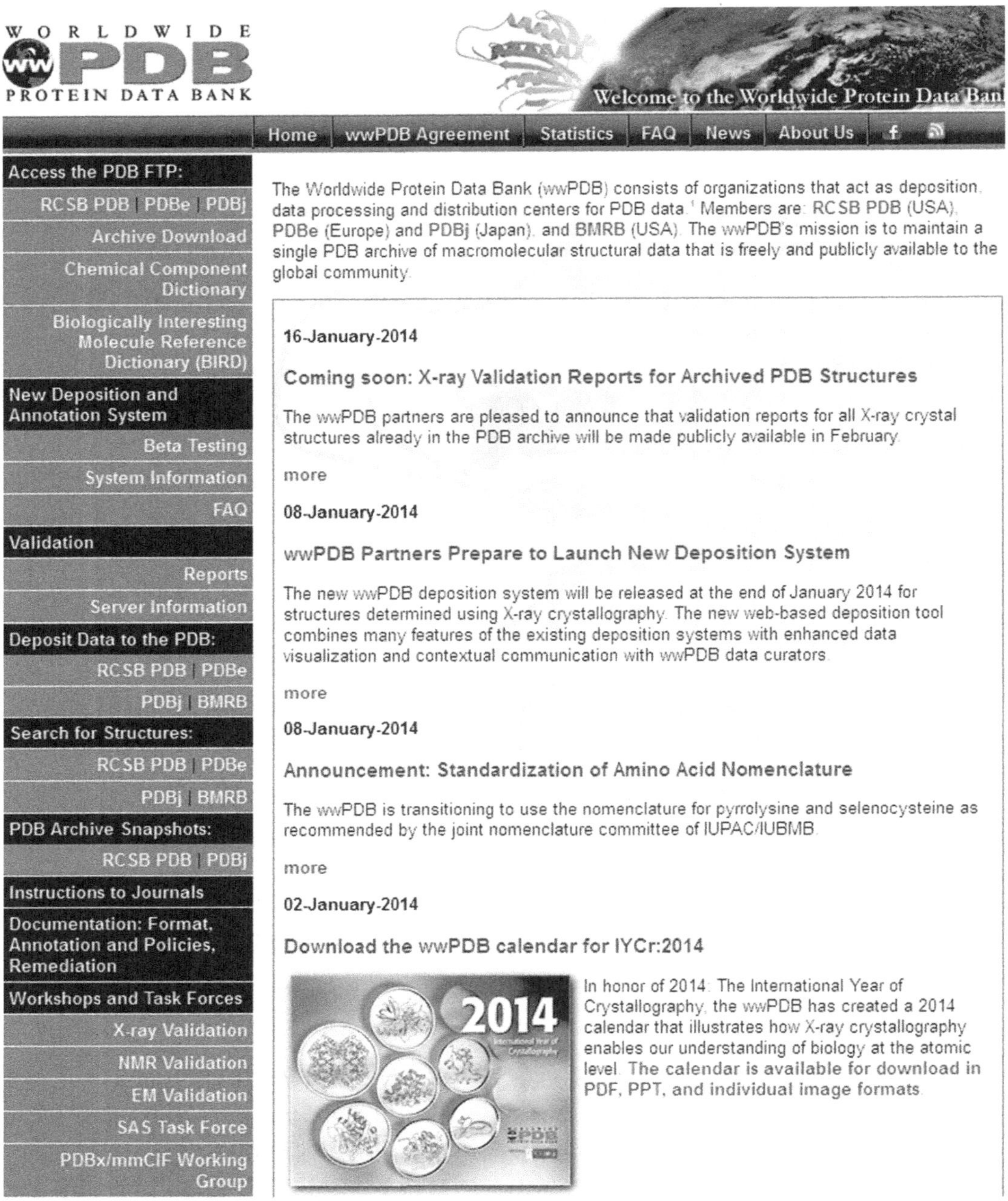

图 1-21 wwPDB 数据库主页

表 1-4 wwPDB 数据库数据存储和访问地址

	FTP 地址	数据库访问地址
RCSB-PDB	ftp://ftp. wwpdb. org/pub/pdb/	http://www. rcsb. org/pdb/
PDBe	ftp://ftp. ebi. ac. uk/pub/databases/pdb/	http://www. ebi. ac. uk/pdbe/
PDBj	ftp://ftp. pdbj. org/pub/pdb/	http://www. pdbj. org/
BMRB		http://www. bmrb. wisc. edu/

表 1-5　各网站数据相关统计信息

年份	总存储量(entries)	各网站存储量(entries)			各网站处理数据量(entries)		
		RCSB PDB	PDBj	PDBe	RCSB PDB	PDBj	PDBe
2000	2 983	2 445	10	528	2 297	158	528
2001	3 287	2 673	118	496	2 408	383	496
2002	3 565	2 769	289	507	2 401	657	507
2003	4 830	3 488	673	669	3 135	1 026	669
2004	5 508	3 796	900	812	3 082	1 614	812
2005	6 678	4 507	1 166	1 005	3 563	2 110	1 005
2006	7 282	5 145	1 052	1 085	4 252	1 945	1 085
2007	8 130	5 399	1 603	1 128	4 703	2 299	1 128
2008	7 073	5 452	648	973	4 106	1 994	973
2009	8 300	6 715	527	1 058	5 069	2 173	1 058
2010	8 878	6 912	593	1 373	5 464	2 041	1 373
2011	9 250	7 172	582	1 496	5 938	1 816	1 496
2012	9 972	7 693	603	1 676	6 412	1 884	1 676
2013	4 864	3 698	339	827	3 158	879	827
Total	90 600	67 864	9 103	13 633	55 988	20 979	13 633

1.2.4.6　SCOP

蛋白质三维结构分类数据库(structural classification of proteins, SCOP, http://scop.mrc-lmb.cam.ac.uk/scop/),由英国医学研究委员会(Medical Research Council, MRC)分子生物学实验室和蛋白质工程中心开发和维护,图 1-22 为 SCOP 数据库主页。

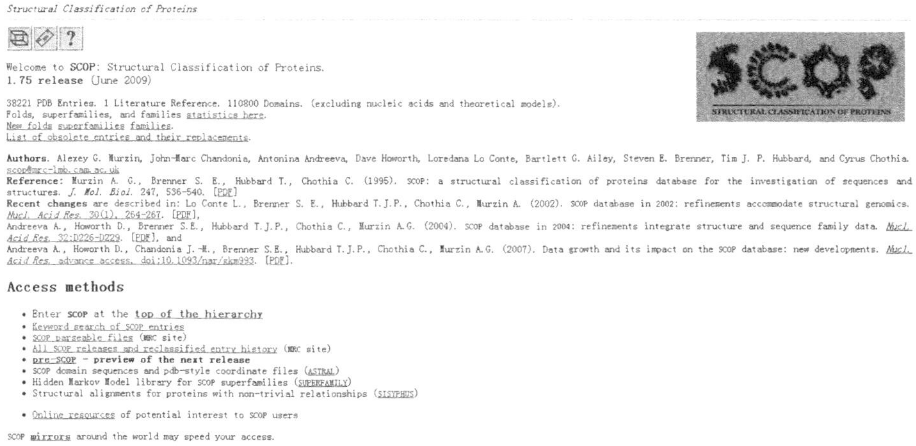

图 1-22　SCOP 数据库主页

SCOP 数据库对已知三维结构的蛋白质进行分类，并详细描述了已知蛋白质结构与进化的关系。SCOP 数据库除了提供蛋白质结构和进化关系信息外，对于每一个蛋白质还包括下述信息：到 PDB 的链接、序列、参考文献、结构图像等。

SCOP 数据库将计算机程序自动检测和人工验证结合起来，将 PDB 数据库中的所有蛋白质条目按传统分类方法分成 α 型、β 型、α/β 型（α 螺旋和 β 折叠交替出现）、α+β 型（α 螺旋和 β 折叠连续出现）；将多结构域蛋白、膜蛋白和细胞表面蛋白、小蛋白单独分类，一共分成 7 大类型，并在此基础上，按折叠类型、超家族、家族三个层次逐级分类。

对于具有不同种属来源的同源蛋白家族，SCOP 数据库按种属名称将它们分成若干子类，一直到蛋白质分子的亚基。

SCOP 提供如下两种检索途径。

（1）按结构分类树进行搜索：SCOP 把蛋白质在结构上分成 5 个层次，即 class、fold、super-family、family 及 species，用户可以先进入树状结构的顶层，然后逐级浏览，直至单个条目的结构域。

（2）关键词检索：可以使用任意的 SCOP 标示符、PDB 标示符、E. C. 号作为检索的关键词，也可以使用任何出现在 SCOP 页面的字（至少两个字符长）进行搜索，并且 SCOP 的搜索还支持使用单词前缀操作符"+"（和）和"-"（非）组合两个或两个以上的单词进行搜索。需要注意的是关键词搜索是区分大小写的。

关于 SCOP 数据库，用户可以点击网页左上角的问号，以获得关于本数据库更详细的使用信息。

1.2.4.7 CATH

另一个重要的蛋白质分类数据库是 CATH 数据库（class，architecture，topology and homologous super-family，http://www.biochem.ucl.ac.uk/bsm/cath/），如图 1-23 所示。CATH 数据库由英国伦敦大学开发和维护，其含义为类型（class）、构架（architecture）、拓扑结构（topology）和同源性（homology）。与 SCOP 数据库一样，CATH 数据库的构建既使用计算机程序，也进行人工检查。

CATH 数据库的分类基础是蛋白质结构域。与 SCOP 不同的是，CATH 把蛋白质分为 4 类，即 α 类、β 类、α-β 类和低二级结构类。显然，它把 α/β 型和 α+β 型归为一类，低二级结构类则是指二级结构成分含量很低的蛋白质分子。

CATH 数据库的第二个分类依据为由 α 螺旋和 β 折叠形成的超二级结构排列方式，也就是蛋白质分子的构架，而不考虑它们之间的连接关系。第三个层次为拓扑结构，即二级结构的形状和二级结构之间的联系。第四个层次为结构的同源性，它是先通过序列比较然后再用结构比较来确定的。

CATH 数据库提供三种搜索方式：关键词/ID 搜索，键入关键词进行搜索，并且可以利用关键词过滤搜索结果；FASTA 序列比对搜索，输入一段 FASTA 序列文进行搜索；PDB 结构搜索。

所有构成 CATH 数据库的文件都可以通过 FTP 下载，包括 CATH 的不同版本；也可以通过许多不同的网络服务协议访问 CATH 数据库的编程数据。

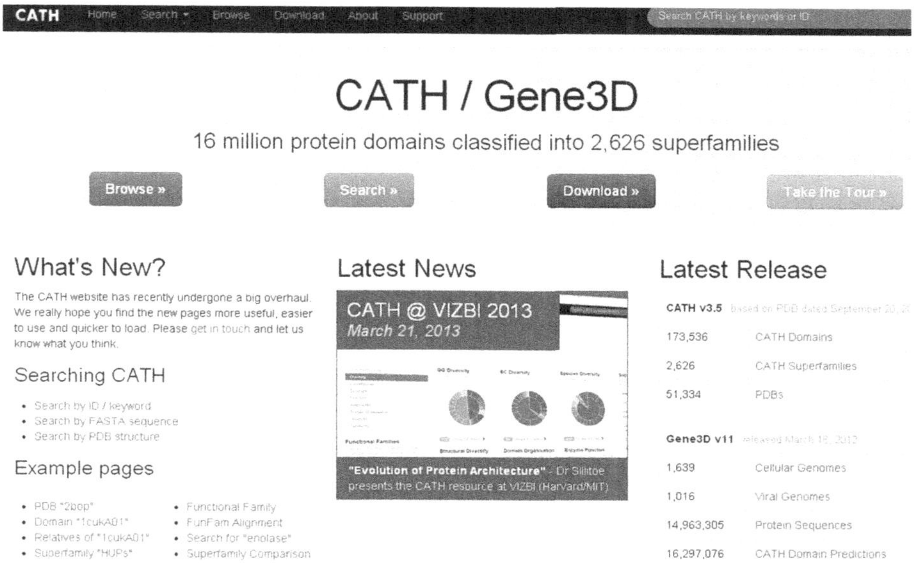

图 1-23　CATH 数据库主页

1.2.4.8　Pfam

Pfam(protein family,http://pfam. Sanger. ac. uk/)是比较全面的蛋白质家族和结构域数据库,基于 Pfamseq 序列数据库,图 1-24 为 Pfam 数据库主页。除了 Sanger 中心外,Pfam 数据库还在瑞典的斯德哥尔摩大学(http://pfam. sbc. su. se/)、美国的 Janelia Farm Research Campus(http://pfam. janelia. org/)上设有镜像网站。Pfam 数据库分为 Pfam-A 和 Pfam-B 两部分,Pfam-A 中的数据质量比较高,是人工筛选的。Pfam-B 中的数据是自动生成的,质量相对较低。

图 1-24　Pfam 数据库主页

1.2.5　蛋白质相互作用数据库

蛋白质与蛋白质之间相互作用(protein-protein interaction,PPI)构成了细胞生化反应网络的主要组成部分，对蛋白质相互作用的了解，有助于理解生命活动的本质，认识生命活动的基本规律，发现疾病发生的机制。蛋白质-蛋白质之间的相互作用在诸如生物催化、物质转运、信号转导、免疫、细胞调控等多种生命活动中起着重要作用。

目前，通过高通量筛选、计算方法预测和文献挖掘等方法，获得了大批量的蛋白质相互作用数据，并由此构建了很多内容丰富并日益更新的蛋白质相互作用数据库。这些蛋白质相互作用数据库，种类非常丰富，包含的数据量也非常大，表 1-6 简单列举了常用的蛋白质相互作用数据库名称与网站信息。

表 1-6 蛋白质相互作用数据库及网址

数据库名称	说明	网址
BioGRID	生物相互作用数据集通用存储库	http://thebiogrid. org/
BIND	生物分子相互作用数据库	http://bind. ca/
DIP	蛋白质相互作用数据库	http://dip. doe-mbi. ucla. edu/
IntAct	蛋白质相互作用数据库	http://www. ebi. ac. uk/intact/index. html
InterDom	结构域相互作用数据库	http://interdom. lit. org. sg/
MINT	生物分子相互作用数据库	http://mint. bio. uniroma2. it/mint/
STRING	蛋白质相互作用网络数据库	http://string. embl. de/
HPRD	人类蛋白质参考数据库	http://www. hprd. org/
HPID	人类蛋白质相互作用数据库	http://wilab. inha. ac. kr/hpid/
MPPI	哺乳动物相互作用数据库	http://fantom21. gsc. riken. go. jp/PPI/
biogrid	蛋白质和遗传相互作用数据，主要来自于酵母、线虫、果蝇和人	http://www. thebiogrid. org/
MIPS	即慕尼黑蛋白质相互作用数据库	http://mips. helmholtz-muenchen. de/proj/ppi/
PDZbase	包含 PDZ 结构域的蛋白质相互作用数据库	http://icb. med. cornell. edu/services/pdz/start
Reactome	生物学通路的辅助知识库	http://reactome. org/

下面从表 1-6 蛋白质数据库中，重点介绍几个人类相关的蛋白质相互作用公共数据库，包括 HPRD、BIND、IntAct、MINT、DIP 和 MIPS，简单介绍一下这些数据库在蛋白质相互作用网络构建上的应用。

1.2.5.1 HPRD

HPRD 数据库——人类蛋白质参考数据库（human protein reference database, http://www. hprd. org/），是从 2003 年开始，由印度班加罗尔和美国巴尔的摩约翰·霍普金斯大学、潘迪实验室之间的国际生物信息学研究所共同合作的结果，HPRD 包含了手动注入的大多数人类蛋白质的生物学信息，包含人类疾病有关的蛋白质注释、PPI、转录后修饰、亚细胞定位、在人类蛋白质组中每个与疾病相关的蛋白质信息、交互网络等多种信息，并链接到 OMIM（人类在线孟德尔遗传）的综合数据库。图 1-25 为 HPRD 数据库主页。

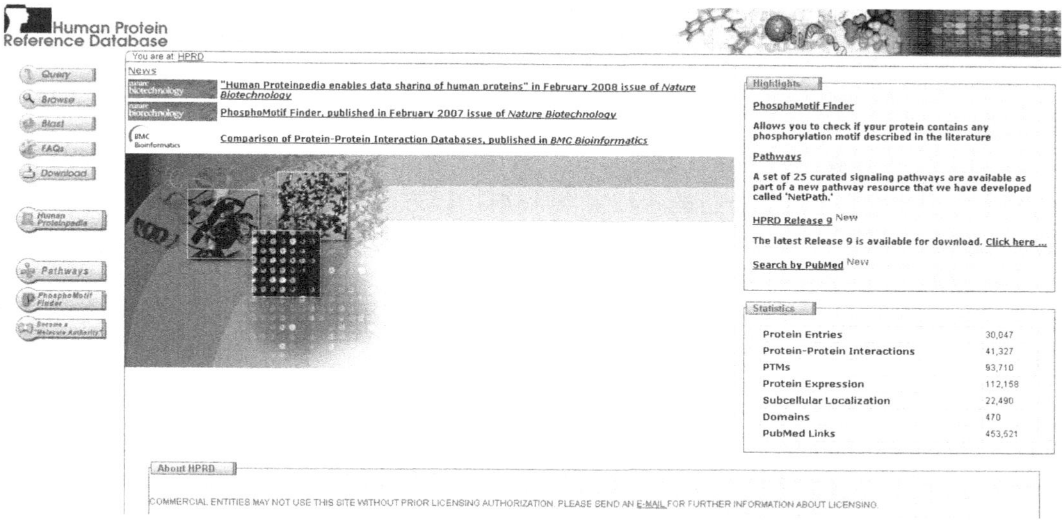

图 1-25 HPRD 数据库主页

该数据库描述了人类蛋白质的功能信息,包括蛋白质-蛋白质相互作用、翻译后修饰、酶-底物之间的关系及与疾病的关联分析,蛋白质注释信息由专家对生物学家已发表的数据通过生物信息学分析以后手动载入而来,从 HPRD 中所得的蛋白质-蛋白质相互作用和亚细胞定位数据已经用于开发人类蛋白质相互作用网络。该数据库只收录人的 PPI,目前已包含 25 000 多个蛋白质和 37 000 多条相互作用信息,是来源于文献挖掘的最大的人 PPI 数据库。HPRD 对 PPI 数据有两种分类方式:一是根据相互作用的拓扑结构和参与数目,将 PPI 分成二元相互作用和复杂相互作用(复合物);二是根据实验类型,将 PPI 分为体内(*in vivo*)、体外(*in vitro*)和酵母双杂交(Y2H)3 类相互作用。

HPRD 数据库中的蛋白质可链接到 GenProtViewer,显示该蛋白质的编码基因在染色体上的位置与转录信息;也可链接至 NetPath,它是一系列关于人的信号转导通路集,能够显示该蛋白质参与哪些信号通路,发挥了怎样的生物学功能。HPRD 还包含一个工具软件"磷酸化模体探测器"(phosphomotiffinder),检测目标蛋白质是否含有磷酸化位点。

1.2.5.2 BIND

BIND 数据库(biomolecular interaction network database),是 BOND(biomolecular object network databank)数据库的一个子数据库,收录了已知的生物分子间的相互作用信息,不仅包括蛋白质间的相互作用,还包括了一些蛋白质与 DNA、RNA、小分子、脂质及糖类物质之间的相互作用信息。BIND 数据库每日都定时更新,覆盖面很广,包含了人、果蝇、酵母、线虫等多种物种的 PPI。在 BIND 数据库中,PPI 被分成了三大类,即二元分子相互作用(binary interactions)、分子复合物(molecular complexes)以及生物途径(biological pathway),从而从不同层次来表示分子间相互作用的关系。

BIND 提供浏览、查询、下载及相关的软件服务,支持多种形式的数据格式,如 XML、CSV、BioPAX、SIF 等,并支持第三方软件,如 Cytoscape、Bioperl 等。此外,BIND 还用一系列简单的图形表示的标示符(ontoglyph)来描述蛋白质的功能,共包括了34个功能分类标志、25个蛋白质结合分类标志和24个亚细胞定位分类标志信息,其分类术语与基因本体论(gene ontology,GO)保持一致。标志符的使用,在一定程度上简化了蛋白质功能的复杂描述。

自1999年开放以来,BIND数据库一直致力于存储生物分子相互作用的完整信息,同时致力于开发用于数据分析的各种生物学软件,以方便全世界范围内的国际科学工作者免费使用。但是,BIND数据库还并没有实现它的全部诺言,如BIND数据重复冗余、更新速度缓慢,并逐步开始商业化。

1.2.5.3 DIP

DIP数据库——蛋白质相互作用数据库(database of interacting proteins,http://dip.doe-mbi.ucla.edu/dip/Main.cgi),是专门存储经实验证实以后,来自文献报道的二元PPI,以及来自PDB数据库(protein data bank)的蛋白质复合物数据,其目的在于建立一个简单、易用、高度可信的PPI公共数据库。图1-26为DIP数据库主页。

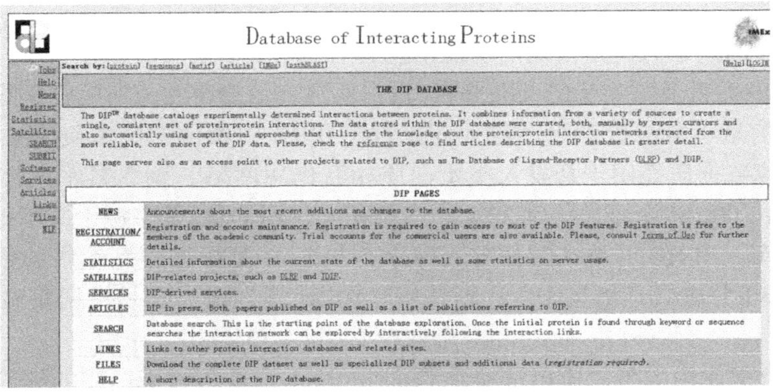

图1-26 DIP数据库主页

DIP数据库的PPI包含果蝇、酵母、家鼠、挪威鼠、人等多个物种,提供多种查询方式,用户可直接基于蛋白质名称、物种查询相互作用的蛋白质;也可基于序列匹配BLAST搜索和Motif(模体)搜索查询相互作用的蛋白质。JDIP是DIP数据库提供的一个基于Java语言的可视化应用工具,把PPI数据以网络的形式更加直观的展现出来。由于DIP数据的可靠性,它被选为评估高通量筛选和P筛选或计算机预测得到的PPI的黄金标准集,并且提供PPI真实性评估服务,包括基于平行同源关系的PVM法(paralogous verification method)、基于表达谱分析的EPR法(expression profile reliability)及基于结构域相互作用的DPV法(domain pair verification)。

此外,DIP数据库还发展了3个子数据库,即Live2DIP、DLRP和Prolink数据库。Live2DIP是DIP的扩展,它在描述PPI时涉及PPI发生的细胞状态及状态的转变情况,即实时PPI;DLRP是关于蛋白质配体与受体配对的数据库;Prolink是利用系统发生谱、基因簇等计算方法预测得到的PPI的数据库。

1.2.5.4 IntAct

IntAct 数据库(http://www.ebi.ac.uk/intact/)是一个存储和分析生物分子间相互作用的公共数据库,它是一个开源的数据库,并且也是一个开放数据的分子相互作用数据库(图 1-27)。该数据库主要记录了蛋白质二元相互作用及实验方法、实验条件和相互作用的结构域,包括人、果蝇、酵母、大肠杆菌等物种的信息。IntAct 数据库分基本查询和高级查询两种方式,基本查询可以根据蛋白质名称、PubMedID 等进行简单地搜索;高级查询则根据实验方法和 IntAct 自定义的控制词汇(controlled vocabularies)进行查询,因此查询结果更加精确可靠。

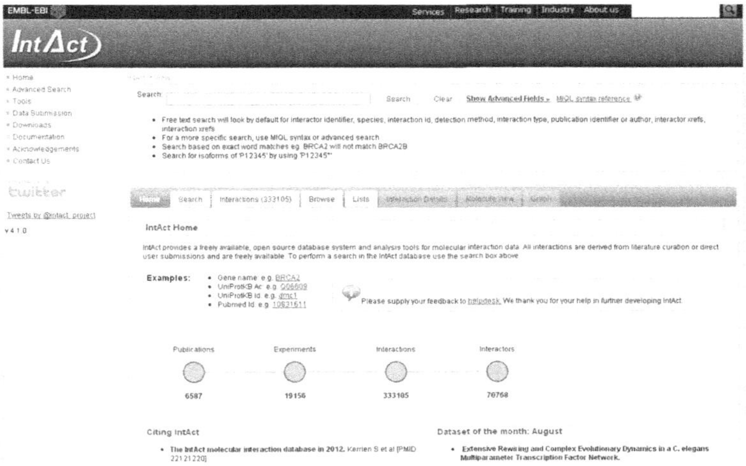

图 1-27 IntAct 数据库主页

IntAct 的数据是由来自文献的或直接来自数据仓库的数据精选获得的,两种层次的精选现在均可在数据库中获得,目前支持 IMEx 层次注释和精简 MIMIx 兼容的条目。从 2011 年 9 月开始,IntAct 包含了来自超过 5000 篇出版物的约 275 000 个二元相互作用证据。IntAct 网站已经进行了改进,以加快搜索过程,并在结果的图形化展示方面进行了优化,新的数据下载格式也已启用。IntAct 是 IMEx 协会(international molecular interaction exchange consortium)、国际分子相互作用交换协会(http://www.imexconsortium.org)的一个积极贡献者。IntAct 源码和数据可以在 http://www.ebi.ac.uk/intact 免费获得。

IntAct 支持 PSI2MI XML110 和 215 格式,提供 PPI 网络的可视化在线分析,同时支持 Cytoscape、Proviz 等第三方网络构建软件、除了存储并查询相互作用的蛋白质信息,IntAct 基于"Pay-As-You-Go"的算法是预测牵出实验(pull-down)的最佳诱饵蛋白。IntAct 研究小组还建议生物学家在文献发表之前向该数据库直接提交 PPI 数据信息。这一过程如同向 GenBank 数据库直接提交核苷酸序列一样,可以极大地方便数据的增加和管理。

1.2.5.5 MINT

MINT 数据库是分子相互作用数据库(molecular interaction database, http://mint. bio. uniroma2. it/mint/),该数据库建立的目标是提取文献信息,存储经实验证实的生物分子间的相互作用数据。图 1-28 为 MINT 数据库主页。MINT 是一个收录蛋白质-蛋白质间相互作用的公共数据库,其收录的 PPI 均来自同行评议的杂志。多年来数据库稳步发展,至 2011 年 9 月,共收录了 235 000 个二元 PPI,覆盖近 4750 种出版物。网页界面允许用户搜索、浏览和下载 PPI 数据。目前,MINT 包含 4568 个相互作用,其中 782 个是间接相互作用或遗传相互作用。

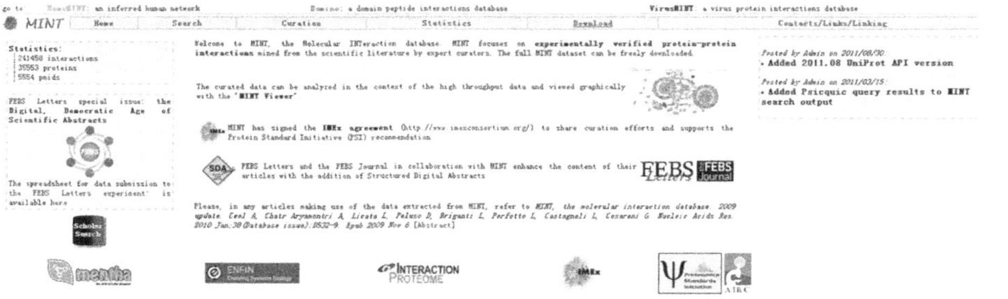

图 1-28 MINT 数据库主页

MINT 是国际分子交换联盟(IMEx)的一员,采用蛋白质组学标准倡议提出的分子互作实体论标准(PSI-MI)管理与交换数据。MINT 通过"MINT 助手"辅助专业用户从科学文献中提取所需信息,相互作用信息能够通过"MINT Viewer"提取并采用图形化方式查看。

目前,MINT 主要存储蛋白质物理相互作用,尤其强调哺乳动物的 PPI,同时包含部分酵母、果蝇、病毒的 PPI。在查询时,MINT 可根据蛋白质名称、各数据库 ID(如 UniProtKB、PDB、Ensembl、FlyBase、OMIM)、关键词等进行基本查询,也可与 DIP 数据库一样,按照序列 BLAST 查找同源相互作用。MINT 支持 Flat File 格式、PSI2MI 格式、Osprey 格式,提供基于 Java 语言的网络可视化应用工具"MINTViewer"。MINT 为每一个 PPI 分配一个根据 PPI 作用位点的数目、实验类型和文献被引用次数而确定的可信值(confidence score),作为 PPI 可信度的一个参考标准。HomoMINT 是 MINT 数据库的姐妹数据库,专门存储由其他物种与人同源比较后得到的人 PPI。

1.2.5.6 MIPS

MIPS 数据库是慕尼黑蛋白质相互作用数据库(mammalian protein_protein interaction database, http://mips. helmholtz-muenchen. de/proj/ppi/),该数据库也是利用文献挖掘技术,专门存储一些哺乳动物的 PPI,主要包括人、小鼠、大鼠等物种的 PPI,图 1-29 为 MIPS 数据库主页。该数据库详细记录了蛋白质相互作用的类型、实验证据及其结合位点,可提供蛋白质的名称、所用的实验方法、物种信息等多种查询方式,查询结果以短格式(short format)和长格式(long format)两种形式显示,前者以列表形式显示相互作用的蛋白质,后者则详细描述了 PPI 信息,包括 PPI 的结合位点、参考文献、实验证据、生物学功能等。MIPS 也提供 PPI 可视化网络分析,同时也可链接到由同一研究小组开发的小鼠基因组数据库 PEDANT。

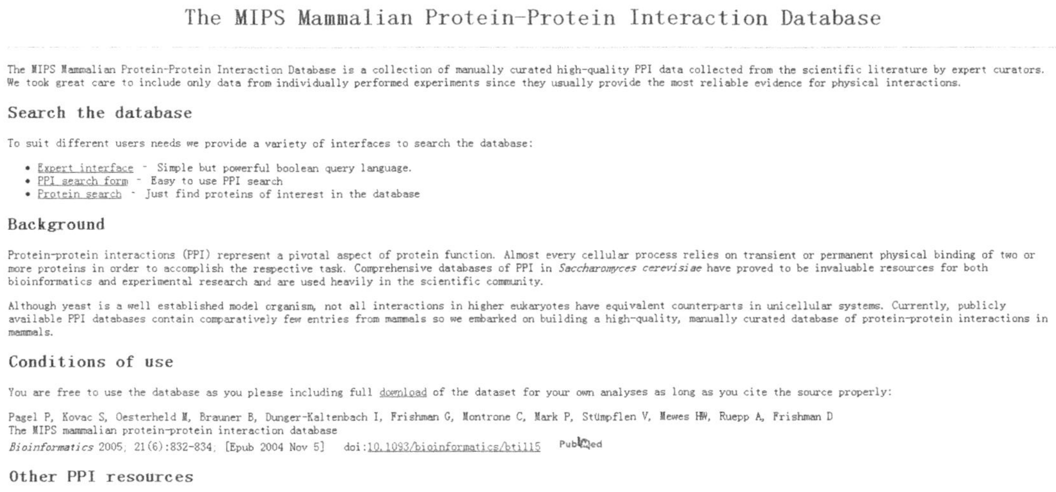

图 1-29 MIPS 数据库主页

1.2.6 常见的基因组数据库

1.2.6.1 常见模式生物的基因组数据库

1) Colibri

大肠杆菌基因组数据库(Colibri,http://genolist. pasteur. fr/Colibri/)由德国 Pastear 研究所建立,是致力于分析大肠杆菌基因组的数据库。Colibri 数据库中包含了大肠杆菌的全基因组 DNA 序列、基因定位、功能、调控序列信息、蛋白质序列和功能,以及大量相关文献信息。

Colibri 数据库提供的查询系统方便、简洁、直观,功能齐全,页面左侧窗口中的输入框为用户提供各种选择。可用基因名称(gene name)查询,若对基因名称不熟悉,则可输入通配符“ * ”、“?”等,还可利用部分名称(partial name)、同义词(synonym)、范围(region)复选框,只需输入一部分基因名称;也可以进行位置(locational)查询,单位可选择千碱基对(kb)和分钟(minute);还可以用文本方式(free text)查询;最后还可以进行扩展查询(extended search),如果用户对自己需要查找的信息比较了解,那么可以通过逻辑词“与”(and)、“或”(or)、“非”(not)提供多种约束条件来提高查询效率。

Colibri 数据库也提供数据库搜索,如 BALST/FASTA 搜索,将查询序列与大肠杆菌序列作比对;模式搜索(pattern search),pattern 是指一段 DNA 或者蛋白质序列,用户可以选择 DNA 或蛋白质模式进行搜索;目标查找(findtarget),以大肠杆菌基因组为参照查找目标基因。

Colibri 数据库除了具有检索和数据库搜索功能外,在数据库网站的首页还将大肠杆菌基因组用环形图表示(图 1-30),点击图中某个区域,就会显示该区域基因的分布图(图 1-31),也可以手动输入起始位置和序列长度检索,在最下方用户还可以选择浏览或下载数据(图 1-32),使用十分方便。

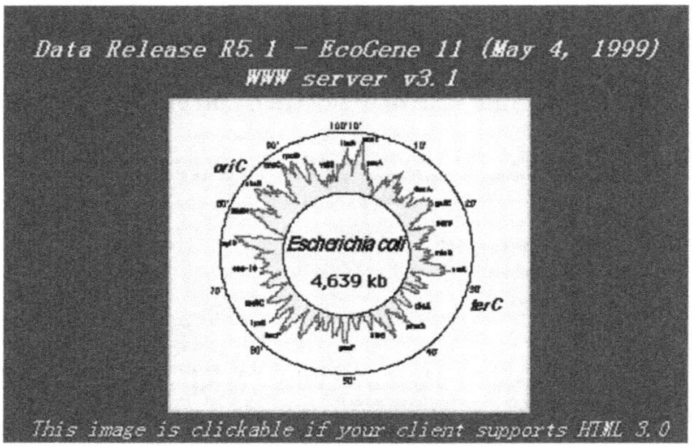

图 1-30 Colibri 数据库搜索

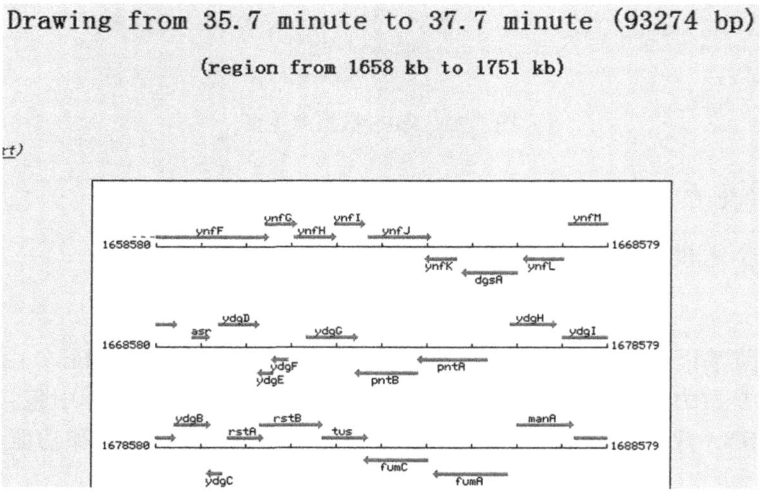

图 1-31 Colibri 数据库搜索结果

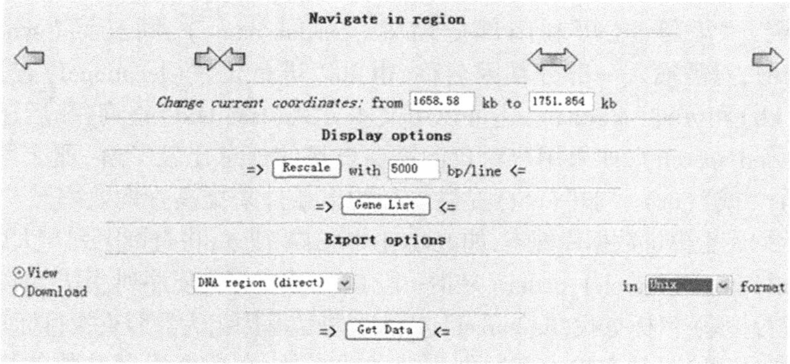

图 1-32 Colibri 数据库序列搜索

2）AceDB

AceDB 数据库始建于 1989 年，最初由 Jean Thierry-Mieg（法国国家科学研究中心）和 Richard Durbin（Sanger 研究所）提供，是为线虫（*Caenorhabditis elegans*）基因组计划而建立的（http://www.acedb.org/）。需要说明的是，AceDB 既是一个数据库，又是一个数据库管理系统。AceDB 是一个设计巧妙的数据库系统，用于处理基因组和生物信息学数据，它提供的用于基因组数据的显示和注释的工具，操作十分方便。

AceDB 采用基于面向对象的程序设计技术，是一个相当灵活和通用的数据库系统，可用于包括从细菌、真菌、植物、动物到人类的基因组数据库的数据分析。图 1-33 是 AceDB 网站首页的一个数据示意图。AceDB 提供很好的图形界面，用户能够从各个层次，如大到整个基因组、小到单个序列来观察和分析基因组数据。数据库内的资源包括限制性图谱、基因结构信息、质粒图谱、序列数据、参考文献等内容。

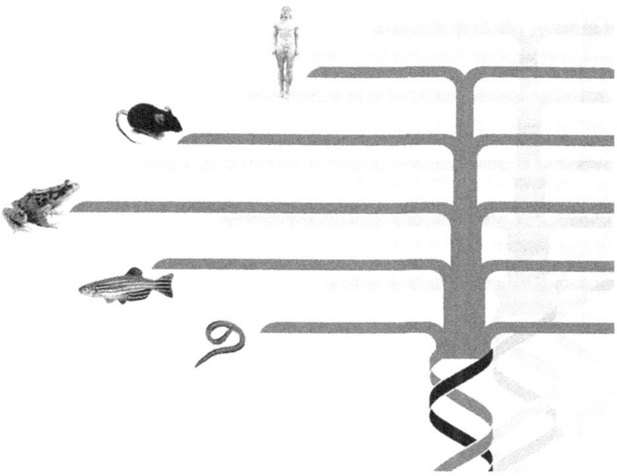

图 1-33 AceDB 数据库界面示意图

AceDB 中序列的显示是一种特征图谱（feature map，Fmap），它链接有许多工具，其中包括：Gene Finder——查找工具，Blixem——BLAST 多重比对观察器，DOTTER——点图程序。这些工具的综合使用，为序列分析提供了丰富的图形环境。

AceDB 被巧妙地设计以便用于灵活地处理科学数据，它提供了一个自定义数据库内核、非标准数据模型、丰富的图形界面以及许多为基因组数据设计的工具。AceDB 最初是基于 Unix 操作系统的 X 窗口系统，适用于本地计算机系统。新开发的 WebAce 和 AceBrowser 则是基于网络浏览器。Sanger 中心已经将其用于线虫和人类基因组数据库的浏览和搜索。以上优点使得 AceDB 既可以用于管理基因组项目的数据，也可以让基因组数据应用于其他学科。

AceDB 是免费的数据库系统，用户可以在网站上下载自己需要的资料及软件，并且在 AceDB 数据库的网站上可以得到各方面的帮助，包括资料的下载、软件（工具）的安装和网站使用方法的介绍。在标准发布中提供了 Unix 系统下的安装说明，还可为那些需要重新编辑的用户提供资源代码。

3）SGD

酵母基因组是于 1998 年完成基因组全序列测定的第一个真核生物的基因组，其重要性不言而喻。酵母基因组数据库（Saccharomyces Genome Database，SGD，http://www.yeastgenome.org/）是一个已经完成基因组全序列测定的啤酒酵母基因组数据库资源，包括啤酒酵母的分子生物学及遗传学等大量信息（图 1-34）。用户通过因特网可以访问该数据库的全基因组信息资源。

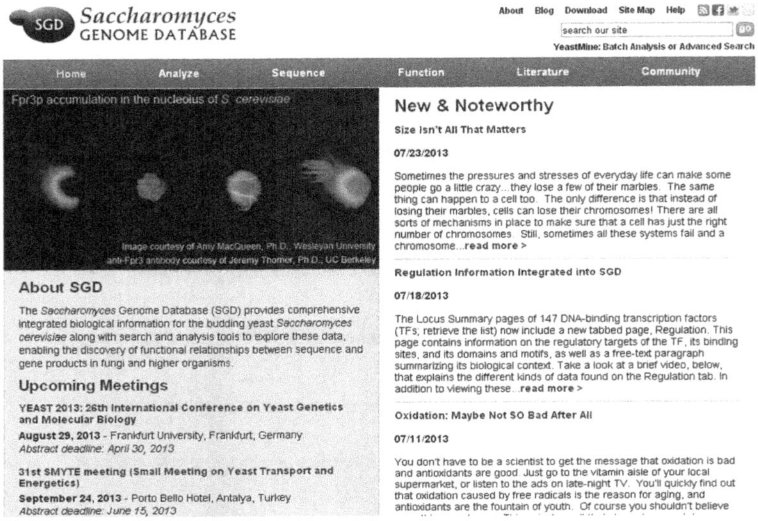

图 1-34　SGD 数据库主页

SGD 中的信息包括：功能注释、图谱和序列信息、蛋白质结构域、表达数据、突变表型、物理和遗传相互作用及这些数据所源自的原始文献。SGD 将各种功能集成在一起，生物学家可通过该数据库进行序列的同源性搜索，对基因序列进行分析，注册酵母的基因名称，查看其基因组的各类图谱，显示蛋白质分子的三维结构，设计能够有效克隆酵母基因的引物序列等。这些功能都可在数据库的首页上找到。该数据库还通过方便实用、形象生动的图形界面为用户提供酵母基因组的物理图谱、遗传图谱和序列特性图谱等信息。

随着重点从基因的识别转移到基因产物在细胞中作用的识别，SGD 试图为其用户提供基因产物在酿酒酵母内及跨物种间关系的注释。为此，SGD 正在使用基因本体论（gene ontology，GO），一个能够跨物种共享的生物学知识的结构化表征来注释基因。因此，SGD 下也新增了一个酵母代谢数据库（yeast biochemical pathway database，http://pathway.yeastgenome.org/）。SGD 数据库上同样也添加了一系列 BLAST 分析工具，利用分析工具 BLAST 可进行酵母序列数据的分析，也可以利用 BLAST 来分析真菌的序列数据。

4）ZFIN

斑马鱼模式生物数据库（the zebrafish model organism database，ZFIN，http://zfin.org）由美国国立卫生研究院的国家人类基因组研究所建立，包含了斑马鱼的遗传、基因组、表型和进化等相关数据(图 1-35)。

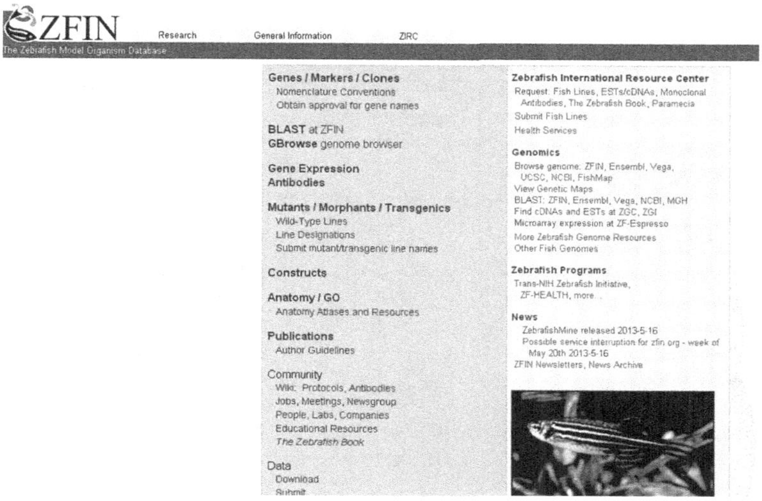

图 1-35　ZFIN 数据库主页

目前在 ZFIN 数据库中增长最快速的数据类型是突变体和转基因位点以及转基因结构。ZFIN 数据库中每一个突变体或转基因整合位点都会给出一个官方的基因组功能名称(等位基因数)和注释,包括受影响的基因、使用的载体、基因突变的类型、使用的策略、所在的实验室、相关比对信息、相应的 GenBank 注册号以及可以展现基因组功能的基因型等信息。

目前 ZFIN 数据库中使用最多的搜索方式是"Mutants/Morphants/Transgenics"搜索(图 1-36),ZFIN 数据库团队在 2012 年对"Mutants/Morphants/Transgenics"搜索进行了更新,更新后的"Mutants/Morphants/Transgenics"搜索功能包括可以使用多个条件搜索、增加搜索的限定条件等。

图 1-36　ZFIN 数据库搜索示意图

ZFIN 的 GBrowse 中单独列出了转基因插入位点序列信息,为基因的结构上的转基因插入位点(transgenic insertions site)提供了一个简单的图形视图(图 1-37),让研究人员更方便地查看相关数据。

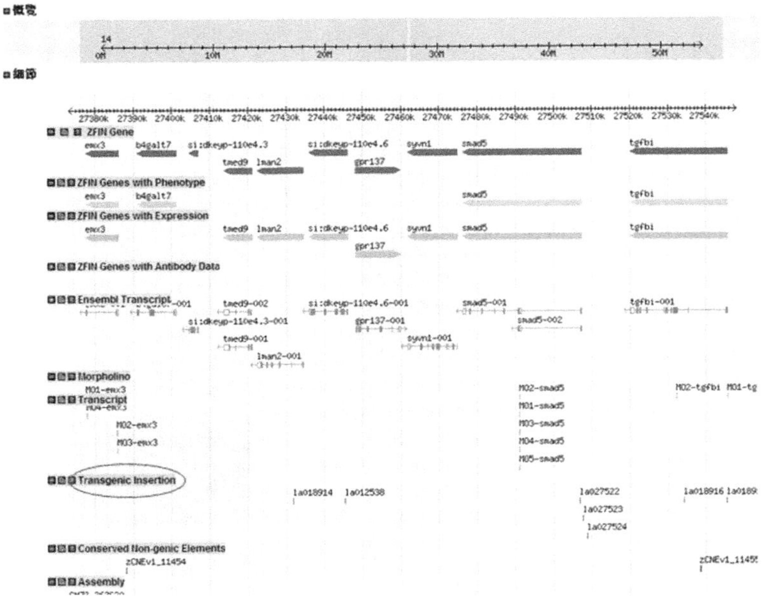

图 1-37　序列搜索结果图

5）FlyBase

FlyBase 是一个关于模式生物果蝇的遗传和基因组信息的数据库（http://flybase. org/），主要包括从 87 000 多份研究文章以及功能基因组学项目中获取的表型、基因表达和交互数据。FlyBase 数据库将数据分为 19 个类，根据不同的数据种类，这些数据被整理成报告（report）类型，详细信息见表 1-7。

表 1-7　FlyBase 数据库中的报告信息

报告类型	ID 前缀	报告数/例	例子
Aberration	FBab	22 095	Df(3R)BSC678
Allele	Fbal	174 584	dpp^{EP2232}
Balancer	FBba	562	TM6B
Cell line	FBtc	140	S2R+
Clone	FBcl	722 146	GH07782
Gene	FBgn	218 959	dpp
Image	FBim	981	Hartenstein(1993)Tracheal System Adult
Insertion	FBti	143 176	P{EP}dpp^{EP2232}
Interactions	FBig	59 755	Physical association between Prosβ3 and Pros29
Library collection	FBlc	416	TRiP-4
Natural transposon	FBte	1 391	P-element
Polypeptide	FBpp	203 595	dpp-PB

续表

报告类型	ID 前缀	报告数/例	例子
Recombinant construct	FBmc/FBms	3 072	pGaTN
References	FBrf	198 436	St. Pierre and McQuilton, P. (2009)
Sequence feature	FBsf	383 313	ras-protein_bind-1
Stock	FBst	113 292	w[1118];P{GD10831}v26115
Term report	GO/FBbt/FBcv/FBdv/SO	335 609	increased cell number
Transcript	FBtr	215 074	dpp-RB
Transposon	FBtp	67 576	P{UAS-dpp. GFP. T}

数据库的首页单独列出了 7 个常用工具，如 BLAST、Gbrowse 等，方便用户使用(图 1-38)。此外，右边的导航栏有个称为"Jump to Gene"的小搜索框，这个基因特定搜索的目的是快速导航到一个基因报告，图 1-39 为搜索结果。当输入精确的基因标志时，搜索速度更快。

图 1-38 FlyBase 数据库主页

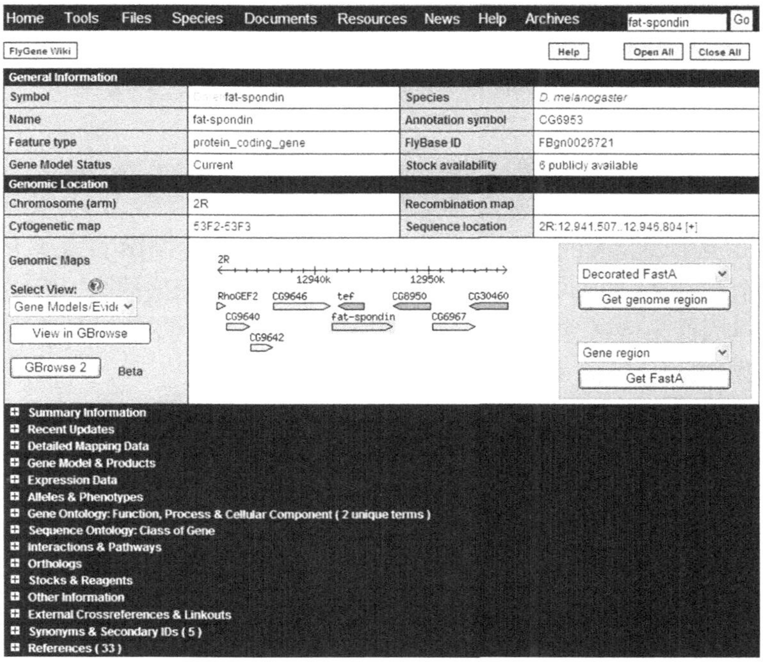

图 1-39 Jump to Gene 搜索结果

FlyBase 数据库的“Quick Search”是最方便的查询访问方式(图 1-40),包含了“Simple”、“Expression”、“Phenotype”、“GO”等 6 种搜索方式。当不能确定基因在 FlyBase 中的名字/符号时,可以添加星号字符“ * ”到一个搜索词的开头或者结尾,作为通配符。

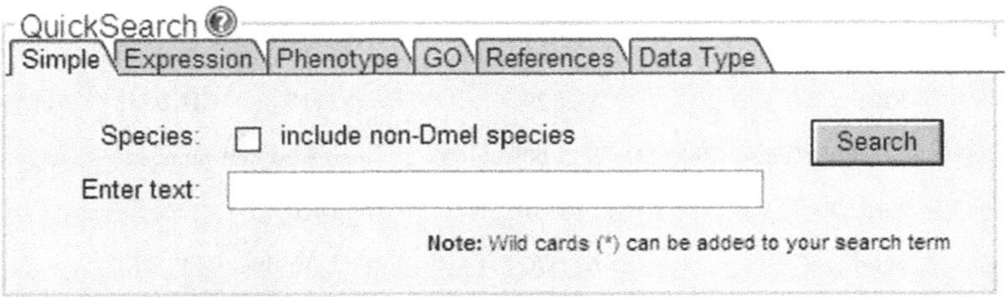

图 1-40　快速搜索界面

6) MGI

小鼠基因组数据库(mouse genome informatics,MGI,http://www.informatics.jax.org/)是实验室小鼠资源的数据库,包含完整的遗传、基因组和生物数据,以促进人类健康和疾病的研究。MGI 数据库中的数据分为 Genes、Phenotypes & Disease Models、Expression、Recombinases(cre)、Function、Pathways、Strains/SNPs、Homology、Tumors 九部分。

MGI 提供了 4 种“Genome”分析工具:Batch Query、MouseMine、MGI BioMart、MouseBLAST 和 3 种“Prototype”分析工具:VLAD-Visual Annotation Display、GO Slim Chart Tool、GO Term Mapper,但是“Prototype” 分析工具还处于开发阶段,性能不稳定。

与小鼠相关的数据可以在“Submit Data”项下提交,向 MGI 提交数据前需要将数据分类,MGI 数据库接收的数据分为 5 类:Gene/Genome Feature/Locus Nomenclature、Allele,Strain & Phenotype Data、Recombinase Knock-in 或 Transgenic Allele Activity/Specificity Data、Expression Data、Mouse Models of Human Cancer Pathology Images。

7) TAIR

拟南芥信息资源数据库(the arabidopsis information resource,TAIR,http://www.arabidopsis.org/)是一个维护高等模式植物拟南芥的基因和分子生物学数据的数据库,由美国国立卫生研究院的国家人类基因组研究所建立。TAIR 以关系数据库的形式组织大量数据,包括 *Arabidopsis thaliana* 和 *Arabidopsis lyrata* 完整的基因组序列、基因结构和功能注释、基因产品信息、拟南芥的代谢途径、基因表达模式、DNA 和种子储备、基因组图谱、遗传和物理标记、生态型和自然变化的相关信息。

TAIR 也为研究者提供了一套可视化和分析工具,帮助用户查询和分析拟南芥数据。TAIR 提供了 19 种搜索方式,其中最常用的是关键词搜索(keyword),关键词搜索(图 1-41)可以用特定关键字来缩小搜索范围。在搜索时可以使用精确(exactly)或模糊(starts with,contains,ends with)的关键词来进行搜索。同时也可以勾选下方的复选框来限制搜索结果。

可以在搜索得到的结果中(图 1-42)选择自己需要的目录查看其详细信息,也可以通过“TreeView”查看该关键词的上级或下级目录等相关的信息。

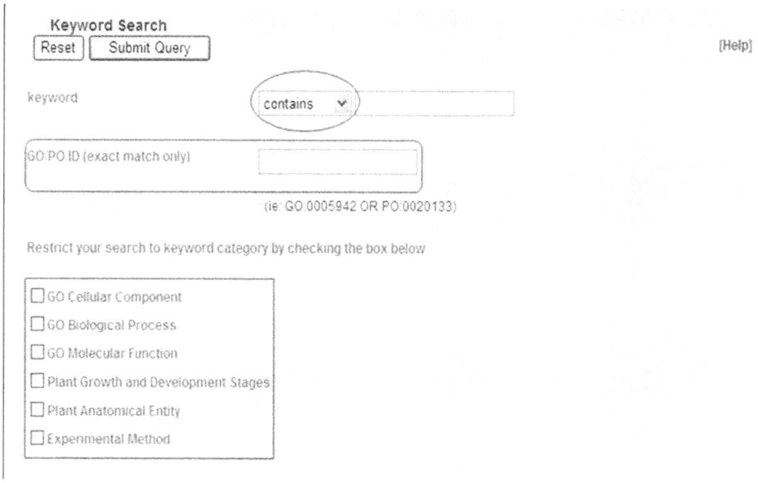

图 1-41 TAIR 关键词搜索页面

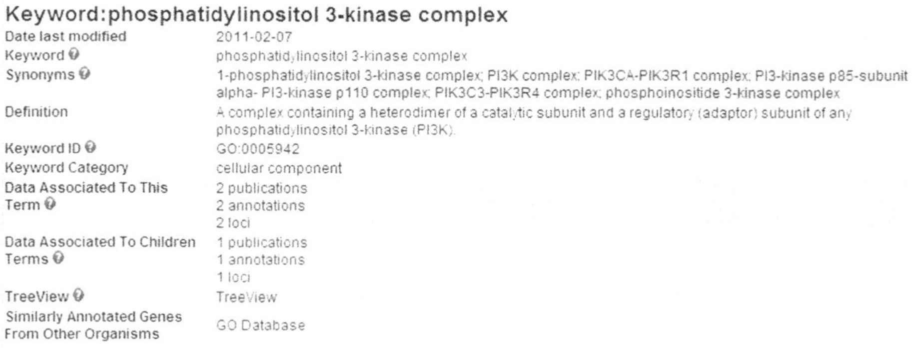

图 1-42 关键词搜索结果

N-Browse 是一个应用于生物网络的、交互式的图形浏览器(图 1-43),它是最近新增的一个工具。N-Browse 可以浏览数据库 TAIR、BioGRID 和 IntAct 中的 8626 个以实验数据为基础的蛋白质之间相互作用的数据。N-Browse 目前并不包含任何预测蛋白质相互作用的数据。在 TAIR 网站上可以下载 N-Browse,网页上有详细的使用介绍(http://www.arabidopsis.org/tools/nbrowse.jsp)。

1.2.6.2 微生物数据库

GenoList 是一个专门为微生物基因组设计的数据库,GenoList 数据库包含了数十种已经完成基因组测序的微生物的基因组序列信息(http://genolist.pasteur.fr/)。现在 GenoList 已经整合成了包含多个微生物物种的 Multi-Genome GenoList 数据库,但是仍然保留了先前单个物种的数据库,如 Colibri 数据库、SubtiList 数据库和 TubercuList 数据库等。

GenoList 微生物数据库的搜索、比对、G-Browse 等功能基本都是相同的,具体介绍参照 1.2.6.1 中 1)Colibri 的介绍部分。

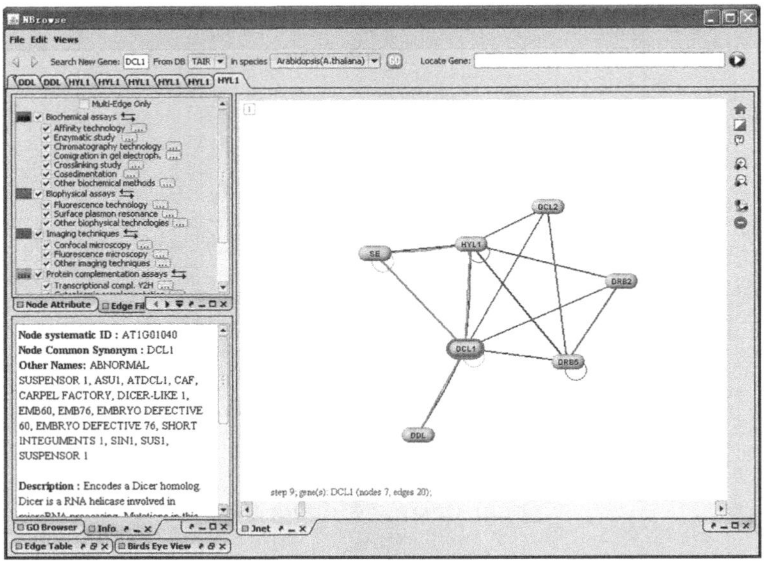

图 1-43　N-Browse 搜索界面

1.2.6.3　真核生物数据库

euGenes 是真核生物基因组数据库(genomic information for eukaryotic organisms, http://iubio. bio. indiana. edu:80891),它提供了真核生物基因和基因组信息数据库的所有信息,包含了基因符号和全名、染色质的遗传和分子信息、基因本体论和基因的同源性信息(图 1-44),如节肢动物基因、果蝇基因、人类基因、小鼠基因、蚊基因、大鼠基因、杂草基因、蠕虫基因、酿酒酵母基因、斑马鱼基因等真核生物基因和相关基因组的序列信息。

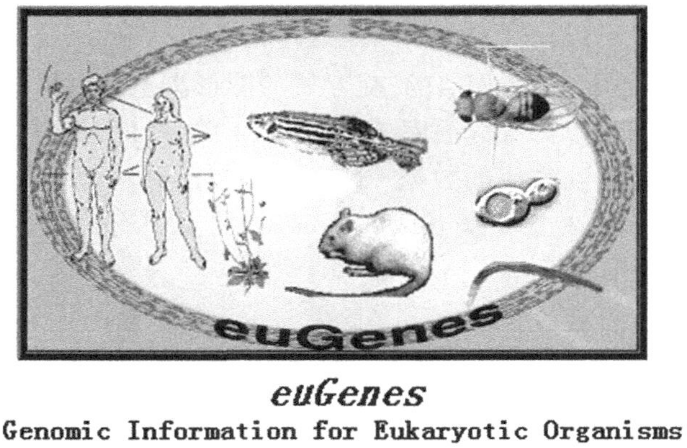

图 1-44　真核生物基因组数据库主页

1) 炎黄数据库

2007 年炎黄计划完成,炎黄数据库(YH database, http://yh. genomics. org. cn/)是应

炎黄计划而产生的，是首个亚洲人二倍体基因组数据库。表 1-8 是炎黄数据库首页目前的数据统计结果。

表 1-8 炎黄数据库数据统计

核苷酸	总计	117.7Gb
(Nucleotide)	比对到参考基因组(Map to genome)	102.9Gb
	基因组覆盖率(Coverage of genome)	99.97%
多态性	单核苷酸多态性(SNP)	3.07Mb
(Polymorphism)	插入缺失(Indel)	135 262 个
	结构变异(Structural Variations)	2 682 个

炎黄数据库中可以利用 MapView 来查看基因组信息，如图 1-45 所示。这是一项基于 G-Browse 的技术。

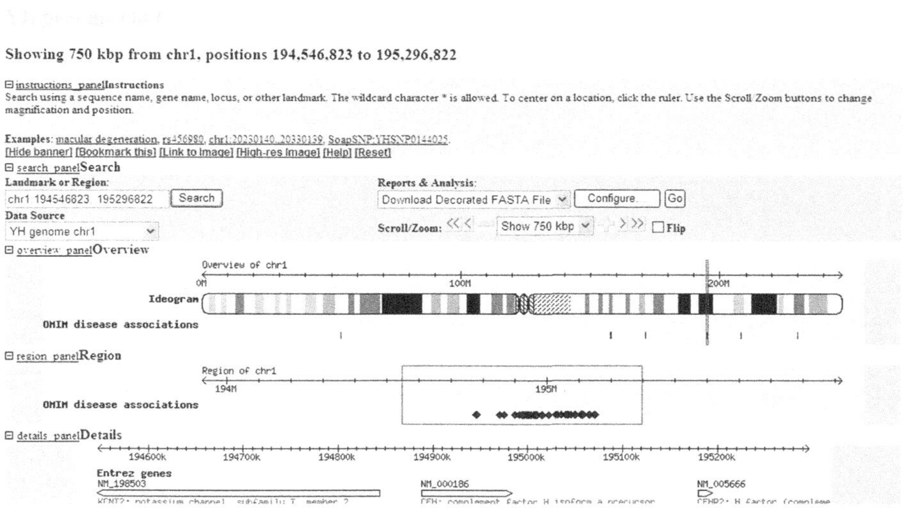

图 1-45 炎黄数据库 MapView 工具

同时还提供 BLAST 相似性搜索服务，可以选择 BLAST 工具和数据库，并且可以设置筛选条件。BLAST 搜索页面如图 1-46 所示。

炎黄数据库的数据也可以通过其 FTP 服务器进行下载(ftp://public.genomics.org.cn/BGI/yanhuang/)。其数据分为原始数据(raw data)和经过处理的数据(processed data)两大类；而原始数据又分为"single_end_data"和"paired_end_data"两种，处理过的数据被分为 17 种。

2) 水稻数据库

水稻数据库(BGI rise database，http://rise2.genomics.org.cn/)是在完成水稻基因组计划后建立的。用户可以通过 MapView 来查看水稻 12 条染色体的详细信息。

CompView 是一个交互式可视化的工具，如图 1-47 所示，可用于同时在多个相关基因

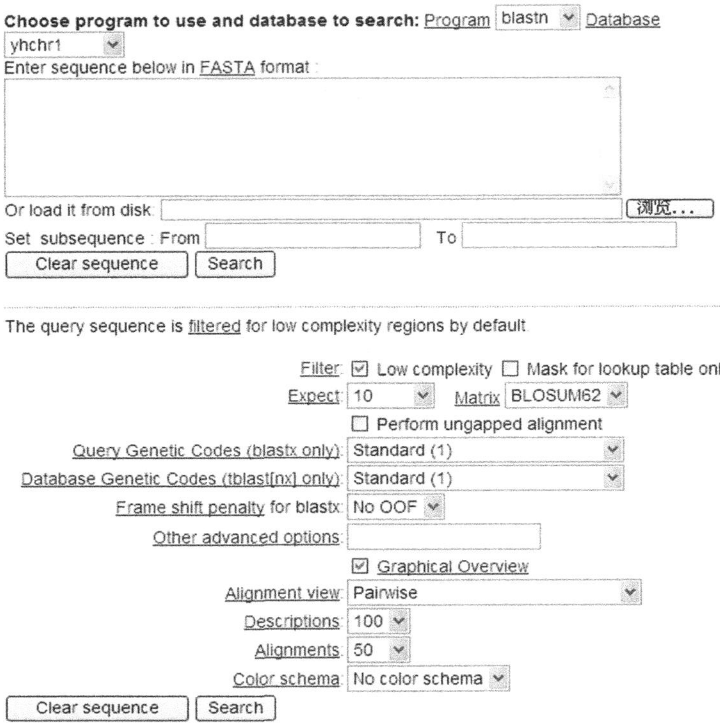

图 1-46　炎黄数据库 BLAST 工具

组的染色体上寻找同源染色体片段和同系物。用户可以在 CompView 和 MapView 之间切换，并在一个基因或感兴趣的区域寻找相关信息。一旦完全实现，CompView 将为用户及时地提供不同属及家系间的物种基因组信息。

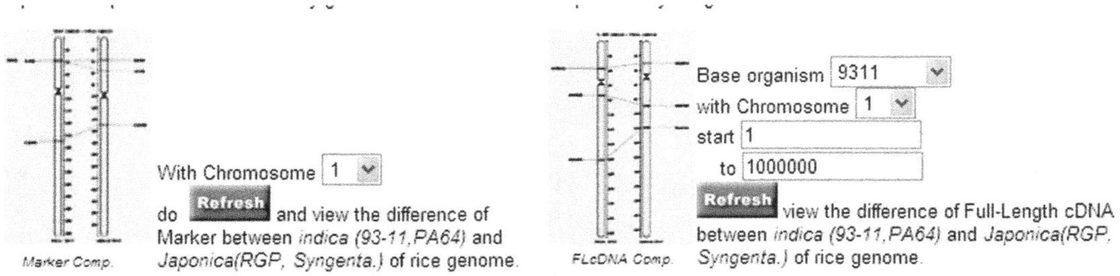

图 1-47　水稻数据库 CompView 工具

水稻数据库还在 Tools&Services 选项下提供了 Cloud computing、FGF（fishing gene family）、WEGO（web gene ontology annotation plot）、BLAST（basic local alignment search tool）4 种服务工具。在 Download 页面下可下载水稻的所有相关数据。

3）熊猫数据库

2008 年，名为晶晶的 3 岁雌性大熊猫的基因组序列初稿完成，大熊猫数据库（giant

panda database，http://panda. genomics. org. cn/）也由此而建立。数据库中的数据包括整个熊猫基因组序列，以及组装信息（表 1-9）和注释信息（表 1-10），如基因结构和功能、非编码 RNA（ncRNA）和重复元素（repeat element）；以及二倍体基因组中发现的多态性信息，如 SNP、插入缺失（Indel）、结构变异（Structural variation/SV）。

表 1-9 组装信息统计

类型	数量/个	大小/bp
Contigs total	200 603	2 245 302 481
Contigs N50	16 105	39 886
Contigs N90	58 757	9 848
Scaffold total	81 469	2 299 498 912
Scaffod N50	521	1 281 781
Scaffod N90	1 867	312 670

表 1-10 注释信息统计

类型	数量/个	大小/bp
Genes	21 001	31 052 448
ncRNAs	1 448	137 352
Repbase TEs	3 104 061	779 790 576
SNP	2 682 349	2 682 349
Indel（1 ~6bp）	267 958	451 943
SV（>100bp）	4 379	1 320 687

1.2.7 疾病数据库

50 年以前，DNA 的结构被公布，这对理解遗传因子如何对人类疾病起预防、诊断及治疗作用非常重要，但关于人类到底有多少条染色体的问题还没确定。现在，我们知道人类共有 46 条染色体，共包含 30 亿个碱基对，编码 6 万 ~8 万种蛋白质。这些编码区只占到基因组的 5%，剩下 95% 的基因组功能都还不知道。

过去十年里，人们花费大量的时间去建立一个人类基因组物理图谱。物理图谱是利用限制性内切酶将染色体切成片段，再根据重叠序列确定片段间连接顺序，以及遗传标志之间物理距离碱基对（bp）、千碱基（kb）或兆碱基（Mb）的图谱。它提供了一个用于人类基因组全测序的框架，人类基因组物理图谱已经确定了约 100 个致病基因。

最具挑战的研究是去发现具有复杂遗传模式的致病基因，如与糖尿病、哮喘、癌症和精神疾病相关的基因。50 年来，由人类基因组计划所得的大量测序结果对提高疾病诊断和治疗有重大贡献。这些成果令我们明白，只有利用数据库技术，通过科学分类、归纳疾病知识体系，建立系统化疾病数据库，才能获取高质量、完整的研究资源，进而取得广泛研究成果。因此，随着国内外医疗事业的快速发展，疾病数据库越来越多，疾病数据库资源也越来越丰富，很多种类的疾病数据库都具有专业、高质量的数据，这些数据库将为医学事业的发展提供重要参考。

国际上有很多疾病数据资源，这些数据库为医疗事业的研究带来了极大的科研价值。下面简单介绍几种国际上最常使用、资源最丰富、最为重要的疾病数据库，即 OMIM、ClinVar、dbSNP、dbGaP、LSDB、HGMD 及单基因遗传病网。

1.2.7.1 OMIM

OMIM 即人类孟德尔遗传在线数据库，网址为 http://omim. org。它收集了人类基因和遗传表型全面且权威的信息，可供免费使用，并且每天都会进行更新，是在约翰霍普金斯大学医学院 Dr. Ada Hamosh 博士的指导下，由 McKusick-Nathans 医学遗传学研究所撰写和维护的,如图 1-48 所示。

图 1-48　OMIM 数据库主页

OMIM 包含了所有已知的孟德尔疾病共 12 000 个基因。OMIM 提供了表型和基因型之间的关系,包含了其他遗传资源的大量链接信息,OMIM 数据库是 20 世纪 60 年代初开始,起初由 Dr. Ada Hamosh 博士作为一个孟德尔疾病目录创建的,标题为人类孟德尔遗传(MIM)。1966～1968 年,MIM 的 12 个书籍版本被刊登。1985 年,由国家医学图书馆和在约翰霍普金斯大学的 William H. Welch 医学图书馆合作,创建了 OMIM 的在线版本,1987 年开始在网上投入使用。在 NCBI 上的链接页面如图 1-49 所示。

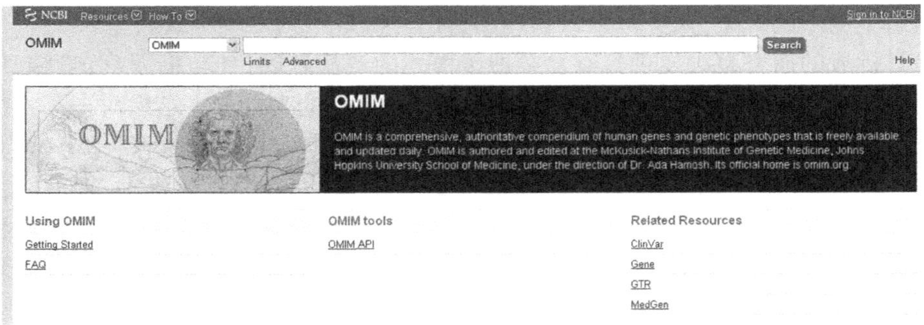

图 1-49　NCBI 上有关 OMIM 网站链接

OMIM 主要供医生、其他关注遗传疾病的专业人士、遗传学研究人员、医学方向的高等学生使用。它免费向公众开放,可用于个体医疗或相关遗传疾病的查询。

进入 OMIM 主页,用户可以通过普通搜索工具搜索人类基因及相关遗传疾病,也可以通过高级搜索获得 OMIM 的基因图谱信息,它会定时公布有关疾病的更新信息,如对该基因的描述、基因表型、分子基础、所属遗传疾病的种类、在基因上的位置信息及总计数目都有一个统计结果,可供读者方便地搜索自己感兴趣的方向,如图 1-50 所示。

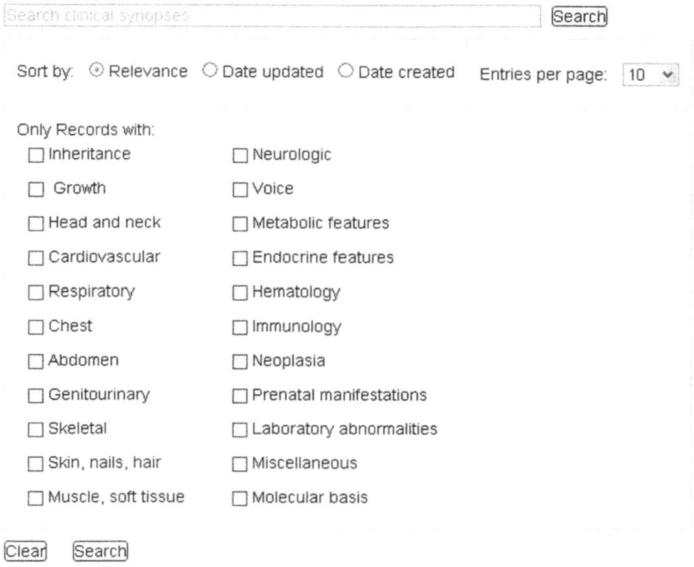

图 1-50　Clinical Synopsis 高级搜索页

OMIM 还统计了人类基因图谱的数据信息,统计了已知分子基础的疾病表型数目和引起突变表型的基因数目,疾病表型包括单基因遗传病及其性状、一些复杂疾病和一些体细胞遗传性疾病的信息,如图 1-51 和图 1-52 所示。

OMIM Morbid Map Scorecard (Updated 13 August 2013):

Number of phenotypes* for which the molecular basis is known	4,973
Number of genes with phenotype-causing mutation	3,035

* Phenotypes include single-gene mendelian disorders, traits, some susceptibilities to complex disease (e.g., CFH and macular degeneration, 134370.0008), and some somatic cell genetic disease (e.g., FGFR3 and bladder cancer, 134934.0013)

图 1-51　OMIM Morbid Map 统计

OMIM Synopsis of the Human Gene Map (Updated 13 August 2013):

Chromosome	Count	Chromosome	Count
1	1,419	13	267
2	905	14	464
3	758	15	429
4	557	16	583
5	647	17	823
6	852	18	211
7	669	19	893
8	508	20	366
9	544	21	151
10	525	22	346
11	877	X	801
12	751	Y	53

图 1-52　OMIM Gene Map 统计

OMIM 还提供了文件下载页面，该页面有相关文件名及对应的文件描述，如文件 omim. txt. z 代表 OMIM 的压缩文件；genemap 是一个字段分开的文件，其中包含了人类基因图谱信息，对疾病的图谱进行染色体定位；mim2gene. txt 是有字符分隔的文件，可将 MIM 号链接到 NCBI 中的基因 ID 下，及 HGNC 批准的基因符号。

OMIM 还有一个常见问题的解答模块（FAQ），如什么是 OMIM，OMIM 数据库使用的编号系统是什么，MIM 前的符号代表什么，如何编目 OMIM 的等位基因的突变，OMIM 基因图谱和疾病图谱是什么，基因图谱中的有关数字代表什么意思，OMIM 有什么软件的要求，在哪里可以访问 OMIM 网站，如何引用 OMIM 等很多问题，在这里都一一进行了解答。

OMIM 还有外部网站链接，在该链接里，有相关基因组数据库的链接，如脊椎动物和其他真核生物基因组数据库，NCBI 数据库，人类线粒体 DNA 变异相关的数据库，UCSC 基因组信息；有关于 DNA 的数据库，基于转录的编码和非编码 DNA、NCBI RefSeq、UCSC；有蛋白质的数据库，如 UniProt、HPRD（人类蛋白质引用数据库）；有关于基因的信息，如 BioGPS、Ensembl、NCBI Gene、Gene Cards、KEGG、UCSC、HGNC；还有临床数据库、突变数据库、动物模型数据库、斑马鱼数据库、细胞系等信息。

1. 2. 7. 2　ClinVar

1）ClinVar 简介

ClinVar 汇总了序列变异信息及这些变异与人类健康的关系，网址为 http://www. ncbi. nlm. nih. gov/clinvar/。ClinVar 提供了一个有关人类变异与表型直接关系的存档，可供相关人员自由访问相关信息，从而方便大家交流人类变异之间的关系、观测健康状况并给出合理解释。ClinVar 收集了对患者样本所给出的各种变异报告，并做了相关临床意义、提供者信息及其他支持数据的鉴定，在意见书中将对应的等位基因比对到参考序列中，进而根据 HGVS 标准给出报告。ClinVar 为那些在日常工作流程和其他本地应用程序中期望使用 ClinVar 的用户展示了相关数据，ClinVar 与相关组织合作，以期尽可能满足医学遗传界的科研需求。ClinVar 主页如图 1-53 所示。

2）ClinVar 的数据提交

ClinVar 支持复杂程度不同的数据提交方式，这种提交可以简单到一个等位基因及其注释（有时是变异水平上的），或者详细到提供它的多重结构化观察类型（指个例水平），又或在表型水平的变异结果给出试验证据。主要是为了支持在基因型和认定方面的计算评估，并且将变异和表型方面的知识持续维持。ClinVar 备份和版本提交意味着一旦提交者更新了他们的数据记录，先前的版本还可保持。

ClinVar 欢迎从临床检测实验室、科研实验室、特定的集中数据库、专家小组及专业的社群提交数据，ClinVar 有一个比较复杂的数据模式，所以数据提交方式也需细小化和详细化。ClinVar 支持两种格式：The spreadsheet format 和 XML 格式。

关于“the spreadsheet format”提交模板可以访问 ftp://ftp. ncbi. nlm. nih. gov/pub/clinvar/submission _templates/。

关于如何通过 XML 提交细则可以访问 ftp://ftp. ncbi. nlm. nih. gov/pub/clinvar/

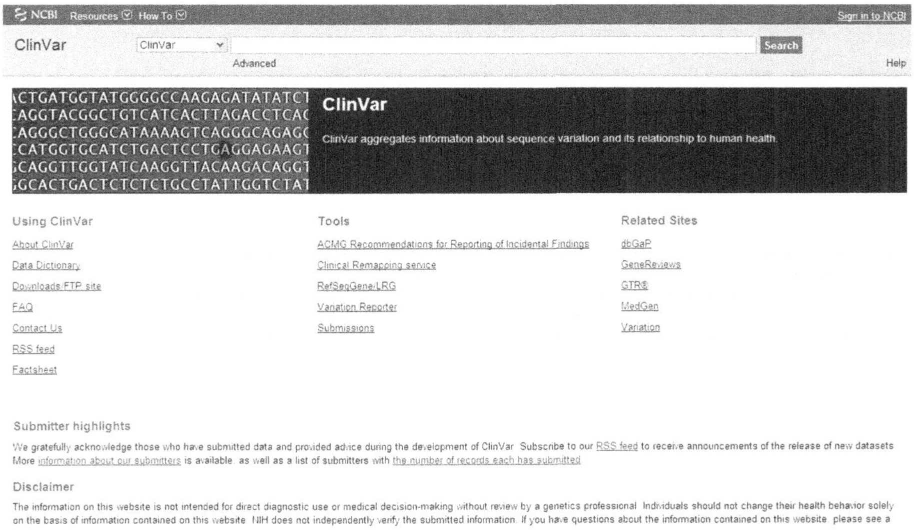

图 1-53 ClinVar 主页

clinvar_ public. xsd。

那么,如何提交数据到 ClinVar,如何选择两种数据格式进行提交,提交的最少内容要求,以及提交到哪里等这些问题,可以访问 http://www. ncbi. nlm. nih. gov/clinvar/docs/submit/。

变异的精确度水平决定临床意义,这一置信度依靠大量数据来提供证据,若是信息可用,则该信息可供使用者收集与整理。但这些提供证据的数据的可用性也可能会发生变化,尤其是在从已发表的文献中不断整合相关数据以后,数据备份接收各种形式的数据提交,可直接反映在临床意义上已有的论断,而或与结论间有冲突。审查状态支持任何质疑或判断,也支持某些结论在学术诚信方面的交流。

3) 代表医学表型

ClinVar 分别从临床术语(SNOMED CT)、基因验证(gene reviews)、遗传家族的参考信息(genetic home reference)、医学主题词表(MeSH)、罕见病存档(office of rare diseases)、在线人类孟德尔遗传(OMIM)等来源中汇总了基础遗传条件下的医学名称。ClinVar 也从人类表型本体 HPO(human phenotype ontology)、OMIM 及其他来源中汇总了相关特征的描述。每一个信息的来源都是可追踪并可查询的。

4) 代表变异信息

当 mRNA、基因组或蛋白质参考序列的信息发生改变时,即可被定义为发生了变异。根据 HGVS(human genome variation society)的标准,默认值将设为"c"。任何蛋白质序列信息发生了改变,它相对应的基因组序列在 RefSeqGene/LRG 坐标中也会体现出来,它在染色体上的位置信息都会被录入系统(接收的版本信息和每次的编录名字,如 NCBI36/hg18 和 GRCh37/hg19)。新的变异也会及时录入到 National Center for Biotechnology In formation variation databases(dbSNP 和 dbVar)中。

5）代表表型和变异间的关系

ClinVar 支持对基因型和重要医学相关的表型之间的关系进行不断推敲，通过对变异信息的集中比较，能够观察出某个体是携带或未携带该表型，ClinVar 支持建立人类变异的临床有效性信息。

6）ClinVar record 所需要素

一个 ClinVar record 需要包含的元素如下：

（1）ClinVar 接收和版本号，分配给每一个记录的接收号或版本号应被一个小数（SCV000000000.0）分开；对相同变异或表型提交一系列结论所需的参考序列的接收号或版本号也应被一个小数（RCV000000000.0）分开。

（2）每一个变异的等位基因或等位基因集的标识符，分别有 HGVS expressions、Published allele names、Database identifiers。

（3）每一个表型的属性特征，分别有 Name、Descriptions、Prevalence/Population、Defining features、Database identifiers。

（4）基因型或表型关系的描述，分别有：审核状态、该结论的提交人、临床意义、简单的证据概要、遗传模式、研究设计、引用文献（包括网站链接）。

（5）提交信息分别有提交者的描述、提交日期与更新日期、被 NCBI 增加的数据。

（6）对变异和结论证据的描述，提交的地方，对一个变异表型提供的证据存档，允许用户或专家组深入的查看相关证据。

（7）从各种来源中汇总数据，在 ClinVar 中汇总的信息以一种最可能被接受的方式公布，可通过 ClinVar 的外部链接和内部链接来获取信息，这样就可使最大信息量以最少数量的参考数字来显示。

2013 年，他们根据国内外相关的意见及建议，在原有基础上，又对 ClinVar 做了更新：①增加了特定等位基因的相关报告，从 ClinVar 数据库的大量报告中集成有关数据信息。②增加了数据提交者的展示，对其提供的贡献进行概括说明。目录包含 6 部分内容：Quick start、How to find information、Reviewing the result set、Understanding the accession-based display、Data standards、Building URL。

（1）ClinVar Quick Start：有任何问题的话，可以使用“entering any term”进入，然后即可从可选条目中选择相关问题或者使用过滤器和高级搜索功能来提出更多复杂的问题。

（2）Query strategies：关于查询策略，网站有详细解释，如图 1-54 所示。

（3）How to find information：ClinVar 对查询窗口使用同样的类型，如果你在 NCBI 里使用过 PubMed 或者其他数据库的话，就会熟悉这种查询方式，换句话说，当你在搜索框中输入一个术语或短语时，该术语或短语将会被处理成搜索记录，包含与你所键入的词汇相关的信息，该信息也会被组织到相关信息类别中，本次搜索就会被整合成搜索记录，以备下次的搜索使用。如果你知道相关搜索方面的名称，就可以直接键入该搜索名称。否则，你可以使用高级搜索帮助建立你的搜索。

键入查询内容时可分两种情况来处理。①简单查询：只需选择你所搜索的术语类型，然后点击 enter 或者在搜索框中点击搜索键即可。②使用高级搜索和高级搜索生成器：在查询栏中点击高级，得到该工具。当你想查询一个包含有几个概念的术语时，高级

Query strategies

Purpose	Examples (try the link)	Comments
Find clinical assertions for a particular disease	"breast cancer"[dis]	If you enter the name of the disease or trait followed by [dis], clinical assertions for variants with respect to that disease will be retrieved. If you do not include [dis], your query is processed by looking for a match on a word or phrase. * is used as the wild card, and that wild card can be used only at the end of a word
	BRCA1[gene]	If you enter the gene symbol followed by [gene], the diseases caused by or with some association to variations within that gene will be retrieved
Find clinical assertions for a particular gene	Use the 'Did you mean?' function	If a query to ClinVar looks like a gene symbol, a dialog will appear asking if you are trying to query only by gene symbol. This is particularly useful when a gene symbol is likely to appear in the database in multiple contexts Did you mean *CFTR* as a gene symbol? Search ClinVar for CFTR By clicking on Search ClinVar for CFTR, the query 'CFTR[gene]' is executed for you, without your having to remember the syntax

图 1-54　查询策略

搜索就显得很有用,该页面允许你搜索所有领域数据库或特殊领域的相关术语,每一个搜索术语可以结合 AND、OR、NOT 来使用,从而提供下一个搜索的选择,使用高级搜索生成器的文档使用说明可以参考 http://www.ncbi.nlm.nih.gov/books/NBK3837/#EntrezHelp.Using_the_Advanced_Search_Pag。

(4) Reviewing the result set:目前,一个搜索结果集可以两种形式给出报告。系统默认的方式是基于顶部设置菜单中列出的选项,将基因或基因组的位置信息以列表形式显示。这种展示用于提供一个简单的类似段落的标准。搜索结果还可进一步以过滤器的方式对剩下的结果进行定义。结果集可以分子构成、变异类型和临床意义来过滤。

(5) Understanding the accession-based display:ClinVar 的数据是用一个简单的内容接收报告,以页面形式展示的,每一个个体的接收都附有接收详情。

(6) Data standards:ClinVar 使用已建立的数据类型标准,如变异描述、变异类型、基因、蛋白质疾病及其临床意义。

(7) Building URL:建立网络链接可以去搜索 ClinVar,如果你知道接收号,还可进入网站查看报告内容。

1.2.7.3　dbSNP

dbSNP(database of SNP)是单核苷酸多态性数据库,网址为 http://www.ncbi.nlm.nih.gov/snp。dbSNP 是 NCBI 与人类基因组研究所(National Human Genome Research Institute)合作建立的,它是关于单碱基替换以及短插入、删除多态性的资源库。虽然该数据库的名称是指一类单核苷酸多态性的集合,但它实际上包含了分子变异的范围,有:①单核苷酸多态性;②短的删除和插入多态性(插入缺失/DIP 开关);③微卫星标记或短串联重复序列(STR);④多态性核苷酸(multinucleotide,MNP);⑤杂合序列;⑥命名的变种。

因为开发 dbSNP 是为了补充和辅助 GenBank,所以它包含了来自任何生物体的核苷酸序列。dbSNP 接收来自公共实验室和私人组织的提交。每个提交至少包括以下 9 个主要数据元素:侧翼序列上下文 DNA 或 cDNA、样本大小、方法、种群、等位基因、特定种群的等位基因频率及基因型频率、特定种群的杂合度估计、个体基因型、验证信息。在

2011 年，dbSNP 发表了最新版本 135，如图 1-55 所示。

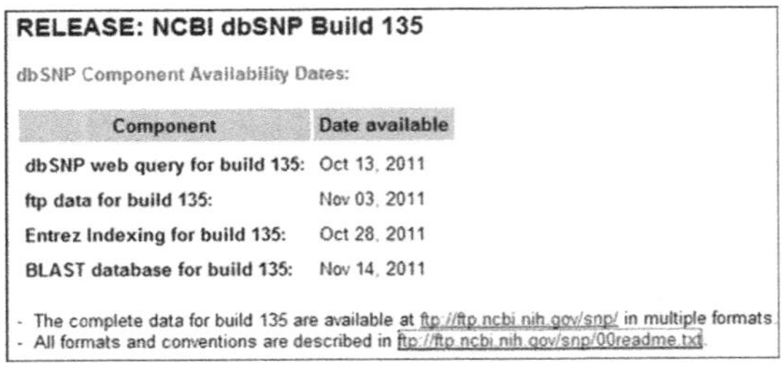
RELEASE: NCBI dbSNP Build 135

dbSNP Component Availability Dates:

Component	Date available
dbSNP web query for build 135:	Oct 13, 2011
ftp data for build 135:	Nov 03, 2011
Entrez Indexing for build 135:	Oct 28, 2011
BLAST database for build 135:	Nov 14, 2011

- The complete data for build 135 are available at ftp://ftp.ncbi.nih.gov/snp/ in multiple formats.
- All formats and conventions are described in ftp://ftp.ncbi.nih.gov/snp/00readme.txt.

图 1-55　dbSNP 新版本

1）dbSNP 的数据库结构

从版本 125 起，dbSNP 的设计改为“中心和辐条”模型，其中 dbSNP_main 表格为车轮的中心，其存储着数据库的主要表格，而车轮的辐条是具体生物的数据库，其包含着具体生物体的最新数据。完整的数据以多种格式存于 ftp 站点（ftp://ftp. ncbi. nih. gov/snp/）。

dbSNP 使用标准的 SQL DDL（data definition language）为表格和索引创建模式表（schema tables）、视图。FTP 数据库目录（ftp://ftp. ncbi. nih. gov/snp/database/）包含模式（schema）、数据、创建表格和索引的 SQL（structured query language）语句。详细信息如下：

shared_schema（ftp://ftp. ncbi. nih. gov/snp/database/shared_schema/）子目录：包含 dbSNP_main 中表格的模式 DDL（SQL data definition language）。

shared_data（ftp://ftp. ncbi. nih. gov/snp/database/shared_data/）子目录：包含所有生物体共享的 dbSNP_main 的数据。

organism_schema（ftp://ftp. ncbi. nih. gov/snp/database/organism_schema/）子目录：包含每种生物体具体数据库模式 DDL 的链接。

主表格的表索引提供在 shared_schema 子目录中的 dbSNP_main_index_constraint. sql. gz 和 dbSNP_main_foreign_key. sql. gz 文件。

每种生物体具体数据库的表索引位于 organism_schema 子目录中的 organism_taxID_constraint. sql. gz 和 organism_taxID_index. sql. gz 文件。

包含表格和列描述的数据条目位于 http://www. ncbi. nlm. nih. gov/SNP/snp_db_list_table. cgi。

SNP 的模式实体联系图位于 ftp://ftp. ncbi. nih. gov/snp/database/b124/mssql/schema/erd _dbSNP. pdf。

2）创建 dbSNP 本地拷贝的资源需求

在软件的需求方面，关系数据库软件有 Sybase、Microsoft SQL server 或 Oracle。NCBI 的 dbSNP 运行于 MSSQL server version 2000。

数据加载工具：将 dbSNP FTP 站点数据加载到一个数据库需要批量数据加载工具，如伴随 Sybase 的 bcp（bulk-copy）实用程序或 MSSQL server 的“bulkinsert”命令。解压 ftp 文件的 winzip/gzip 压缩软件。

硬件需求：计算机平台/OS、磁盘空间大小（500GB）、内存容量（4G）、Internet 链接；创建 dbSNP 本地拷贝的具体步骤见 http://www. ncbi. nlm. nih. gov/books/NBK21088 软件需求。

3）dbSNP 目录结构

dbSNP 包含了许多目录，其中最有用的是 organisms/、database/、specs/，如图 1-56 所示。

图 1-56　dbSNP FTP 目录结构

FTP 的“organisms/”目录包含了一列有 SNP 数据的生物体目录，按通用名后接 NCBI 分类 ID 号来显示。点击特定的生物体子目录即可访问其中的 ftp 文件，如图 1-57 所示。

图 1-57　相关生物体目录

例如,你点击了 human_9606 目录,那么你会发现人体组织子目录包含以下子目录:ASN1_bin/、ASN1_flat/、XML/、VCF/、chr_rpts/、gene_report/、Genome_report/、rs_fasta/、ss_fasta/、genotype_by_gene/、genotype/、haplotypes/、database/、misc/,将子目录作以下描述。

/ASN1_bin:ASN. 1 二进制格式的 RefSNP 文档综述(. bin)。

/ASN1_flat:从 ASN. 1 二进制格式而来的按染色体排序的 RefSNP docsum(. flat)。

/XML:提供 refSNP 簇的具体查询信息以及 NCBI SNP 交换格式的簇成员(. xml)。

/chr_rpts:包含特定染色体上的 RefSNP 的完整列表(. txt)。

/genotype:以基因型交换 XML 格式提供提交的 SNP 的 submitter 和基因型信息(. xml)。

/Genome_Reports:包含生物体 SNP 密度分布的概要报告以及每个基因中的 SNP 的概要报告(无后缀或 . rpt 或 . log)。

/ss_fasta:包含 FASTA 格式的生物体的所有可用的 submitted SNP(ss)序列数据(. fas)。

/rs_fasta:包含 FASTA 格式的人类所有可用的参考 SNP(RS)序列数据(. fas)。

database/:包含具体生物体的表格、schema 文件、共享 schema 文件、共享 data 文件;相关详细信息见 ftp://ftp. ncbi. nih. gov/snp/00readme. txt。

FTP 的“database/”目录包含了模式(schema)、数据(data)、为 dbSNP 创建表和索引的 SQL 语句,如图 1-58 所示。

FTP 目录 /snp/database/ 位于 ftp.ncbi.nih.gov

若要在 Windows 资源管理器中查看此 FTP 站点,请单击“**页面**”,然后单击“在

转到高层目录

```
03/31/2005 12:00上午          3,796 Illumina_top_bot_strand.note.txt
03/05/2010 12:00上午          5,552 README.create_local_dbSNP.txt
10/24/2005 12:00上午       目录 b124
02/14/2006 12:00上午        233,746 erd_dbSNP.pdf
11/30/2007 12:00上午       目录 loadscript
02/13/2006 12:00上午       目录 organism_data
10/14/2009 12:00上午       目录 organism_schema
01/25/2012 02:18下午       目录 shared_data
02/08/2012 04:25下午       目录 shared_schema
04/28/2006 12:00上午       目录 test
```

图 1-58　FTP 的“database/”目录

子目录如下:

/shared_schema:包含在 dbSNP_main 中的所有表格的模式 DDL(SQL Data Definition Language)(. sql)。

/shared_data:包含存在 dbSNP_main 中的所有生物体共享的数据(. bcp)。

/organism_schema:包含每个生物体具体数据库的模式 DDL 的链接(实际上是存放各种生物体模式 DDL 的文件夹)(. sql)。

/organism_data:包含每个生物体具体数据库的数据(. bcp)。

主表的表索引位于/shared_schema 子目录下的 dbSNP_main_index_constraint. sql. gz 和 dbSNP_main_foreign_key. sql. gz 中。

每个生物体的具体数据库的表索引位于/organism_schema 子目录下的 organism_

taxID_constraint. sql. gz 和 organism_taxID_index. sql. gz。

erd_dbSNP. pdf 包含整个 dbSNP 数据库的实体联系图；有关 FTP 站点目录的部分信息见 http://www. ncbi. nlm. nih. gov/books/NBK44378/。

在/organism_data 和/shared_data 子目录下的 . bcp 文件通过使用域界定符“TAB”可以载入大多数电子表格程序。

FTP 下的 specs/目录包含 dbSNP docsum 数据结构的 ASN. 1 和 XML 规格及基因型交换格式、基因型源文档、单倍体提交规格，各种文件格式的详细介绍见 ftp://ftp. ncbi. nih. gov/snp/00readme. txt。

4）dbSNP 数据

一条具体的 SNP 数据如图 1-59 所示，其中间一行代表多态性位点，R 表示嘌呤，即 G 或 A。

```
GTTTGTGATT ACTTTGTAAA AACAGTGTAA TAAGTACTCA CTAAAGGAAA TTTAGAAAAT
GATAAGCTTA Aggccgggca tggtgcctca tgcctgtaat cctagcactt tgggaggctg
aggtgggtgg atcacctgag ctcaggagtt ccagatcatc ctggacaata tggtgaaacc
ctgtctacgc ttaaaatacg
R
aaattagccg ggcgtggtgg ggcatgcctg tggtctcagc tactttggag actaaggtag
aaggatcact tgaatcctgg aggtggaggt tgcagagtga gccaatatcg tgccactgca
ctccagccta ggtgacagag gaagactctg tctcaaaaaa aagaaaaTAA GGCCAGACAC
GGGGGCTCAT GCTTGTAATC
```

图 1-59 SNP 数据

5）等位基因的 IUPAC 代号

等位基因的 IUPAC 代号见表 1-11。

表 1-11 等位基因的 IUPAC 代号

IUPAC 代号	意义
A	A
C	C
G	G
T	T
M	A 或 C
R	A 或 G
W	A 或 T
S	C 或 G
Y	C 或 T
K	G 或 T

6）SNP 主要信息网站

SNP 主要信息网站列举如下。

（1）TSC 网站。TSC（The SNP Consortium Ltd，http://snp. cshl. org/）是一个非营利性基金会，其组成目的是发现人类基因组中超过 300 万个以上的 SNP 数据信息、将数据收集成数据库，并且不以知识产权法律为限制、公开给公众提供信息。

（2）dbSNP Home Page。此网站是由 NIH 之下的 NCBI 所建。该网站具有非常庞大的数据库，网址为 http://www. ncbi. nlm. nih. gov/SNP/index. html。它提供许多不同项目的搜寻服务，且不局限于人类 SNP 信息，也提供其他生物的 SNP 信息。值得一提的是，NCBI 在网站中对 SNP 有简单的介绍，可帮助了解 SNP 的意义及在各种生物方面的应用，是非常有用的数据库网站。

此外，还有一些比较常见的网站，这里不一一赘述，网站名称及信息如下：

Human genic Bi Allelic sequences(HGBASE),网址为 http://hgbase. interactiva. de/;

The unified database(UDB),网址为 http://genecards. weizmann. ac. il/udb/;

Sequence variation database project(SVD),网址为 http://www2. ebi. ac. uk/mutations/;

Human SNP database,网址为 http://www-genome. wi. mit. edu/snp/human/;

JSPN database,网址为 http://snp. ims. u-tokyo. ac. jp/。

7) SNP 位点的命名

关于 SNP 位点的命名其实并不统一,大家在文献中一般用的都是习惯或者称惯用名称。这里只介绍 NCBI 的 rs 号。

NCBI 里对所有提交的 SNP 进行分类之后,都会给出一个 rs 号,也可称作参考 SNP,并给出 SNP 的具体信息,包括前后序列、位置信息、分布频率等,应该说用这个 rs 号比较容易理解。

一般写法:dbSNP 后面跟 featureID,featureID 一般是 rs/ss 后跟 7 ~ 8 位数字,如 rs12345678 或者 dbSNP|rs12345678。

8) dbSNP 数据查询

dbSNP 现已并入 NCBI 的 Entrez 系统,能使用与其他 Entrez 数据库(如 PubMed 和 GenBank)相同的查询方式来查询数据。其中可用的搜索词或字段见 http://www. ncbi. nlm. nih. gov/snp/snp_schemaChange_b111. htm。SNP 数据库的数据内容分为两类:一类是提交数据,即观察所得的原始序列变异;另一类是计算内容,即通过对原始提交数据计算在每个“build”周期中产生的内容,如图 1-60 所示。

SNP 提交信息查询方式:基于提交记录的查询方式,可通过实验室(提交人)、新数据(也称新批量)、用于鉴定变异的方法、感兴趣的种群、出版信息来选择 SNP。

dbSNP 批量查询方式:使用一组变异 ID[包括 RefSNP(rs)ID、Submitted SNP(ss)ID 和 Local SNP ID]来生成各种 SNP 报表。

标记间查询方式:如果你对两个序列标签位点(sequence tagged site,STS)标记间的特定基因感兴趣,可以使用这种方式。

位点信息查询方式:现已被 Entrez Gene 方式所取代;此外还有单记录查询方式、Entrez 检索器方式等。

9) dbSNP 数据库的 rs_fasta 格式

图 1-61 为一组 rs_fasta 格式的 dbSNP 数据,对其中的数据格式进行解读如下。

其中

gnl:object-type=general

dbSNP:Database name

rs193927898:dbSNP rs#

allelePos=151:Offset of SNP in sequence

totallen=301:Total length of sequence

taxid=3702:taxID

snpClass=1:Variation Class

alleles='A/T':List of alleles

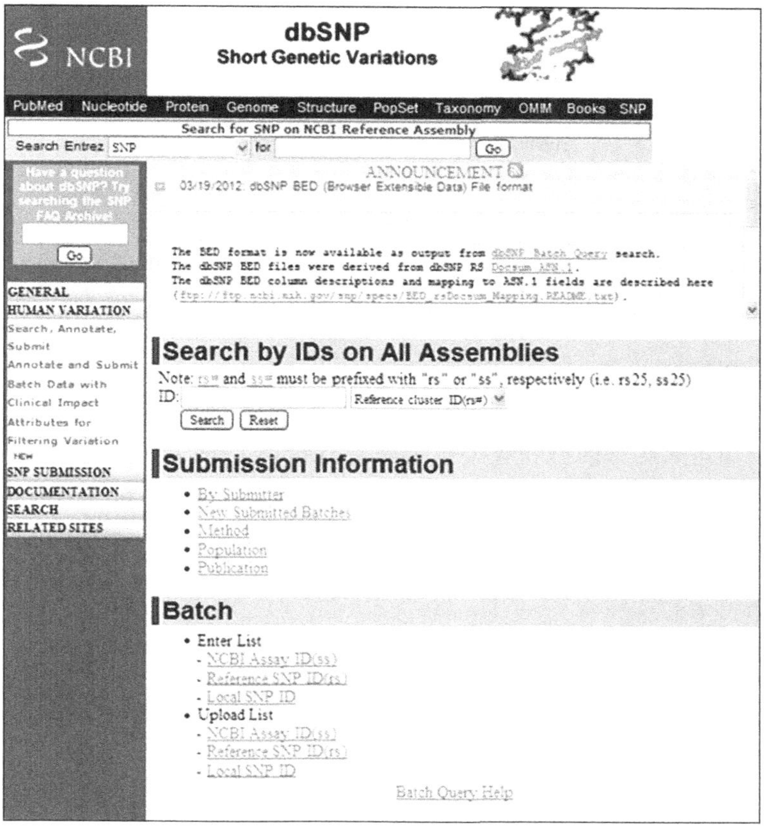

图 1-60 dbSNP 数据查询

```
Fasta sequence (Legend)
>gnl|dbSNP|rs193927898|allelePos=151|totalLen=301|taxid=3702|snpclass=1|alleles='A/T'|mol=Genomic|build=136
ATTATTCTTG TATGAATGAG TTTATGAGAA TTTGGAATAA TTCATGAATC TACCCAAATT
TTCATTATAT ATGGATTTAT GAAACTTGGT AATTGATACG AAAGTATTTT GTTATTTTAT
TCTCGATATA TTAACATNTT TTTTTTTNNN
W
AAAAAATAGT TGTTTTTTTT TTAACATGGG AGAGNACTTA ACAGGACGGG TTCTCGCAGA
AACGATATAT ATTTAGGTCA AATCTGTTTT ATCGGGGTTA TTAGATTCTC TTGGCCCAAC
TGTAGTGTCA AATATCAAAC CGATGTTATC
```

图 1-61 rs_fasta 格式的 dbSNP 数据

10）snpClass 取值解释

关于 snpClass 取值的解释见表 1-12。

表 1-12 snpClass 取值的解释

snpClass 取值	说明
snpClass＝1	True single nucleotide polymorphism
snpClass＝2	Insertion deletion polymorphism；deletions represented by '-' in allele string
snpClass＝3	Variation has unknown sequence composition but is observed to be heterozygous
snpClass＝4	Microsatellite/simple sequence repeat

续表

snpClass 取值	说明
snpClass = 5	Allele sequences defined by name tag instead of raw sequence
snpClass = 6	Submission reports invariant region in surveyed sequence
snpClass = 7	Mixed class
snpClass = 8	Multiple nucleotide polymorphism(all alleles same length, where length >1)

1.2.7.4 dbGaP 数据库

dbGaP 数据库(the database of genotypes and phenotypes, http://www.ncbi.nlm.nih.gov/gap)是 NCBI 下的子数据库,是美国国立卫生研究院(NIH)在 2006 年 12 月资助并启动的一个可自由进入的基因型和表型数据库。它收集了多年来研究中采集到的海量受试者的基因、健康状况和生活方式等信息集,并充分挖掘和综合利用有关基因型和表型的相关信息,形成了一个信息丰富的疾病相关性数据库。图 1-62 为 dbGaP 数据库主页。

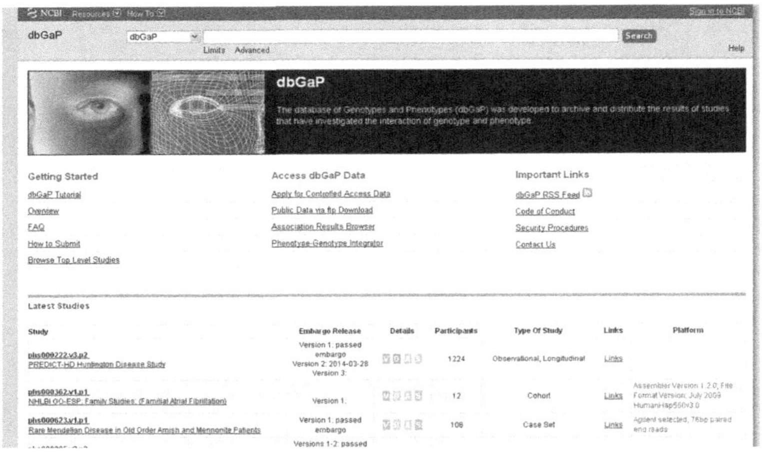

图 1-62 dbGaP 数据库主页

迄今为止,dbGaP 数据库共含两项研究数据。这两项研究的目的是寻找遗传性因素、健康状况和生活方式等这些相应的特征与特定疾病间的联系,其中一项是 600 位受试者参与与老化相关的眼部疾病的研究,另一项是 2573 位受试者参与的帕金森病的研究。

从 2007 年开始,dbGaP 数据库开始拥有来自美国弗莱明汉姆心脏研究所的大型研究项目的数据信息,该研究所一共追踪了 14 000 名受试者,共包含了三代人的数据分析结果。dbGaP 数据库中也包含了一些美国和其他国际性数据库的数据信息。dbGaP 数据库是首次将大型研究的数据免费提供给感兴趣的研究团队,研究人员利用 dbGaP 数据库中的数据信息,可以深入挖掘丰富的基因、研究方案相关的数据库资料。

该 dbGaP 数据库与之前其他只针对少数几个有关基因或基因标志的研究项目不同,dbGaP 数据库目前的研究试图将某种疾病患者的特征与大范围遗传标记中的变异联系起来,希望能鉴别出新的关联性信息。并且 NIH 数据库中巨大的样品量为这些研究提供帮助,这种实施力度是前所未有的。

虽然说 dbGaP 数据库可以在线免费获取,但是这些研究中的隐私还是可以为数据提供者给予保护,dbGaP 数据库对进入的数据统一采用了 NIH 的通用规则,尽管一些研究文件、方案和摘要数据可以在线免费获取,但研究人员必须申请才能进入个人的基因型和表型的数据,而且这些数据必须隐去任何可以识别受试者的信息。

并且,研究人员用自己职业生涯中或许是最好的时光去收集整理这些患者的数据,那么当这些数据发表后,他们应该获得怎样的补偿呢? NIH 针对这些,起草了一项政策,为数据收集者提供一个 9 个月的窗口期限,即在这 9 个月内,尽管所有的研究人员都可以自由地对这些数据进行及时分析和研究,但是只有参与原始研究的人员才可以递交一份基于这些研究的论文。针对不同的研究项目,这个期限或许也有所不同,可根据具体情况,相应的延长窗口期限。

1.2.7.5　LSDB

位点特异性突变库(locus-specific databases,LSDB,http://www.hgmd.cf.ac.uk/docs/oth_mut.html)是一个集中对疾病有关的基因变异进行序列收集的数据库,主要收集与某一特定基因相关的突变信息,也称为基因特异性数据库。LSDB 中与癌症有关的基因为研究者、诊断实验室、临床医生和其他癌症遗传学研究团队提供了重要资源。LSDB 在鉴定变异的临床分类方面发挥了关键的作用,IARC 工作组针对未分类的遗传变异,针对癌症易感基因有关的 5 类变异,提出了一个新的系统。然而,该标准在对数据的分类方面缺乏对各种类型数据的报告和分析。通过遵循在数据校对和注释方面一致性和透明度的标准,LSDB 在更好地理解疾病与遗传变异的关系方面至关重要。

LSDB 里面的数据,包含很多突变相关的数据,也包含一些另外的没有发表的数据(图 1-63)。一篇关于 LSDB 数据库的文章(A database of locus-specific databases)综述出现在 *Nature Genetics* 上,它从各个方面介绍了 LSDB 数据库,详见 http://www.hopkinsmedicine.org/geneticmedicine/Home_Pages_PDF/LocusSpecific.pdf。LSDB 由于经过了专家的校对而数据质量高,并且数据相对集中,但是由于 LSDB 数据库规模比较小,往往缺乏专业数据库人员的开发和维护。LSDB 相关的软件来自于爱丁堡、多伦多、巴尔的摩、阿德莱德、墨尔本莱顿和蒙彼利埃的 HGVS 成员的合作开发,其中,核心系统的开发由一个来自英国医学研究理事会人类遗传学分部(Medical Research Council Human Genetics Unit)的小组负责。软件的设计要达到以下目标:①安装与使用简单易行,无需太多的计算机转移知识;②可以运行在各类计算机系统之上;③平台独立性;④核心功能可以处理突变、患者、表型和样本的各类数据;⑤模块化设计。

LSDB 需经过 HVP(human variome project)的认证,并且使用统一的参考序列、命名系统和数据库标准。LSDB 需要包括高质量的临床信息和表型信息,声明每个变异实例,表示数据质量,并且接收各种数据提交。每条基因上的突变数据都由一组专家负责校准,这些专家可以得到各类开放软件和信息学家的技术支持。校阅后的序列及变异数据需要提交给公共数据库供查阅。

Locus-Specific Mutation Databases

A considerable number of locus-specific mutation databases have been constructed and made publically available via the internet. Many of the lesions present in these databases are included in the Human Gene Mutation Database. However, the locus-specific databases may contain additional unpublished material. An article reviewing current locus-specific databases recently appeared in Genome Res (2002) 12: 680-688.

Please note that these sites listed below are not maintained in Cardiff, and that all queries regarding them should be addressed to the curators of the site in question. It should also be noted that inclusion of a site here does not automatically imply that the curators of HGMD have approved either the quality of the site or its contents.

Gene(s)	Database	Host Institution
ABCA4	ATP-binding cassette transporter retina	Retina International
ABCC6	Multidrug resistance-associated protein 6	Retina International
ABCC8	Sulphonylurea receptor	Hôpital Necker-Enfants Malades (Paris), France
ABCD1	X-linked adrenoleukodystrophy	Academic Medical Center, Amsterdam, Holland and Kennedy Krieger Institute, Baltimore MD, USA
ABO	Blood group antigen mutation database	Albert Einstein College of Medicine, New York, USA
ACHE	Blood group antigen mutation database	Albert Einstein College of Medicine, New York, USA
ACTC	FHC mutation database	Australian National Genomic Information Service
ACTC	Sarcomere gene mutations	Harvard University, USA
ACVRL1	Hereditary hemorrhagic telangiectasia mutation database	Heriot-Watt University, Edinburgh, UK
ADA	Adenosine deaminase deficiency	University of Tampere, Finland
ADRB3	Beta-3 adrenergic receptor	Tel-Aviv University, Israel
ADSL	ADSL mutation database	University of Louvain Medical School, Belgium
AIPL1	Aryl hydrocarbon receptor-interacting protein-like 1	Retina International
ALB	Albumin database	Mary Imogene Bassett Hospital Research Institute, New York, USA
ALDH1B1	Aldehyde dehydrogenase	University of Colorado Health Sciences Centre, USA
ALDH2	Aldehyde dehydrogenase	University of Colorado Health Sciences Centre, USA
ALDH3A1, ALDH3A2	Aldehyde dehydrogenase	University of Colorado Health Sciences Centre, USA

图 1-63　LSDB 数据库数据信息

LSDB 对于相关的研究和医疗方面都很重要。因为它搜集的数据是被相关专家提供、经过专家校准的，这些基因有着非常重要的作用，它包含了各种突变基因，如 *OMIM18*、*HGMD19* 等。管理者能够从他们的实验室、合作者处收集一些未发表的突变基因，这些未发表的突变量多达 50% 。

1.2.7.6　HGMD

人类基因突变数据库（the human gene mutation database, HGMD, http://www.hgmd.org/）全面收集了引起人类遗传病或与人类遗传病相关的主要的基因突变。它在加的夫（Cardiff），被 D. N. Cooper、E. V. Ball、P. D. Stenson、A. D. Phillips、K. Shaw 和 M. E. Mort 维护。此数据库建立的初衷是用于突变机制的分析，但由于它收录最新的、完整的有关人类疾病突变谱的参考数据，HGMD 至今已获得了更为广泛的应用。

HGMD 系统收录文献报道中的所有致病突变和与疾病相关的功能多态，并将这些数据以易于读取的格式提供给感兴趣的各领域，不管他们是来自学术、临床还是商业领域。HGMD 收集的数据包括了单碱基置换（如编码序列中的错义突变和无义突变以及调控和剪切区域中的点突变）、微缺失（micro-deletion）和微插入（micro-insertion）、缺失/插入（indel）、重复序列扩增以及大的基因损伤（缺失、插入和倍增）和复杂的基因重组。

HGMD 通过互联网免费提供给注册的（registered）学术和非营利用户，但此公共网站只提供那些已收录三年以上的数据。HGMD 目前有两个版本，面向学术机构的公共（public）版本和专业（professional）版本。图 1-64 为 HGMD 数据库公共版本主页。

最新的数据可从 HGMD 专业版（HGMD professional）通过他们的商业合作伙伴 BIOBASE GmbH 以付费的形式获得。除了最新的突变数据，HGMD 专业版还提供公共网站上不具有的功能强大的搜索工具以及与基因和突变有关的特别信息。HGMD 专业版每三个月更新一次。

HGMD 专业版的数据实时更新。目前有 3500 多种基因，超过 93 000 种与遗传性疾病有关的突变和多态性数据，比 Public 版本多出了近 40% 的数据，这保证了研究者可以获取

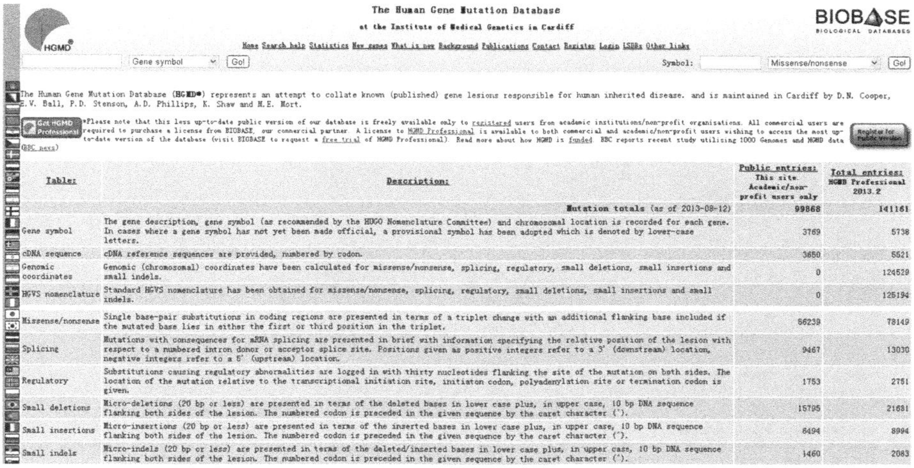

图 1-64 HGMD 数据库公共版主页

更多的最新数据用于研究和工作。而 Public 版本只有三年前的数据,减少了将近 25 000 种疾病相关的突变和多态性数据。专业版本还提供数据下载,用户可以把在线查询的数据结果以文本的形式保存到本地,或者保存为基因组浏览器 tracks,这样就方便下次再参考使用或以文档保存。同时,HGMD 专业版更提供了一种下载的版本,可以供用户将整个数据库下载并安装到本地。截至目前,HGMD 两种版本的数据统计结果见表 1-13。

表 1-13 HGMD 两种版本的数据统计结果

突变类型	公共版 (entries)	专业版 (entries)
Missense	44 933	62 368
Nonsense	11 306	15 781
Splicing	9 467	13 030
Regulatory	1 753	2 751
Small deletions	15 796	21 681
Small insertions	6 494	8 994
Small indels	1 459	2 083
Gross deletions	6 156	10 267
Gross insertions	1 253	2 376
Complex-rearrangements	947	1 409
Repeat variations	305	421
Total	99 869	141 161

其次,专业版还提供高级搜索,用户可以通过通配符的方式查询以下信息:

(1) 关键词、标题、全文;

(2) 突变、基因、参考文献、突变类型;

(3) 同义词和其他标识符。

对于查询的结果,可以按照染色体的位置、字母顺序来浏览突变,还可以通过内建的突变显示图来查看。HGMD 专业版包含了众多额外的细节信息,包括:额外的文献、基因组坐标和转录因子结合位点,提供链接到 dbSNP、HGVS 命名法、扩展的 cDNA 序列等。这些在 HGMD Public 版本中都不提供。图 1-65 为专业版主页。

1.2.7.7 单基因遗传病网

单基因遗传病网(http://sdmd.genomics.org.cn/)是由深圳华大基因研究院开发建立的、旨在服务大众的公益性网站,主要包含遗传病基因突变数据库、遗传百科及遗传病交流论坛 3 部分内容。

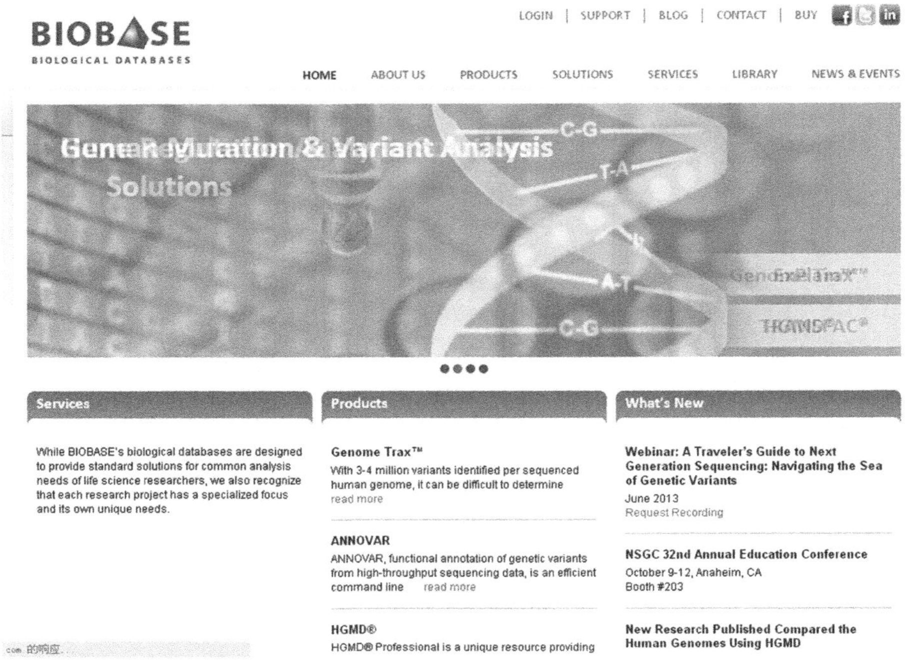

图 1-65 HGMD 专业版主页

(1) 遗传病基因突变数据库是国内首个免费对外开放的数据库,用户登录网站后,可通过疾病所属的医学系统以及染色体两个入口,免费浏览内部的所有数据信息。图 1-66 和图 1-67 为通过疾病所属的医学系统及染色体两个入口的进入示意图。

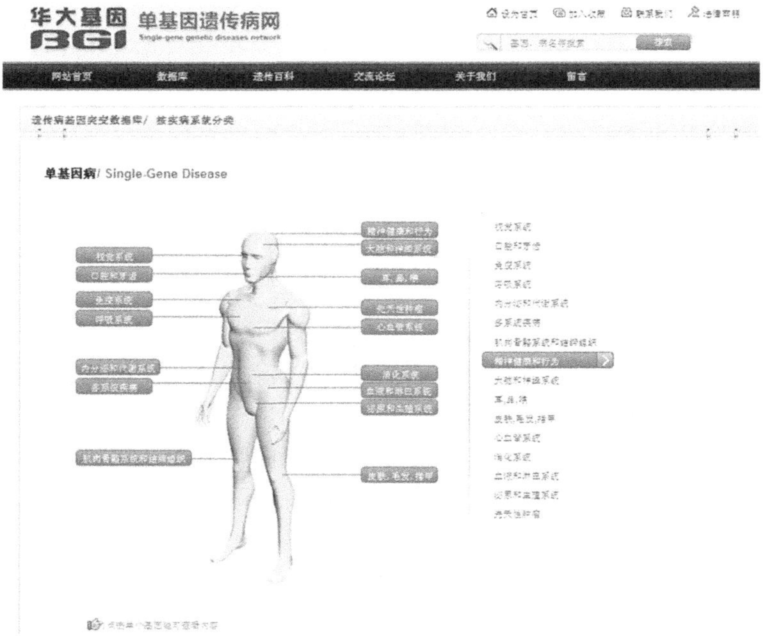

图 1-66 医学系统入口页

图 1-67 染色体入口页

另外,该数据库设置的搜索引擎可以方便用户快捷查找相应的信息,为其提供使用便利。本数据库是面向医学遗传学研究人员及广大测序用户建立的本地数据库,其最终目的是帮助人们将测序数据转化为人的健康信息。由于遗传异质性、基因外显度差异等因素的影响,应用时要结合其他方法学研究结果综合评估其临床效能。

(2) 遗传百科共九大模块知识结构,使用者可根据相关模块点击进入查找到自己关注的内容和信息。另外,内部设置的词条可以方便用户对专业名词的理解,如图 1-68 所示。

图 1-68 遗传百科模块展示图

表 1-14 单基因遗传病数据计数

类型	数量/例
疾病计数	2 474
基因计数	1 884
医学系统	16
突变计数	64 652
错义突变(M)	37 449
删失突变(D)	14 256
插入突变(I)	4 968
剪切突变(S)	6 620
删失/插入突变(DI)	952
调节突变(R)	395
延伸突变(E)	10
反转突变(V)	2

(3) 遗传病交流论坛是为科研人员、临床医生及普通大众设置的信息交流平台。本论坛分为病友讨论、寻医问药、科研动态、生育健康 4 个子板块,用户可根据各自需要,在论坛中自由地与他人进行沟通与交流。单基因遗传病网作为一种知识普及的载体,其根本目的在于让更多的人了解遗传病,认识遗传病,进而关注遗传病。

单基因遗传病网站的相关信息会适时更新,方便用户掌握最新的遗传病科研、诊断及治疗等信息。目前关于疾病数及基因计数等数目见表 1-14。

1.2.8 综合数据库

1.2.8.1 NCBI

NCBI 是一个综合性的数据库(http://www.ncbi.nlm.nih.gov/),由一系列的数据库组成,包含了全面的生物和生物信息方面的数据,如核酸、蛋白质、基因组等。代表性的数据库有 GenBank、Genome、PubMed、OMIM、dbEST、dbSNP、Reference Sequence(Ref-Seq)、MMDB 等。

NCBI 的数据库检索查询系统是 Entrez(http://www.ncbi.nlm.nih.gov/sites/gquery),Entrez 是 NCBI 为用户提供的一个基于 Web 的数据库检索系统,它是一个整合了访问序列、定位、分类和结构数据的搜索和检索系统。可以检索 35 个数据库。利用 Entrez 系统,用户不仅可以方便地检索并访问 NCBI 的所有数据库,也可以按需要选择单个数据库,如 Genome 基因组数据库、PubMed 文献数据库等。Entrez 中搜索到的数据可以以多种格式输出,同时也提供序列和染色体图谱的图形视图。用户可以将自己需要的数据逐个下载或打包下载。

BLAST 是一个 NCBI 开发的序列相似搜索程序,还可作为鉴别基因和遗传特点的手段。BLAST 主页提供了几种 BLAST 检索软件。其中 BLAST 2.0 是一种新的 BLAST 检索工具,它在原有基础上做了改进,运行速度更快,灵敏度更高,同时具有 Gapped BLAST 和 PSI-BLAST 两种软件的新功能。

1.2.8.2 UCSC

UCSC 基因组数据库(UCSC genome bioinformatics,http://genome.ucsc.edu/)由美国加利福尼亚大学圣塔克鲁兹分校(University of California Santa Cruz)建立,是一个开放的、收录有众多物种基因组序列信息的数据库。UCSC 基因组数据库拥有最新的基因组序列数据资源,包括多种脊椎动物和无脊椎动物物种,以及主要的模式生物,并且集成了大量的比对注释。

UCSC 数据库网站包含了参考序列和大量的基因组装配工作草图,每年都会有新的信息加入,2013 年新增的包括以下信息。

(1) 新增了 13 个新物种的基因组序列信息,包括猩猩、绒猴、豚鼠、斑胸草雀、八目鳗、文昌鱼和三种品种的线虫——*brenneri*、*remanei*、*japonica* 在内的 9 个以前没有收录的物种信息，以及牛、斑马鱼、海胆、秀丽隐杆线虫（*Caenorhabditis elegans*）这 4 个已收录物种的更新信息。

（2）人类目录下现在还收录了国际人类基因组单体型图（HapMap project）计划里 8 个人的序列同参考序列比对后获得的注释信息（HGSV discordant track）。

（3）新的变异数据，包括增加的 dbSNP 数据的细节页面。

基因组数据库、浏览工具、可下载的数据文件和文档都可以在 UCSC genome bioinformatics 网站上找到。Gene Sorter 可以显示表达式、同源性，以及可以在许多方面有相似性的一组基因的其他信息。Blat 可以快速将序列比对到基因组上；Table Browser 可以方便地访问底层数据库；VisiGene 是一个虚拟显微镜，用来观察原位图像，如可以浏览大量的、原位的小鼠和青蛙的图片来确定表达模式；Genome Graphs 可以上传和显示全基因组数据集。而最值得一提的是 Genome Browser，利用 Genome Browser 可以放大或缩小染色体来显示所有的注释信息。

网站还提供了 ENCODE（Encyclopedia of DNA Elements）和 Neandertal 项目的网站链接。并且可以在 FTP 服务器上下载数据库的相关资源。

1.2.8.3 EMBL

欧洲分子生物学实验室（European Molecular Biology Laboratory，EMBL，http://www.embl.org/）于 1974 年成立，是欧洲最重要的分子生物学研究和教育中心。EMBL 共包括位于德国 Heidelberg（http://www.embl.de/）的核心实验室、位于德国 Hamburg 和法国 Grenoble（http://www.embl.fr/）的结构生物学研究中心、位于英国 Hinxton 的欧洲生物信息学研究所（http://www.ebi.ac.uk/）及位于意大利 Monterotondo 的小鼠生物学研究中心，如图 1-69 所示。

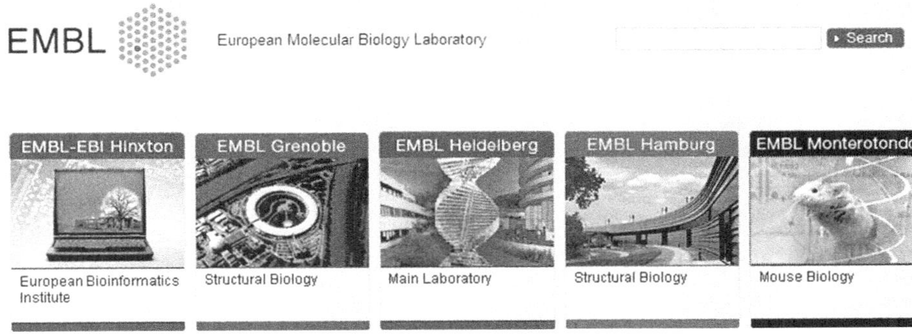

图 1-69 EMBL 主页面

1.2.8.4 Ensembl

Ensembl 是由欧洲生物信息学研究所（European Bioinformatics Institute，EBI）和英国 Sanger 研究所共同合作开发的一个综合基因组数据库系统，建于 1996 年（http://asia.ensembl.org/index.html）。Ensembl 的主要工作是产生并维护各种真核生物基因组的自动注释信息。Ensembl 主要根据已经测得的基因组序列，定位所有已知基因，并预测未知新基因，同时为这些基因提供功能、疾病相关特征等方面的注释信息。

Ensembl 包含的数据内容主要有：①所有公开的基因组 DNA 序列，通过注释形成的关于序列的特征；②单核苷酸多态性；③重复序列与其他序列高度相似（或同源）的序列。

Ensembl 提供多种查询方式，如用 BLAST 进行相似序列搜索，通过序列号进行查询，通过基因名称查询，通过遗传疾病查询。Ensembl 提供 Gbrowse，用于直接选择某个物种的基因组，系统会显示各染色体，可以在染色体水平上选择感兴趣的位点，逐层放大浏览整个基因组，并且页面上会有相关的统计信息，如查看人类基因组 X 染色体时，会有如图 1-70 和图 1-71 的统计信息。

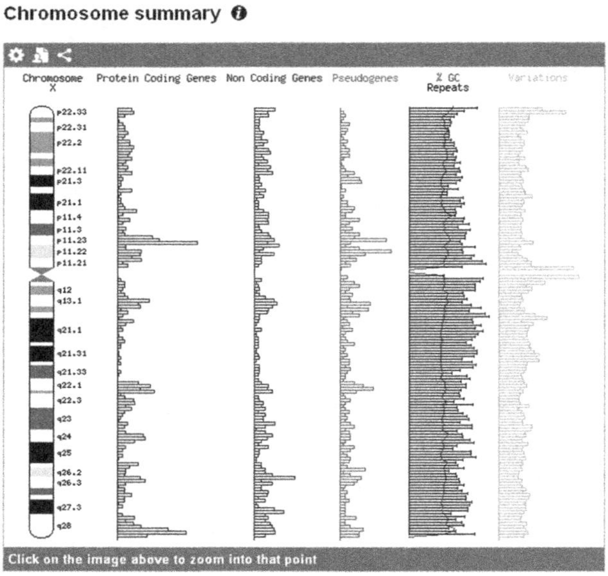

图 1-70　染色体摘要示意图

Length (bps)	155,270,560
Protein coding gene count	836
Non coding gene count	728
Pseudogene count	779
Variations	2,271,949

图 1-71　染色体统计图

Ensembl 的另一个重要的工作就是基因预测，其所用的基因预测程序为 GenScan。Ensembl 系统中还整合了多个生物信息分析工具，如 BLAST/BLAT 等，用户可根据需求自由选择；用户还可以在其 FTP 上下载资源。此外，Ensemble 网站上还有与 UCSC、NCBI 等的链接。

1.2.8.5　miRBase

miRBase 建于 2002 年，是一个关于 microRNA 的数据库（http://www.mirbase.org/），包括了已经发表的 microRNA 的序列和注释数据，共有 24 521 条数据。图 1-72 为

miRBase 数据库主页。

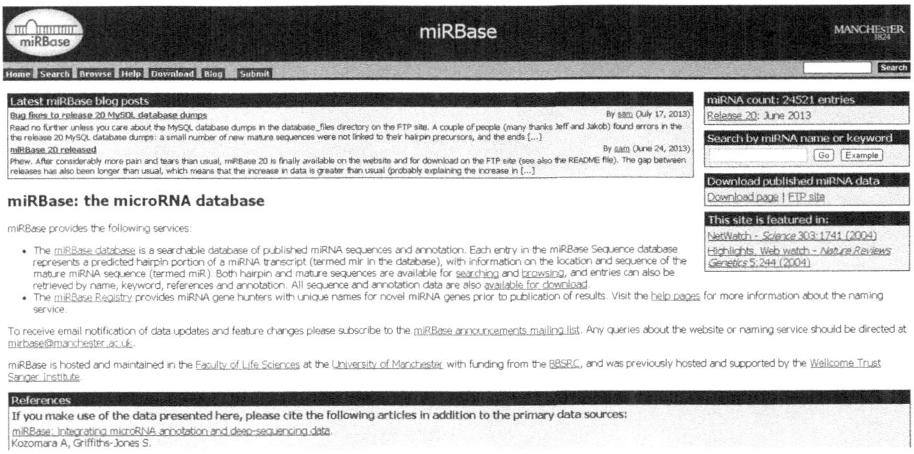

图 1-72 miRBase 数据库主页

miRBase 大部分的数据是由用户提交的，miRBase 提供了几种访问 microRNA 数据的方法：Browse miRBase by species 和 Search miRBase。Browse miRBase by species 采用的是树状图，选择物种后便可以浏览相关数据。Search miRBase 可以通过“miRNA identifier or keyword”、“genomic location”、“clusters”、“tissue expression”、“sequence”进行搜索。

在“submit”页面下可以提交 microRNA 的序列数据，提交完成后，miRBase 的负责人员将会与作者讨论，为其命名。在“Download”页面下可以直接下载 miRBase 的数据，也可以进入其 FTP 下载相关数据。

1.2.8.6 dbRES

dbRES(http://bioinfo. au. tsinghua. edu. cn/dbRES/)是清华大学建立的一个 RNA 突变位点的综合数据库，如图 1-73 所示。dbRES 数据库中的数据只包含已经经过实验验证的 RNA 突变位点，其中的数据都是人工收集的，主要包括相关文献报道的实验结果和 GenBank 数据库中的数据。

根据物种进化树和 NCBI 的基因名称，dbRES 数据库提供了一个树状图以浏览数据库的数据。dbRES 检索功能允许用户通过查询三个字段检索数据：①基因名称；②物种；③RNA 突变类型，如 C 突变成 U(C-to-U RNA editing)，A 突变成 I(A-to-I RNA editing)，G 插入(G insertion RNA editing)等。dbRES 提供免费的镜像站点构建服务，所有的数据都可以以 MySQL 数据库文件格式获取本地文件。

1.2.8.7 CBIS

CBIS 即中国生物多样性信息系统(http://cbis. brim. ac. cn/)。该系统通过收集、整理和传播国内外有关生物多样性研究、保护和持续利用的信息，扩大生物多样性信息交流的范围和内容，增进国内国际各阶层组织和个人在这一领域的合作，在全社会范围内

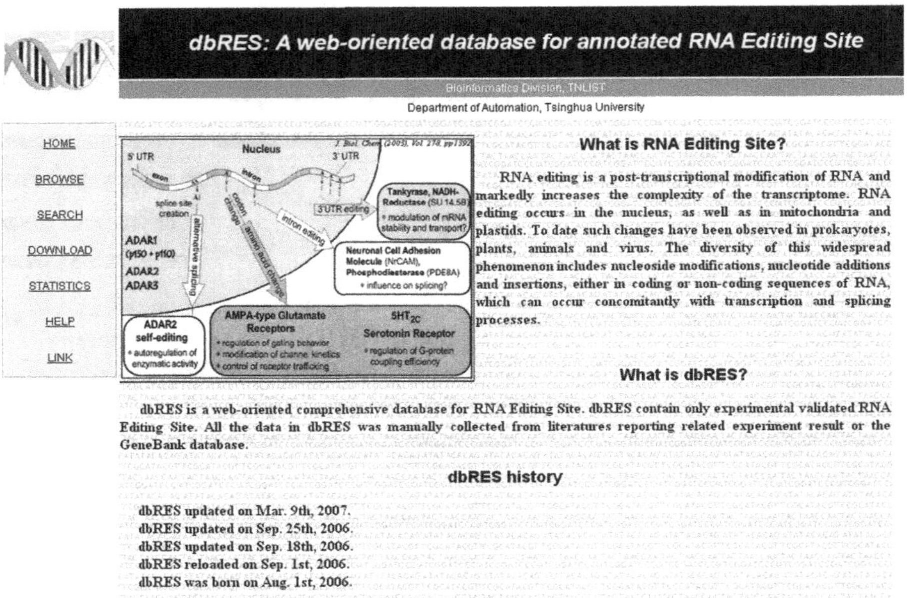

图 1-73　dbRES 数据库主页

普及生物多样性知识，为国家和地方各级决策部门提供生物多样性的科学数据，促进我国生物多样性保护和持续利用事业的发展。

中国生物多样性信息系统在内容上由基础数据库、模型库和专家系统库组成。

目前，CBIS 已经建立了几十个生物多样性方面的数据库，基础数据库中的数据包括：物种编目的数据、濒危和保护物种的数据、典型生态系统的数据、标本的数据、移地保护的数据、就地保护的数据、种子和种质资源的数据、环境因子及植被的数据、有关的社会和经济发展的数据、文献信息、生物多样性信息编目的数据。CBIS 网站内还有数个与生物多样性信息有关的管理机构和数据库的链接。

1.2.8.8　HHMD

人类组蛋白修饰数据库（Human histone modification database，HHMD，http://202.97.205.78/hhmd/）主要是从实验数据中整合有用的组蛋白修饰信息，目前包含 43 个特别的人类组蛋白修饰位点。图 1-74 为 HHMD 数据库主页。

我们开发了可视化工具 HisModView，可以显示基因组上的组蛋白修饰，便于用户在现有的人类基因组注释中浏览组蛋白修饰。

它可以搜索组蛋白修饰（histone modification）、基因编号（gene ID）、功能类别（functional categories）、染色体位置（chromosome location）和癌症的名字（cancer name）。

1.2.8.9　中国动物主题数据库

中国动物主题数据库（http://www.zoology.csdb.cn/）的原始数据主要来源于文献、专著和已经结题的研究报告，经过专家组反复论证，确定了数据结构和标准规范。所有

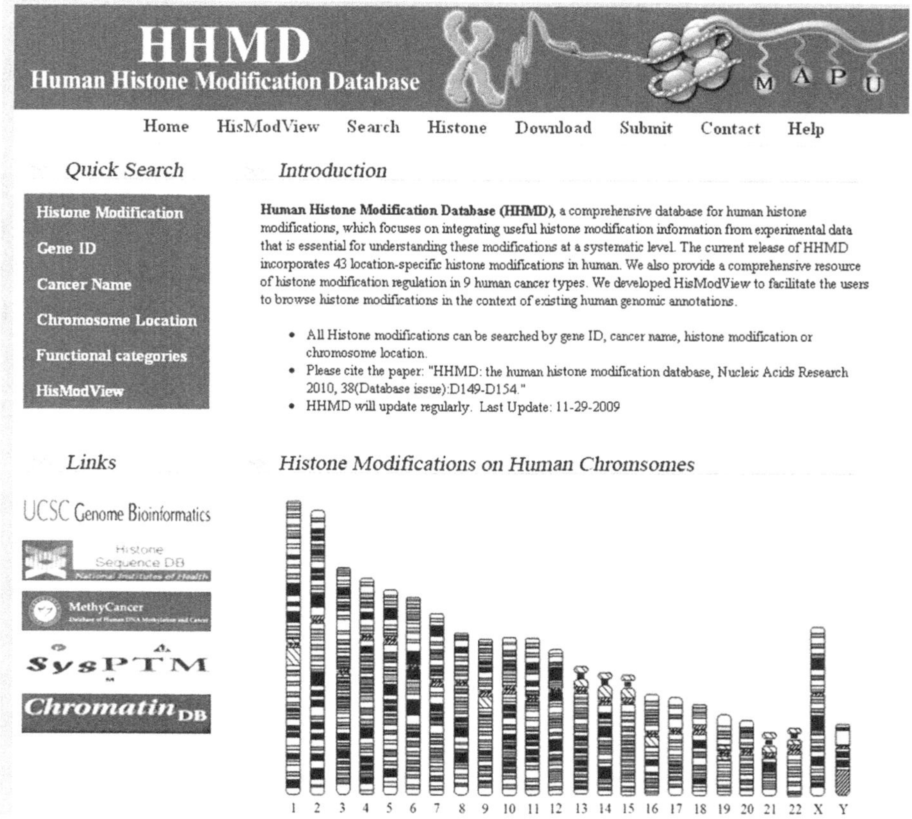

图 1-74 HHMD 数据库主页

数据均由动物学专家审核确认后收录到数据库中，数据质量得到了保障，是目前国内动物学领域规模最大、权威性最强的数据库服务系统。

中国动物主题库包括：脊椎动物代码数据库、动物物种编目数据库、动物名称数据库、《中国动物志》出版与编研信息数据库、濒危和保护动物数据库、中国昆虫新种数据库、中国昆虫模式标本数据库、动物研究专家数据库、中国动物志数据库、中国动物图谱数据库、中国蜜蜂数据库、中国隐翅虫名录数据库、云南鸟类数据库、中国灵长类物种及文献数据库、中国两栖爬行动物数据库、中国直翅目昆虫数据库、中国鸟类数据库、中国内陆水体鱼类数据库、西南县级脊椎动物分布名录、西南保护区脊椎动物分布名录、云南蝴蝶分布名录、云南森林昆虫分布名录。

数据库左边有数据库导航，可以进入到相应的数据库。检索方式有地图检索和全站检索两种，全站检索支持跨库检索。

1.2.9 代谢及功能注释数据库

1.2.9.1 KEGG

KEGG 数据库（Kyoto Encyclopedia of Genes and Genomes），是由日本 Kyoto 大学生物

信息中心于 1995 年建立的代谢资源数据库，网址为 http://www. genome. jp/kegg/。由日本 Kyoto 大学生物信息中心维护。

KEGG 数据库是系统分析基因功能，联系基因组信息和基因功能信息的数据库。KEGG 包括一系列的子数据库。例如，代谢途径数据库(PATHWAY)，可以查询各种代谢途径，包括图解的细胞生化过程，如代谢、膜转运、信号传递、细胞周期，以及同系保守的子通路等信息；代谢通路及同源基因数据库(BRITE)，这个数据库与 PATHWAY 数据库不同的是，可以查询酶和底物之间的关系，也可以查询某种酶的同源基因；基因数据库(GENES)，可以查询不同的基因或蛋白质的信息；基因组数据库(GENOME)，可以查询不同的基因组信息，包括完整和部分测序的基因组序列；配体数据库(LIGAND)，可以查询反应中各种化合物的信息，包含关于化学物质、酶分子、酶反应等信息。

KEGG 网站首页上还提供了一系列的分析工具。

(1) KEGG 绘图工具(KEGG Mapper)是 KEGG 绘图的一个集合，包括 pathway mapping、BRITE mapping 和 MODULE mapping，并且每一个都有自己更细的分类。

(2) KEGG 地图集(KEGG Atlas)是一种先进的图形界面，用于探索 KEGG 全球地图，并带有缩放和导航功能。

(3) KEGG 自动注释服务(KEGG automatic annotation server，KAAS)通过与 KEGG 基因数据库的 BLAST 比对，提供基因的功能注释。

(4) BLAST/FASTA 序列相似性查找。

(5) 化学结构相似性搜索(SIMCOMP)。

(6) 生物降解/合成途径预测(PathPred)。

KEGG 的一个显著特点就是具有强大的图形功能，KEGG 提供了 Java 的图形工具来访问基因组图谱，它利用图形而不是繁缛的文字来介绍众多的代谢途径及各途径间的关系，这样可以使研究者能够对其所要研究的代谢途径有一个直观全面的了解。

1.2.9.2 HMDB

人类代谢组数据库(human metabolome database，http://www. hmdb. ca/)包含了在人体内发现的小分子代谢产物的详细信息，数据库包含三种数据：①化学数据；②临床数据；③分子生物学和生物化学数据。许多数据都可链接到其他相关数据库，如 KEGG、PDB、UniProt、GenBank 等。图 1-75 为 HMDB 数据库主页。

HMDB 数据库支持文本搜索、序列搜索、化学结构搜索和关系查询搜索。HMDB 数据库网站的每一页上方都有简单的文本查询，支持针对整个数据库的文本数据进行一般的文本查询。

HMDB 数据库的数据下载可以在其网站上完成。HMDB 数据库在其网站上的“Downloads”项下提供了三个版本的数据：Version 1. 0、Version 2. 5 和最新的 Version 3. 5。Version 3. 5 中将数据分为了 4 部分：①FASTA 格式的蛋白质和基因序列；②SDF 格式的代谢产物结构数据；③XML 格式的代谢产物和蛋白质数据；④光谱数据。

1.2.9.3 DGA

疾病和基因注释数据库(disease and gene annotations，DGA，http://dga. nubic.

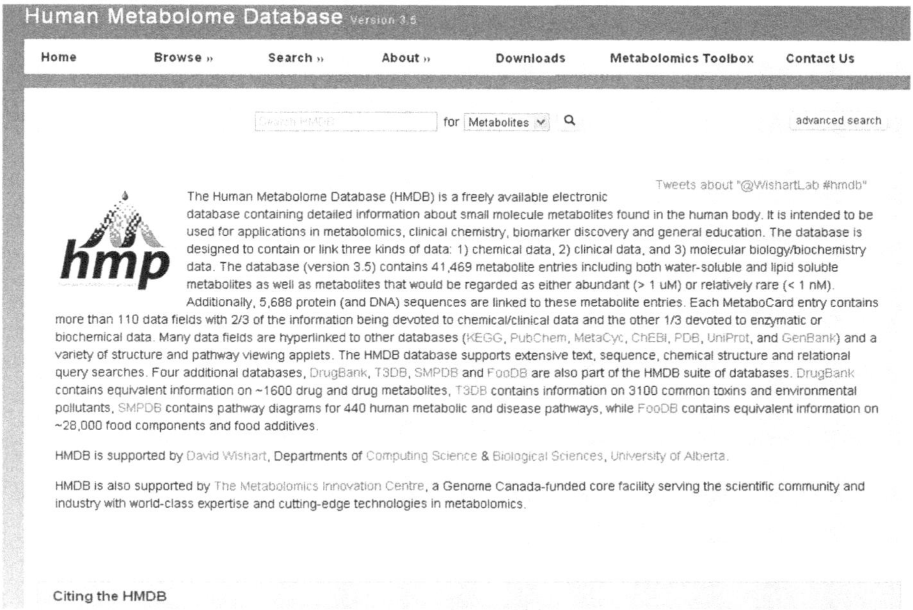

图 1-75 HMDB 数据库主页

northwestern. edu/pages/about. php)。旨在通过整合可计算的、受控的疾病本体(DO)受控词汇表、NCBI 基因参考函数(GeneRIF)和分子相互作用网络(MIN),为研究者提供一个全面的、综合的诠释人类基因的网络环境注释的数据库。该数据库主页有关于如何使用搜索工具来搜索相关疾病及基因注释的方法与步骤。DGA 提供了一个用户友好的和交互式 DGA 网络接口系统,使用户能够有效地查询、下载和显现 DO 树及注释,并以树形图、网络图标或表格列表显示出来。为了促进综合分析,DGA 提供了一个网络服务应用程序编程接口(API)与外部分析工具进行集成。

2003 年,该项目在中国西北作为 NUgene 项目的一部分建立,基于基因本体论(GO)联盟和开放的生物及生物医学本体(OBO)、DO,描绘了一个遗传的、环境因素的及传染性疾病的语言性组织。基于手动检查一体化医学语言系统的子集及 UMLS 外的其他条目,DO 组织成一个有向非循环图(DAG)。每个 DO 说法是唯一的,包含文字描述和行之有效的外在引用及广泛采用的包含疾病和疾病相关的术语,如 UMLS 医学主题词表(MESH)、SNOMED、OMIM 和国际疾病分类——ICD-9 和 ICD-10。

GeneRIF 提供了一个具有高质量的基因及其反复更新的功能描述。GeneRIF 有简短的文字说明(最多 250 个字符),基因由 NCBI 数据库提供。每一个 GeneRIF 项关联特定的 PubMed ID,表示这些描述有相关的证据。NCBI 还提供了一个开放式访问入口,从而使相关数据的更新贡献于 GeneRIF,使低比对的基因错误率降低,提供高频率的更新。

随着智能电动注解程序的出现,DGA 与电动注解程序联合建立了一套全面的疾病-基因之间的关系网,它覆盖了高致病基因,从而可以使最新的研究数据在 DO 和 GeneRIF 里及时更新。

此外,DGA 建立了各类分子间的相互作用网络,使用户可以研究疾病相关基因之间的关系,从而推断疾病与疾病间的关联。

1.2.9.4 HAMAP

由于新一代测序技术所产生的大量的高质量全基因组测序数据,手动注释一些即使很小部分的基因组信息已不再可能,而基因簇要求更加准确地收集和注释全部的蛋白质组相关信息。因此,为了在全球蛋白质知识库(UniProtKB)中丰富这些注释,我们创建了 HAMAP(high-quality automated and manual annotation of proteins, http://hamap.expasy.org/),它是一个分类和注释蛋白质序列的工具。主要功能在于可以自动注释全基因组测序计划中所产生的大量蛋白质数据,自动的注释路径基于收集的家族概况信息和手动创建的注释规则。这样就可以为蛋白质家族或亚家族精确地定义和分类,进而可以很好地在序列水平来判断其功能,定义其保守序列。

创建每个 HAMAP 的注释规则时,需要有可参考的文字信息,还要将经实验验证为准的全部的蛋白质信息手动注释到欧洲生物信息所维护。经过注释的蛋白质的相关数据信息(SwissProt)在蛋白质数据库中可作为标准,这些蛋白质被称为模板,根据相关的注释信息,它们决定哪些序列具有同源性。例如,以标注来分类时,可依赖于所检测到的具有一定保守活性部位的氨基酸残基。反过来说,如果有更多的特征差别,如功能不一致、亚基不同、附因子不同等,就有助于限制注释的扩展及传播。

HAMAP 自动注释的流程用于注释 UniProtKB、UniProtKB/TrEMBL 数据库里的序列。若能匹配到一个 HAMAP 配置文件,就可以将该序列以相关注释规则进行注释,还要执行相关的检查,以过滤掉可能出现的任何问题,防止传播错误的注释,这些注释的结果最终集成到 UniProtKB/TrEMBL 中。

1.2.10 其他主要数据库

1.2.10.1 HapMap

HapMap 计划(http://HapMap.ncbi.nlm.nih.gov/),是由中国、加拿大、英国、日本、美国、尼日利亚等多个国家联合进行的项目。这一计划的目的在于建立一个免费向公众开放的,与人类疾病及疾病对药物反应相关的基因数据库。利用 HapMap 数据库,研究人员可以通过比较不同个体的基因组序列来确定染色体上共有的变异区域。这种比较可为研究者发现与人类健康、疾病以及对药物和环境因子的个体反应差异相关的基因提供参考。

该 HapMap 计划的主要目的是对人类基因组多态性和不平衡性的基因模式进行整体水平的分析与研究,从而发布相关数据,并利用该数据指导人全基因组标签 SNP 的选择。就像目前其他大规模基因组研究项目的标准操作一样,国际 HapMap 合作组遵循相关数据发布的政策(尽可能快的发布数据),以期为众多的科研人员提供相关帮助,国际 HapMap 合作组期望该计划所产生的数据能够应用于多个研究领域。例如,开发新的分析方法,理解基因多态性连锁不平衡和基因单体型联合模式,以及用于定位相关疾病基因的分子标记的选择。因此,国际 HapMap 合作者承诺该计划发布的相关数据可被任何人以任何目的使用。

HapMap 计划的第一阶段于 2005 年中期公布,内容为 100 万 SNP 在 269 份样本中的分型结果,包括 ENCODE 数据;第二阶段在 2006 年公布,是更为详细的研究报告,内容为 270 份样本中更加完整的全基因组 HapMap;HapMap 3 是国际 HapMap 计划的第三阶段,这一阶段增加了一些 DNA 样本,从各种人类群体在第一期、第二期的 270 个样本到目前的 1301 个样本,这期数据更加详尽与广泛,可以供研究者批量下载和使用。

这些相关数据有一些旨在理解全基因组范围内的多态性和连锁不平衡性模式的相关分析信息,包括:对数据的基本描述,多态性和连锁不平衡性(LD)的定量分析,人基因组重组模式和 LD 的相关性,LD 和基因组序列元件的相关性,自然选择的特性及对 LD 模式的影响等。采用不同方法选择标签 SNP,基于不同疾病模型的关联研究,用更多的完整数据(ENCODE)来评估它们的作用。

为了继续支持基因组数据的及时公布,研究者可以运用 HapMap 数据,独立地进行多态性、LD 和单体型模式的全面分析,尤其是致力于寻找影响疾病或者药物应答的基因,同时 HapMap 计划的合作者鼓励研究者使用 HapMap 数据来发表关于分析多态性、连锁不平衡性和相关数据的新方法,如这些方法在一些染色体或一些 ENCODE 区域等数据上的应用。

1.2.10.2 BOLD

BOLD(barcode of data system, http://www.barcodinglife.org/index.php/databases)是一个信息学工作平台,它通过收集分子学、形态学、分布式数据,旨在获得、存储、分析及发布 DNA 条形码记录(barcode record),它弥补了传统生物信息学的缺点,BOLD 对于那些在 DNA 条形码方面感兴趣的研究者免费开放使用。

简单来说,DNA 条形码就是一段特定的 DNA 序列片段,它拥有特定的基因位点来确定物种类别,进而发现自然界中大量的生物体。一条 648bp 片段大小的细胞色素氧化酶(cytochrome Oxidase I, COI)基因的发现形成了最初的动物成员中的 barcode sequence。DNA 条形码最初的目的是集中对已知物种中的 barcode sequence 在引用文库中进行整理与组合。目前结果表明,那些文库对物种鉴定非常有效。在进行动物群体不同组合的测试时,超过 95% 的物种表明拥有独特的 COI 序列。DNA 条形码已经成为生态学研究的重要工具,不仅用于物种鉴定,同时也帮助生物学家进一步了解生态系统内发生的相互作用。

BOLD 主要想在全球序列数据库中,收集那些能够满足条形码名称标准的记录,由于它基于网络的传送和灵活的数据安全模型,它可以跻身于一些支持项目中来,并且可以带来更广泛的合作者。

BOLD支持所有阶段的生物分析,样本收集用于验证条形码库。首先,它是一个标本库和序列记录,可以形成基本数据单元的所有条形码的研究;其次,它是一个工作台,可以管理、保证质量、分析条形码数据;最后,它提供了一个合作工具,基于录入数据灵活、安全的特性,它可以通过网络传输将地理上分散的研究团队联系起来,使相关的研究方向能够互通研究进展。

BOLD最关键的作用是要在条形码序列、存储环境安全、物种资源、查询及访问整个生物多样性种群间建立一个持久的链接,并进一步建立和加强这些数据标准。BOLD最初是为单一的、大容量条形码设备提供一个信息平台,而今它已发展成为一个涉及鸟类、鱼类、鳞翅目等生物的DNA条形码资源库。尽管之前BOLD的目的在于将条形码数据组装并维护这些样本数据,但是现在其所有序列和关键的标本数据已经被收录到NCBI或其姐妹数据库——日本DNA数据库(DDBJ)中及欧洲分子生物学数据库(EMBL)中。

然而,有些不能被全球序列数据库收录的相关序列信息也需要被记录下来,因此,BLOD的新使命为组装和组织有关的序列记录,它可以为那些对DNA条形码感兴趣的所有研究者免费开放,并在逐步扩展其应用前景,支持区域数据节点和镜像站点,并随着使用的广泛进一步加强其作用。任何感兴趣的研究者,只需通过一个简单的网站(www. barcodinglife. orgviews/newuserapp. php)链接,就可以注册一个BOLD用户名,一旦一个新的项目数据加入,每一个物种只有两项数据元素被允许注入:一个简单的ID号和一个分类,而后者只是处于一个门的层次。然而,如果没有下面的7个数据元素,任何一个物种将不能获得正式的barcode。这7个元素分别为:①物种名;②凭证数据(目录编号和组织存储);③收集记录;④物种鉴定人;⑤至少500bp的COI序列;⑥PCR引物序列;⑦数据库跟踪文件。

尽管以上7个标准必须要满足才能得到正式的条形码信息,但是若是缺少其中一个数据不满足的话,相关记录也可以被存储在BOLD里面,只是没有相关正式的条形码信息。在BOLD里的核心数据元素包括物种模块和序列模块,物种信息模块有不同的附带数据,包括数据的日期、获取时间,还有每一个物种的图片信息,如图1-76所示。

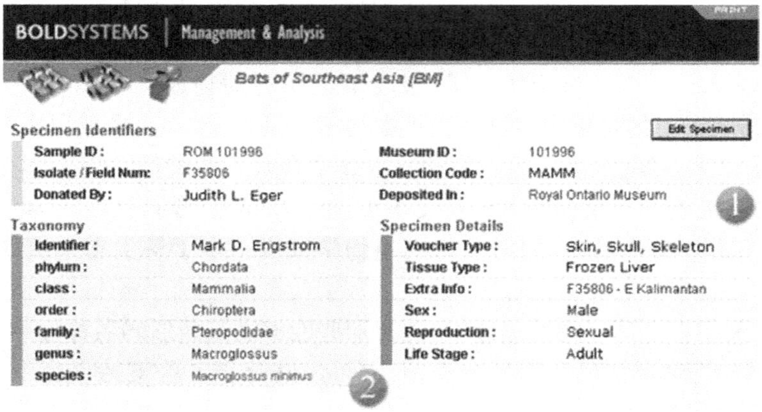

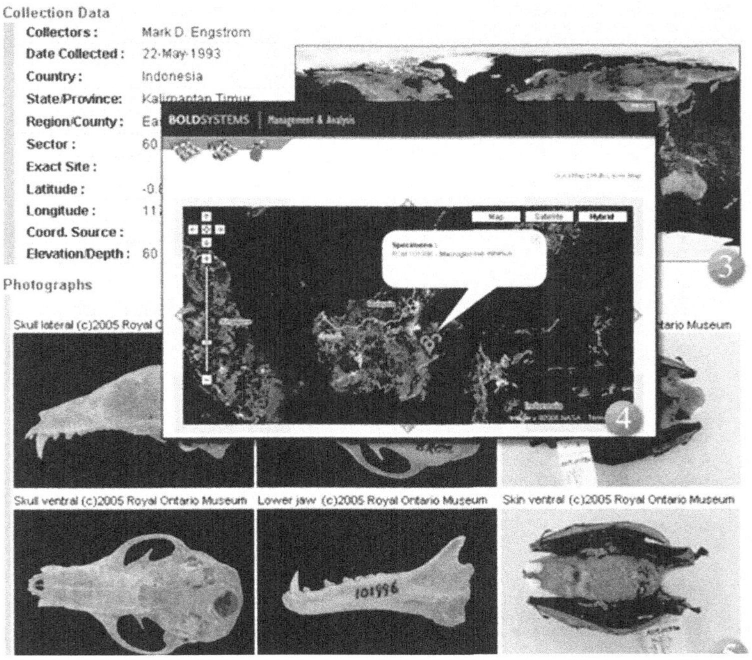

图 1-76 Specimen page for an individual of *Macroglossus mininus*(Chirota)

1. voucher information;2. full taxonomy;3. collection location;4. collection site maps;5. specimen images

当其信息全面时,就会给出一个罗列了全面的地址信息的系统,这个模块也记录了物种鉴别分类学家的责任机构,该模块融入世界生物多样性信息机构——GBIF(the global biodiversity information facility)和其他生物多样性群体所创建的关于物种信息的板块,这种创建格式是为了满足达尔文进化论的核心标准,特征模块将被视为该领域的标准模块,每个物种标准模块嵌入一个合作页面,该页面记录了 barcode 的序列信息、PCR 引物序列信息,如图 1-77 所示。

1.2.10.3 ENCODE

ENCODE(encyclopedia of DNA elements, http://genome.ucsc.edu/ENCODE/),是 2003 年 9 月由美国国立人类基因组研究院(US national Human genome research institute, NHGRI)启动的跨国研究项目,该项目的目的是为了解析人类基因组中所有的功能性元件,它是继人类基因组计划(human genome project,HGP)完成之后的又一重大跨国基因组学研究项目。该项目涵盖了来自美国、英国、西班牙、日本和新加坡的共 32 个实验室,通过 422 名科学家的共同努力,获得了迄今为止最详尽的人类基因组分析数据,共分析了超过 15 兆字节的原始数据。研究分析了 147 个组织类型,花费了约 300 年的计算机时间,以确定哪些能打开或关闭特定的基因,以及不同类型细胞间的“开关”有着什么差异与关联,包括作用于蛋白质和 RNA 水平的调控元件,控制细胞和环境的活跃基因的调控元件,整个人类基因组的编码数据现已全部免费,可随时使用。

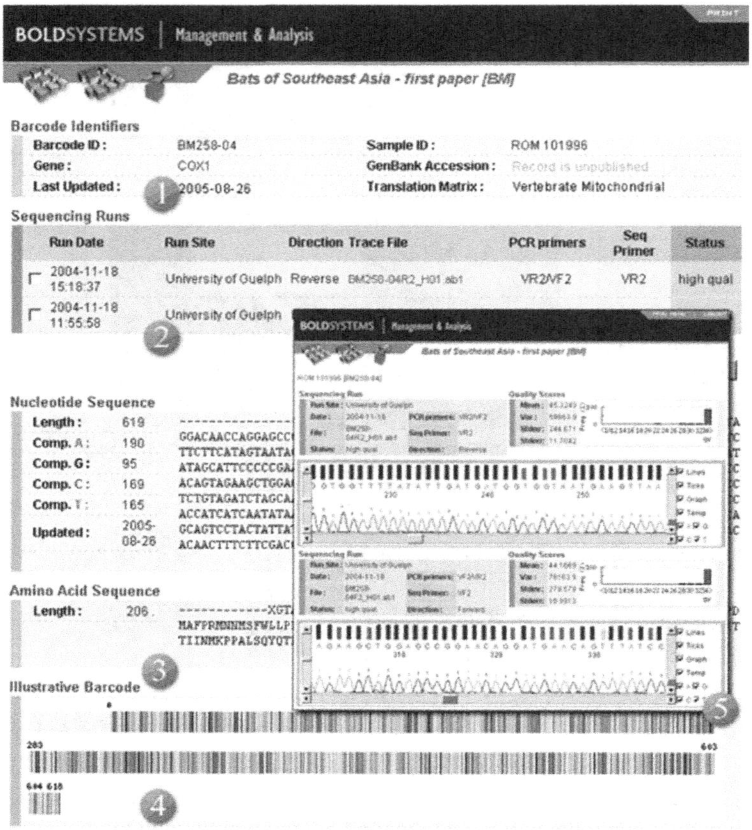

图 1-77　BOLD 相关序列信息

1. specimen detail; 2. sequencing details including links to trace files; 3. amino acid traslation of sequence; 4. colourized barcode representation; 5. trace viewer and detailed stats on trace quality

ENCODE 研究者使用了一系列不同的试验与方法来鉴定这些功能元件，这个在基因元件上的发现和注释最早来自于各种来源的 RNA 测序、比较基因组学、生物信息学方法、结合人力管理等完成的。调控元件是通过 DNA 超敏试验、DNA 甲基化、蛋白质和 DNA 相互作用的染色质免疫共沉淀技术，包括结合测序来修改组蛋白和转录因子来完成的，如图 1-78 所示。

若需获得人类的 ENCODE 信息数据，可以打开 Genome Browser，选择 2009 年 2 月的人类基因组(GRCh37/hg19)，或者 2006 年 3 月的人类基因组(NCBI36/hg18)信息，然后就可以浏览你感兴趣的地方，大部分的 ENCODE 数据放在了表达、调控(expression and regulation)板块，还有少量的信息放在了 Mapping、Genes and Variation 板块中，尽管大部分参与研究的团队都提供了几个板块，但一般只从每个研究小组中选择特定的数据显示为默认模块。

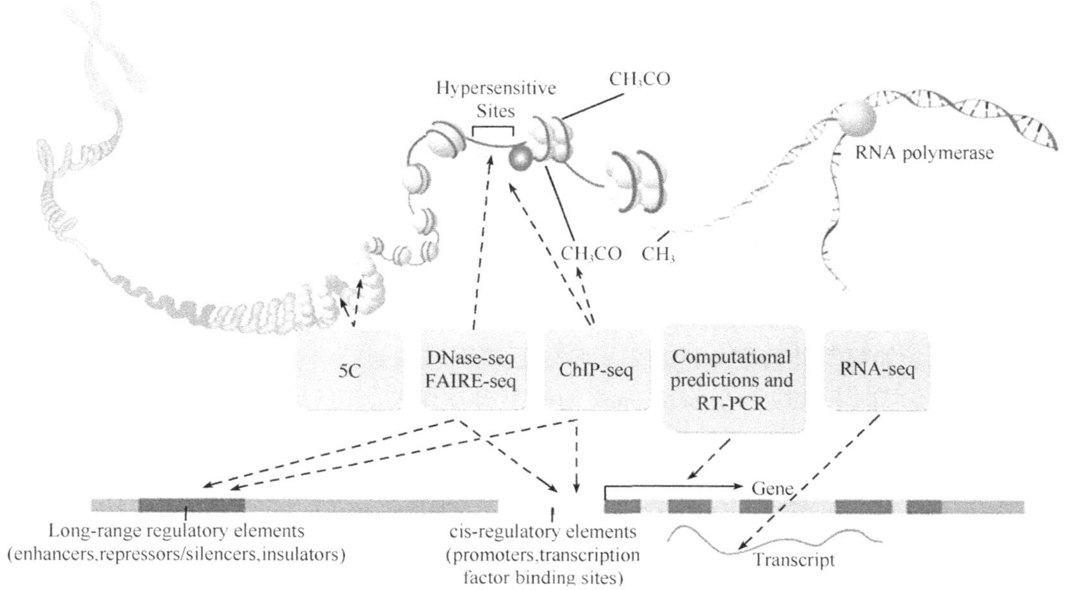

图 1-78　基因元件示意图

1.2.10.4　GO

基因本体(gene ontology,GO,http://www.geneontology.org/)是一个在生物信息学领域中广泛使用的本体。基因本体论联合会建立的 GO 数据库,适用于各物种,对基因和蛋白质功能进行限定和描述。图 1-79 为 gene ontology 主页。

图 1-79　Gene Ontology 主页

随着多种生物基因的相继解码,同时大量 EST 以及基因表达谱数据的积累,使注释的工作量和复杂度大大增加。然而,大多数基因在不同真核生物中拥有共同且重要的生物功能，在某些物种中获得的基因或蛋白质(shared protein)的生物学信息，可用以解释其他物种中对应的基因或蛋白质，尤其适用于比较基因组学的研究。由于这些功能信息主要包含在积累的文献之中，如何有效地提取和统一这些信息就是我们面临的最大困难，这也是GO所要着力解决的问题。

联合会所建立的基因本体数据库，旨在建立一个适用于各种物种的、对基因和蛋白质的功能进行限定和描述的，并能随着研究的不断深入而随时更新语义词汇的标准。利用GO数据库，可以将基因按它们参与的生物学过程、构成细胞的组分、实现的分子功能等进行分类。从而从宏观上认识该物种的基因功能分布特征。

GO功能分析一方面给出差异表达基因的GO功能分类注释；另一方面给出差异表达基因的GO功能显著性富集分析。采用阶层系统对基因进行分类，将功能一致的基因放在同一层，层层向下构成一个ontologies的树型分支结构。可以说，GO是生物学的统一化工具。

GO数据库通过建立一套具有动态形式的控制字集(controlled vocabulary)，来解释真核基因及蛋白质在细胞内扮演的角色，并随着生命科学研究的进步，不断积累和更新。一个ontology会用一个控制字集来描述并给予一定的名称，通过制定“本体”——ontologies及运用统计学方法和自然语言处理技术，实现知识管理的专家系统控制。

GO联合会努力从不同的数据库解决对基因产物的统一描述和注释，它不是一个基因序列数据库，也没有基因产物的相关目录，而是描述基因产物在细胞环境中如何运作的数据库资源。

这个项目是在1998年，由果蝇数据库(Drosophila)、酵母属基因组数据库(SGD)和小鼠数据库(MGD)3个现代生物数据库合作成立的。到目前为止，该GO数据库现包含有多个数据库，其中还含有几个关于植物、动物、微生物等全球主要的数据库，可通过“GO Consortium page”查看其所包含的所有数据库列表。

Gene Ontology Consortium的数据库中有三大独立的ontology，分别为生物过程(biological process)、分子功能(molecular function)及细胞组分(cellular component)。这三个模块有三个独立的方面：第一，本体本身的发展和维护；第二，基因产物的注释，精确到在合作数据库中关于本体和基因及基因产物之间的联系方面；第三，创建工具的使用、维持与ontology的使用。使用合作数据库统一地条款便于在ontology里更方便地查询，相关词汇表也被统一地结构化以便在不同水平进行引用和查询。例如，你可以使用GO在小鼠基因组数据库里找到参与信号转导的所有基因产物，或者你也可以放大所有受体酪氨酸激酶，这一结构也允许注释者根据知识深度，来标注不同水平下基因或基因产物的属性。

1.2.10.5 DBD

DBD(transcription factor prediction database，http://www.transcriptionfactor.org)是美国创建的一个在全序列基因组中对转录因子预测的数据库，这个预测转录因子的数据库包含了所有DNA结合结构域家族。这种预测包含DNA结构域超家族和蛋白质家族数据库。基因组的大小可对应蛋白质的序列。转录因子预测表明，它们结果准确，可以覆盖广泛的基因组领域。图1-80为DBD数据库主页。

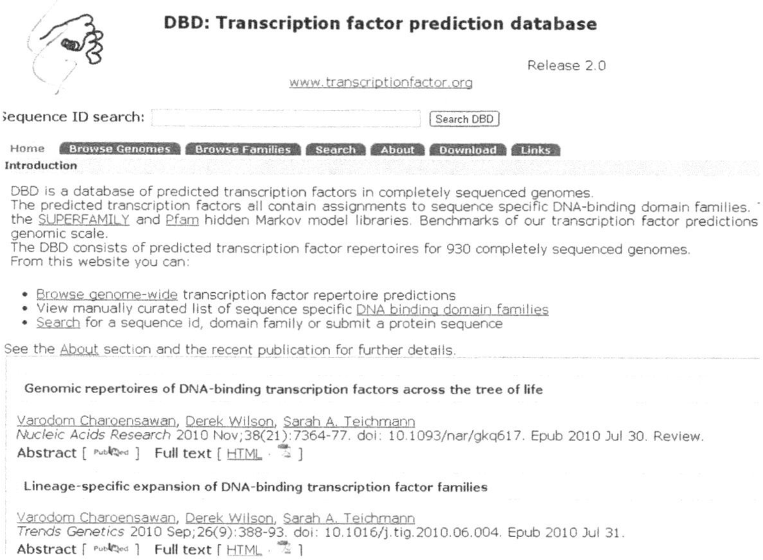

图 1-80 DBD 数据库主页

通过 DBD 可预测全基因组中转录因子的情况和数目，可以确定特定序列的 DNA 结合结构域家族，可以搜索序列的 ID、结构域家族或者蛋白质序列。

DBD 有几个模块，可以输入序列 ID 搜索含有 DNA 结合域的序列，可以输入特定模式生物的基因名称搜索其转录因子，可以输入超家族或 Pfam 域家族标识符来搜索包含 DNA 结合结构域或非 DNA 结合结构域的转录因子。

通过使用隐藏的同源 HMMS(蛋白质的马尔科夫模型)，用 DBD 预测特定 DNA 结合序列的转录因子，收集得到的 HMM 取自两个现存的数据库：蛋白质家族数据库和超家族数据库，仅限于使用模型来预测识别 DNA 序列的转录因子，它不包括基本的转录因子和染色质结合蛋白。例如，基于与试验验证所得的注释进行比较后，所得的数据中约有 97% 是准确的，若在全基因组预测中有 1/4 或 1/2 的预测异常的话，则代表无法预测蛋白质的特征。

DBD 包含有 930 种全序列基因组所预测得到的转录因子，用户可以浏览、搜索、下载预测得到的基因组序列、域家族或者序列标志，浏览基于域架构的转录因子家族，得到预测蛋白质的序列信息。

1.2.10.6 European Ribosomal RNA database

欧洲核糖体数据库(European ribosomal RNA database，http://bioinformatics.psb.ugent.be/webtools/rRNA/index.html)，它编译了完全的或者接近完全的小亚基(SSU)和(LSU)核糖体 RNA 序列，序列的模式都是校准之后的，这种校准在成千的相对序列分析后又考虑了其二级结构的一些信息，另外一些信息，如参考文献、分类、二级结构模型、核苷酸变异等也有考虑。图 1-81 为 European ribosomal RNA database 的主页。

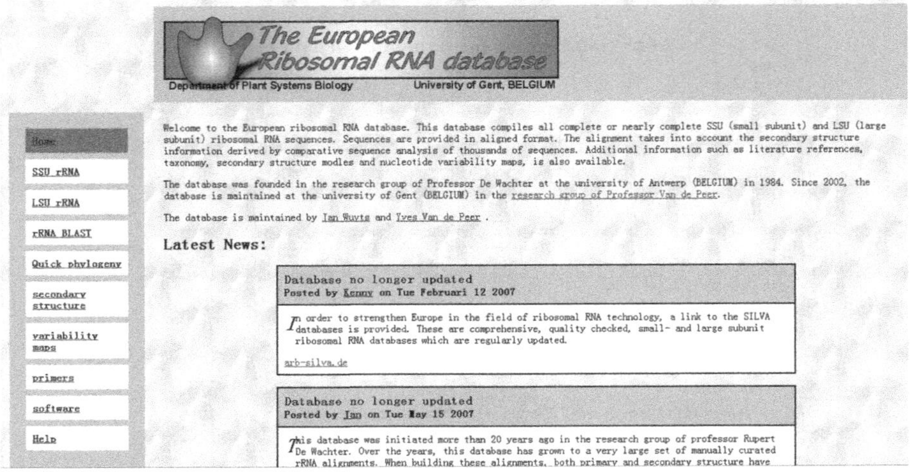

图 1-81 The European Ribosomal RNA database 主页

该数据库是比利时的安特卫普大学的研究小组在 1983 年成立的。2002 年以来,该数据库一直保持在安特卫普大学,该数据库是小亚基和大亚基核糖体 RNA 数据库。但是考虑到还有好多研究者使用着该数据库,该数据库的网站仍维持着之前的模式,但是相关数据已经不再更新。

为了加强欧洲在核糖体 RNA 方面的研究,他们又提供了一个名为 SILVA 的新数据库,这里有关于小或大亚基核糖体 RNA 数据库的全面的信息,并且该数据库正常更新。

1.2.10.7 Giga DB

华大基因和生物医学中心(BioMed Central)合作,正式创刊 *Giga Science* 以来,其相应 Giga DB 数据库(http://gigadb.org/)也应运而生,图 1-82 为 Giga DB 主页。

图 1-82 Giga DB 主页

Giga Science 是一个崭新的开放型杂志,为所有生物类研究文章的数据使用或大型数据集的创建提供服务。*Giga Science* 以革新数据的访问、传播、组织和使用为目标,具有数据存取和云计算资源一体化的独特格式。作为数据托管服务的一部分,*Giga Science* 也提供重要的相关数据集数字对象标识符(DOI),使它们更容易被访问、跟踪和引用。*Giga Science* 涵盖了包含生命科学和生物医学的整个数据驱动型的研究领域,不仅有目前由大型公共存放服务支持的"组学"类型的数据和高通量生物学等相关领域的数据,而且还包括了更多难以访问的数据,如成像、神经科学、生态学、新一代测序数据、系统生物学和大型共享数据等新类型。*Giga Science* 旨在提高研究的透明度和可重复性,并强调了直接影响主观评价的数据质量和效用。

Giga Science 为数据全面公开与共享提供了一个优秀平台,有助于实现科研人员对数据资源最大可能的合理利用,为克服目前研究成果普遍缺乏可重复性的问题提供了一条很好的解决途径。*Giga Science* 采用标准全文文献、数据库信息及信息分析工具相结合的崭新模式,来发表大规模的生物学研究成果,以满足在新一代"大数据时代"下所涵盖的整个生命科学关于生物和生物医学研究的需求,生产和使用大规模数据是其工作的核心。使读者不仅可以着眼于文献中所得到的科学结论,还可直接通过文献所提供的数据及分析工具对结果进行测试和验证,实现了数据的透明、公开及可重视性。

数据库 Giga DB,以采用数字对象唯一标识符(DOI)对杂志数据库中的所有数据进行标识,使数据保存更加永久,实现可追踪、可链接、可检索、可引用,而之前这些功能仅能用于学术文献中,在那里他们可以引到提供的研究和数据之间的直接联系,并且可以支持相关的工具复制,重复使用这些数据的访问。该杂志还为评论相关发表的文章提供了一个论坛,讨论在处理大规模数据时的最佳做法和问题。

Giga DB 主要作为一个 *Giga Science* 下相关文章的数据集工具的资源库,但也包括与 *Giga Science* 不相关的文章的数据集及子集,Giga DB 被定义为一组文件,如测序数据的分析、影像文件、软件程序等,都有文章及研究支持,通过相关数据的引用,在 Giga DB 里的每个数据集都将被分配一个 DOI,可以为其他文章的作者及研究人员在使用这些数据时提供一个标准的引用模式,每一个在 Giga DB 里的数据集都有特定的称号,特定的数据集有特定的作者名单和特定的抽象信息,鼓励大家提交给在 *Giga Science* 里的数据集以 ISA-Tab 格式提交,将每个数据集的数据引用列在每一页上。这项建议是按照大规模测序数据的分配和使用的原则,以最大限度地维护元数据标准。

不属于 *Giga Science* 杂志中的数据集也被编辑批准列入,这些数据集大部分来自于 BGI,他们赞助 Giga DB 的内部项目,可能许多数据集没有特定的学科资源库来承载他们,或者有些数据不能快速的出版释放以供研究界使用,在 *Giga Science* 里列入这些数据还有一项特别有意思的作用,如果以前那些未发表的数据列入,若是可以满足我们的标准,还可以纳入杂志上文章中的数据,通过研究界的引用,可以提高杂志的引用率。

Giga Science 和 BGI 对所提供的数据没有任何的限制访问条件,BGI 及其作者将所产生的数据进行收集整理,释放到公共领域,按照专业规范提供学术交流。与 *Giga Science* 杂志相关的数据是通过一个专门的 CC0 创作许可证下发布的。

他可以将出版的手稿和其支持数据及工具结合起来,从而加强和支持了 *Giga Science*

关于促进公开数据和再现性研究的目标，Giga DB 也旨在提供一个平台，当一个公共的可用数据库不存在时，它的相关支持数据和工具仍能刊登在杂志内外。Giga DB 包含了已经被发现的、可追踪的、可引用的很多数据，可以随时供公众下载及使用。

自从 *Giga Science* 杂志正式创刊以来，Giga DB 已存储了 50 多个数据集，数据量达 25TB，其中，华大基因的很多未发表的数据集都先在该平台上进行发布，以供其他项目使用，这并不影响日后文章的发表。例如，鸽子基因组数据首先在 *Giga Science* 杂志上公布，随后其文章于 2013 年 7 月在《科学》杂志上发表，而从数据公布到数据发表之间，其他的科研工作者可不受限制地使用基因组数据，且发布了与鸽乳相关基因的研究，北极熊基因组在 *Giga Science* 杂志上公布以后，有几个研究组也使用了已经发布但未发表的北极熊基因组数据，用于几个熊属物种的比较基因组和群体遗传学研究。

1.2.10.8 CLIMB

CLIMB(comprehensive library for modern biotechnology，http://climb.genomics.cn/)是华大基因自主设计数据库架构和开发功能界面而成的生物数据资源中心，如图 1-83 所示。其核心功能包括序列的比对分析功能和数据的分类检索服务。其他主要功能还包括国际上基因组项目的最新进展资讯、最新文献发表信息和物种分类信息等。

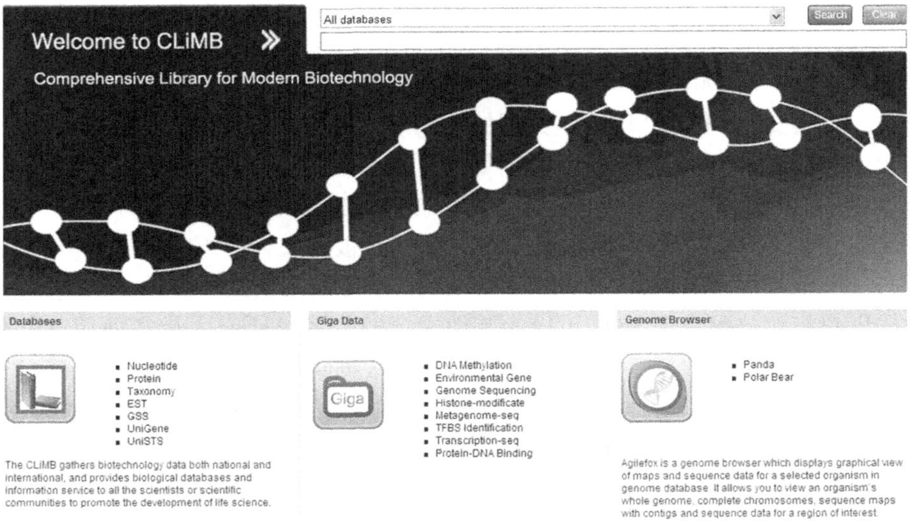

图 1-83 CLIMB 数据库主页

CLIMB 收集了包含有国内的和国际的生物技术相关数据，提供一个生物相关数据库和信息，这些信息可为所有的科学家或科学团队提供服务，从而促进生命科学的持续发展。

CLIMB 主页上有如下三个主要模块。

(1) Databases 模块，包含 nucleotide、protein、taxonomy、EST、GSS、UniGene、UniSTS 相关数据信息。

（2）Giga Data 模块，包含 DNA methylation、environmental gene、genome sequencing、histone-modificate、metagenome-seq、TFBS identification、transcription-seq、protein-DNA binding。

（3）Genome Browser 模块，分别为 Panda 和 Polar Bear 的基因组信息搜索。

利用 CLIMB，你可以搜索以下信息：搜索一种生物体的任何序列信息；为一组分类构建一个生物树；搜索 STS 及相关信息；为一个基因找到它的转录序列，得到核酸序列和相关注释信息；从数据库里搜索同源序列；在两个序列间计算相似性；在两个基因组间进行相似性搜索；在两个生物间确定保守线性序列；通过比对从一个物种链接到另一个相关物种资源；在物种间查看相关特性；发现基因组注释图谱；通过 marker 标记得到基因组序列。

CLIMB 的目标是建立高效的生物数据采集和研究体系，建设国际领先的生物数据中心，为生命科学产业的健康和可持续发展提供数据支持，为生物科学研究者提供高质量的生物数据和信息服务。

2 国内外生物信息数据库的发展

2.1 国际生物信息数据库的发展

目前国际上有三个主要的核苷酸、蛋白质的公共数据库,这三个数据库每天都会进行数据的交换和共享,它们分别是美国国立生物技术信息中心(NCBI, http://www.ncbi.nlm.nih.gov/)、欧洲生物信息学研究所(EBI, http://www.ebi.ac.uk/)和日本信息生物学中心(DDBJ, http://www.ddbj.nig.ac.jp/)这三个数据库随着生物信息的发展及时更新,为生物信息学的发展提供数据平台。

2.2 中国的生物信息数据库建设

目前,国际上比较重要的生物信息学数据库主要分布在欧美、日本等地区和国家。我国在生物信息学数据的研究与收集方面开展得比国际晚,水平也存在一定的差距,但近年来也取得了一些进步。

北京大学物理化学研究所于 1996 年建立了国内第一家生物信息学网络服务器,建成了 EMBL、SwissProt、PDB、SCOP 等多个著名生物学数据库的镜像服务器以及其他多种生物信息资源,其中,EMBL、SwissProt、PDB 已经做到与国际数据中心同步更新。

除此之外,深圳华大基因研究院、北京大学生物信息中心、上海生物信息技术研究中心、中国科学院微生物研究所信息中心等单位是国内在生物信息数据库建设方面走在前列的几家科研机构。在生物信息数据库研究开发中,首先,构建我国自己的数据库,这样既能实现国内生物数据资源的整合和分享,促进国内生物科技的进步,同时也能保护我国珍贵的基因资源;其次,与国际常用数据库的有效链接和及时更新,这样我们在了解国际生物信息数据库发展状况的同时,能利用和借鉴国际生物信息资源,促进我国生物信息数据库的研究进展。

2.3 建设生物信息数据库:存在的问题和解决思路探讨

2.3.1 存在的问题

目前,在建设生物信息数据库过程中主要存在以下问题。

(1) 数据类型多样化,管理不合理。从数据管理角度来讲,生物信息数据库中有多种数据类型,包括序列(核酸序列、蛋白质序列和小分子序列)、图形(蛋白质结构、序列曲线等)、图像(生物大分子 3D 结构)等。数据类型的多样化势必大大增加数据存储、检索和管理的复杂性。

(2) 数据资源作为数据库的源头和核心,面对海量的数据资源,如何深层次挖掘这些数据的潜在信息和数据间的潜在关联,这些信息可能比数据本身更为重要。例如,人类基因组计划宣布完成已经十多年了,然而,如何有效管理、准确解读、充分使用这些基因信息,如何了解基因与疾病之间的关系等,探索才刚刚开始。同时,随着生物信息学的发展,出现了大量的生物数据分析流程和工具,这样就会导致即使是相同的原始数据,最终的分析结果也会不同,甚至相差甚远,这样就无法保证数据资源的正确性。

(3) 在生物信息数据资源收集过程中缺乏统一的数据选择标准和管理规范;现有各类数据之间在质量和一致性方面很不均衡,在管理原则、方法、范围以及对各种生物信息的语义定义、描述方法、表达格式等方面存在大量的不一致性。

(4) 生物信息数据库种类多,但大部分生物信息数据库的开发和维护单位将来自实验的原始数据稍加整理和注释后,各自开发一套系统为用户提供数据查询和分析服务,这些自成体系的数据库系统使得数据库间的数据共享存在困难,从而降低了数据的利用率,浪费了大量的人力和物力。

2.3.2 解决思路探讨

针对目前在建设生物信息数据库过程中出现的各种问题,可以尝试从以下几个方面着手。

(1) 对这些海量的复杂的生物数据资源的存储和管理,我们应该建立完善的适当的数据资源管理规范,内容需要涉及:数据信息的完整性和准确性;数据信息的安全管理(包括数据访问的授权、数据变更的授权、数据删除的授权、数据备份管理等);数据信息的时效性保证(包括数据时效提醒、数据时效检查、数据时效更新等);数据分析(包括数据分类、数据分组、数据结果分析等);数据挖掘(主要指数据关联性挖掘)。

(2) 就目前而言,利用生物信息学去解析这些海量的生物原始数据是一个有效的手段。作为一个数学、计算机和生物的交叉学科,数学、计算机学科的发展对于生物信息学的发展、对于生物信息学的发展是至关重要的。生物信息学正在经历一个蓬勃发展的时期,具有很好的前景。然而,该如何解决在实际应用过程中出现的数据结果分析迥异的问题呢?一个有效的方法是针对不同的原始数据类型建立一套被公认的标准分析流程,包括基因组学、转录组学、蛋白质组学和代谢组学数据。

(3) 生物数据多种多样,格式不一,不同测序仪器产生的原始数据和不同的生物信息分析工具产生的数据结果和质控指标也不尽相同。因此,我们需要建立一个统一的数据选择标准和管理规范。

(4) 信息时代的来临,在促进生物数据急剧增长的同时,也加剧了数据共享的复杂性,但网络技术却为全球范围内的数据共享提供了不受地理时空限制的手段,很大程度上迅速扩大了数据共享,加速了知识传播。目前,单个的、分散的生物信息数据集已难以满足现代生物技术发展的需要,数据的存取也更加依赖于权威快捷的大规模数据库集中网络服务系统。现代的科学科技计划、前沿科技活动乃至基础科研都需要大规模的基础科学数据的集成分析与应用。因此,构建我国生物技术和产业信息共享交流平台,在对生物信息数据高效整合的基础上,用户可以通过一个单一的平台,获取各个数据源的信息,从而大大减轻研究人员的负担,为生物学的进一步研究和发展奠定良好的数据基础。

因此,建立生物技术和产业信息数据的交流共享软件技术体系具有重要的理论价值和实际意义。目前主要通过网络浏览器查询、检索、使用生物信息数据库,操作简便,并被广泛使用。运用计算机软件工程技术集成上述内容,开发信息交流共享服务平台是非常有意义的。它将基于 Web 界面的数据库信息检索工具和序列比对的数据库搜索程序,从信息采集模块,检索模块和管理模块优化这些数据库的功能,进而保障数据的读取和输出。

第二篇　用于建立生物信息数据库的数据管理

生物数据资源是生物信息数据库的核心资源，因此，有必要介绍一下用于建立生物信息数据库的数据来源和对这些数据进行管理的一般原则和方法。

本篇第一章介绍了数据来源。各常见生物信息数据库的 FTP 蕴藏着大量的数据资源，包括核酸、蛋白质和代谢小分子数据，而且这些数据时时更新，增长速率也很快；另外，生物信息数据库的查询结果和实验终端也会产生海量的实验数据，特别是后者，是数据库中数据的主要来源。

接着，第二章详细介绍了生物数据类型，包括基因组学、转录组学、蛋白质组学和代谢组学数据，并介绍了这些数据的基本处理方法和流程。

在接下来的几章中，阐述了数据管理方法和原则，包括数据质量管理、数据备份和恢复，以及数据的安全管理等。

3 数据来源

3.1 从各种生物信息数据库的 FTP 下载

3.1.1 核酸数据

各大生物信息数据库蕴藏了大量的生物信息资源，特别是一级生物信息数据库，如 NCBI、SwissProt、EMBL 等。目前，可以从这三大数据库中免费下载各种生物学数据和数据分析工具。

据 NCBI SRA（the sequence read archive）统计，截至目前（2013-03-25），收录的高通量核酸测序仪（包括 Roche 454、Ion Torrent、Illumina、SOLiD、Helicos 和 Complete Genomics）产出的总碱基数达 1 205 599 688 264 436bp，可公开碱基数达 507 910 470 678 292bp。统计结果如图 3-1 所示。

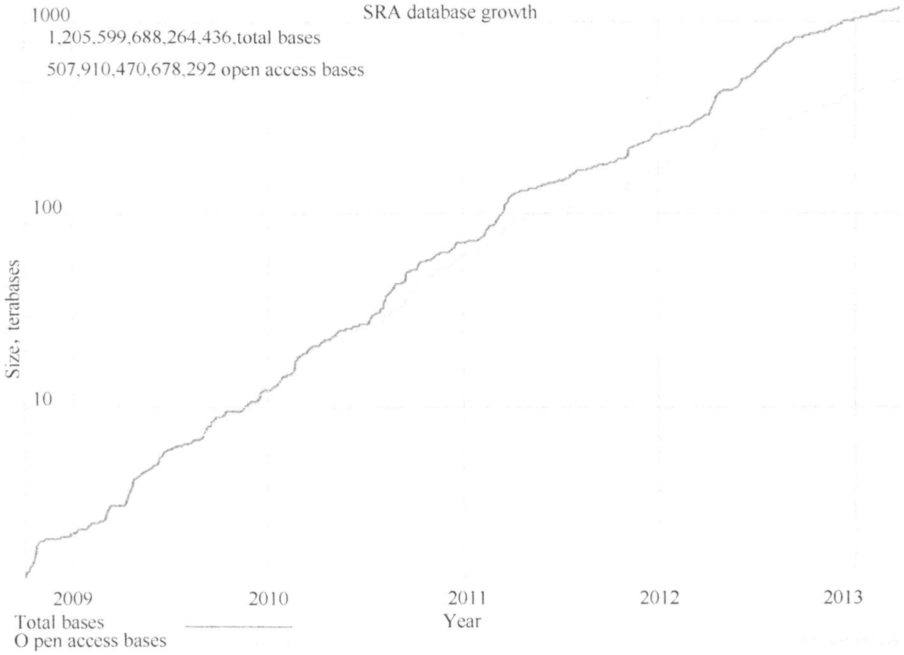

图 3-1 NCBI 数据库的数据量增长统计图

3.1.2 蛋白质数据

相对于核酸数据而言，蛋白质数据量的产出速度相对缓慢。UniProtKB/SwissProt 数据库对其发布的蛋白质数据进行了更为详细的统计，截至 2013-03-06，该数据库发布了

539 616 条序列条目(sequence entries),包括 191 569 459 个氨基酸(从 217 393 篇参考文献中提取),其统计结果如图 3-2 所示。

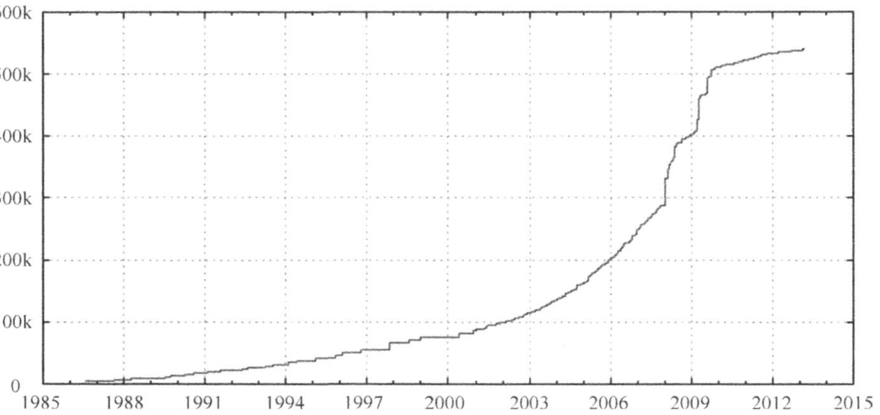

图 3-2 SwissProt 数据库的数据量增长统计图

这些蛋白质数据包括五大类,即①蛋白质水平验证(evidence at protein level);②转录水平验证(evidence at transcript level);③同源性推测(inferred from homology);④预测蛋白(predicted);⑤不确定(uncertain)。从图 3-3 可以看出,UniProtKB/SwissProt 数据库中的蛋白质数据大部分来源于同源性推测,即按照密码子对应规则,从核酸序列的编码序列(coding sequence,CDS)翻译而来。

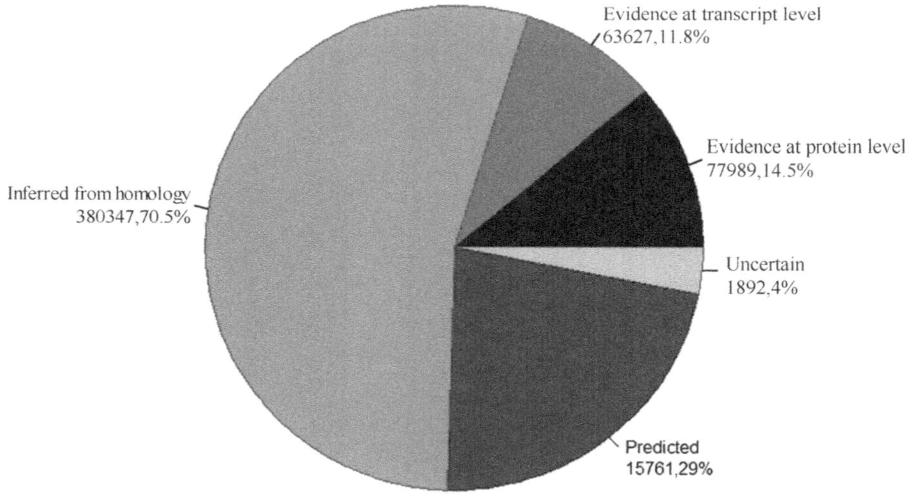

图 3-3 UniProtKB/SwissProt 数据库中的蛋白质数据来源分类图

通过了解蛋白质序列信息在不同物种中的分布情况,可以看出目前研究者的研究领域和研究热点,从图 3-4 可以看出,目前研究最多的物种为人类,因此,关于人类的蛋白质信息也最为完善。

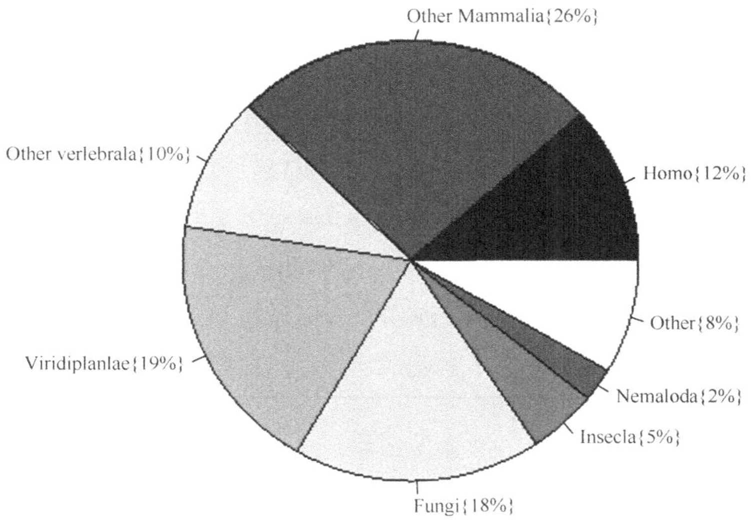

图 3-4 UniProtKB/SwissProt 数据库中的蛋白质数据物种来源分布图

蛋白质的长度分布也是一个重要的信息,这可以作为我们某些蛋白质测序项目的一个参考指标,UniProtKB/SwissProt 数据库中统计的蛋白质包含的氨基酸个数分布情况如图 3-5 所示。可以看出,蛋白质中含有的氨基酸个数大部分为 50 ~ 650 个。据统计,UniProtKB/SwissProt 数据库中蛋白质含有的氨基酸平均数目为 355 个,最长的蛋白质含有氨基酸的数目为 35 213 个,为 GWA_SEPOF(P83570);最短的为 2 个氨基酸,为 TITIN_MOUSE(A2ASS6)。

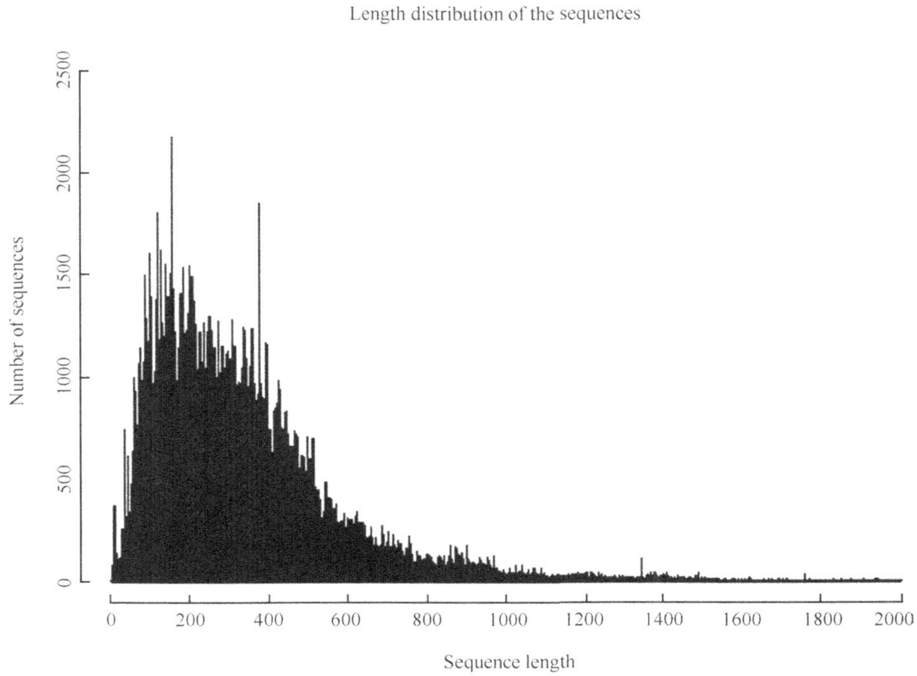

图 3-5 UniProtKB/SwissProt 数据库中蛋白质含有的氨基酸平均数目分布图

此外，UniProtKB/SwissProt 数据库还统计了其收录的所有蛋白质中所含的 20 种氨基酸的分布情况，这些信息见表 3-1 和图 3-6。

表 3-1 UniProtKB/SwissProt 数据库中蛋白质包含的氨基酸比例表

Ala(A)	8.25%	Gln(Q)	3.93%	Leu(L)	9.66%	Ser(S)	6.56%
Arg(R)	5.53%	Glu(E)	6.75%	Lys(K)	5.84%	Thr(T)	5.34%
Asn(N)	4.06%	Gly(G)	7.08%	Met(M)	2.42%	Trp(W)	1.08%
Asp(D)	5.45%	His(H)	2.27%	Phe(F)	3.86%	Tyr(Y)	2.92%
Cys(C)	1.37%	Ile(I)	5.96%	Pro(P)	4.70%	Val(V)	6.87%

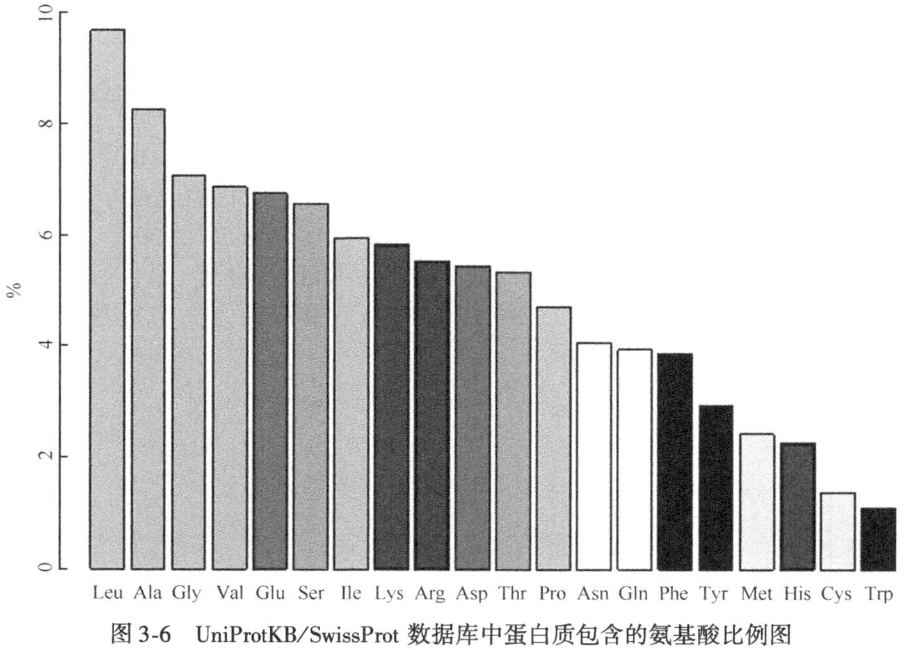

图 3-6 UniProtKB/SwissProt 数据库中蛋白质包含的氨基酸比例图

3.1.3 代谢组数据

目前，最常用的代谢组学数据库是 KEGG(Kyoto encyclopedia of genes and genomes，京都基因与基因组百科全书)，该数据库由 6 个各自独立的数据库组成，分别是基因数据库(GENES database)、通路数据库(PATHWAY database)、配体化学反应数据库(EGAND database)、序列相似性数据库(SSDB)、基因表达数据库(EXPRESSION)、蛋白质分子相互关系数据库(BRITE)，这些数据库中提供了大量的代谢通路、Ortholog group 图表、蛋白质互作网络、配体反应信息等数据可供查询和下载。

3.2 各种生物信息数据库的查询结果

目前,生物信息库多种多样,它们的数据查询结果展示方式也有所不同,常见的有 FASTA、ASN.1、XML、GFF 格式等。这些查询结果都可下载到本地。

3.3 各实验终端提供的数据

随着高通量测序技术的快速发展和普及,产生了海量的生物学数据,这些数据通过生物信息数据库的形式来组织、利用和共享,这也是生物信息数据库数据的主要来源。

4 数据类型

4.1 原始数据

20 世纪后期,随着分子生物学的快速发展,生命活动的物质基础已经追溯到核酸和蛋白质两大类生物大分子的序列,它们构成了生物数据的主要部分。

人类基因组计划完成以来,测序技术得到逐步完善和快速发展,特别是第二代高通量测序仪的出现(如 Roche 454、Hiseq 2000 等),引起了生物数据产业的革命。在第一代测序仪(Sanger 测序)占主导地位的时期,科学发现主要是基于实验和理论,科学家的研究方法是对新现象做出预测,并且通过实验对各种假设进行检验。而现在,随着计算机性能的不断提高和高通量测序仪的出现(包括第二代测序仪和第三代测序仪),从海量的数据入手,进行信息挖掘,利用程序去发现未知规律的研究方法正在被逐步建立。通俗地说,以前我们是在黑暗中摸索、寻找我们需要的东西(如一把钥匙),而现在我们把所有目标区域都照亮了,然后再去发现我们需要的东西,引用 Francis S. Collins 的一张幻灯片来形象说明现代方法的优势,如图 4-1 所示。

实验和理论的时代　　　　“大数据”时代

图 4-1　模式转换形象示意图

早在 1980 年,阿尔文·托夫勒就在《第三次浪潮》一书中,将“大数据”赞颂为“第三次浪潮的华彩乐章”。不过,大约从 2009 年开始,“大数据”才成为因特网信息技术行业的流行词汇。“大数据”是指无法在一定时间内用常规软件工具对其内容进行管理和处理的数据集合。大数据的特点有 4 个层面。

(1) 大量化(volume):数据量巨大。从 TB(terabyte)级别,跃升到 PB(petabyte)级别。

(2) 多样化(variety):数据类型繁多。以前的数据都可以用二维表结构存储在数据库中,但是现在非结构化数据占了很大比例。用于产生智慧的大数据,通常是这些非结构化数据。

(3) 价值(value):价值密度低。数据总量的加大,产生了很多冗余数据,数据价值密度的高低往往与数据总量的大小成反比。

(4) 速度性(velocity):处理速度快。

尽管利用"大数据"的科学发现工作目前还只是在初级阶段,但在大数据背后隐含的智慧力量是任何科学创新工具所不能比拟的,它赋予了科技发展一种全新的生命力。

目前,随着生物数据的积累,生物数据行业已经进入到生物大数据行业。目前仅在深圳华大基因研究院内部存储管理的测序数据就已达到 PB 级别。由于质谱技术的不断改进,越来越多的与基因组学数据相关联的代谢组和蛋白质组学数据也在持续地产生;其次是在药物研发领域,药物研发是通过寻找癌症药物靶点,在化合物中寻找发现化合物,从前面基础研究到后面基础设置,其数据量也在 TB 以上;之后是临床医疗,把这些数据与实验室数据整合在一起,使得医疗机构面临非常快的数据增长;健康管理、移动医疗也是数据来源之一。各式各样便携化的生理设备,随着移动互联网的发展大大普及,个体健康信息能够连入因特网,可以想象这是未来的重要的大数据来源。事实上这 4 个数据来源并不是孤立的,它们之间存在着很大的关联,那种倾毕生精力研究一个基因、一条代谢途径、一种生理周期的时代已经过去,未来生物学研究的人士希望能将数据整合,从中挖掘分析能够支持临床的决策。人类要消化理解实验事实和数据,传统的研究方式已经来不及迅速消化这些新数据,生命科学研究已经进入了深深依赖计算机和网络的时代。

生物测序技术的发展是产生生物大数据的主要原因。因此,有必要在本章节详细介绍目前各种测序技术的原理、方法和应用,以及各种生物技术产生的生物数据。

4.1.1 测序仪数据

4.1.1.1 测序原理

DNA 测序的工作基础是在变性聚丙烯酰胺凝胶(测序胶)上进行的高分离度的电泳过程。测序胶可从一定范围内的单链寡核苷酸中分辨出一个脱氧核苷酸的差异。操作时,在相应的待测 DNA 区段产生一套标记的寡核苷酸。反应后,产生一套标记的寡核苷酸标记的单链,它们具有共同的起始点,但终止于不同的核苷酸,这些寡核苷酸单列是在 4 个独立的酶学或化学反应中产生终止于所有不同的 A、T、G、C 位点的寡核苷酸链,而这 4 个反应的寡核苷酸产物在测序胶的相邻泳道中都能被一一分辨出来。DNA 的序列能从电泳胶图中 4 个寡核苷酸泳道中依次直接读出。20 世纪 70 年代发明了两种 DNA 测序技术,一种是 Frederick Sanger 发明的酶法,即双脱氧末端终止法,也称为 Sanger 法;另一种是 Maxam 和 Gilbert 发明的化学降解法。

1) 双脱氧末端终止法

双脱氧法或酶法利用 DNA 聚合酶合成单链 DNA 模板的互补拷贝,这一方法最先由 F. Sanger 及其合作者在 1977 年提出。

双脱氧末端终止法将DNA溶液分成4份，加入DNA聚合酶和引物，再分别加入4种dNTP与1种限量的ddNTP的混合物，进行PCR反应。由于ddNTP随机掺入，PCR产物从引物之后的第一个碱基开始，每一个位置都有可能是ddNTP。由于ddNTP缺乏链延伸所需要的3′-OH，链的延伸就选择性地在G、A、T或C处终止。这样的PCR产物与普通PCR不一样，不能形成一条电泳带，而是一组长度相差一个碱基的成百上千种片段。它们具有共同的起始点，终止在不同的核苷酸上，每一个碱基都有相同的概率被终止。每一次序列测定由一套4个单独的反应构成。ddNTP用放射性核素或者荧光基团标记。通过变性凝胶电泳来分离这些链终止产物，使它们按照长短排列。如果用放射性核素标记，由于只有一种颜色，AGCT四种链终止反应要分开放在4个不同的离心管里进行，电泳也要分道分别进行；如果是荧光标记，因为有4种颜色可以使用，AGCT四种链终止反应可以混合在一起，在同一个离心管里进行，电泳也可以在一道毛细管里进行。荧光标记既安全，也更加方便。读取AGCT四条放射自显影图谱，把4道数据拼在一起；或者简单的一条荧光电泳图谱，得到碱基序列，测序示意图如图4-2所示。

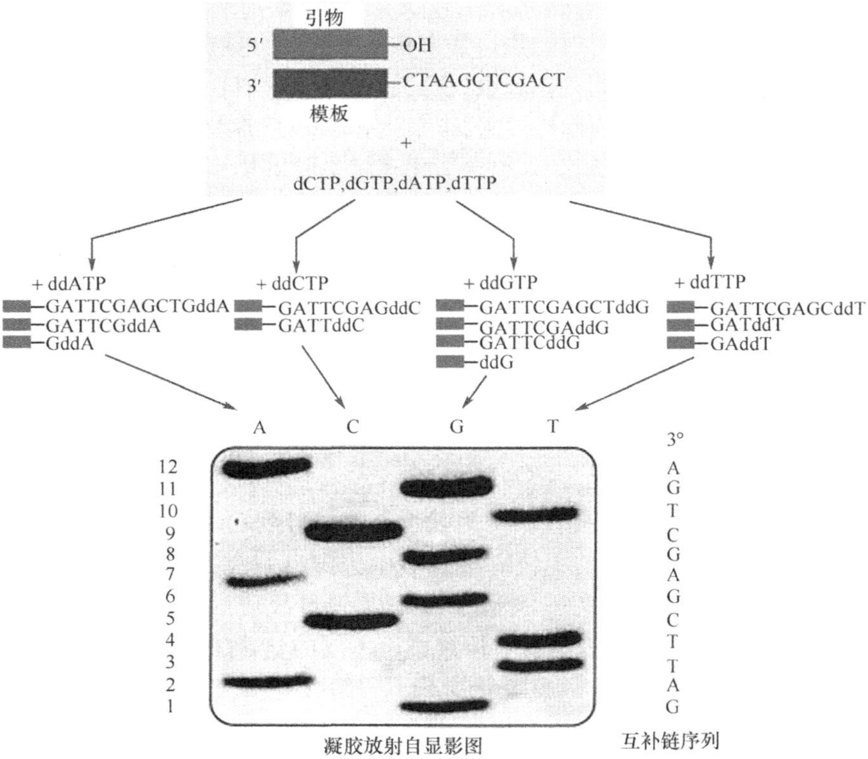

图4-2　Sanger测序法示意图

2）化学降解法

化学降解法是把DNA溶液分成几份，用多种化学试剂分别处理，造成DNA在特异的碱基位点或位点组合处被切断，产生一组长度不同的DNA片段（图4-3）。切割反应的产物在不同的泳道里经凝胶电泳分离。根据片段长度和片段末端的碱基或碱基组合，运用拼图游戏的技巧，将 DNA 序列破译出来。此法技术复杂，使用一些危险化学品，并且需要人力手工操作，在自动化测序仪发明以后，基本没人使用。

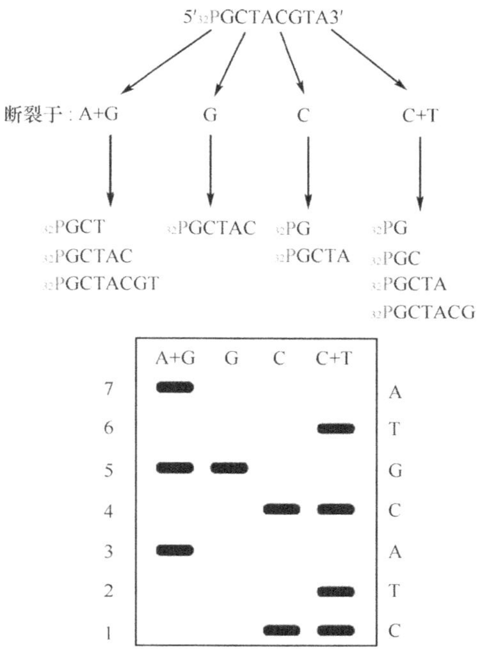

图 4-3 化学降解法示意图

4.1.1.2 测序仪器介绍

1）第一代测序仪

第一代测序技术主要是基于 Sanger 法的测序原理，结合荧光标记以及毛细管阵列电泳技术，实现测序的自动化。第一代测序仪由于其原始数据的准确率高，读长长，目前仍在使用中，但是它依旧依赖于电泳分离技术，很难再进一步提升其分析速度和并行化程度，也很难再降低它的测序成本。代表性仪器有 ABI 公司开发的 ABI3730 测序仪。下面介绍 ABI3730 DNA 测序或片段分析的流程（http://tools.invitrogen.com/content/sfs/manuals/cms_042352.pdf）。

（1）样品制备。样品制备是在 96 孔或 384 孔板上对 DNA 片段用化学的方法标记荧光素。一般情况下，每一 DNA 分子标记一个荧光素分子，标记了荧光的 DNA 分子可以进行检测及确认。最多有 5 种荧光素可用于 DNA 样品的标记。

（2）软件设置。操作人员对不同的运行模块和分析模块设置不同的参数进行数据采集。参数设置可根据所使用的标记方法、电泳的毛细管长度、电泳胶的种类等进行设置。

（3）开始运行。操作人员把制备好的样品板放到仪器上对应的位置，运行设定好的程序并开始运行，仪器便会根据设定好的顺序，用相应的电泳程序分析样品板上的样品。

（4）电泳。电泳是用“电进样”的方法使带电的样品分子进入灌好电泳胶的毛细管的进样端（负极），然后在毛细管两端加上直流电压，样品在电压的作用下从负极向正极移动，DNA 片段越小，在毛细管内跑得越快，最后使不同长度的 DNA 片段分离，依次通过检测窗口，产生信号。

（5）激发和检测。当标记了荧光素的 DNA 片段移动到检测窗口时，荧光素在激发光的作用下产生荧光信号，此荧光信号被 CCD 检测器所检测并被转化为电信号传递到计算机。

（6）数据的采集和处理。CCD 检测器将检测到的荧光信号转换成为电信号，并把它传送给安装了数据采集软件的计算机工作站，工作站接收到信号后，对数据进行初步处理，并把这些数据存储在计算机的数据库里。

（7）自动数据提取和分析。工作站能够自动从数据库中提取采集的数据，并根据不同的运行模式，对样品 DNA 的碱基序列或片段信息进行分析，然后把分析完成后的结果数据以样品文件的形式保存于计算机的硬盘中。

（8）结果。分析好的样品文件可以用序列分析软件或片段分析软件来打开查看，也可对这些数据进行重新分析。电泳信号图(图 4-4)的 *X* 轴表示时间,*Y* 轴表示相对荧光强度,不同颜色的峰表示标记了不同的荧光,图 4-4 中的每个峰代表一个 DNA 片段。

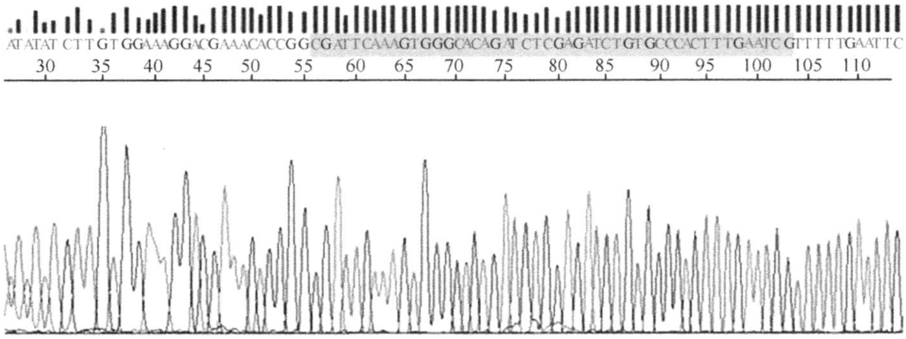

图 4-4　电泳信号图

2）第二代测序仪

第二代测序仪,又称为新一代测序仪或高通量测序仪,属于循环阵列合成测序,采用大规模矩阵结构的微阵列分析技术,利用 DNA 聚合酶或连接酶及引物对模板进行一系列的延伸,通过显微技术观察记录连续测序循环中的光学信号来实现测序,可以同时并行分析阵列上的 DNA 样本。

主要包括罗氏的 454 焦磷酸测序、ABI 公司的 Solid 系统、Illumina 公司的 Solexa 测序等。尽管从模板文库制备、片段扩增到测序,这几种平台所采用的方法不一样,但它们都要经过模板文库制备、DNA 片段扩增、并行测序、信号采集及序列拼接、组装等步骤(图 4-5)。

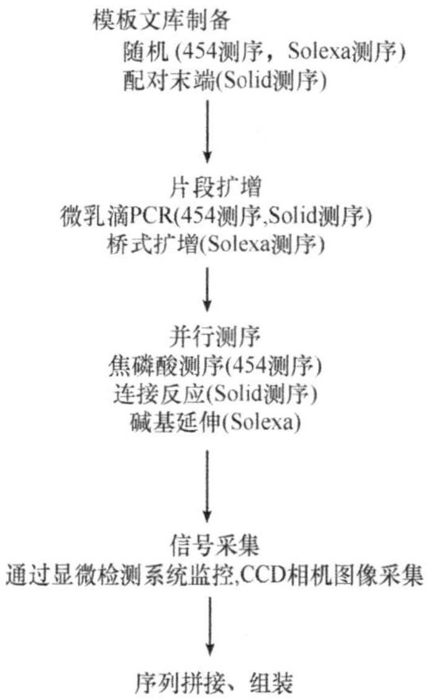

图 4-5　新一代测序流程图

（1）Illumina 测序仪。Illumina 公司的新一代测序仪 Genome Analyzer 最早由 Solexa 公司研发,利用其专利核心技术“DNA 簇”和“可逆性末端终结”(reversible terminator),实现自动化样本制备及基因组数百万个碱基大规模平行测序。Genome Analyzer 作为新一代测序技术平台,具有高准确性、高通量、高灵敏度和低运行成本等突出优势,可以同时完成传统基因组学研究(测序和注释)以及功能基因组学(基因表达及调控、基因功能、蛋白质/核酸相互作用)研究。Genome Analyzer 技术的基本流程如图 4-6 所示。

文库制备。将基因组 DNA 打成几百个碱基(或更短)的小片段,在片段的两个末端加上特定接头(adaptor),见图 4-6 的第 1 步。

产生 DNA 簇。在 Illumina 的专利芯片上,表面连接有一层单链引物,DNA 片段变成单链后通过与芯片表面的引物碱基互补被一端“固定”在芯片上(如流程图第 2 步)。另外一端也随机和附近的另外一个引物互补,被“固定”住,形成“桥”(bridge)(如流程图第 3 步)。

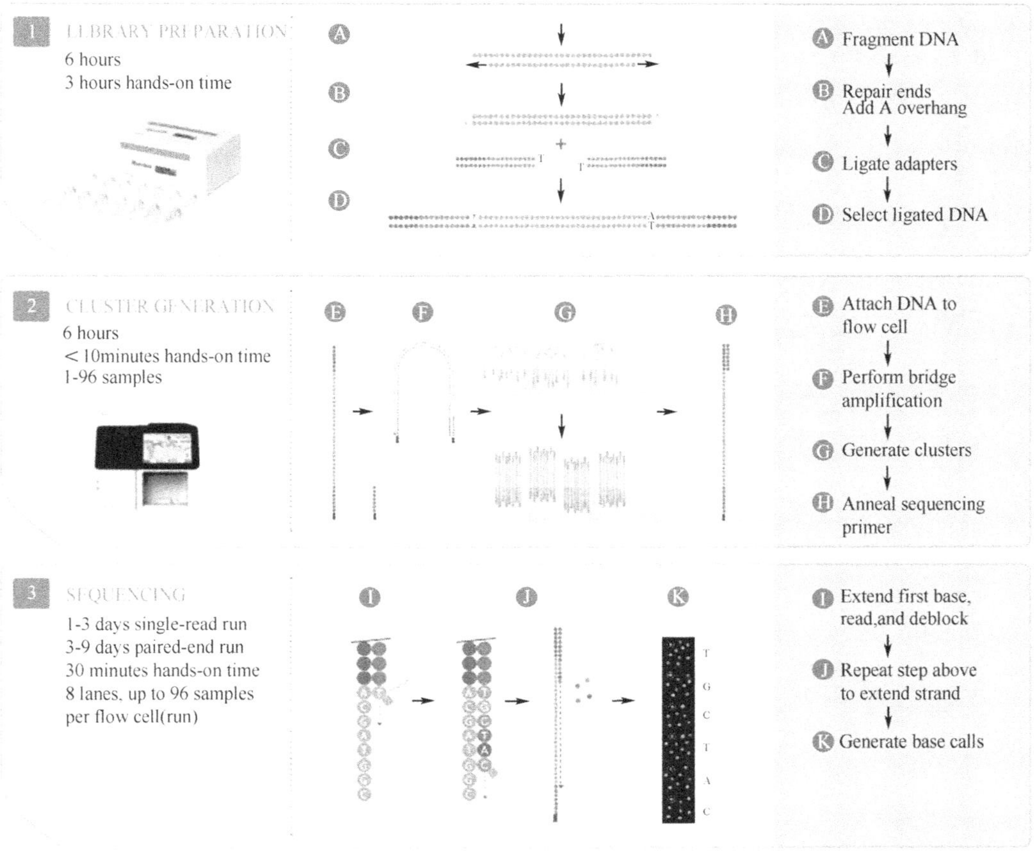

图 4-6　Genome Analyzer 技术的基本流程图

反复 30 轮扩增,每个单分子得到了 1000 倍扩增,成为单克隆 DNA 簇,DNA 簇产生之后,扩增子被线性化,测序引物随后杂交在目标区域一侧的通用序列上(如流程图第 4 ~6 步)。

测序。利用边合成边测序(sequencing by synthesis)的原理,加入 DNA 聚合酶和带有 4 种被荧光标记的 dNTP 和接头引物进行扩增,这些核苷酸是 3′羟基末端带有可化学切割的部分的“可逆终止子”,它只容许每个循环掺入单个碱基,然后用激光扫描反应板表面,读取每条模板序列第一轮反应所聚合上去的核苷酸种类。之后,再将这些基团通过化学切割,恢复 3′端黏性,继续聚合第二个核苷酸。如此下去到每条模板序列都完全被聚合成为双链。这样,统计每轮收集到的荧光信号结果,就可以得知每个模板 DNA 片段的序列(如流程图第 7 ~9 步)。目前的配对末端读长可达到 2×100bp,更长的读长也能实现,但是错误率会增高。

数据分析。通过计算机软件将荧光信号转化为测序峰,获得待测片段的序列信息,数据被转移到自动分析通道进行二次分析。

(2) ROCH-454 焦磷酸测序仪。454 焦磷酸测序的技术核心是利用微乳液 PCR 技术(emulsion PCR)来实现 DNA 片段的扩增,利用焦磷酸法产生的光学信号进行显微观察检测,达到实时测定 DNA 序列的目的,也是利用边合成边测序的原理,其基本流程如图 4-7 所示。

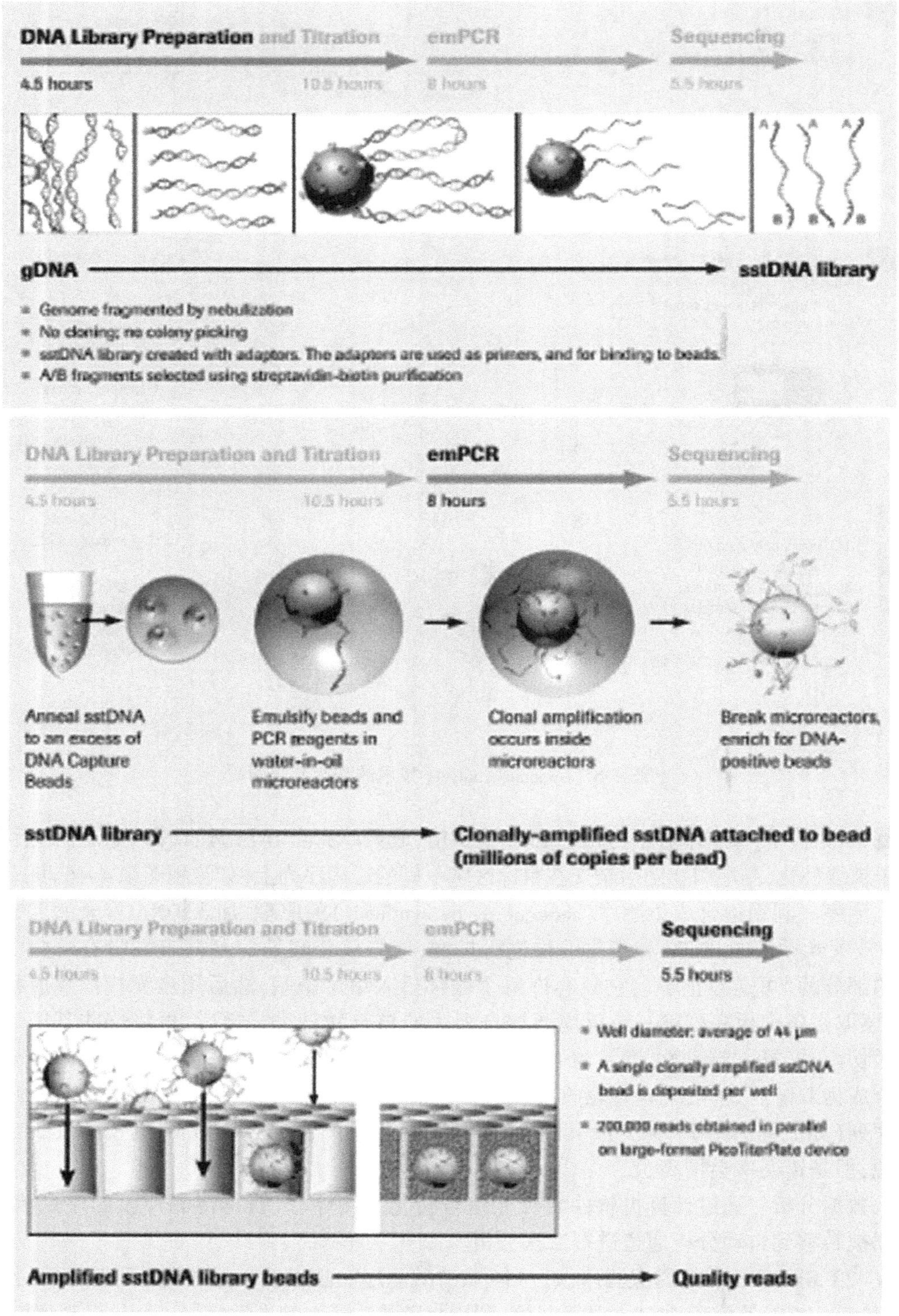

图 4-7　454 焦磷酸测序工作流程

模板文库制备。将待测 DNA 处理成 300～800bp 的片段并制备成单链 DNA 文库，加上接头。

DNA 片段扩增。将单链 DNA 文库模板及必要的聚合酶链反应(polymerase chain reaction，PCR)化合物与固化引物的微球混合，使单链 DNA 被固定在特别设计的 DNA 捕获磁珠上，使每一个微球携带一个特定的单链 DNA 片段，微球结合的文库被扩增试剂乳化，这样就形成了只包含一个微球和一个特定片段的微乳滴，每个微乳滴都是一个进行后续 PCR 反应的微型化学反应器。每个独特的片段在自己的微反应器里进行独立的扩增，而没有其他的竞争性或者污染性序列的影响。整个片段文库平行扩增，多个热循环后，每个微球表面都结合了成百数千个相同的 DNA 拷贝，然后乳液混合物被打破，富集微球。

并行测序。将富集的微球转移到刻有规则微孔阵列的微孔板上，微孔板一端用于测序反应的化合物通过，另一端与 CCD 光学检测系统的光纤部件接触，用于信号检测，每个微孔只能容纳一个微球。然后将微孔板放置在 GS FLX(genome sequencer FLX)中，测序反应开始。引物与模板 DNA 退火后，在 DNA 聚合酶、三磷酸腺苷硫酸化酶、荧光素酶和腺苷三磷酸双磷酸酶 4 种酶的协同作用下完成循环测序反应。放置在 4 个单独的试剂瓶里的 4 种碱基，依照 T、A、C、G 的顺序依次循环进入微孔板，每次只进一个碱基，如果配对发生，就会释放一个焦磷酸，焦磷酸在荧光素酶的催化下，经过一个合成反应和一个化学发光反应，最终将荧光素结合形成氧化荧光素，同时释放荧光信号。由此快速准确获得 DNA 的碱基序列，最后对序列进行组装、拼接。

(3) SOLiD 测序仪。SOLiD 全称为 supported oligo ligation detetion，它的独特之处在于以四色荧光标记寡核苷酸的连续连接合成为基础，取代了传统的聚合酶连接反应，可对单拷贝 DNA 片段进行大规模扩增和高通量并行测序。

SOLiD 测序基本流程如图 4-8 所示。

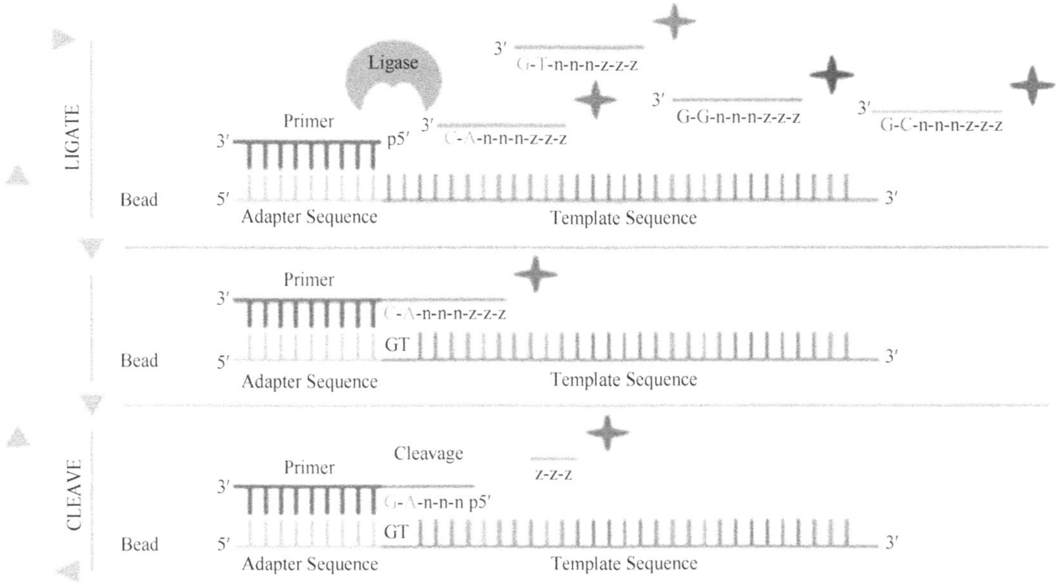

图 4-8 SOLiD 测序连接反应示意图

文库制备。SOLiD 系统能支持两种测序模板：片段文库(fragment library)或配对末端文库(mate-paired library)。使用哪一种文库取决于你的应用及所需的信息。片段文库就是将待测序列打断成很小的片段，并在两端加上不同的接头，做成文库。如果你想要做转录组测序、RNA(ribonucleic acid)定量、miRNA(micro ribonucleic acid)探索、重测序、甲基化分析、染色质免疫沉淀(chromatin immunoprecipitation, ChIP)测序等，就可以用它。如果是全基因组测序、SNP(single nucleotide polymorphism)分析、SV(structural variation)分析等，则需要用配对末端文库。配对末端文库是将基因组 DNA 打断后，与中间接头连接、环化，然后用 *Eco* P15 酶切，使中间接头两端各有 27bp 的碱基，再加上两端的接头，形成文库。

乳液 PCR/微珠富集。将做好的 DNA 文库模板，PCR 反应化合物及微珠加入到微反应器中进行乳液 PCR(emulsion PCR)，反应完成后，去除多余的微珠。基本过程是在 PCR 反应前，将包含 PCR 所有反应成分的水溶液注入高速旋转的矿物油表面，水溶液瞬间形成无数个被矿物油包裹的小水滴。这些小水滴就构成了独立的 PCR 反应空间。与 454 的 GS FLX 类似，每个小水滴只含一个 DNA 模板和一个磁珠，形成一个独立反应空间进行 DNA 扩增。

微珠沉积。3′端修饰的微珠沉积在一块玻片上，在微珠上样的过程中，沉积小室将每张玻片分成 1 个、4 个或 8 个测序区域。SOLiD 系统最大的优点就是每张玻片能容纳更高密度的微珠，在同一系统中轻松实现更高的通量。

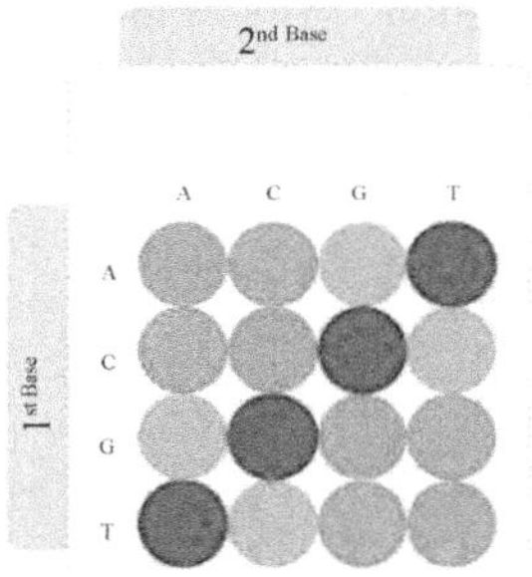

图 4-9 双碱基编码矩阵图

连接测序。SOLiD 连接反应的底物是 8 碱基单链荧光探针混合物(图 4-8)。在连接反应中，探针按照碱基互补规则与单链 DNA 模板链配对。探针的 5′端标记了 4 种颜色的荧光染料，分别是 CY5、Texas Red、CY3、6-FAM。探针 3′端 1 ~ 5 位为随机碱基，其中第 1、第 2 位构成的碱基对是表征探针染料类型的编码区，图 4-9 的双碱基编码矩阵规定了该编码区 16 种碱基对和 4 种探针颜色的对应关系，3 ~ 5 位的“*n*”表示随机碱基，6 ~ 8 位的“*z*”指的是可以和任何碱基配对的特殊碱基。SOLiD 测序包括 5 轮测序反应，每轮测序反应含有多次连接反应。第一轮测序的第一次连接反应由连接引物“n”介导，由于每个磁珠只含有均质单链 DNA 模板，所以连接反应掺入一种 8 碱基荧光探针，SOLiD 测序仪记录下探针第 1、第 2 位编码区颜色信息，之后的化学处理断裂探针 3′端第 5、第 6 位碱基间的化学键，除去 6 ~ 8 位碱基及 5′端荧光基团，暴露探针第 5 位碱基 5′端磷酸，为下一次连接反应做准备。因为第一次连接反应使合成链多了 5 个碱基，所以第二次连接反应得到模板上第 6、第 7 位碱基序列的颜色信息，而第三次连接反应得到的是第 11、第 12 位碱基序列的颜色信息。几个循环之后，引物重置，开始第二轮的测序。由于第二轮连接引物(*n*-1)比第一轮错开一位，所以第二轮得到以 0 位、1 位起始的若干碱基对的颜色信息。5 轮测序反应后，按照第 0、第 1 位，第 1、第 2 位……的顺序把对应于模板序列的颜色信息连起来，就得到由“0,1,2,3…”组成的 SOLiD 原始颜色序列。

数据分析。SOLiD 测序完成之后，获得了由颜色编码组成的 SOLiD 原始序列，理论上,按照“双碱基编码矩阵”,只需要知道所测得的 DNA 序列中任何一个位置的碱基类型,就可将 SOLiD 原始颜色序列“解码”成碱基序列。但是由于双碱基编码规则中双碱基与颜色信息的简并特性(一种颜色对应 4 种碱基对),前面的碱基颜色编码将直接影响紧跟其后碱基的解码,所以如果有一个错误颜色编码就会引起“连锁解码错误”,改变错误颜色编码之后的所有碱基。

为了避免“连锁解码错误”的发生,SOLiD 数据分析软件不是直接将 SOLiD 原始颜色序列解码成碱基序列,而是通过 reference 的序列进行后续数据分析。SOLiD 序列分析软件首先根据“双碱基编码矩阵”将 reference 碱基序列转换成颜色编码序列,然后与 SOLiD 原始颜色序列进行比对,从而获得 SOLiD 原始颜色序列在 reference 的位置及两者的匹配性信息。Reference 转换成的颜色编码序列和 SOLiD 原始序列的不完全匹配主要有两种情况:一种是“单颜色不匹配”,另一种是“两连续颜色不匹配”。由于每个碱基都被独立地检测两次,并且 SNP 位点将改变连续的两个颜色编码,一般情况下 SOLiD 将“单颜色不匹配”处理成测序错误,这样一来,SOLiD 分析软件就完成了该测序错误的自动校正;然而“连续两颜色不匹配”也有可能是连续的两次测序错误,SOLiD 分析软件将综合考虑该位置颜色序列的一致性及其质量值来判断该位点是否为 SNP 位点。

3) 第三代测序仪

与第三代测序仪相比,第二代测序技术在制备测序文库的时候都需要经过 PCR 扩增,然而这一 PCR 过程可能引入突变或者改变样品中核酸分子的比例关系;另外,第二代测序的读长普遍偏短,给后期的数据拼接造成很大的困难。

为了克服第二代测序仪的缺点,近年来,人们一直致力于直接测序技术的相关研究。直接测序技术,是通过现代光学、高分子、纳米技术等手段来区分碱基信号差异,达到直接读取序列信息的目的,而不需要使用生物或化学试剂来区分碱基信号差异,这对于进一步降低测序成本是非常可取的。具体可分为以下几种类型。

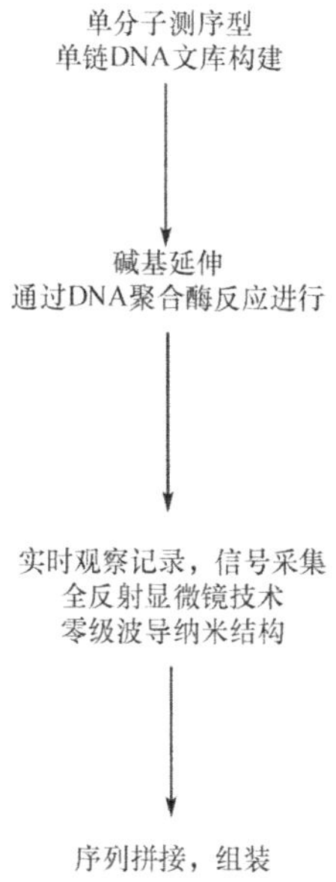

图 4-10 第三代测序流程示意图

(1) 非光学显微镜成像:是将核苷酸(主要是碱基)的空间线性排列方式可视化,借助具有原子水平分辨率的非光学显微镜,如扫描隧道显微镜(scanning tunneling microscope,STM)、原子力显微镜(atomic force microscopy,AFM)等将 DNA 链上的 4 种碱基区分开来。

(2) 石墨烯和碳纳米管:是在石墨烯上打出大约 1nm 宽的缝隙,然后引导 DNA 分子垂直通过缝隙,当 DNA 通过缝隙时,两边的石墨烯边缘可以作为电极(石墨烯是由碳原子组成的二维晶体,碳原子的排列与石墨的单原子层一样,非常稳定且具有良好的导电性,适合制作核酸测序用电极)来直接确定 DNA 序列。目前,IBM 公司的 Almaden Research Center 及哈佛大学正在致力于这项研究。

(3) 纳米孔:纳米孔是直径在纳米尺度(1 ~ 2nm)的小孔,通常情况下是利用生物分子或固态物质制成的。原理是在电场的驱动下，当线性 DNA 分子通过小孔时，利用电流的变化直接读取 DNA 的碱基序列。第三代测序也需要构建文库，然后通过碱基延伸，实时观察记录，采集信号，之后进行序列拼接、组装等，具体流程如图 4-10 所示。代表性的第三代测序仪器有 Helicos 公司的 Heliscope 单分子测序仪、Pacific Biosciences 的 PACBIO RS 测序仪、Oxford Nanopore Technologies 单分子测序仪、Ion Torrent 测序仪、Complete Genomics 公司的纳米珠系统测序仪等，下面做简单介绍。

Heliscope 单分子测序仪 Helicos 公司的 Heliscope 单分子测序仪，是不经过扩增直接测序，基于边合成边测序的思想，将待测序列随机打断成小片段，然后在片段的 3′端加上 poly(A)，用末端转移酶在接头末端加上 Cy3 荧光标记，小片段与表面带有寡聚 poly(T)的平板进行杂交，再加入 DNA 聚合酶以及 Cy5 荧光标记的 dNTP 进行 DNA 合成反应，每一轮反应加一种 dNTP。然后将未参与合成的 dNTP 和 DNA 聚合酶洗脱，检测荧光信号，再用化学试剂去掉荧光标记，进行下一轮反应。经过反复的合成、洗脱、成像、淬灭的过程，完成测序。Heliscope 的读取长度为 30 ~ 35nt，每个循环的数据产出量为 21 ~ 28Gb。

PACBIO RS 测序仪 Pacific Biosciences 公司的 PACBIO RS 测序仪也是单分子实时测序仪，它有三个非常关键的技术。

第一个是荧光标记的脱氧核苷酸，大部分第二代测序技术测序过程中需要洗掉聚合酶周围的核苷酸，简化检测，但是减慢了整个过程，而 PACBIO RS 是将单个 DNA 聚合酶锚定在反应孔的底部，然后 DNA 聚合酶实时处理核苷酸结合，当标记的核苷酸掺入到单链 DNA 分子时，读取那一瞬间的荧光，而后标记的核苷酸与 DNA 链形成化学键，荧光基团被 DNA 聚合酶切除，荧光消失，且这种荧光标记的脱氧核苷酸不会影响 DNA 聚合酶的活性，这样避免了多次洗涤的需要。

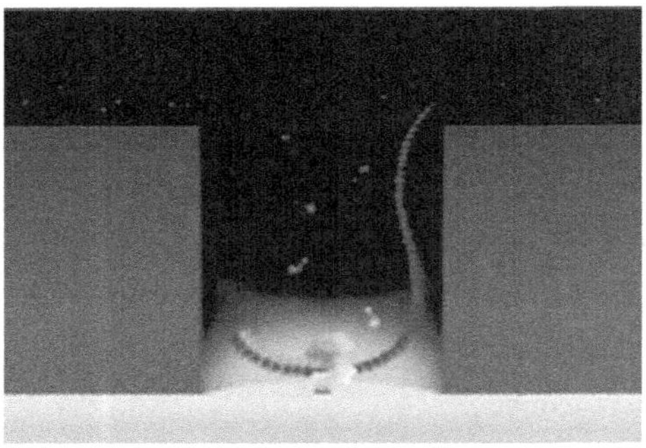

图 4-11 PACBIO RS 测序示意图

第二个是纳米微孔，Pacific Biosciences 公司发明了一种直径只有几十纳米的纳米孔(zero-mode waveguides，ZMW)，它能够阻止可见激光(600nm)完全穿过，因此只能照亮底层约 30nm 的区域，单分子的 DNA 聚合酶被固定在这个孔内，DNA 链周围的荧光标记的脱氧核苷酸有限，而且 A、T、C、G 这 4 种荧光标记的脱氧核苷酸非常快速地从外面进入到孔内又出去，形成了非常稳定的背景荧光信号，避免了强大的荧光背景干扰单分子荧光的探测(图 4-11)。

第三个是共聚焦显微镜，它可实时、快速地对集成在板上的无数的纳米小孔同时进行记录。

另外，Pacific Biosciences 公司还对这一技术进行了进一步的优化。第一个是双链 DNA 环化，这项技术是在双链 DNA 的两头连上发夹结构的 DNA adaptor，使 DNA 环化，从而使得 DNA 聚合酶能够以环化的 DNA 作为模板滚环复制，反复的测一段 DNA 序列，这种反复测序，可以纠正偶尔出现的复制错误，提高测序精度。第二个是激发光中断，在测序时,持续的光照会破坏小孔中 DNA 聚合酶的活性,从而影响了测序长度,而脉冲测序法可以间断性地关闭激发激光,当激光被关闭时,就无法收集序列数据信息,但是 DNA 聚合酶没有受到损伤,继续发挥作用,当激光再次打开可以继续收集序列信息。PACBIO RS 目前的读长能够超过 1kb。

Oxford Nanopore Technologies 单分子测序仪 Oxford Nanopore Technologies 公司正在研究的纳米孔单分子测序技术是一种基于电信号的测序技术。它是将 α-溶血素作为纳米孔的材料,在孔内共价结合有分子接头的环糊精。当使用核酸外切酶切割单链 DNA (single-stranded DNA, ssDNA)时,被切下来的单个碱基落入纳米孔,并和纳米孔内的环糊精相互作用,从而短暂地影响流过纳米孔的电流强度,而这种电流强度的变化幅度就成为每种碱基的特征,如图 4-12 所示。Oxford Nanopore Technologies 单分子测序仪读长很长,大约在几十千碱基对,甚至 100kb;错误率低,目前为 1% ~4% ,而且是随机错误,不是聚集在读取的两端;可实时读取数据;通量高;起始 DNA 在测序过程中不会被破坏。

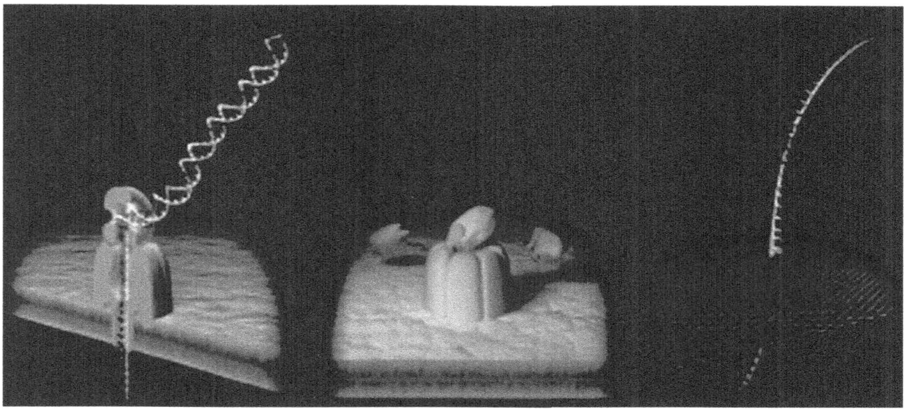

图 4-12 Oxford Nanopore Technologies 单分子测序仪测序示意图

Ion Torrent 测序仪 Ion Torrent 的核心技术是半导体技术,该技术使用了一种布满小孔的高密度半导体芯片(图 4-13),可直接将化学信号转换成数字信号,该芯片灰色的椭圆形区域包含着 100 多万个半导体微孔,这些微孔接受并记录测序的反应结果。芯片上每一个小孔就是一个测序反应池(图 4-14),孔内容纳的是含有模板 DNA 的离子微球颗粒,当合成一个核苷酸时,就释放一个氢离子,反应池中的 pH 发生改变,位于池下的离子感受器感受到信号,将化学信号直接转化为数字信号,从而读出 DNA 序列。

与其他测序仪相比,Ion Torrent 测序仪(图 4-15)无需光学检测和扫描系统,使用天然核苷酸和聚合酶,无需标记荧光染料和化学发光的试剂,因此测序成本相对较低。

纳米珠系统测序仪(arrayed nanoball system) Complete Genomics 公司的纳米珠系统测序仪使用的是滚环测序的方法来扩增基因组的小片段测序策略。通过与探针锚定的连接酶和纳米珠芯片使待测样品在纳米珠上进行扩增,在样品扩增的同时完成测序。

图 4-13 Ion 314 芯片

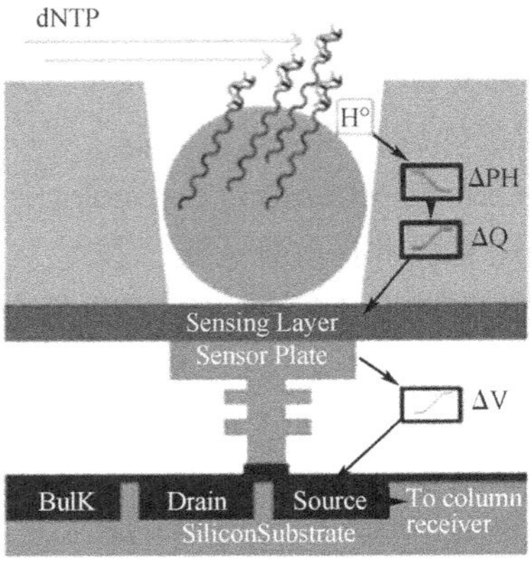

图 4-14 Ion Torrent 测序芯片单个微孔横截面的示意图

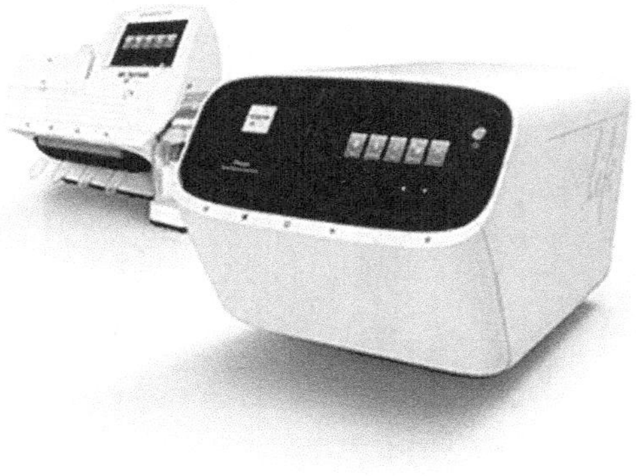

图 4-15 Ion Torrent 测序仪

4.1.1.3 测序数据格式

1) FASTQ 文件格式

测序得到的原始图像数据经 base calling 转化为序列数据，我们称之为 raw data 或 raw read，结果可以以 FASTQ、SFF 等文件格式存储，但大部分测序仪都会以 FASTQ 数据文件格式进行存储，所以在此仅介绍 FASTQ 数据文件格式。一般 FASTQ 文件为用户得到的最原始文件，里面存储 read 的序列以及 read 的测序质量，其后缀通常为 fq、fastq 等。

FASTQ 文件是基于文本的，保存生物序列和其测序质量信息的标准格式文件。其序列以及质量信息都是使用一个 ASCII 字符标示，最初是由 Sanger 开发，目的是将 FASTA 序列与质量数据放到一起，目前已经成为高通量测序结果的标准，FASTQ 文件简单示例如下：

```
@SEQ_ID
GATTTGGGGTTCAAAGCAGTATCGATCAAATAGTAAATCCATTTGTTCAACTCACA
+
!''*((((***+))%%%++)(%%%%).1***-+*''))**55CCF>>>>>
>CCCCC
```

FASTQ 文件中每个序列通常有 4 行。

第一行是序列标志以及相关的描述信息，以“@”开头。

第二行是序列。

第三行一般由"+"开头,后面也可以跟着序列的描述信息。

第四行是序列的测序质量值,每个字符与第2行每个碱基对应,第四行每个字符对应的ASCII值减去64,即为该碱基的测序质量值。例如,c对应的ASCII码值是99,那么它对应的碱基质量值是35。从Illumina GA Pipeline v1.3开始,碱基质量值范围为2~35。表4-1是测序错误率与测序质量值的简明对应关系。数学计算公式如下:

表4-1 测序错误率与测序质量值对应关系

测序错误率/%	测序质量值	对应字符
5	13	M
1	20	T
0.1	30	^

$$sQ = -10\lg E$$

式中,E表示测序错误率;sQ表示碱基质量值。

4.1.2 质谱仪数据

4.1.2.1 质谱检测原理

质谱(mass spectrometry,MS)是一种与光谱并列的谱学方法,通常意义上指广泛应用于各个学科领域中通过制备、分离、检测气相离子来鉴定化合物的一种专门技术。质谱的检测原理可概括为:根据不同质量数的带电粒子在电场或磁场中的运动状态的不同而实现分离和检测。质谱仪可通过高能电子流等轰击样品分子,使该分子失去电子变为带正电荷的分子离子和碎片离子,这些具有不同荷质比的带电荷的离子,在电场的作用下,形成离子束,进入质量分析器。质量分析器将带电荷离子根据荷质比加以分离,用于记录各种离子的质量数和丰度。

4.1.2.2 质谱仪器介绍

1)质谱仪组成

质谱仪一般由进样系统、离子源、质量分析器、检测接收器等部分组成(图4-16),下面对各组成部分进行简介。

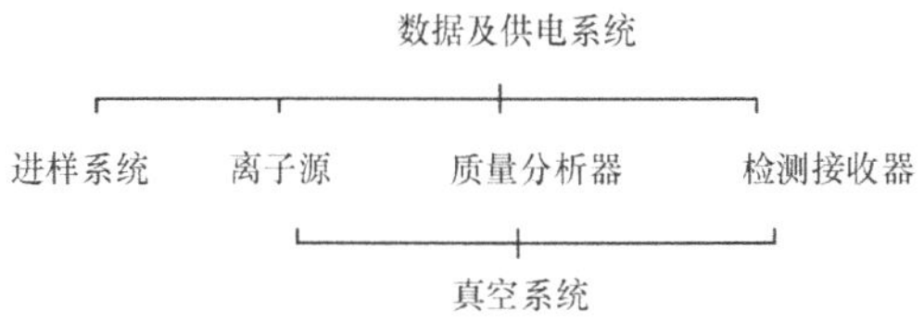

图4-16 质谱仪组成示意图

(1)真空系统。质谱反应属于单分子分解反应,为减少本底的干扰,避免发生不必要的离子-分子反应,质谱仪的离子源、质量分析器和检测器必须在高真空状态下工作,只有在足够高的真空下,离子才能从离子源到达接收器,真空度不够则灵敏度低。所以由机械真空泵(前极低真空泵)、扩散泵或分子泵(高真空泵)组成真空机组,抽取离子源和分析器部分的真空。

(2)进样系统。进样系统是将分析样品导入离子源的装置,包括:直接进样、气相色谱(gas chromatograph,GC)、液相色谱(liquid chromatograph,LC)及接口、加热进样、引物进样等。

(3)离子源。离子源是使被分析样品的原子或分子离化为带电粒子(离子),并且对离子进行加速使其进入分析器的装置。根据离子化方式的不同，质谱中常用的有如下几种。

EI(electron impact ionization)：电子轰击电离，是一种硬电离，利用一定能量的电子与气相中的样品分子相互作用(轰击)，从而使分子失去电子，电离成离子。

CI(chemical ionization)：化学电离，其核心是质子转移，通过引入一定的反应气进入离子化室，反应气在具有一定能量的电子流的作用下电离或裂解，生成的离子和反应气分子进一步反应或和样品分子发生离子分子反应，然后通过质子交换使样品分子电离。

FD(field desorption)：场解吸电离，是一种软电离，由一个电极和一组聚焦透镜组成，形成高达几千伏的强电场，使气态分子的电子被拉出而电离。

FAB(fast atom bombardment)：快原子轰击源，是将样品调在基质中，用高动能的重原子，如 Ar、He 等对其轰击，从而导致样品的蒸发和离解。

ESI(electrospray ionization)：电喷雾电离，属最软的电离方式，样品溶液从毛细管流出时，在电场及辅助气流的作用下喷成雾状的带电液滴，液滴中溶剂被蒸发，使液滴直径变小，发生"库伦爆炸"，把液滴炸碎，此过程不断重复，形成样品离子，适宜极性分子的分析。

APCI(atmospheric pressure chemical ionization)：大气压化学电离，属最软的电离方式，样品被迫通过一根窄的管路喷雾针，使其得到较高的线速度，并且给喷雾针高温加热及雾化气，使液流在脱离管路的时候快速蒸发成液体，然后在大气压条件下利用尖端高压放电而使分析物发生气相化学电离，更适宜做弱极性小分子。

MALDI(matrix assisted laser desorption)：基体辅助激光解吸电离，将分析物分散在基质分子中并形成晶体，当用激光照射晶体时，由于基质分子经辐射所吸收的能量，导致能量蓄积并迅速产热，从而使基质晶体升华，致使基质和分析物膨胀并进入气相，通常用于飞行时间质谱(time of flight mass spectrometer，TOF-MS)和傅里叶变换离子回旋共振质谱(Fourier-transform ion cyclotron resonance mass spectrometer，FTICRMS)，特别适合蛋白质、多肽等大分子。

(4) 质量分析器。质量分析器是将不同质量的离子，按质荷比 m/e 大小分离的装置。目前在生物质谱领域用得比较多的 4 种基本的质量分析器是：飞行时间(time of flight，TOF)、四极杆(quadrupole)、离子阱(ion trap)和离子回旋共振(ion cyclotron resonance，ICR)。

(5) 检测接收器。检测接收器是接收离子束流的装置，常用的有电子倍增器、光电倍增器、微通道板等。

(6) 数据及供电系统。是将接收来的电信号放大、处理并给出分析结果及控制质谱仪各部分工作的装置。

2) 质谱仪的分类

质谱仪可根据质量分析器的不同而分成不同的类别。

(1) 四极杆质谱仪(quadrupole mass spectrometer)。四极杆质谱仪质量分析器由四根棒状的电极组成，在两对电极中间施加交变射频场(图 4-17)，在一定射频电压与射频频率下，只允许一定质量的离子通过四极杆分析器而达到检测器。目前，三级四极杆是使用比较普遍的四极杆质谱，第一级四极杆用来筛选母离子，第二级四极杆作为碰撞室对母离子进行碰撞解离,第三级四极杆是质量分析器,对离子进行分析。

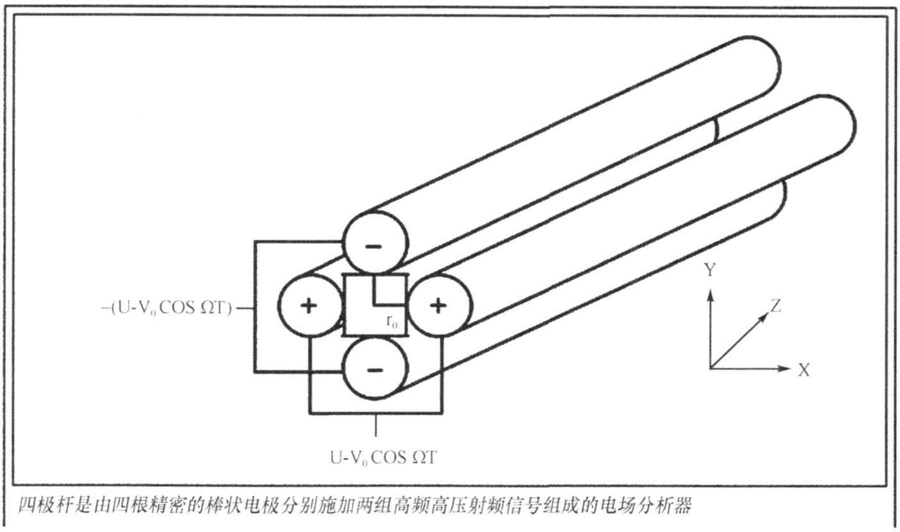

图 4-17　三级四极杆示意图

(2) 飞行时间质谱仪(time of flight mass spectrometer, TOF-MS)。飞行时间质谱的质量分析器由调制区、加速区、无场飞行空间和检测器等部分组成(图 4-18),分析物的质荷比根据分析物在真空飞行管中的飞行时间推算。样品分子电离以后,离子被加速并通过一个无场区,不同质量的离子能量不同,通过无场区的飞行时间长短也不同,因此可以依次被收集检测出来。早期的时间飞行质谱受飞行距离的限制,分辨率很低,近年来因为采用了一些调节离子飞行距离的离子光学系统和延迟技术,如各种离子反射透镜等,飞行时间分析器的分辨率和质量精确度有了很大提高,一般仪器的分辨率均可达到 12 000 左右,质量准确度在经过严格的质量校正程序后也可达到 PPM 级,而检测的离子质量范围达到几十万。

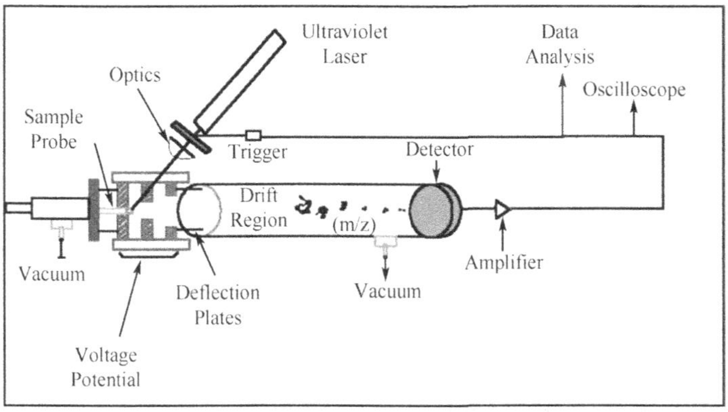

Figure 1:Schematic of a MALDI-TOF Mass Spectrometer

图 4-18　飞行时间质谱仪示意图

与四极杆质谱仪一样,TOF 质谱仪也经历了由单级向多级串联使用的发展历程。单级 TOF 只具有简单的质量分析功能。TOF-TOF 二级连用,第一级 TOF 选择母离子进入高能碰撞池中碰碎,然后进入第二级 TOF 重新被加速并被分析,具有较快的图谱扫描速率(100 ~200 张图谱/s)、高分辨率和高质量精确度,极大地满足了蛋白质组学研究中的各种需求。因此二级 TOF-TOF 可能是目前应用最为广泛的质谱仪之一。

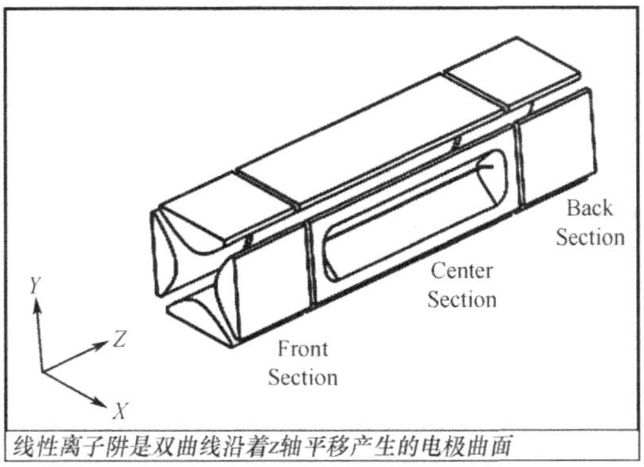

图 4-19　离子阱示意图

(3) 离子阱质谱仪(ion trap mass spectrometer)。离子阱质谱仪是一种串联质谱仪,在分析前先将离子聚集储存,离子阱是该仪器的核心部分(图 4-19),它既可以作为碰撞室,又可以作为质量分析器。传统的离子阱(三维离子阱)由一对环形电极(ring electrod)和两个呈双曲面形的端盖电极(end cap electrode)组成一个离子捕集室,当射频电压的最高值逐渐增高时,质荷比从小到大的离子逐次排出并被记录而获得质谱图。离子阱可以储存所有从离子源进入阱中的离子,因此灵敏度极高,但是,随着阱内离子数目的增加,离子之间的空间电荷效应以及其他电场效应会导致被测离子频率的偏移,从而影响测量的准确度和分辨率。线性离子阱(即 2D 离子阱)在 3D 离子阱基础上对离子阱的设计作了改进,使得 2D 离子阱具有更大的离子容量及扫描速度。离子阱的构造决定了离子阱只是一种中低分辨率的质谱,但离子阱具有非常强的离子储存和选择功能。

(4) 离子回旋共振质谱仪。离子回旋共振质谱仪包括傅里叶变换离子回旋共振质谱、Obitrap 质谱仪。

傅里叶变换离子回旋共振质谱是根据离子在磁场中会进行回旋运动的特性设计的,具有超高分辨率和质量准确度的质谱仪器,其核心部分由超导磁体组成的强磁场和置于磁场中的 ICR 盒组成。FTICR 因有超导体存在,需要在液氦的温度和超高真空的真空系统下工作,所以对环境的要求非常高。

Obitrap 质谱仪核心部分是一个具有离子储存功能及静息离子作用的 C-Trap(C-shaped storage trap)和质量分析器 Obitrap,分析器 Obitrap 由一个纺锤状电极组成,离子在高压射频作用下从 C-Trap 注入 Obitrap,在 Obitrap 中离子在磁场的作用下围绕中央的纺锤状电极震荡旋转,同时产生轴向的镜像电流,通过傅里叶转换后获得离子质谱信号。Obitrap 质谱仪器有很高的质量精确度和分辨率,与 FTICR 质谱相比,由于采用了静电场轨道阱作为离子的旋转振荡,而且不需要超导磁场环境,因而不需要大量消耗液氦和液氮,使维持仪器的运转大大简化,而且大大降低了使用成本,维护起来也更方便。

(5) 混合型质谱仪。混合质谱仪是将两种或两种以上的质量分析器联合起来应用,如 Q-TOF 是由四极杆质谱和飞行时间质谱组成的串联型质谱仪,Q-IT 是由四极杆和离子阱组成的混合型质谱,LTQ-Orbitrap(图 4-20)是把线性离子阱多级质谱和高分辨质谱结合的杂交型质谱等。目前,常见的生物质谱仪主要有 LTQ Orbitrap Velos、Maxis、QTRAP 5500 和 Ultrafle Xtreme 等,主要用于蛋白质组学和代谢组学分析等。

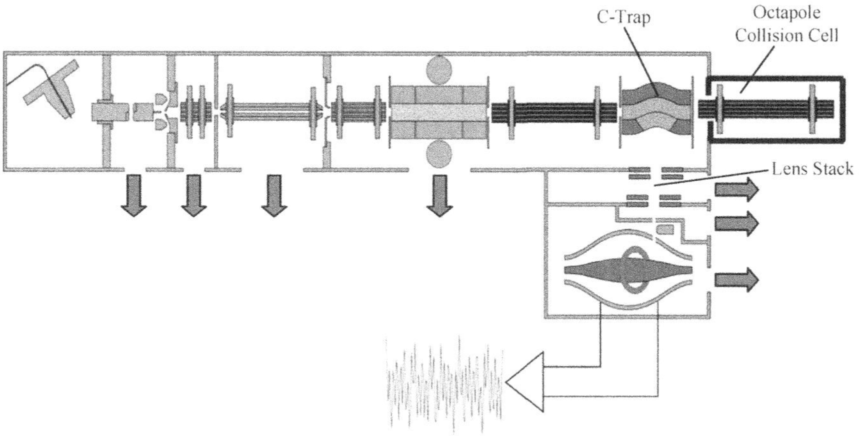

图 4-20 LTQ-Orbitrap 高分辨组合质谱仪的结构

4.1.2.3 质谱检测数据格式

质谱产生的原始文件(也称为 raw 文件)是指质谱采集的(保留时间-质荷比-强度)三维数据存储文件。一般情况下,不同质谱仪器公司的质谱仪产生的原始数据格式通常不同(表 4-2),这些原始数据都需要用相应工作站的特殊软件处理之后才能打开。例如, Thermo 公司(http://www.thermoscientific.com/ecomm/servlet/home? storeId = 11 152)的质谱仪产生的 raw 文件格式需在 Thermo 的 Xcalibur 工作站软件才能打开;Agilent 公司(http://www.chem.agilent.com/en-US/Products-Services/Instruments-Systems/Mass-Spectrometry/pages/default.aspx)的质谱文件 Agilent.wiff 文件需用 Analyst 软件打开;Waters 公司(http://www.waters.com/waters/home.htm? locale = en_US)的 .raw 质谱文件需用 MassLynx 软件打开等(表 4-3)。这些文件处理好之后放到 office 中进行后续分析。另外,质谱 Raw 文件一般还不能直接用来进行后续的分析,需将其转换成 mzXML(目前, mzXML 数据格式是蛋白质数据分析普遍使用的格式)等格式,才能被生物信息分析软件识别,进行后续的生物信息学分析。

表 4-2 不同质谱仪器公司的原始数据格式

文件格式	格式说明
.BAF	Bruker instrument data format
.D	Agilent QTOF instrument data format
.FID	Bruker instrument data format
.PKL	MassLynx associated format
.QGD	Shimadzu GCMSSolution format
.YEP	Bruker instrument data format
.WIFF	ABI/Sciex(QSTAR and QTRAP instrument) file format
.RAW	Thermo Xcalibur file format Micromass MassLynx directory format PerkinElmer TurboMass file format

表 4-3 不同质谱仪公司 raw 文件类型打开软件及转换成 mzXML 数据格式软件

raw file vendor	instrument acquisition software	raw file type	raw-to-mzXML converter
Bruker	—	. baf	CompassXport
Thermo	XCalibur, ReadW	. RAW file	ReadW
Waters	MassLynx	. RAW directory	wolf
MDS/Sciex for ABI and Agilent	Analyst, AnalystQS	. wiff file	mzWiff
Agilent	MassHunter	. d directory	trapper

4.2 生物信息分析数据

4.2.1 概述

生物信息学是在生命科学的研究中，以计算机、数据库、网络技术为工具对生物信息进行储存、检索和分析的科学，研究生物信息的采集、处理、存储、共享、分析和解释等。它通过综合利用生物学、计算机科学和信息技术而揭示大量而复杂的生物数据所赋有的生物学奥秘。它是当今生命科学和自然科学的重大前沿领域之一，同时也将是 21 世纪自然科学的核心领域之一。

生物信息学不仅仅是生物学知识的简单整理和数学、物理学、信息科学等学科知识的简单应用。海量数据和复杂的背景致使机器学习、统计数据分析和系统描述等方法需要在生物信息学所面临的背景之中迅速发展。高性能计算机已经为海量数据产出的研究带来了革新。生物信息学的研究重点主要体现在基因组学和蛋白质组学，具体说就是从核酸和蛋白质序列出发，分析序列中表达结构功能的生物信息。另外，代谢组学也越来越受研究者的关注。

基于以上研究内容，可以将生物信息学分为基因组学、转录组学、蛋白质组学和代谢组学研究等几个方面，而对这几个方面研究信息的采集、处理、存储和构建生物信息数据库是生物信息学的研究基础。下面将详细介绍各组学的研究对象、研究方法及研究内容等。

4.2.2 基因组学

4.2.2.1 基因组学简介

基因组学是利用重组 DNA、DNA 测序技术、生物信息分析、组装技术分析基因组结构和功能，探究如何利用基因的一门学科。该学科提供基因组信息以及相关数据系统的利用，试图解决生物、医学和工业领域的重大问题。它包括三个不同的亚领域，即结构基因组学(structural genomics)、功能基因组学(functional genomics)和比较基因组学(comparative genomics)。

结构基因组学致力于描述一个基因组每一个编码蛋白的 3D 结构(3-dimensional

structure)以获得一幅完整的、能够在细胞中定位以及在各种生物学代谢途径、生理途径、信号转导途径中全部蛋白质在原子水平的三维结构全息图。结构基因组学使用很多种方法来确定基因的结构,包括实验的方法,如基因组测序、基于已知蛋白质的同源关系进行建模等。在获得基因组三维结构的基础上,使人们有可能在基因组学、蛋白质组学、分子细胞生物学以及生物体整体水平上理解生命的原理。

功能基因组学是使用大量的基因组学数据(如人类基因组计划)来描述基因的功能和它们之间的相互作用,研究的内容包括人类基因组 DNA 序列变异性研究、基因组表达调控研究、模式生物体研究和生物信息学研究等,下面将简单介绍一下这几个方面的内容。

(1) 基因组表达及调控的研究。在全细胞水平,识别所有基因组表达产物 mRNA 以及蛋白质,探究两者的相互作用,阐明基因组表达在不同发育阶段、不同环境压力下的时空调控网络。

(2) 人类基因信息的识别和鉴定。采用计算生物学技术、生物信息学和生物学实验方法,将理论方法和实验技术结合起来,对基因组信息进行识别和鉴定。

(3) 基因功能信息的提取和鉴定。基因功能信息的提取和鉴定主要包括人类基因突变体系统鉴定、基因表达谱绘制、基因改变导致蛋白质功能改变的鉴定、蛋白质水平、修饰状态和相互作用检测等。

(4) 基因多样性分析。通过人类基因组计划得到的基因组序列虽然具有代表性,但是每个人的基因组并不是完全一样的,每个人的基因组序列存在着差异。研究最多的基因多态性是单核苷酸多态性(single nucleotide polymorphism,SNP)。

比较基因组学是研究不同生物物种基因结构和功能之间的关系,阐明物种进化机制的学科。而将人类基因组与模式生物基因组进行比较研究,有助于根据同源性方法分析人类基因的功能,也可以发现人类和其他生物之间的本质差异,探索遗传语言的奥秘。

4.2.2.2 基因组学研究方法

1) 基因组信息分析流程简介

基因组研究方法包括 *De novo* 测序(从头测序)和重测序两种,下面将简单介绍一下这两种基因组测序方法(图 4-21)。

(1) *De novo* 测序也称为从头测序,是指不依赖于任何已知基因组序列信息对某个物种的基因组进行测序,然后应用生物信息学手段对测序序列进行拼接和组装,最终获得该物种基因组序列图谱。

一般流程是将测序数据进行过滤得到有效数据,进行基因组基本信息分析以及基因组组装;组装后对基因组注释:包括基因组重复序列分析,基因结构预测,基因功能注释;并进行比较基因组学及进化分析:包括物种树构建、快速进化基因检测、共线性分析、基因家族分析。

(2) 全基因组重测序是对基因组序列已知物种的个体进行基因组测序。全基因组重测序的个体,通过序列比对,可以找到大量的单核苷酸多态性位点(SNP)、插入缺失位点(insertion/deletion,InDel)、结构变异位点(structural variation,SV)。

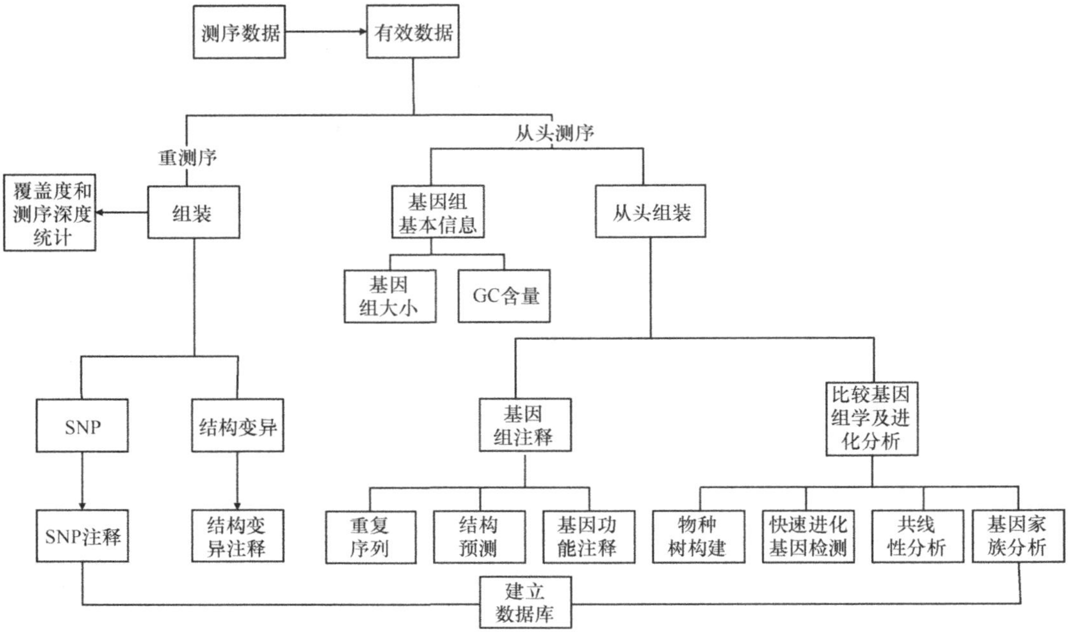

图 4-21 基因组信息分析流程图

一般信息分析流程也是先将测序数据过滤得到有效数据，然后将有效的 read 比对上参考序列进行组装，并进行覆盖度和测序深度统计分析，接着将组装的结果与参考基因组进行比对，找到 SNP 及 SV 位点，最后对 SNP 及 SV 位点进行注释。

2）*De novo* 测序生物信息分析

（1）原始测序数据。基因组 De novo 测序一般采用全基因组鸟枪法（whole genome shotgun strategy，WGS），根据组装需要，建立 200bp、500bp 到 2kb、10kb、40kb、150kb 等梯度不等的插入片段，使用 Sanger、454、SOLID、Solexa 等测序仪进行测序，得到原始的测序数据，并进行后续的生物信息学分析。原始数据一般是 FASTQ（Fq）格式，详见第二章。

（2）基因组基本信息。基因组基本信息分析主要包括以下几个方面的统计和分析。

根据原始测序 read，统计千个聚合单位（kilo mer，Kmer）的分布并作图（图 4-22），与其他物种进行比较，根据峰值位置，估计该物种基因组大小。根据测序结果，统计基因组的 GC 含量。测序覆盖度深度统计。

（3）基因组组装。组装过程和软件。先利用短序列组装软件对配对末端（paired-end）数据进行 De novo 拼接、组装成 contig（拼接软件根据 read 之间的 overlap 区，拼接获得的序列称为 contig），逐步加入长插入片段的配对末端数据搭建 scaffold（De novo 测序，通过 read 拼接成 contig 后，还需要构建 454 paired-end 库或 Illumina mate-pair 库，以获得一定大小片段两端的序列。通过这些序列，可确定一些 contig 之间的顺序关系，这些先后顺序已知的 contig 组成 scaffold）。一般来说，mate-pair 的测序深度不会太高，通过 mate-pair 双端距离信息，把 contig 连接成更大的 scaffold；复查 paired-end 和 mate-paired 插入片段长度信息，填补 gap（图 4-23）。

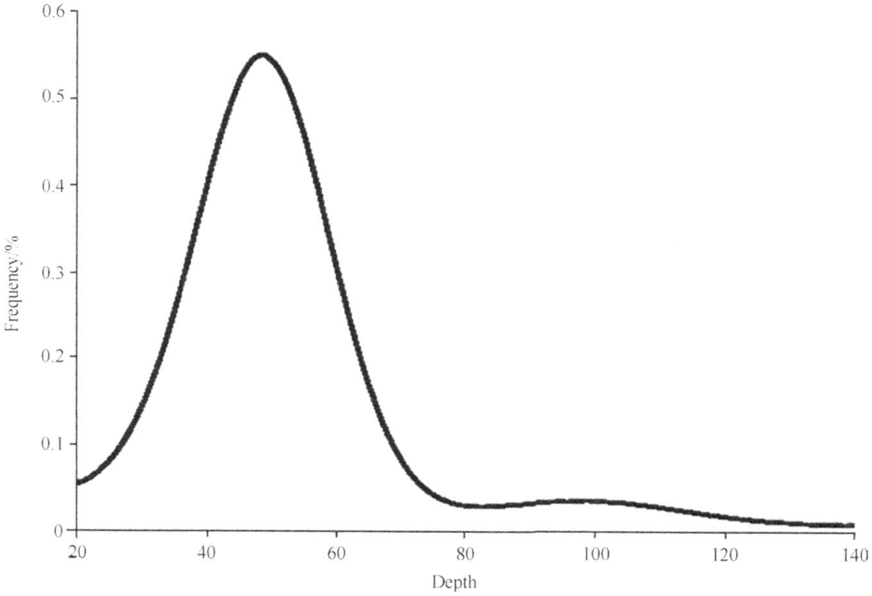

图 4-22 Kmer 分布图

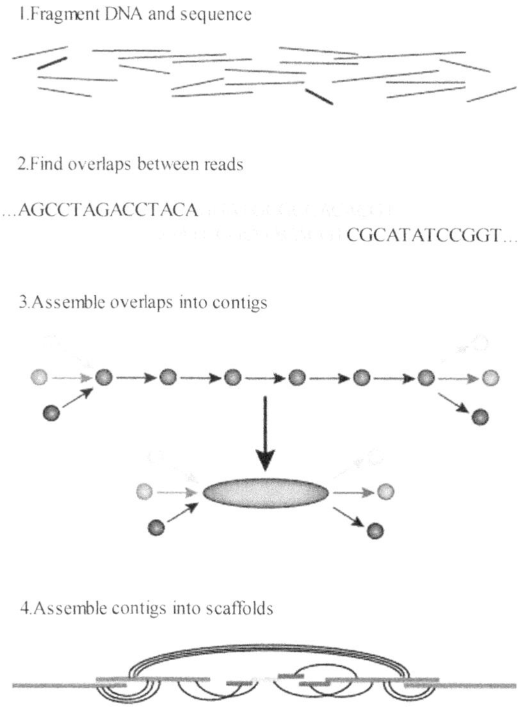

图 4-23 基因组组装流程图

目前，基于新一代测序的基因组 De novo 拼接软件已经有很多，见表 4-4（http://en.wikipedia.org/wiki/Sequence_assembly），其中主要可以分为两类。

基于 overlap graph 的拼接软件，包括 Celera Assembler、Arachne、CAP、PCAP 等。一般来说包括以下三个步骤：首先，找出序列片段间的重叠信息；其次，将存在有重叠的片段组合起来，形成一个 contig 结构；最后，根据片段中每个碱基的质量值，在 contig 结构中寻找一条最重序列，称作"consensus"序列。

基于 de bruijn graph 的拼接软件，包括 SOAP denovo、Velvet、ALLPATHS、ABySS 等。在 de Bruijn 算法中，每一个节点 N 代表了一系列长短为 K 的单词（mers）（称为 k-mers），相接的 k-mers 之间的重叠为 k-1 个碱基。序列的排布信息就由依次重叠的 k-mers 的最后一个碱基的读取顺序决定。N 节点上的序列的内容表示为 s(N)。由于序列测定的方向性并不明确，为了保证序列拼接的正确性，对于每一个 N 节点，都有一个反向的 N′节点与之对应,N 与 N′是关联在一起的,所有对于 N 的操作同时也对 N′有效。de Bruijn 算法的主要工作就是通过获得的原始数据构建一个有众多 N 节点的图,然后用“边”来连接这些节点,从而构建一个连续的序列信息,称为“路径图”(roadmap)。

表 4-4 组装软件列表信息

软件名称	适用数据	适用测序技术	开发者	发布/最新更新年份
ABySS	(large) genomes	Solexa、SOLiD	Simpson 等	2008/2011
ALLPATHS-LG	(large) genomes	Solexa、SOLiD	Gnerre 等	2011
AMOS	genomes	Sanger、454	Salzberg 等	2002? /2008?
Arapan-M	Medium Genomes (e. g E. coli)	All	Sahli 和 Shibuya	2011/2012
Arapan-S	Small Genomes (Viruses and Bacteria)	All	Sahli 和 Shibuya	2011/2012
Celera WGA Assembler/ CABOG	(large) genomes	Sanger、454、Solexa	Myers 等; Miller 等	2004/2010
CLC Genomics Workbench	genomes	Sanger、454、Solexa、SOLiD	CLC bio	2008/2010
Cortex	genomes	Solexa、SOLiD	Iqbal 等	2011
DNA Baser	genomes	Sanger、454	Heracle Bio. Soft SRL	2012
DNA Dragon	genomes	Illumina、SOLiD、Complete Genomics、454、Sanger	SequentiX	2011
DNAnexus	genomes	Illumina、SOLiD、Complete Genomics	DNAnexus	2011
Edena	genomes	Illumina	Hernandez 等	2008/2013
Euler	genomes	Sanger、454、Solexa	Pevzner 等	2001/2006
Euler-sr	genomes	454、Solexa	Chaisson 等	2008
Forge	(large) genomes、EST、metagenomes	454、Solexa、SOLID、Sanger	Platt 和 Evers	2010
Geneious	genomes	Sanger、454、Solexa	Biomatters Ltd	2009/2010
Graph Constructor	(large) genomes	Sanger、454、Solexa、SOLiD	Convey Computer Corporation	2011
IDBA (Iterative De Bruijn graph short Read Assembler)	(large) genomes	Sanger、454、Solexa	Yu Peng 等	2010
MIRA (Mimicking Intelligent Read Assembly)	genomes、ESTs	Sanger、454、Solexa	Chevreux	1998/2011
NextGENe	small genomes	454、Solexa、SOLiD	Softgenetics	2008

续表

软件名称	适用数据	适用测序技术	开发者	发布/最新更新年份
Newbler	genomes、ESTs	454、Sanger	454/Roche	2009
PADENA	genomes	454、Sanger	454/Roche	2010
PASHA	(large) genomes	Illumina	Liu, Schmidt, Maskell	2011
Phrap	genomes	Sanger、454、Solexa	Green	1994/2008
TIGR Assembler	genomic	Sanger	-	1995/2003
Sequencher	genomes	traditional and next generation sequence data	Gene Codes Corporation	1991/2009/2011
SeqMan NGen	(large) genomes、exomes、transcriptomes、metagenomes、ESTs	Illumina、ABI SOLiD、Roche 454、Ion Torrent、Solexa、Sanger	DNASTAR	2007/2011
SHARCGS	(small) genomes	Solexa	Dohm 等	2007/2007
SOPRA	genomes	Illumina、SOLiD、Sanger、454	Dayarian 等	2010/2011
SSAKE	(small) genomes	Solexa、SOLiD、Helicos	Warren 等	2007/2007
SOAP denovo	genomes	Solexa	Li 等	2009/2009
SPAdes	(small) genomes、single-cell	Illumina、Solexa	Bankevich 等	2012
Staden gap4 package	BACs、small genomes	Sanger	Staden 等	1991/2008
Taipan	(small) genomes	Illumina	Schmidt 等	2009
VCAKE				

组装结果统计及评估。对组装的 contig 和 scaffold 长度及数量进行统计分析，见表 4-5。

表 4-5 基因组组装结果

	Contigs Size/bp	Contigs 数量/个	Scaffold Size/bp	Scaffold 数量/个
N90	5 032	11 428	65 809	988
N80	10 092	7 855	118 458	666
N70	14 600	5 709	188 256	472
N60	19 452	5 158	261 806	341
N50 *	25 011	2 973	351 013	245

* 表示 scaffold N50 长度是国际公认的评价基因组组装完整性的标准，即指将拼接的 scaffold 按照长度进行降序排列，并从上至下进行 scaffold 长度累加，规定当累加长度达到序列总长度的 50% 时的那条 scaffold 的长度为 N50 的长度

常染色体区域覆盖度评估，以已公布的 BAC 或 Fosmid 克隆序列为参考(reference)，将拼接完成的基因组序列比对(map)回到已知的 Reference 序列上，统计 map 后对已知序

列的覆盖度。

基因区覆盖度评估，用已公布的表达序列标签(expressed sequence tag，EST)为reference，将拼接完成的基因组序列map回到EST序列上，统计map后对EST的覆盖度。

基因组测序深度评估，对每个碱基被测到的次数做频率分布图(图4-24)，了解基因组平均覆盖度分布情况。

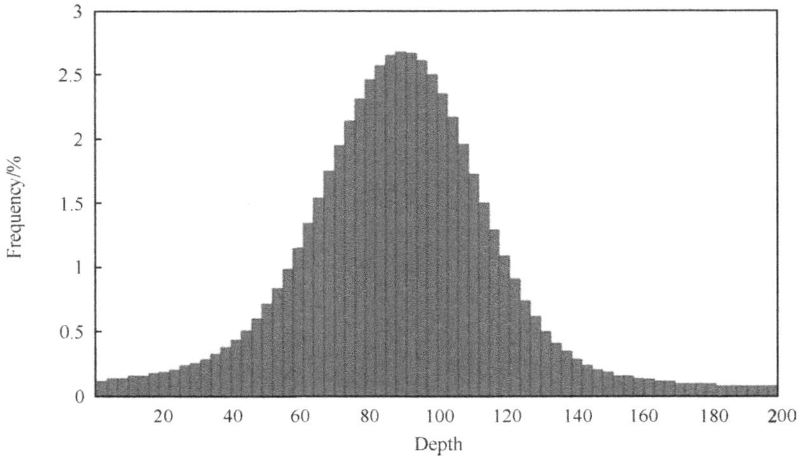

图4-24　基因组平均覆盖度分布图

(4) 基因组注释。基因组注释(genome annotation)是指利用生物信息学方法和工具，对基因组所有的基因生物学功能进行注释。研究内容包括序列的重复性分析、基因的识别和基因功能注释。序列重复性分析是利用计算机算法对基因组重复序列进行分析。基因识别是指确定基因在基因组序列中的位置，预测新的基因。进行基因的功能注释可通过以下方法：①进行序列数据库的相似性搜索；②序列模体(Motif)搜索；③直系同源序列聚类分析(cluster of orthologous group，COG)。

重复序列分析及注释。重复序列广泛存在于真核生物基因组中，这些重复序列或集中成簇，或分散在基因之间。根据分布把重复序列分为分散重复序列和串联重复序列。串联重复在基因表达、调控和遗传等方面有很重要的作用。根据重复序列的重复单位的长度可分为：卫星DNA、小卫星DNA和微卫星DNA，根据重复多少可以分为高度重复序列、中度重复序列和低度重复序列。分散重复序列分为4种：长末端重复序列(long terminal repeat，LTR)、长散布元件(long interspersed nucleotide acids element，LINE)、短散布元件(short interspersed nuclear element，SINE)和DNA转座子。Repbase(http://www.girinst.org/repbase/)由美国遗传信息研究所(Genetic Information Research Institute，GIRI)创建并维护，收录转座子及其他重复序列的序列及注释信息。截至2005年10月的重复序列统计见表4-6(排除简单重复和RNA)。

表 4-6 repbase 重复序列统计表

Species	# of consensi	total bp
Mammalian-wide	339	472 647
Primates *	401	686 251
Rodents *	462	717 119
Carnivores *	101	149 290
Marsupials *	105	162 839
Chicken	92	177 063
Fugu(pufferfish)	95	175 420
Danio(zebrafish)	214	459 777
Ciona(two sea squirts)	127	304 646
Strongylocentrotus	86	124 328
Drosophila	214	611 814
Anopheles	280	721 533
Caenorhabditis(2 spec)	354	525 523
Arabidopsis	457	1 460 558
Oryza(rice)	525	1 154 651
Wheats(Triticeae)	198	494 718
Zea(maize)	65	206 724
Thalassiosira diatom	40	96 637
Chlamydomonas algae	65	137 363

通过对重复序列聚类分析,获得注释信息:重复序列名称、重复序列分类、重复序列家族。常见的几个用来进行重复序列分析的软件有 RepeatMasker(http://www. repeatmasker. org/)、Trf(tandem repeats finder)、MUMmer、REPuter 等,下面以 RepeatMasker 为例进行介绍。

RepeatMasker 依据 Repbase 数据库工作,是一个屏蔽 DNA 序列中转座子重复序列和低复杂度序列的程序,由 ArianSmit 和 Robert Hubley 开发,它把输入序列中已知的重复序列都屏蔽为 N 或 X,并给出相应的重复序列统计列表。

在利用 RepeatMasker 进行分析时,输入的文件要求 Fasta 格式,如:

```
>Chr01
AATATCACCAGTGTCTTATAAGCAATTACACCAATTTTATTGGGGGTGTTCCTCAATAG
TAACACGATTTTACAATGCCCCTTAACCAATTACATAAAATTTGAATATTCTATAACAAATT
TTGCATTTTAGGGTTCCGTAGGTCTTCTAGATACACTAAAGCATCTGCGTAAGATGAGCTCG
ACGATCATGATGTCATGTCACCGAGGAATGAAAACGGAGCAGATAATTCTCTAATAGTTCA
GATACGGATATGATTATGGATATTTGCTCTCGGATACGAATACAGGTATGATGTCATGGTTT
CCACTGGATACGGATATCCGATGAGCAGTGCTGTTCGGATATCCGCTGCGA
…
```

AAGCCCAAGATACTTGAAAAGAACAGAAAAACAGAAG

经过 RepeatMasker 软件分析后，输出文件包括 seq. fa. masked、seq. fa. out、seq. fa. cat、setdb. log，其中，重复序列被屏蔽后的序列文件为 seq. fa. masked，如下：

>mvnj_0109. y1 CHROMAT_FILE：mvnj_0109. y1 PHD_FILE：mvnj_0109. y1. phd. 1 TIME：Fri Apr 19 10：06：32 2002

CTCTTTTCTTGCCCCTTTTGGTGACTCTTGCAGTGGATGACAGCTAATTT

TGCAGGAAGTTTGACTGCCTCCAGGAGCCTGAGAATGAGCTCTTTGTGTT

TAATAGCAGAGCTTCGGGCACTGAGCATCCCTCTTTCTTTCCAAATTGCT

GCATGGGCATGCAGAATGAGGAAAGCATACTTAGAGTCCATACACACATT

AATCCNNNNNNNNNNNNNNNNNNNNNNNNNNNNNNNNNNNNNNNNNNNNN

NNNNNNNNNNNNNNNNNNNNNNNNNNNNNNNNNNNNNNNNNNTTGCTTAGTT

TCTTCCAGGCTCGCTACAGCATATCCTGCTTTCCTCTCTCCCTTTGCTAC

AAAACTGCTGCCATCTGTGTGCCAGTTTTCCTCTGGGTCAGATAAAGGTG

TCTCTGATAGGTCCCGGCGAGAAGAGTATAACTCGTCTGTGATTTGTATG

CATTGGTGATCCAGAGGGGAGGTAGGGGGATCTGGCAGTAAGGT

而比对上的重复序列文件为 seq. fa. out，如下：

1306　15.6　6.2　0.0　HSU08988　6563(22462)　C　MER7A DNA/MER2_type (0)　336　103

一共 14 列，其代表的意义如下：

比对上的 Smith-Waterman 分值。

比对上的区间与共有序列相比的替代率。

在查询序列中碱基缺失的百分率(删除碱基)。

在 repeat 库序列中碱基缺失的百分率(插入碱基)。

查询序列的名称。

比对上的区间在查询序列中的起始位置。

比对上的区间在查询序列中的终止位置。

在查询序列中超出比对上的区域的碱基数。

比对上的库中重复序列的互补链。

比对上的重复序列的名称。

比对上的重复序列的类型，这里是属于一个 DNA 转座子 MER2 类。

重复序列在比对区间之前(是互补链的情况)的碱基数(所以“0”表示比对上的区间已经到了重复序列的末端)。

比对上的区间在重复序列中的起始位置(using top-strand numbering)。

比对上的区间在重复序列中的终止位置。

基因结构预测。进行基因结构的预测目前主要是 3 种方法的结合：mRNA 和 EST 数据进行 mapping 分析。基于同源比对分析。基于各种统计模型和算法进行从头预测。

基因结构的从头预测很多是基于数学模型，如隐马尔可夫模型(hidden Markov model，HMM)、插值马尔可夫模型(interpolated Markov model)等，利用基因模型中包含的特征[包括剪接信号模型、外显子长度分布、启动子、poly(A)信号、不同的 GC 组分区域在基因密度和结构方面的差别等],确定编码外显子的位置,预测序列中的基因个数。既能处理完整的基因,也能处理不完整的基因,并且包含正负两条链上的基因,进行全基因组基因编码基因预测。基因结构预测比较常用的几个工具:Glimmer(gene locator and interpolated Markov modeler)、GenScan、mSplicer、mGene 和 CONTRAST 等。以下以 Genscan 为例进行介绍。

GenScan 是美国麻省理工学院的 Burge 和 Karlin 于 1997 年开发的,基于广义隐马尔可夫模型的人类及脊椎动物基因预测软件。它不依赖于已有的蛋白质库,是一种"从头预测"的软件。

GenScan 要求输入的也是 FASTA 格式的文件。输出文件格式如下:

GENSCAN 1. 0 Date run:29-Dec-106 Time:13:58:51

Sequence nscaf1071:499999 bp:38. 68% C+G:Isochore 1(0-43 C+G%)

Parameter matrix:Silkworm. genscan. smat

Predicted genes/Exons:

Gn. Ex	Type	S	Begin	End	Len	Fr	Ph	I/Ac	Do/T	CodRg	P	Tscr
1. 01	Sngl	+	181	375	195	0	0	43	43	309	0. 767	18. 37

…

Predicted peptide sequence(s):

>nscaf1071|GENSCAN_predicted_peptide_1|64_aa

MRRNDDKVVKKDLAMNVEGFRGRGKPKEKWMDCVK GMSEEIIDDGGVWKEKTYCT
EPR

>nscaf1071|GENSCAN_predicted_peptide_2|160_aa

MPLGGTPQPTLRYKVENCMAYSKSVGEDPGISKERRTVSTMSTVPYPTVTEQCKAAIAL
NVRTWVVERQEVLVGLTPTCPARHSQWRKSDDFLLTQKKAVTEWNESRHKWVAKLSELTTR

头部依次显示 GenScan 的版本、运行日期和时间序列名字、长度、GC 含量以及 Isochore 信息所采用的物种参数文件。末尾部分是翻译 CDS 得到的蛋白质序列。中间主体部分显示每个基因的详细位置信息,每一列的含义如下:

Gn. Ex——基因的 ID 或外显子的 ID。

Type——元件类型,包括起始外显子(Init)、中间外显子(Intr)、终止外显子(Term)、单外显子(Sngl)、启动子(Prom)和 poly(A)位点。

S——DNA 链(+为输入链;-为互补链)。

Begin——在输入序列上的起始位置。

End——在输入序列上的终止位置。

Len——区域长度(单位碱基对)。

Fr——读码框。

Ph——外显子相位。

I/Ac——起始位点或受体剪接位点分值。

Do/T——供体剪接位点或终止信号分值。

CodRg——编码区分值。

P——外显子概率。

Tscr——外显子分值。

(5) 基因功能注释。对预测出的基因进行高通量功能注释可以借助于以下方法，利用已知功能基因的注释信息为新基因注释：①序列数据库相似性搜索；②序列模体(Motif)搜索；③直系同源序列聚类分析(cluster of orthologous group, COG)。目前已经有多种注释工具，以 InterProScan 应用较为广泛。

InterProScan 可以从 EBI 的网站(ftp://ftp.ebi.ac.uk/pub/databases/interpro/iprscan)下载 InterProScan 工具并安装，它是 EBI 开发的一个集成了蛋白质结构域和功能位点的数据库，把 SwissProt、TrEMBL、PROTSITE、PRINTS、PFAM、ProDom 等数据库提供的蛋白质序列中的各种局域模式，如结构域、Motif 等信息统一起来，将基因组上全部预测基因与数据库进行比对对基因功能进行注释，是一个较为全面的分析工具。InterProScan 要求输入 Fasta 格式文件，通过 InterProScan 结果，可以得到基因的 Interpro 注释，以及 GO 的注释和分类信息，从而为认识和了解基因的功能提供参考。

(6) 比较基因组学及进化分析。物种树的构建。20 世纪以来，分子生物学在探索生命的奥秘中发挥了关键作用，它不仅揭示了基因的结构和功能，而且还阐明了生命过程的基本机制，如发育、生理和繁殖。在进化分析理论中，常通过构建系统物种数来反映物种的进化关系，常见的推断方法有距离法、最大简约法、最大似然法。距离法考察数据组中所有序列的两两比对结果，通过序列两两之间的差异决定进化树的拓扑结构和树枝长度。最大简约法考察数据组中序列的多重比对结果，优化出的进化树能够利用最少的离散步骤去解释多重比对中的碱基差异。最大似然法考察数据组中序列的多重比对结果，优化出拥有一定拓扑结构和树枝长度的进化树，这个进化树能够以最大的概率导致考察的多重比对结果。

目前用来构建进化树的软件包括 PHYLIP、MEGA、PALM 等(表 4-7)，下面以 Phylip 为例进行介绍。

表 4-7　分子进化树分析软件

软件名称	网址	说明
PHYLIP	http://evolution.gs.washington.edu/phylip/download/phylip-3.66.tar.gz	目前用户最多，可免费下载，可以分析 DNA 与蛋白质序列、限制位点等，并可绘制进化树
PAUP	http://people.sc.fsu.edu/~dswofford/paup_test/	PAUP 是用最大简约法、最大似然法和距离法，用于亲缘分析的程序，仅适用于 mac、unix 系统
Tree of life	http://phylogeny.arizona.edu/tree/program/program.html	美国 University Arizona 建立的系统发育方面的网站
MEGA	http://bioinfo.weizmann.ac.il/databases/info/mega.sof	美国宾夕法尼亚州立大学开发的分子进化遗传学软件
MOLPHY	http://www.softpedia.com/get/Science-CAD/Molphy.shtml	日本国立统计数理研究所开发，最大似然法构树
PAML	http://abacus.gene.ucl.ac.uk/software/paml.html	英国 University College London 开发，最大似然法和分子进化模型

续表

软件名称	网址	说明
PUZZLE	ftp://fx. zi. biologie. uni-muenchen. de/pub/puzzle	应用最大简约法构建系统树
TreeView	http://tamonomy. zoology. gla. ac. uk/rod/tree-view. html	英国 University of Glasgow 开发
phylogeny	http://www. ebi. ac. uk/biocat/phylogeny. html	欧洲生物信息研究所(EBI)的系统发育分析软件

PHYLIP(phylogeny inference package)是华盛顿大学 Joe Felsenstein 教授及其同事们开发的一套供用户免费使用的系统发育推断软件包。PHYLIP 分析工具要求输入标准的 PHYLIP 格式,PHYLIP 格式的第一行是两个数字,分别表示序列的总数和序列的长度;接下来的行的第一部分(以空格分隔)是序列名,序列名后面跟的是部分序列,下面为一个范例。

10 100
HUMAN26353 VQWCAVSQPE ATKCFQWQRN MRKVRRMSGP PVSCIKRDSP IQCIQAIAEN RADAVTLDGG FIYEAGLAPY KLRPVAAEVY GTERQPRTHY YAVAVVKKGG
MOUSE24351 VQWCAVSNSE EEKCLRWQNE MRKVG---GP PLSCVKKSST RQCIQAIVTN RADAMTLDGG TLFDAGKPPY KLRPVAAEVY GTKEQPRTHY YAVAVVKNSS
HORSE23349 VRWCTVSNHE VSKCASFRDS MKSIVPA-PP LVACVKRTSY LECIKAIADN EADAVTLDAG LVFEAGLSPY NLKPVVAEFY GSKTEPQTHY YAVAVVKKNS
HUMAN25347 VRWCAVSEHE ATKCQSFRDH MKSVIPSDGP SVACVKKASY LDCIRAIAAN EADAVTLDAG LVYDAYLAPN NLKPVVAEFY GSKEDPQTFY YAVAVVKKDS
FEPIG6332 VRWCTISNQE ANKCSSFREN MSKAVKN-GP LVSCVKKSSY LDCIKAIRDK EADAVTLDAG LVFEAGLAPY NLKPVVAEFY GQKDNPQTHY YAVAVVKKGS
BOVIN25352 VRWCTISQPE WFKCRRWQWR MKKLG---AP SITCVRRAFA LECIRAIAEK KADAVTLDGG MVFEAGRDPY KLRPVAAEIY GTKESPQTHY YAVAVVKKGS
CHICK26352 IRWCTISSPE EKKCNNLRDL TQQER----I SLTCVQKATY LDCIKAIANN EAD-AISLDGG QAFEAGLAPY KLKPIAAEVY EHTEGSTTSY YAVAVVKKGT
SALSA25329 VKWCVKSEQE LRKCHDLAAK VA--------EFSCVRKDGS FECIQAIKGG EADAITLDGG DIYTAGLTNY GLQPIIAEDY G--EDSDTCY YAVAVAKKGT
XENLA26341 VRWCVKSNSE LKKCKDLVDT CKNKE----I KLSCVEKSNT DECSTAIQED HADAICVDGG DVYKGSLQPY NLKPIMAENY GSHTETDTCY YAVAVVKKSS
HUMAN23357 VRWCATSDPE QHKCGNMSEA FREAG--IQP SLLCVRGTSA DHCVQLIAAQ EADAITLDGG AIYEAG-KEH GLKPVVGEVY D--QEVGTSY YAVAVVRRSS

PHYLIP 分析工具输出文件有两个,其中一个为树的详细信息,如图 4-25 所示。

图 4-25 中以标红行为例说明每项的含义,第一列的 1 表示第一个序列是祖先节点 1,它的位置可在上面的树的图中查看到,HUMAN26353 是第二个序列的名字,也就是说,这一行表示的是祖先节点 1 和 HUMAN26353 之间的进化距离,就是我们一般看到的系统发育树的树枝上标度的数值,大小为第三列的 0. 176 29,这个数字表示的是每个位点的

```
Amino acid sequence Maximum Likelihood method, version 3.66
Jones-Taylor-Thornton model ofamion acid change
  +------MOUSE24351
  |
  |   +-------BOVIN25352
  |   |
  |   |                  +---------------HUMAN23357
  |   |           +-----8
  1---4           |      |        +------------XENLA26341
  |   |     +----6      +------7
  |   |     |     |               +----------SALSA25329
  |   |     |     |
  |   +----5     +---------CHICK26352
  |         |
  |         |    +---FEPIG6332
  |         +---3
  |              |  +-----HUMAN25347
  |              +--2
  |                 +---HORSE23349
  |
  +-----HUMAN26353

remember:this is an unrooted tree!
Ln Likelihood = -1577.63374
```

Between	And	Length	Approx. Confidence Limits		
1	HUMAN26353	0.17629	(0.06605,	0.28653)	**
1	MOUSE24351	0.24084	(0.11873,	0.36294)	**
1	4	0.14101	(0.03351,	0.24851)	**
4	BOVIN25352	0.24624	(0.11758,	0.37490)	**
4	5	0.16215	(0.04755,	0.27675)	**
5	6	0.15404	(0.02875,	0.27932)	**
6	8	0.17453	(0.01610,	0.33296)	**
8	HUMAN23357	0.53282	(0.31447,	0.75115)	**
8	7	0.22389	(0.05576,	0.39201)	**
7	XENLA26341	0.41999	(0.22149,	0.61849)	**
7	SALSA25329	0.35952	(0.18123,	0.53779)	**
6	CHICK26352	0.30644	(0.15708,	0.45582)	**
5	3	0.10549	(0.01087,	0.20013)	**
3	FEPIG6332	0.13028	(0.04198,	0.21857)	**
3	2	0.07571	(0.00057,	0.15088)	**
2	HUMAN25347	0.17692	(0.07836,	0.27549)	**
2	HORSE23349	0.13011	(0.04592,	0.21429)	**

* = significantly positive, P<0.05

** = significantly positive, P<0.01

图 4-25 PHYLIP 分析结果

平均的替换数的大小，接下来两个数字是这个距离的置信区间，可作参考。

另一个输出文件是 Newick 格式文件，可用 treeview 软件查看，Newick 格式文件示例如下：

(MOUSE24351: 0.24084, (BOVIN25352: 0.24624, (((HUMAN23357: 0.53282, (XENLA26341: 0.41999, SALSA25329: 0.35952): 0.22389): 0.17453, CHICK26352: 0.30644): 0.15404, (FEPIG6332: 0.13028, (HUMAN25347: 0.17692, HORSE23349: 0.13011):0.07571):0.10549):0.16215):0.14101,HUMAN26353:0.17629)。

快速进化基因检测 快速进化基因可促使一个物种演变为两个物种，比基因组中的其他基因显示出更强的适应能力。利用进化树分析软件，比较两物种的同源关系，计算 *Ka/Ks* 值(*Ka* 为非同义突变率，*Ks* 为同义突变率)，并筛选 *Ka/Ks*>>1 的基因，找出基因家族中物种发生快速进化的基因。进化树分析图如图 4-26 所示。

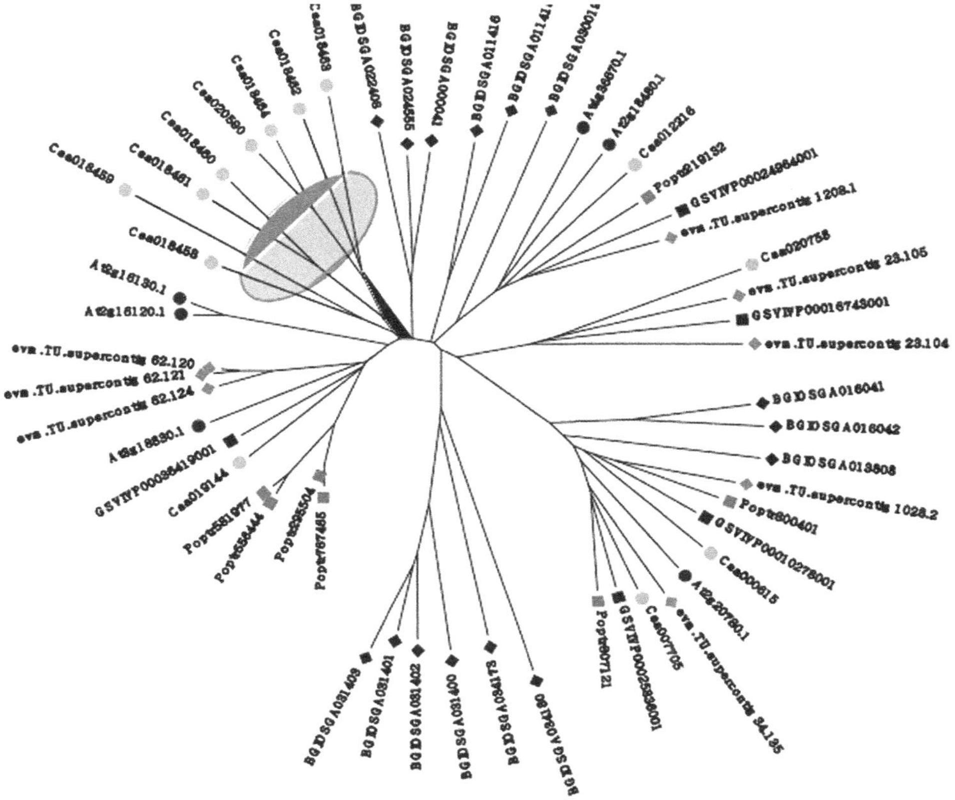

图 4-26 进化树分析图

共线性分析 对两个物种全基因组进行共线性分析,找出两个物种之间的相似性及差异,如图 4-27 所示。

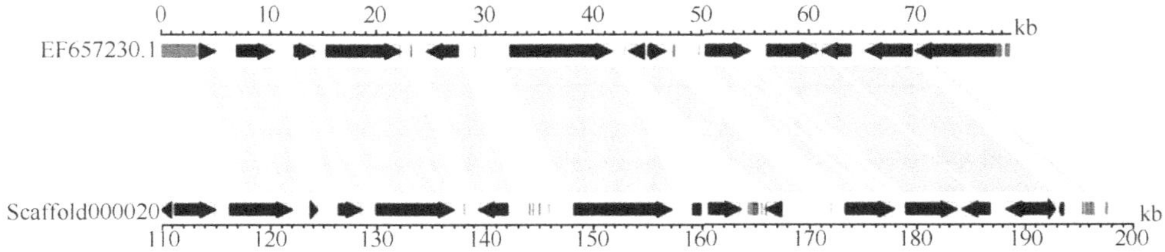

图 4-27 两个物种全基因组间的共线性分析

基因家族分析 基因家族(gene family)是来源于同一个祖先,由一个基因通过基因重复产生两个或更多的拷贝而构成的一组基因,它们在结构和功能上具有明显的相似性,编码相似的蛋白质产物,同一家族基因可以紧密排列在一起,形成一个基因簇,但多数时候,它们是分散在同一染色体的不同位置,或者存在于不同的染色体上,各自具有不同的表达调控模式。基因家族分析一般利用生物信息学数据库(如对转录因子基因家族分析可搜索转录因子数据库)和软件工具(包括基因结构显示、双序列比对、蛋白质功能域识别、蛋白质保守域预测、序列比对、蛋白质三维结构空间图形显示等软件工具)，对家族基因结构、蛋白质序列、蛋白质结构等进行分析，从中得到该基因家族不同成员之间的相互关系和演化历程，推断它们可能的生物功能。

3）重测序生物信息分析

（1）原始测序数据。重测序一般是将提取的基因组 DNA 随机打断，电泳回收所需要长度的 DNA 片段，加上接头，制备 cluster，利用双末端的方法对插入片段两端进行测序，得到原始的测序数据进行后续的生物信息学分析。原始数据一般是 FASTQ 格式，详见第 2 章的测序数据格式。

（2）序列比对与组装。测序数据下机后，将测序所得的 read 比对上参考序列，并据此计算深度、覆盖度。其中，序列的比对是最基本的问题。序列比对是比较两个或两个以上符号序列的相似性或不相似性。所有测序所得的短序列通过 SOAP aligner(http://soap. genomics. org. cn/soapaligner. html)等比对软件和参考序列进行比对。

在比对时，所有 read 都需经过下面的处理：如果一个原始的 read 无法比对上参考序列，其第一个和最后两个碱基将会被去除，之后再和参考序列进行比对。如果仍然无法匹配，则再去掉最后两个碱基再比对，迭代进行，直到能够匹配或短于 27bp 为止。根据与参考序列的比对结果，利用贝叶斯模型得到测序个体每个位点可能性最大的基因型，并将 read 根据序列拼接成 contig，再将 contig 连接起来，组成 scaffold，最后组装出该个体的一致序列，以 FASTA 格式保存，其具体格式说明见第四章的 FASTA 格式。

目前流行的比对软件有很多，见表 4-8 (http://en. wikipedia. org/wiki/List _ of _ sequence _alignment_software)，每一个软件的比对结果，都有自己的数据格式。例如，blast 的 blastout，maq 的 map，BWA(Burrows-Wheeler Aligner)的 sam。BWA 比对软件产生 *. sam 比对文件，soap 比对软件产生 *. soap、*. sin 比对文件，map 比对软件可产生 *. map 比对文件等。不同软件产生的不同的比对文件可应用 Samtools 将不同的比对结果文件转换成统一的 *. bam 文件进行后续的数据分析，具体流程如图 4-28 所示。针对不同的比对软件产生的不同的数据格式，下面将做详细介绍。

表 4-8 Short-Read 序列比对软件说明

软件名	描述	链接
BLASTN	BLAST's nucleotide alignment program, slow and not accurate for short Reads, and uses a sequence database (EST, Sanger sequence) rather than a reference genome.	http://blast. ncbi. nlm. nih. gov/Blast. cgi
BLAT	Made by Jim Kent. Can handle one mismatch in initial alignment step.	http://users. soe. ucsc. edu/~kent/
BWA	Uses a Burrows-Wheeler transform to create an index of the genome. It's a bit slower than bowtie but allows indels in alignment.	http://bio-bwa. sourceforge. net/
CUSHAW2	Gapped short-Read and long-Read alignment based on maximal exact match seeds. This aligner supports both base-space (e. g. from Illumina, 454, Ion Torrent and PacBio sequencers) and ABI SOLiD color-space Read alignments.	http://cushaw2. sourceforge. net/

续表

软件名	描述	链接
PALMapper	PALMapper, efficiently computes both spliced and unspliced alignments at high accuracy. Relying on a machine learning strategy combined with a fast mapping based on a banded Smith-Waterman-like algorithm it aligns around 7 million Reads per hour on a single CPU. It refines the originally proposed QPALMA approach.	http://raetschlab.org//suppl/palmapper
SOAP、SOAP2、SOAP3	Robust with a small(1-3) number of gaps and mismatches. Speed improvement over BLAT, uses a 12 letter hash table. SOAP2 using bidirectional BWT to build the index of reference, and it is much faster than the first version. Now an GPU-accelerated version named as SOAP3/GPU is available, that could find all 4-mismatch alignments in tens of seconds per one million Reads.	http://i.cs.hku.hk/~aligner/soap3/

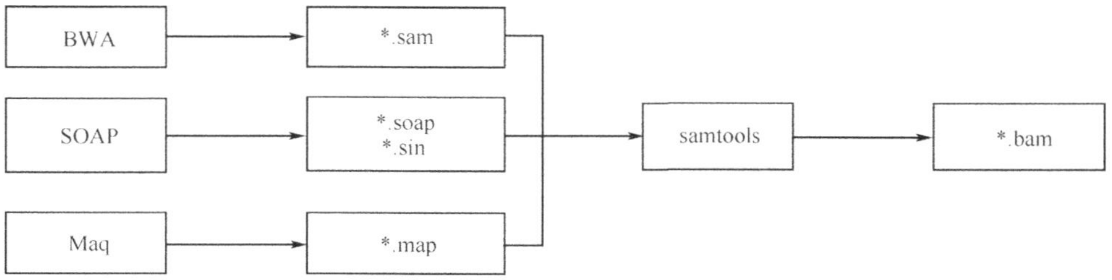

图 4-28　samtools 文件格式转换流程

SAM 格式。SAM 是一种序列比对格式标准,由 Sanger 制定,是以 TAB 为分割符的文本格式。SAM 分为两部分:注释信息(header section)和比对结果部分(alignment section)。其中,注释信息可有可无,主要有以下 5 种:

@HD,说明符合标准版本的对比序列的排列顺序;

@SQ,参考序列说明;

@RG,比对上的序列说明;

@PG,使用的程序说明;

@CO,任意的说明信息。

比对结果部分(alignment section)的每一行表示一个片段(segment)的比对信息,包括 11 个必需的字段(mandatory fields)和一个可选的字段,字段之间用 tag 分割。必需的字段有 11 个,顺序固定,不可用时,根据字段定义,可以为“0”或者“*”,这 11 个字段包括:

第一列为比对片段的编号;

第二列为位标志,用数字表示比对结果;

第三列为参考序列的编号,如果注释中对 SQ-SN 进行了定义,这里必须和其保持一致,对于没有比对上的序列,用“*”表示;

第四列为比对上的位置,从 1 开始计数,若没有比对上,用 0 表示;

第五列为比对的质量；

第六列为简要比对信息表达式，其以参考序列为基础，使用数字加字母表示比对结果，如3S6M1P1I4M表示按顺序前三个碱基被剪切去除了，接着6个比对上了，然后插入了一个碱基，最后4个比对上了；

第七列为下一个片段比对上的参考序列编号，用“ * ”表示没有另外的片段，用“=”表示同一个片段；

第八列为下一个片段比对上的位置，如果不可用，此处为0；

第九列为模板的长度，用“+”表示最左边，用“-”表示最右边，中间的不用定义，用“0”表示不可用；

第十列为序列片段的序列信息，如果不存储此信息，此处为“ * ”；

第十一列为序列的质量信息，格式同FASTQ一样。

可选字段格式如TAG:TYPE:VALUE，其中TAG由两个大写字母组成，每个TAG代表一类信息，每一行一个TAG只能出现一次，TYPE表示TAG对应值的类型，可以是字符串、整数、字节、数组等。下面是一个SAM格式实例。

@HD VN:1.0

@SQ SN:chr20 LN:62435964

@RG ID:L1 PU:SC_1_10 LB:SC_1 SM:NA12891

@RG ID:L2 PU:SC_2_12 LB:SC_2 SM:NA12891

Read_28833_29006_6945 99 chr20 28833 20 10M1D25M = 28993 195 \

AGCTTAGCTAGCTACCTATATCTTGGTCTTGGCCG <<<<<<<<<<<<<<<<<<<<<<<<:<9/,&,22;;<<< \NM:i:1 RG:Z:L1

Read_28701_28881_323b 147 chr20 28834 30 35M = 28701-168 \

ACCTATATCTTGGCCTTGGCCGATGCGGCCTTGCA <<<<<;<<<<7;:<<<6;<<<<<<<<<<<<<7<<<< \MF:i:18 RG:Z:L2

BAM(binary alignment map)格式。BAM是SAM格式的二进制版本，它保持和SAM完全相同的信息。BAM可大大节省存储空间，但是它不能直接用普通文本编辑工具显示。BAM用gzip/zlib(也可以被gzip/zlib解压缩)压缩节省空间，每个碱基对仅仅用一个字节，包括测序、性质、片段名称、位点和元信息。BAM也是流形式的，它不用将整个序列加载到内存就可进行处理。BAM还可以被索引，支持随机访问，并且可快速恢复测序重叠的特定区域。

SOAP比对格式。SOAP比对格式是使用华大基因soap比对软件产生的数据格式，包括13个字段，字段之间用tag分割。下面是一个soap文件的实例，将以下面的例子对soap文件格式进行介绍(http://soap.genomics.org.cn/soap1/)。

共有13列，其表示的含义如下(从左到右)：

read的编号；

read的序列，如果read比对上参考序列的负链，会被反向互补为正链；

序列的质量值，和序列顺序一致，如果read反向互补，质量值也会随着改变；

比对上的次数，最优比对的次数，没有比对上的read将被忽略；

pair-end 比对的标记,表示 read 来自哪个文件;

Read 长度,如果是容缺失的比对,长度将是加上缺失片段的长度;

比对上参考序列的正链或负链;

参考序列的染色体名称;

第一个碱基在染色体上的位置,从 1 开始;

错配的个数;

错配的详细信息[“C->33G4”意思是一个错配,在参考序列的位置是第 9 列+33(从 0 开始),在参考序列上是 C,read 上是 G,质量值是 4];

比对上的数目(“44M”意思是 44 个碱基比对上了);

对比的细节[“33C10”意思是前 33 个比对上了,第 34(参考序列上是第 9 列+34)个是错配,后面 10 个还是比对上了]。

(3) SNP 检测和结构变异检测。使用 SOAPsnp (http://soap. genomics. org. cn/soapsnp. html)等检测 snp 的软件,在一致序列的基础上,对检测到的基因型与参考序列存在着多态性的位点进行过滤,最后可以得到高可信度的 SNP 数据集,该数据集是一个以 tab 键分隔的文本文件,示例如下:

chr20	63231	T	K	99	T	36	19	19	G	36	19	19	38	0. 24	1	0	669
chr20	65900	G	A	68	A	37	25	25	G	0	0	0	25	1	1	0	470
chr20	66370	G	A	69	A	36	25	25	G	0	0	0	25	1	1	0	470
chr20	68749	T	Y	99	C	37	14	14	T	35	10	10	24	0. 6	1	0	237
chr20	75254	C	M	99	C	37	11	11	A	35	8	8	19	0. 42	1	0	708

该文件共 18 列,分别表示的含义如下(从左至右):

染色体名称;

位点坐标;

参考序列对应位置的碱基;

测序个体的基因型;

质量值;

似然性最大的碱基(第一碱基);

似然性最大的碱基的质量值;

只能比对上此位置的 read 支持数;

所有能比对上此位置的 read 支持数;

似然性次大的碱基;

似然性次大的碱基的质量值;

只能比对上此位置的 read 支持数;

所有能比对上此位置的 read 支持数;

比对上该位置的所有 read 个数;

秩和检验值;

该位点的拷贝数估计值;

dbSNP 数据库中是否有该位点,1 表示存在,0 表示不存在;

与此位点最近的另一个 SNP 位点的距离。

结构性变异是同物种不同个体间一种重要的差异,对这些差异进行检测和注释有助于我们理解和解释某些个体间的差异或不同组织间的差异(如癌组织与癌旁组织)。双末端测序为全基因组范围进行结构性变异检测提供了一个强有力工具。根据双末端的测序原理,正常情况下,paired-end 的两个 read,一个可以比对上正链(forward),另一个比对上负链(reverse),两个 read 比对后的距离应该与插入片段大小相似,即成对的两条 read 比对到基因组时应该有正常的方向和合适的跨度。如果在比对结果中,成对的两条 read 的方向或跨度与预期不一致,则该区域有可能发生结构变异。通过将异常的 paired-end 比对结果进行聚类分析,并与预先定义的结构性变异类型进行比较,可以据此进行结构变异检测,一般要求至少要有 3 对异常的 paired-end 支持。SOAPsv(http://soap.genomics.org.cn/SOAPsv.html)进行结构性变异分析输出的 soapsv 文件包含 6 列,以 tab 键相隔,示例如下:

```
chr10	Deletion	309990	310801	FR	5
chr10	Deletion	382441	383182	FR	5
chr10	Deletion	413391	414589	FR	11
chr10	Deletion	425610	426324	FR	15
chr10	Deletion	446283	447847	FR	7
```

该文件共 6 列,分别表示的含义如下(从左至右):

染色体名称;

结构变异的类型;

此结构变异的估计起始位点;

此结构变异的估计终止位点;

异常的匹配模式(F 表示比对上正链,R 表示比对上负链);

支持此结构变异的 paired-end 数目。

4.2.3 转录组学

4.2.3.1 转录组学简介

转录组(transcriptome)广义上是指某一生理条件下,细胞内所有转录产物的集合,包括信使 RNA、核糖体 RNA、转运 RNA 及非编码 RNA。转录组学(transcriptomics)是一门在整体水平上研究细胞中基因转录的情况及转录调控规律的学科。简而言之,转录组学是从 RNA 水平研究基因表达的情况,转录组学研究是研究细胞表型和功能的一个重要手段。

转录组的研究手段大体包括:EST 序列构建及研究、芯片研究、运用第二代测序技术研究等。EST 是从一个随机选择的 cDNA 克隆进行 5′端和 3′端单一次 Sanger 测序获得的短的 cDNA 部分序列,代表一个完整基因的一小部分,长度一般是为 20 ~7000bp,平均长度为(360±120)bp。EST 来源于一定环境下一个组织总 mRNA 所构建的 cDNA 文库,因此 EST 也能说明该组织中各基因的表达水平。基因芯片研究(microarray)是将大量探针分子固定在支持物上，然后与标记好的样品进行杂交，通过检测杂交信号强度及分布进行分析基因表达差异。高通量测序技术研究转录本则是利用第二代测序技术，直接对全部转录本进行研究，无需繁琐的建库流程，就可以得到高覆盖度高精度的转录本信息。

RNA 的数据分析主要有三个分支：将序列比对上基因组，将序列组装成全长或部分的转录本，以及对每一个转录本进行定量。在对转录组数据分析中存在很多的挑战，如对基因表达水平的评估，基因的表达水平是由比对上该基因序列的数目反映，其计算方法是计算落在特定基因区的序列的数目，并且基于基因的长度和测序的总量进行归一化。对于基因家族或包含重复区的基因，多重比对结果会计算基因表达水平产生误差，一个解决方案是将多重比对的结果按比例分配给几个相近的转录本。RNA 测序数据所要解决的一个显著的挑战是来自于剪切的过程。简而言之，就是如何将一个完整的序列比对到基因组中物理隔开的两个位置上。RNA 比对软件，如 TopHat、Cufflinks、MapSplice 等都能将短序列比对上两个不同的位置上。

华大基因最新开发的 SoapFuse 还可用于检测染色体断裂和重组导致的融合基因。另外转录组分析中比对的序列需要切断后再进行比对，其单次使用的序列长度更短，因此比较而言它相对基因组分析更多地受到重复区的影响。剪切比对算法解决该问题的方法是：增加额外比对条件，如确保在剪切位点两侧的比对结果都有充足的比对长度。该策略对于可变剪切的比对效果较好，然而对融合基因的检测而言，重复区仍然是大问题。融合基因检测算法必须能将基因组中的任何一种组合都考虑到，这意味着序列的配对信息，如方向和间隔长度，都将不能利用。如果序列是位于重复区域，其比对结果就会有成千上万种假阳性结果。大多数融合基因检测软件解决这个问题的方法是筛除掉所有的非唯一比对结果。

4.2.3.2 转录组学研究方法

1）转录组信息分析流程简介

转录组研究方法包括 De novo 测序、重测序及非编码 RNA 分析，下面将一一介绍这三种研究方法。

（1）同基因组类似，转录组 De novo 测序也称为从头测序，是指不依赖于任何已知转录组序列信息对某个物种的转录组进行测序，然后应用生物信息学手段对测序序列进行拼接和组装，最终获得该物种转录组序列图谱。一般流程是将测序数据进行过滤得到有效数据，进行基因组基本信息分析以及基因组组装；组装后对分析得到的 unigene 进行基因注释：包括基因的表达量注释，对编码蛋白框进行预测，及基因功能的注释，分析流程如图 4-29 所示。

（2）转录组重测序是对转录组序列已知物种的个体进行转录组测序，转录组重测序的个体，与参考序列进行比对，分析基因的表达水平，预测新的转录本，对基因结构进行分析，发现新的可变剪切等。分析流程如图 4-29 所示。

（3）非编码 RNA 是指不编码蛋白质的 RNA，其中包括 rRNA、tRNA、snRNA、snoRNA 和 microRNA 等多种已知功能的 RNA，还包括未知功能的 RNA。非编码 RNA 分析是通过与各种数据库比对分析，对非编码 RNA 进行分类，然后对非编码 RNA 进行重复性分析、靶基因预测、差异表达分析及聚类分析等。分析流程图如图 4-29 所示。

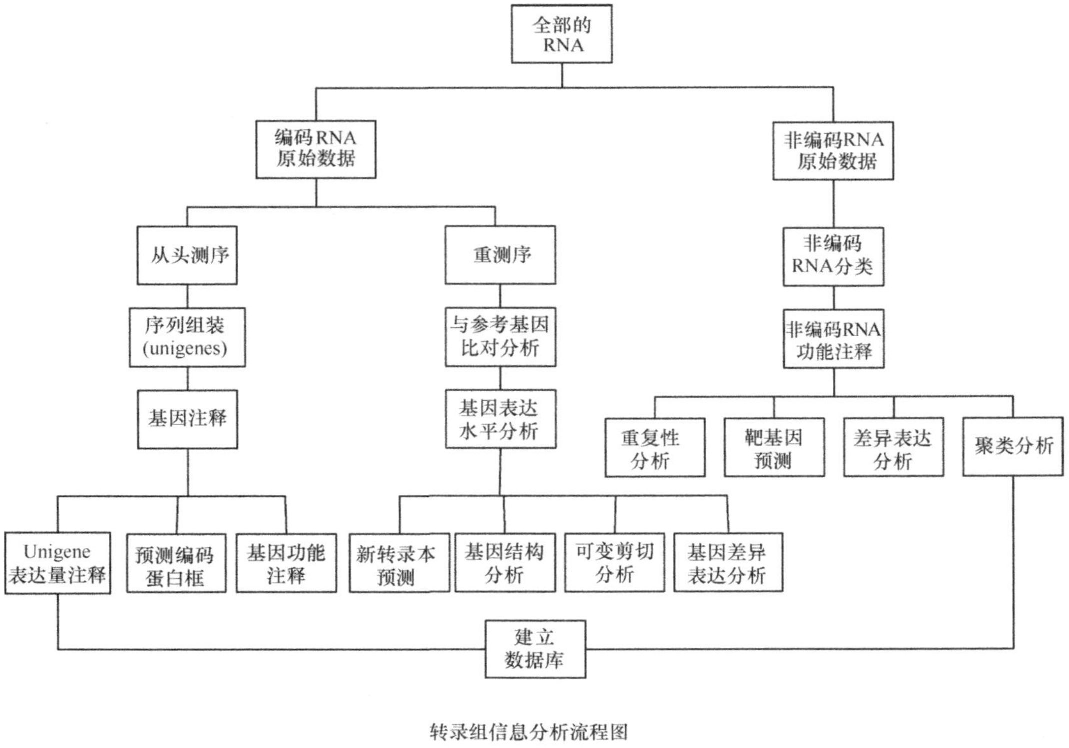

图 4-29　转录组信息分析流程图

2）转录组 De novo 测序生物信息分析

（1）原始测序数据。提取样本的 RNA 后，将 RNA 打成 200～700nt 的片段，以 RNA 为模板合成 cDNA，建立 cDNA 文库，上机测试，测序原始图像数据经 base calling 转化为序列数据，即 raw data，结果以 FASTQ 格式储存，具体数据格式详见第二章 FASTQ 文件格式。

（2）转录组组装。转录组下机数据经过数据过滤去掉低质量的数据后得到 clean data，然后用组装软件（如 soap denovo）将测序产生的所有 short read 从头组装成 contig，然后把 paired-end 数据比对到 contig 上，如果有 paired-end 关系，则将两个 contig 连接起来，并认为这些 contig 是一个 scaffold 的片段，这样就可以将多个 contig 连接成 scaffold。再利用 read 对 scaffold 中的洞进行填补（gap filling），生成最终的 scaffold sequence。我们再利用软件对 scaffold 进行聚类组装，形成 cluster，每个 cluster 生成一条或多条 unigene 序列，序列组装示意图如图 4-30 所示。

组装过程中产生的 contig、scafford、unigene 的序列长度通常是反映组装质量的指标。因此需对 contig、scafford、unigene 进行统计分析。

（3）Unigene 注释。Unigene 表达差异分析。利用比对软件将不同样本中得到的 read 比对到 unigene 上，获得 unigene 上 read 的数目，然后计算 unigene 在不同样本之间表达差异的 P-value，当 P-value 小于某个规定值（一般取 0.01）时，认为该基因表达差异极显著。

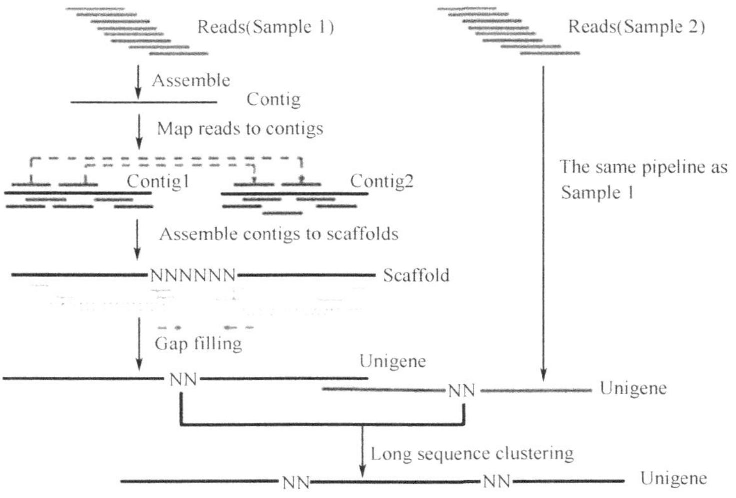

图 4-30 转录组 De novo 组装示意图

表 4-9 是两个样本 unigene 表达差异分析结果。

表 4-9 两个样本 unigene 表达差异分析

Unigene ID	Number of Reads mapping to Unigene in sample A	Number of Reads mapping to Unigene in sample B	P value	up(+)/down(-) regulation
Unigene10002	287	607	3. 44E-13	+
Unigene10003	598	931	0	+
Unigene10004	248	175	0. 002 080 22	_
Unigene10005	115	47	3. 14E-07	_

共 5 列,分别表示对含义如下(从左往右):

Unigene ID 号;

样品 A 比对到 unigene read 数;

样品 B 比对到 unigene read 数;

表达差异 P-value;

基因上调下调(+表示上调,—表示下调)。

编码蛋白框预测。编码蛋白框预测是将 unigene 与非冗余的蛋白质序列数据库(non-redundant database,Nr)比对获得 unigene 的 CDS 区域(通过 blast 比对得到的 CDS 区域结果数据格式一般为 FASTA 格式),对于没有比对到 Nr 库的 unigene,可通过软件 ESTScan 预测来获得 unigene 的 CDS 区域。最后得到对应的蛋白质序列。需要说明的一点是,Solexa 对转录组的测序本身没有方向性,所以组装出来的 unigene 可能是原基因的正义链,也可能是其互补链,最终得到的 CDS 区的方向是由 Nr 比对结果或预测结果来决定。例如,一个 unigene 和 Nr 数据库中一个蛋白质匹配上时,如果是正向匹配,则 CDS 可以直接由 unigene 中匹配的区域确定,如果是负向匹配上,则将 unigene 匹配区域的反向互补作为该 unigene 的

CDS 区,而蛋白质序列则由 CDS 直接按照标准的密码子表翻译而成。

Unigene 功能注释。对于 unigene 的功能注释主要包括以下几个方面。

unigene 蛋白功能注释。通过 blastx 将 unigene 序列比对到蛋白质数据库 Nr、SwissProt、KEGG 和 COG(clusters of orthologous groups),得到跟给定 unigene 具有最高序列相似性的蛋白质,从而得到该 unigene 的蛋白质功能注释信息。

COG 是对基因产物进行直系同源分类的数据库,每个 COG 蛋白都被假定来自祖先蛋白,COG 数据库是基于细菌、藻类、真核生物具有完整基因组的编码蛋白、系统进化关系进行构建的,我们将 unigene 和 COG 数据库进行比对,预测 unigene 可能的功能,进行功能注释,并对其做功能分类统计(图 4-31),从宏观上认识该物种的基因功能分布特征。

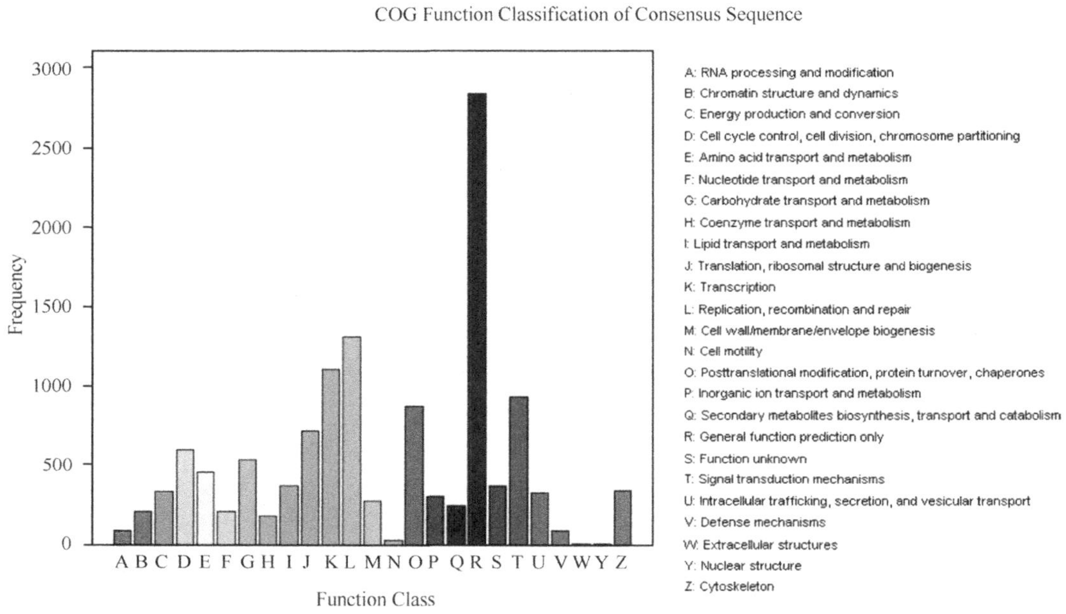

图 4-31　COG 功能分类矢量图

unigene 的 GO 注释。GO(gene ontology)是基因本体论联合会建立的数据库,适用于各物种,对基因和蛋白质功能进行限定和描述。利用 GO 数据库,可以将基因按照它们参与的生物学过程、构成细胞的组分、实现的分子功能等进行分类。根据 Nr 注释信息,使用 Blast2GO 软件得到 unigene 的 GO 注释信息。Blast2GO 已被其他文献引用超过 150 次,是同行广泛认可的 GO 注释软件。得到每个 unigene 的 GO 注释后,到 WEGO 网站上对所有 unigene 做 GO 功能分类统计(图 4-32),网址为 http://wego.genomics.org.cn/cgi-bin/wego/index.pl。从宏观上认识该物种的基因功能分布特征。GO 功能分析一方面给出差异表达基因的 GO 功能分类注释;另一方面给出差异表达基因的 GO 功能显著性富集分析。

unigene KEGG 注释。KEGG(http://www.genome.jp/kegg/)是系统分析基因产物在细胞中的代谢途径以及这些基因产物的功能的数据库,利用 KEGG 可以进一步研究基因在生物学上的复杂行为。根据 KEGG 注释可以得到 unigene 的 pathway 注释。根据结果文件中每个代谢通路中的 unigene 数目,进而给出 unigene 在每个代谢通路中的位置,画

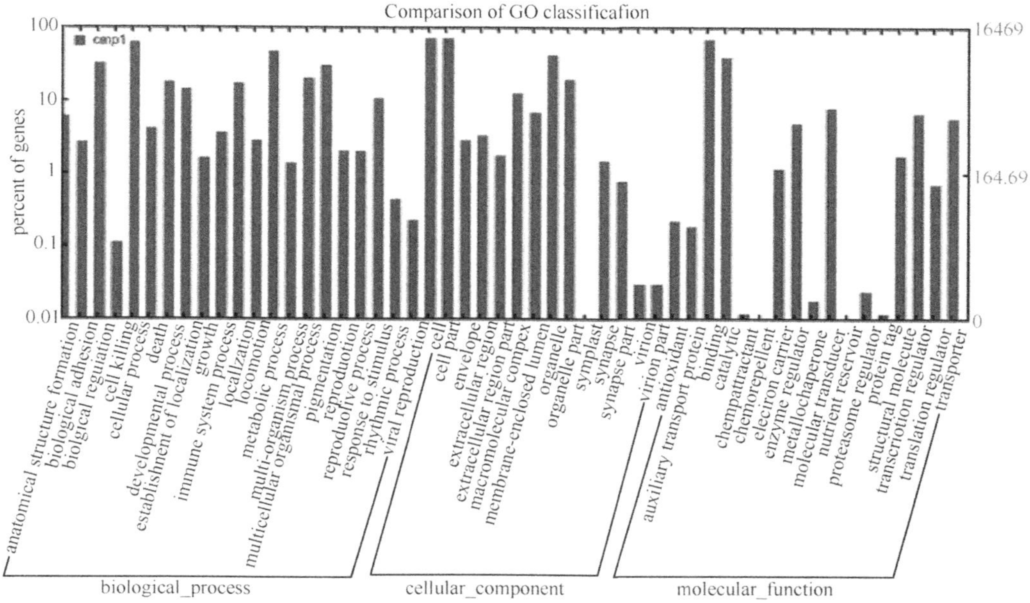

图 4-32 unigene 的 GO 分类矢量图

出代谢通路图(图 4-33),图 4-33 中标有粉红色的位置说明 unigene 可能与该位置的基因在序列上具有相似性,提示它可能在该位置参与了代谢过程。

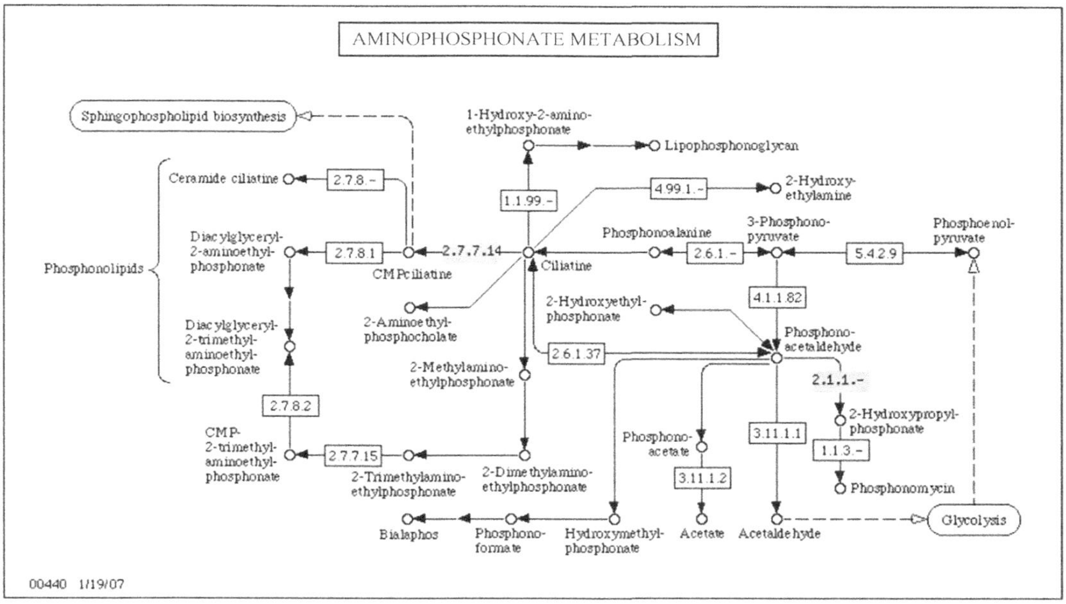

图 4-33 unigene 参与代谢途径预测图

3) 转录组重测序生物信息分析

(1) 原始测序数据。高通量测序获得的测序原始图像数据经 base calling 转化为序列数据，即 raw data，结果以 FASTQ 格式储存，具体数据格式详见第二章测序数据格式。

(2) 序列比对与组装。测序得到的原始测序序列(sequenced read)或者 raw read，需进行过滤，将里面含有带接头的、低质量的 read 过滤掉得到 clean read。

所有测序所得的短序列通过 SOAPaligner(或其他比对软件)和参考序列进行比对，在比对时，所有 read 都经过了下面的处理：如果一个原始的 read 无法比对上参考序列，其第一个和最后两个碱基将会被去除，之后再和参考序列进行比对。如果仍然无法匹配，则再去掉最后两个碱基再比对，迭代进行，直到能够匹配或短于 27bp 为止。根据与参考序列的比对结果，利用贝叶斯模型得到测序个体每个位点可能性最大的基因型，并将 read 根据序列拼接成 contig，再将 contig 连接起来，组成 scaffold，最后组装出该个体的一致序列，以 FASTA 格式保存(FASTA 格式说明见基因组重测序序列比对部分)。

(3) 基因表达水平分析。新转录本预测。将所有基因组定位结果放在一起，用 Cufflinks(http://cufflinks.cbcb.umd.edu/index.html)进行组装，然后用 Cuffcompare 和已知的基因模型进行比较，发现新的转录区域。

基因结构分析 通过比对我们可以得到 read 在基因组上的分布，这样位置连续并且有位置重叠的 read 形成一个 TAR(transcriptional active region)，而通过 paired-end 数据，我们可以将不同的 TAR 连接形成潜在的 gene model。我们可以比较 gene model 与现有注释基因的差别，找到新的 exon 区域，对基因的 5′端和 3′端进行延长。

鉴定基因的可变剪切 通过 paired-end 数据以及 junction read(在 exon-exon 边界处的 read)，结合已有的基因注释集合鉴定新的可变剪切形式，分析的可变剪切又分为 7 种。

exon skipping：以基因 AK070385 为例，当其发生了可变剪切时，exonskipping 形成了两种不同的转录本，第一种转录本比第二种转录本多了一个外显子(exon)，我们将这种外显子称为 inclusive exon，而 inclusive exon 两侧的两个外显子称为 constitutive exon，如图 4-34 所示。

intron retention：以基因 AK072590 为例，其发生了可变剪切，intron retention 形成了两种不同的转录组本，第二种转录本由 retained intron 与两侧的外显子一起形成了新的外显子，如图 4-35 所示。

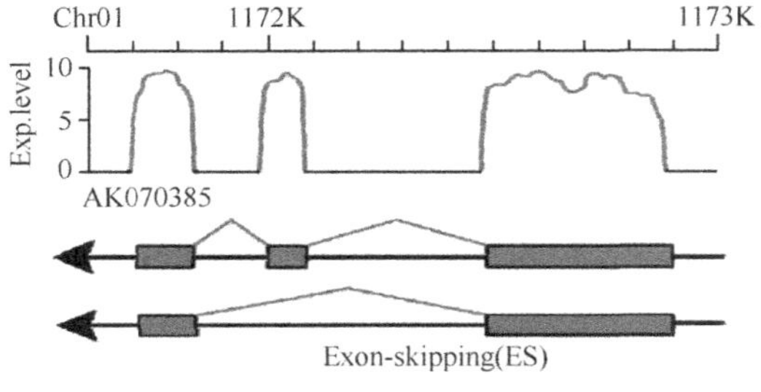

图 4-34 Exon Skipping 的示意图

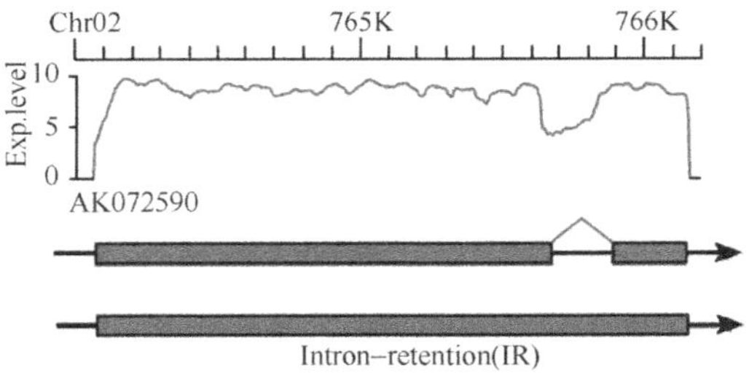

图 4-35 Intron Retention 的示意图

Mutually Exclusive Exon：以基因 AK101575 为例，其发生了可变剪切，mutually exclusive exon 形成了两种不同的转录组本，第一种和第二种转录本不同的外显子称为 inclusive exon，相同的外显子称为 constitutive exon，两种转录本具有不同的 inclusive exon，如图 4-36 所示。

alternative first exon：以基因 AK064879 为例，当位于基因组负链上的基因 AK068497 发生了可变剪切时，alternative first exon 形成了两种不同的转录组本，第一种和第二种转录本不同之处在于第一个外显子不同,如图 4-37 所示。

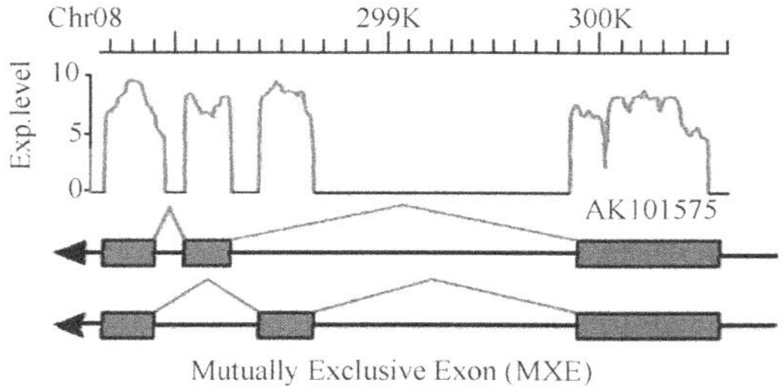

图 4-36 Mutually Exclusive Exon 的示意图

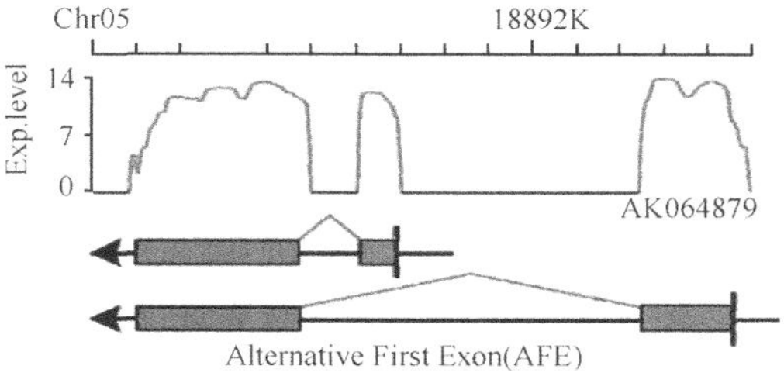

图 4-37 Alternative First Exon 的示意图

alternative last exon:以基因 AK064908 为例,当位于基因组正义链上的基因 AK064908 发生了可变剪切时,alternative last exon 形成了两种不同的转录组本,第一种和第二种转录本不同的在于最后一个外显子不同,如图 4-38 所示。

alternative 5′ splice site:以基因 AK067602 为例,位于基因组正义链上的基因 AK067602 发生了可变剪切,alternative 5′splice site 形成了两种不同的转录组本,第一种和第二种转录本不同之处在于第二个转录本的其中一个剪切位点的 5′端向内含子延伸了一定距离,如图 4-39 所示。

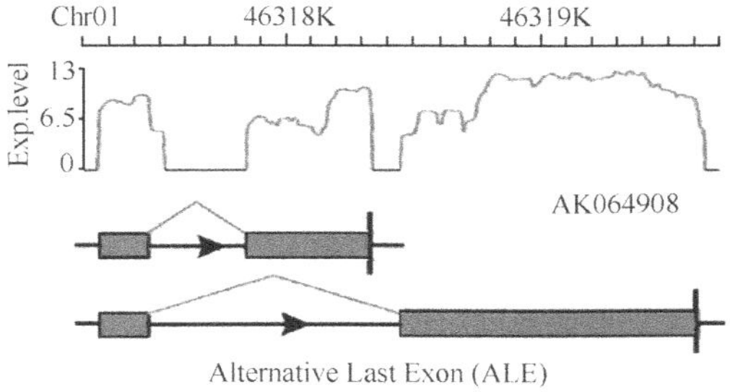

图 4-38 Alternative Last Exon 的示意图

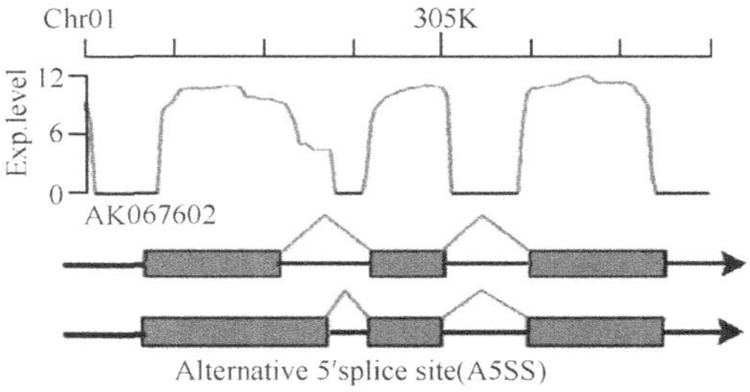

图 4-39 Alternative 5′splice site 的示意图

alternative 3′ splice site:以基因 AK067602 为例,当位于基因组正义链上的基因 AK067602 发生了可变剪切时,alternative 3′ splice site 形成了两种不同的转录组本,第一种和第二种转录本不同之处在于第二个转录本的其中一个剪切位点的 3′端向内含子延伸了一定距离,如图 4-40 所示。

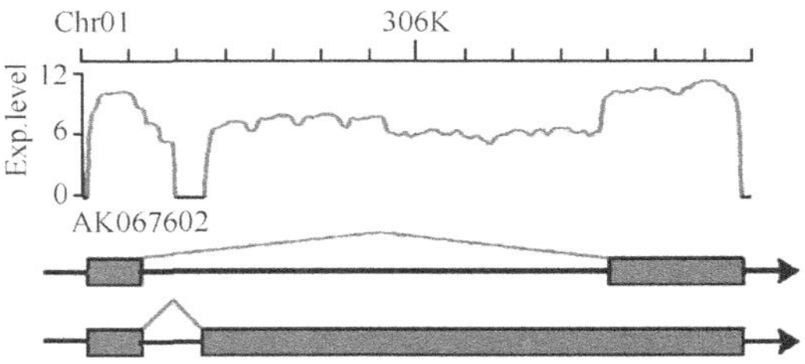

图 4-40 Alternative 3′splice site 的示意图

(4)基因差异表达分析。利用比对软件将不同样本中得到的 read 比对到 unigene 上,获得 unigene 上 read 的数目,然后计算 unigene 在不同样本之间表达差异的 P-value,当 P-value 小于某个规定值(一般取 0.01)时认为该基因表达差异极显著。分析找出在不同样本间存在差异表达的基因,并对差异表达基因做 GO 功能分析、COG 功能分类和 KEGG pathway 分析。

4）非编码 RNA 生物信息分析

（1）非编码 RNA 简介。非编码 RNA 包括 rRNA、tRNA、snRNA、snoRNA 和 microRNA 等多种已知功能的 RNA，还包括未知功能的 RNA。这些 RNA 都能从基因组上转录而来，但不能翻译成蛋白质，在 RNA 水平上行使各自的生物学功能。非编码 RNA 按长度划分可分为三类：

小于 50nt，有 miRNA、siRNA、piRNA。

50～500nt，包含 rRNA、tRNA、snRNA、snoRNA、SLRNA、SRPRNA 等；

大于 500nt，有长 mRNA-1ike 的非编码 RNA、长的不带 poly（A）尾的非编码 RNA 等。

小核 RNA（small nuclear RNA，snRNA）的功能是与蛋白质因子结合形成小核核糖蛋白颗粒（small nuclear ribonucleoprotein particle，snRNP），对 mRNA 进行剪接。能够存在于所有 snRNP 中的蛋白质称为通用蛋白（Sm 蛋白），Sm 蛋白可结合到 snRNA 的保守序列 AAU4-5GGA 上，这可以作为判断一个 RNA 是否为 snRNA 的一个特征。miRNA 初产物长度为 70～90nt，是具有发夹样结构的前 miRNA（pre-miRNA），成熟的 miRNA 分子长度为 18～24nt，，miRNA 可与 RNA 诱导沉默复合体（RNA induced silencing complex，RISC）结合，以特定 mRNA 为靶向，抑制靶基因翻译或诱导靶基因降解等，调节动植物生长发育、细胞分化、细胞增殖与凋亡、激素分泌、肿瘤形成等过程。

目前，非编码 RNA 的研究主要在两个方面：一是大规模鉴定新的非编码 RNA；二是用各种方法鉴定非编码 RNA 的功能。大规模鉴定非编码 RNA 的方法分为理论预测和实验发现。理论预测主要通过计算机的辅助，提取 RNA 的特征信息，目前 RNA 的预测软件主要有：用来预测 snoRNA 的 snoScan，用来预测 tRNA 的 tRNAScan，用来预测 microRNA 的 mirScan，但是最终确定 RNA 还是通过实验的方法。

高等生物有多达 50% 以上的 DNA 转录成 RNA，而其中绝大部分是 ncRNA。有科学家预言 ncRNA 在生物发育的过程中，有着不亚于蛋白质功能的重要作用。但目前我们对 ncRNA 了解还很少，目前的主要任务是发现更多的 ncRNA 和它们的生物功能。非编码 RNA 功能的研究目前主要在 miRNA 和 siRNA 上，主要是因为这两种 ncRNA 通过与目标基因进行碱基配对的方式而发挥它们的功能，因此要寻找这些 ncRNA 的作用靶点相对较容易。而其他的一些长的非编码 RNA，它们通常需要形成复杂的二级甚至是三级结构，所以预测其靶点比较困难。下面主要对小 RNA 信息分析过程进行介绍。

（2）原始测序数据。提取样本 RNA 后，选择 18～30nt 大小的片段，加接头，上机测序，测序原始图像数据经 base calling 转化为序列数据，即 raw data，结果以 FASTQ 格式储存，具体数据格式详见第二章 FASTQ 文件格式。

（3）序列比对。对实验测得的 35nt 短序列（shortRNA，sRNA）（包含了几乎所有的 RNA 种类，除了已知的 miRNA、siRNA、piRNA 外，还含有 rRNA、tRNA、snRNA、snoRNA、exon/intron 等降解片段），通过去接头、去低质量、去污染等得到全长 sRNA 序列（用 unique 表示）以及每条 sRNA 序列的表达量（用 total 表示），之后通过比对挑选等方法对 sRNA 序列进行注释。

sRNA 与参考序列比对：通过比对，将 sRNA 定位到基因组上，分析 sRNA 在基因组上表达和分布的情况。

sRNA 与 rRNAetc 的比对：包含 rRNA、tRNA、snRNA、snoRNA 等 ncRNA。

rRNA 可与蛋白质结合形成核糖体，是细胞中含量最多的 RNA，占整个 RNA 的 82%

左右。tRNA 主要生物学功能是转运活化了的氨基酸,参与蛋白质的生物合成过程,约占 RNA 总量的 16% 。

snRNA 参与 mRNA 前体的加工,在 RNA 转录后加工中起重要作用。snoRNA 是由内含子编码,已证明有多种生物,如反义 snoRNA 可参与指导 rRNA 核糖甲基化。以上 4 种小 RNA,大量存在于高通量测序结果中,通过 blast 比对软件,将测序结果与 NCBI GenBank(按照物种信息注释)和 Sanger 中心注释的 Rfam(9.1)(按照 RNA 的家族注释,http://www.webcitation.org/getfile? fileid = df6fc810f6c451fe328670e4bec4a54df21325c0)数据库比对,进行 rRNA、tRNA、snRNA 和 snoRNA 注释。

sRNA 与 miRNA 的比对:成熟的 miRNA 5′端有一个磷酸基团,3′端为羟基,是一组不编码蛋白质的短序列 RNA,由有 70 ~ 90 个碱基的具有发夹结构的单链 RNA 前体加工而来。miRNA 作为一类特殊的 RNA,有其独特的结构特征:广泛存在于真核生物中,是一组不编码蛋白质的短序列 RNA,它本身不具有可读框(open reading frame,ORF);可应用以下几个特点对 miRNA 进行预测:

候选发夹状结构的上游高度保守模序(motif)的存在;

sRNA 远离发夹结构环,位于发夹结构两臂上;

酶切位点的保守性,一般需 miRNA 酶切位点不会偏移超过 3 个碱基;

发夹结构前体要有较低的折叠自由能能量。华大基因的 Mireap 软件就是基于这些原理预测出新的 miRNA。

sRNA 与 repeat 的比较:小 RNA 除了特异性调控 mRNA 转录蛋白或者诱导 mRNA 的剪切,还可以与不同的 Agonaute 蛋白结合参与一些重要的生物学过程,如 DNA 甲基化和转座子调控。而这些小 RNA 经常来源于高重复区域或转座子区。根据结合 Agonaute 蛋白的不同,这些小 RNA 可以被细分为不同的类型,表 4-10 是一个样本的 repeat-associated small RNA 分类情况。

表 4-10 repeat-associated small RNA 分类表

Repeat 类型	# of unique	# of total	Repeat 类型	# of unique	# of total
DNA/MuDR:0	7	18	DNA/hAT-Blackjack:0	25	53
DNA/MuDR:1	10	28	DNA/hAT-Blackjack:1	25	30
DNA/PiggyBac:0	6	6	DNA/hAT-Charlie:0	726	2385
DNA/PiggyBac:1	23	77	DNA/hAT-Charlie:1	776	5773
DNA/PiggyBac?:0	1	1	DNA/hAT-Tip100:0	108	786
DNA/TcMar-Mariner:0	259	864	DNA/hAT-Tip100:1	98	279
DNA/TcMar-Mariner:1	94	322	DNA/hAT:0	14	17
DNA/TcMar-Tc2:0	12	15	DNA/hAT:1	24	28
DNA/TcMar-Tc2:1	33	102	DNA/hAT?:0	2	3
DNA/TcMar-Tigger:0	504	1970	DNA/hAT?:1	7	15
DNA/TcMar-Tigger:1	393	1244	DNA:0	10	17
DNA/TcMar:0	2	2	DNA:1	18	93
DNA/TcMar:1	4	5	DNA?:0	5	5
DNA/TcMar?:0	17	31	DNA?:1	2	2
DNA/TcMar?:1	7	7			

sRNA 与 mRNA/exon/intron 的比较:新一代高通量测序,能够产生 M 量级的结果序列(1M=1 000 000),结果中除了大量 miRNA 数据,同时也含有大量 mRNA 降解片段,可通过生物信息学方法,寻找 overlap,将 sRNA 注释到 mRNA 的降解片段。在注释信息中,有可能出现一个 sRNA 同时比对上两种不同的注释信息的情况,为使每个 unique sRNA 有唯一注释,按照 rRNAetc→known miRNA→repeat→exon→intron 的优先级顺序进行注释,如果没有比对上任何注释信息,则用 unann 表示。

预测 novel miRNA:miRNA 前体具有标志性发夹结构,据此可用来预测新的 miRNA。通过截取比对上基因组的一定长度的 sRNA 序列,探寻它的结构及 Dicer 酶切位点的信息、能量等特征,可以用 miRNA 预测软件 Mireap(http://sourceforge.net/projects/mireap/)来预测 novel miRNA。Mireap 软件输入为 FASTA 文件,输出文件为 Mireap 文件。

Mireap 文件包含 5 部分,第一部分是序列的 ID、在染色体的位置及长度等;第二部分 hairpin 序列信息、ID 及数量;第三部分表示结构;第四部分是表达最多的小 RNA;第五部分是比对到基因组上的小 RNA 序列、ID 及数量。Mireap 文件示例如下:

F-SGIV-m0007chr2:28340214:28340292:+79(nt)-28.50(kcal/mol)CAACCTCCTGT-GCCTACTGAGCTGATGAACCGGAGTTAAGCC F-SGIV-m0007 377

...((((.((.(((.(((((((((...(((((((.....)))..)))).)))))))))).))).)).))))......

**********TGCCTACTGAGCTGATAACAGT*********F-SGIV-m0007-5p 42

--------TGTGCCTACTGAGCTGATAACA-------------------t0263641 1

(4) 非编码 RNA 功能注释。

靶基因预测。miRNA 通过和靶基因的非精确碱基互补配对来剪切靶基因或者抑制翻译的开始,准确地预测 miRNA 靶基因和正确认识 miRNA 与靶基因的作用机理已成为当前研究的特点。选择转录本序列,使用 Patmatch 软件进行相似匹配寻找,对已知的和预测的 miRNA 分别进行靶基因预测。

差异表达分析。对两个样品中表达的已知 miRNA 统计,对每个 miRNA 的表达进行规一化后,再利用泊松检验结合不同样品之间表达的 fold-change,判断是否存在差异显著性。并分别使用文氏图、log2-ratio(图 4-41)、scatter plot(图 4-42)图比较两者共同表达的 miRNA 表达量的差异。

log2-ratio:经过校正得到 log2(Sample_2/Sample_1)值,此值代表每个 tag 在实验样本 Sample_1 和对照样本 Sample_2 中的相对富集强度。

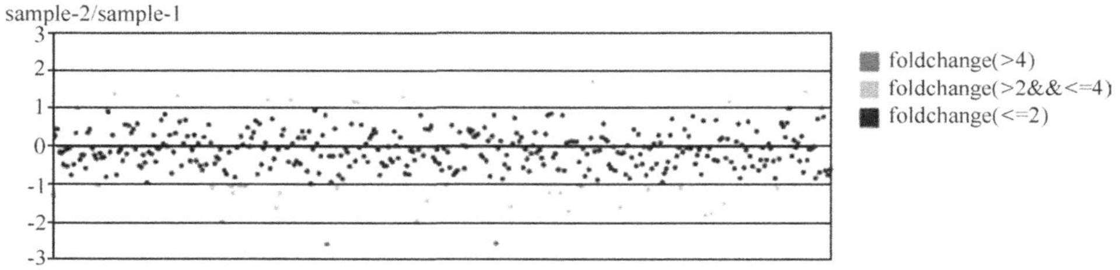

图 4-41 log2-ratio

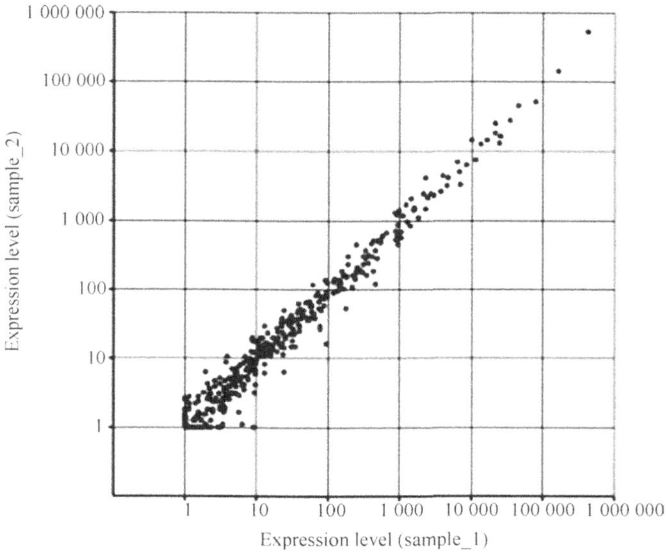

图 4-42 散点图

scatter plot:散点图,*X* 轴为 Sample_1 数据值,*Y* 轴为 Sample_2 数据值,表示两种样品中数据总体分布集中趋势。

聚类分析。通过序列相似性,对标准化到 1TPM 的 miRNA 基因进行聚类分析,表达量相似的聚为一组。红色表示该 miRNA 在 treatment 样品中表达量高于 control 样品,绿色表示该 miRNA 在 treatment 样品中表达量低于 control 样品,灰色表示该 miRNA 在至少一个样品中没有表达(图 4-43)。

4.2.4 蛋白质组学

4.2.4.1 蛋白质组学简介

蛋白质组(proteome)最早由 Marc Wilkins 提出,是指由一个基因组或一个细胞、组织表达的所有蛋白质的总和。蛋白质组学(proteomics)是以细胞内全部蛋白质的存在及其活动方式为研究对象,进行结构蛋白质组和功能蛋白质组的研究。

蛋白质组主要有两种研究策略,一种称为"竭泽法",是采用高通量蛋白质组研究技术,大规模系统性地分析生物体内的蛋白质,但蛋白质表达随时间和空间不断变化,要分析生物体内所有的蛋白质并非易事。另一种是"功能法",是研究不同时期细胞内蛋白质组的变化。

蛋白质组学的兴起对技术也有了新的需求和挑战,蛋白质研究技术也远比基因组技术复杂和困难。首先,氨基酸的残基种类远远多于核苷酸残基(20/4);其次,蛋白质翻译后修饰复杂,如磷酸化和糖基化等;最后,通过表达载体对蛋白质进行体外扩增和纯化不容易,因而很难制备大量的蛋白质。因此,发展高通量、高灵敏度、高准确性的研究技术平台是现在乃至今后相当长一段时间内蛋白质组学研究的主要任务。

1996 年,澳大利亚建立了世界上第一个蛋白质组研究中心 APAF(Australia proteome analysis facility,http://www.proteome.org.au/),之后瑞士、美国、丹麦、加拿大、日本也先

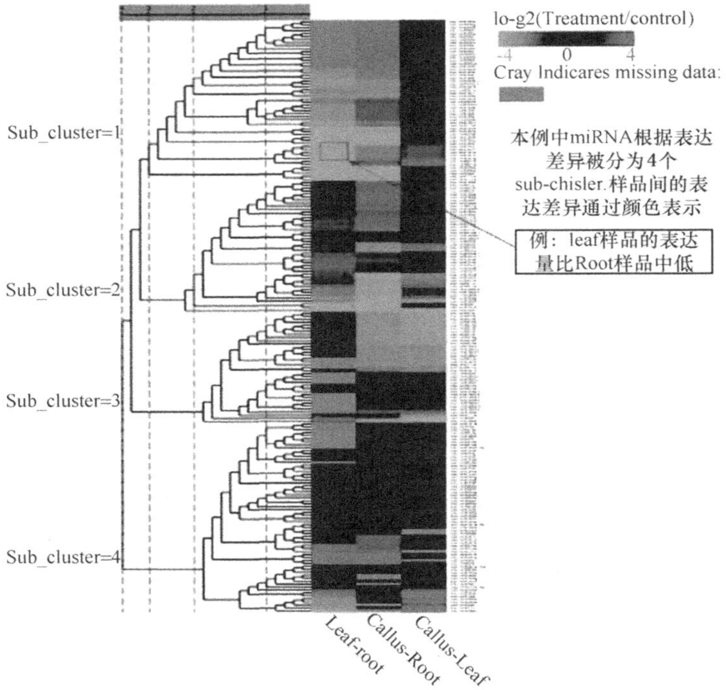

图 4-43 RNA 聚类分析图

后成立了蛋白质组研究中心及蛋白质组数据库，而瑞士的 SwissProt 数据库拥有目前世界上最大、种类最多的蛋白质组数据。生物信息学的发展给蛋白质组的研究提供了方便有效的计算机分析软件。

最近发展的技术使用质谱数据直接搜寻基因组数据库，对质谱数据可直接进行基因注释、判断复杂的拼接方式等。基因组学和蛋白质组学及其他组学的迅速推进，将会给蛋白质组研究提供更多更全的数据库，方便蛋白质组的分析。下面章节将阐述蛋白质组的研究方法及过程中产生的各类生物学数据，为建立更加全面的生物信息学数据库提供基础数据。

4.2.4.2 蛋白质组学研究方法

1）蛋白质组学信息分析流程简介

从质谱仪下机的数据一般不能直接用来分析，需经数据格式转换后用于后续的数据分析，之后选择合适的蛋白数据库进行肽段、蛋白质鉴定及蛋白质定量分析，再对鉴定的蛋白质进行功能注释、聚类分析、pathway、蛋白质互作分析等，蛋白质组信息分析流程图如图 4-44 所示。

2）蛋白质组生物信息分析

（1）原始下机数据。蛋白质样品经质谱分析后，得到质谱下机的原始文件，蛋白质组学质谱下机数据可因质谱仪不同，产生的数据格式有所差异，较常见的是 Thermo 和 Waters 公司的 . Raw 文件，. Raw 文件说明见第二章质谱检测数据格式。

（2）数据转换。在生物信息分析中，蛋白质组学质谱下机数据可因质谱仪不同，产生的数据格式有所差异，不同公司的质谱仪数据需用不同的软件进行处理，详见第二章

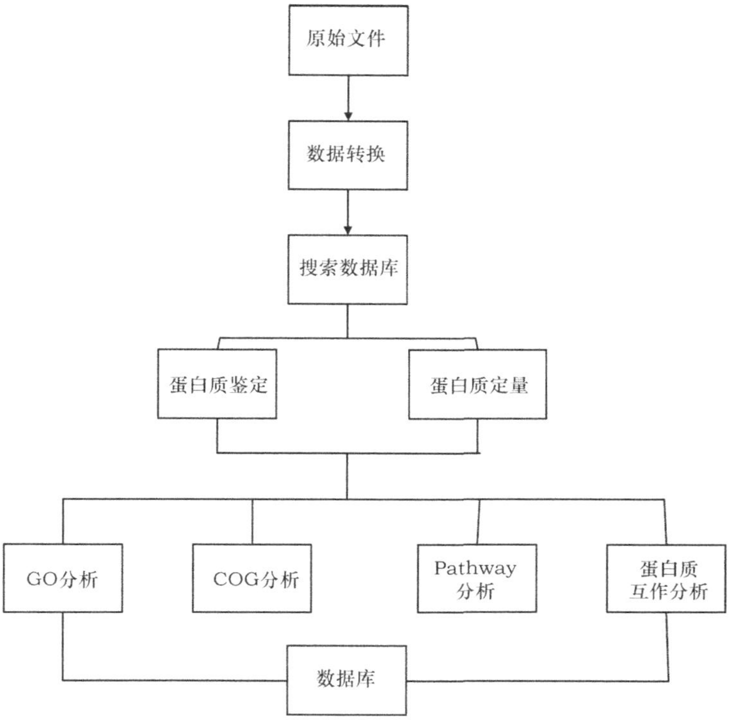

图 4-44 蛋白质组信息分析流程图

质谱检测数据格式介绍，质谱原始文件需要转换成 mzXML 数据格式或 mgf 格式等后才能被用于后续的信息分析，目前比较流行的做法是将原始数据通过软件转换成 mzXML 格式的数据文件（转换软件见第二章质谱检测数据格式），mzXML（格式说明见表 4-11）及 mgf 文件格式说明如下。

表 4-11 mzXML 数据文件格式说明

字段	说明	字段	说明
<scan	开始	basePeakMz	基峰质荷比
scan num	扫描次数	basePeakIntensity	基峰响应值
scanType	扫描类型	totIonCurrent	当前总离子数
centroided	图谱	msInstrumentID	质谱仪器 ID
msLevel	质谱级别	Peaks compression-Type	峰压缩类型
PeaksCount	峰数	compressedLen	压缩长度
polarity	扫描模式	precision	精密度
retentionTime	滞留时间	byteOrder	二进制位
collisionEnergy	碰撞能量	contentType	内容形式
lowMz	最低质荷比	</scan>	结束
highMz	最高质荷比		

mzXML 文件格式示例如下：


```
<scan num="1"
        scanType="Full"
        centroided="1"
        msLevel="1"
        PeaksCount="1037"
        polarity="+"
        retentionTime="PT6.0788S"
        lowMz="50.307849884033"
        highMz="993.664733886719"
        basePeakMz="118.978248596191"
        basePeakIntensity="7.024949375e05"
        totIonCurrent="1.182016e07"
        msInstrumentID="1">
<Peaks compressionType="zlib"
            compressedLen="8694"
            precision="64"
            byteOrder="network"
contentType="m/z-int">eJwtW3dcVFfTRrDFbtTkjYl0NSYmGpOY2FnAvBqNsSugsJ2OVFGjIE1jiaICywLLFpaO9C59wV4AUWOjW6IpRqOvseD3 + Tz8Nb85M/PMnHPvPWXOXJu-lU101Rk
</scan>
<scan num="2"
        scanType="Full"
        centroided="1"
        msLevel="2"
        PeaksCount="24"
        polarity="+"
        retentionTime="PT6.4843S"
        collisionEnergy="35.0"
        lowMz="58.065029144287"
        highMz="119.061973571777"
        basePeakMz="88.968933105469"
        basePeakIntensity="11365.39453125"
        totIonCurrent="20719.70703125"
        msInstrumentID="2">
<precursorMz precursorScanNum="1" precursorIntensity="7.024949375e05" activationMethod="CID">118.98</precursorMz>
```

<Peaks compressionType = " zlib"
compressedLen = "253"
precision = "64"
byteOrder = " network"
contentType = " m/z-int" >eJxz8OUIesDAwODQqDJNAUT79jMdANF1aXPAtB/rLwewuM2
pBhAdWKe2AER7Gk8Cqw/iMQKrm6y7MgHMd9sOlm9bNAvCb48E0+nvZkP4+y+C7Ss
pEgTrD7bXBJ
</scan>

mgf 文件格式。mgf 文件主要包含了二级质谱(MS/MS)谱图的信息,示例如下:

BEGINIONS
TITLE = Spectrum1 scans:2,
PEPMASS = 588.84003 11629.05371
CHARGE = 2+
RTINSECONDS = 0
SCANS = 2
115.55481 258.814
116.11040 496.234
136.94980 420.235
173.90498 377.256
180.86188 368.726
190.94720 352.431
…
ENDIONS

其中“BEGIN IONS” 和 “END IONS”是每一张谱的开始和结束位置,“TITLE”为该谱图的编号信息,“PEPMASS”为母离子质荷比和强度值,“CHARGE”为母离子所带电荷数,“RTINSECONDS”为保留时间,“SCANS”为扫描编号,其余各行为肽段经碎裂后的子离子质荷比值和强度信息。

(3) 数据库搜索。蛋白质进行数据库搜索所用到的数据库的选择需遵循如下原则:如果是已经测序的生物,直接选用该物种数据库,如果是非测序的生物,则选择与被测样品最为相关的大类蛋白质组数据库。常用的数据库有 NCBInr、UniProt 等。选定数据库后,可用 MASCOT(http://www.matrixscience.com/)、ProFound(http://prowl.rockefeller.edu/)、Aldente(http://www.ebi.ac.uk/UniProt/search/tools.html)等软件对数据库进行搜索。

(4) 蛋白质鉴定与定量。通过搜索软件,将实验测得的蛋白质组数据与选定的蛋白质数据库进行搜索,鉴定肽段和蛋白质,利用统计学方法筛选差异表达蛋白,一般认为高丰度蛋白鉴定出多个肽段,低丰度蛋白鉴定出较少肽段,因此鉴定出来的肽段数可以直接反映蛋白质的表达量。蛋白质鉴定后产生蛋白质序列信息一般是 FASTA 格式。

(5) 蛋白质功能注释。对蛋白质进行功能注释主要包括以下几个方面。

GO 功能注释。GO(gene ontology, http://www.geneontology.org)是一个国际标准化的基因功能分类体系,它提供了一套动态更新的标准词汇表(controlled vocabulary)用来全面描述生物体中基因和基因产物的属性。GO 总共有三个本体(ontology),分别描述基因的分子功能(molecular function)、所处细胞位置(cellular component)、参与的生物过程(biological process)。对鉴定出的所有蛋白质进行 GO 功能注释分析,从而对蛋白质的功能进行分类。其中 protein2go 针对每个蛋白质,给出所有相应的 GO 功能的 ID 列表,go2protein 针对三个 ontology(cellular component、biological process、molecular function)中所涉及的 GO 分类,列出所有相应的蛋白质的 ID 及蛋白质个数。同时作出统计图,如图 4-45 所示。

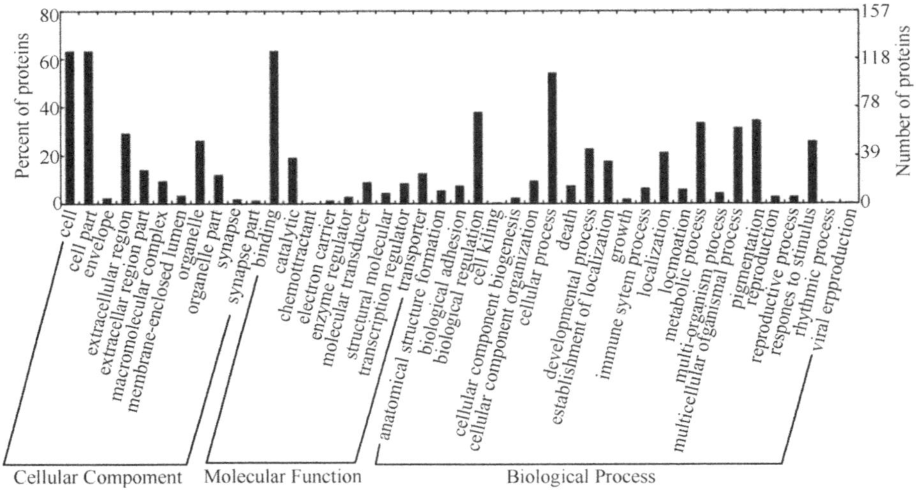

图 4-45 蛋白质 go 统计图

COG 功能注释。蛋白质同源组集簇(cluster of orthologous groups of proteins, COG)是对蛋白质进行直系同源分类的数据库。构成每个 COG 蛋白都是被假定为来自于一个祖先蛋白,并且因此是 orthologs 或者是 paralogs。orthologs 是指来自于不同物种,由垂直家系进化而来的蛋白质,并且与原始蛋白质有相同的功能。paralogs 是来源于基因复制的蛋白质,可能会进化出与原来有关的新的功能。我们将鉴定得到的蛋白质和 COG 数据库进行比对,预测这些蛋白质可能的功能并对其做功能分类统计,作出统计图,如图 4-46 所示。

代谢通路注释。在生物体内,不同蛋白质之间相互协调行使其生物学行为,基于 pathway 的分析有助于更进一步了解其生物学功能。KEGG 是有关 pathway 的主要公共数据库。通过 pathway 分析能确定蛋白质参与的最主要生化代谢途径和信号转导途径。

差异蛋白的富集分析(功能聚类分析)。对得到的差异蛋白进行富集分析包括以下几个方面。

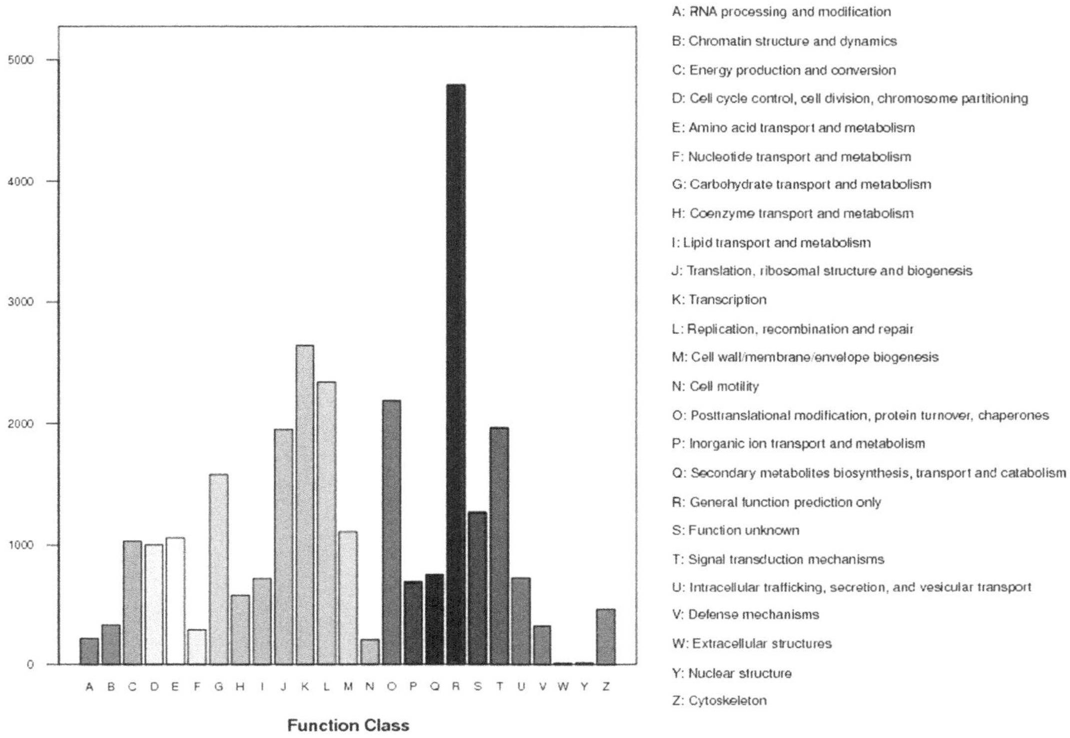

图 4-46 蛋白质 COG 分类统计图

差异蛋白的 GO 富集分析。GO 功能显著性富集分析,是对鉴定到的蛋白质,向 gene ontology 数据库各个条目(term)进行映射,计算每个 term 的蛋白质数目,然后应用统计学检验的方法,找出与所有蛋白质背景相比,在差异蛋白质中显著富集的 GO 条目。

差异蛋白的 pathway 富集分析。pathway 显著性富集分析方法与 GO 功能富集分析类似,是以 KEGG pathway 为单位,应用统计学方法,找出与所有鉴定到蛋白背景相比,在差异蛋白中显著性富集的 pathway,然后通过 pathway 显著性富集确定差异蛋白参与的最主要生化代谢途径和信号转导途径(图 4-47)。

4.2.5 代谢组学

4.2.5.1 代谢组学简介

代谢组学(metabonomics)是研究生物体整体或组织细胞系统的动态代谢变化,研究生物体系代谢网络的一门学科。最初由英国伦敦帝国理工大学 Jeremy Nicholson 教授提出。近年来,代谢组学在药物研发、疾病的研究、植物和微生物研究等领域发展迅速,在生命科学研究中具有广阔应用空间和巨大实用价值,但是在分析技术、方法学和应用等方面急需突破。

代谢组学的研究对象是分子质量 1000kDa 以下的内源性小分子。与转录组学和蛋

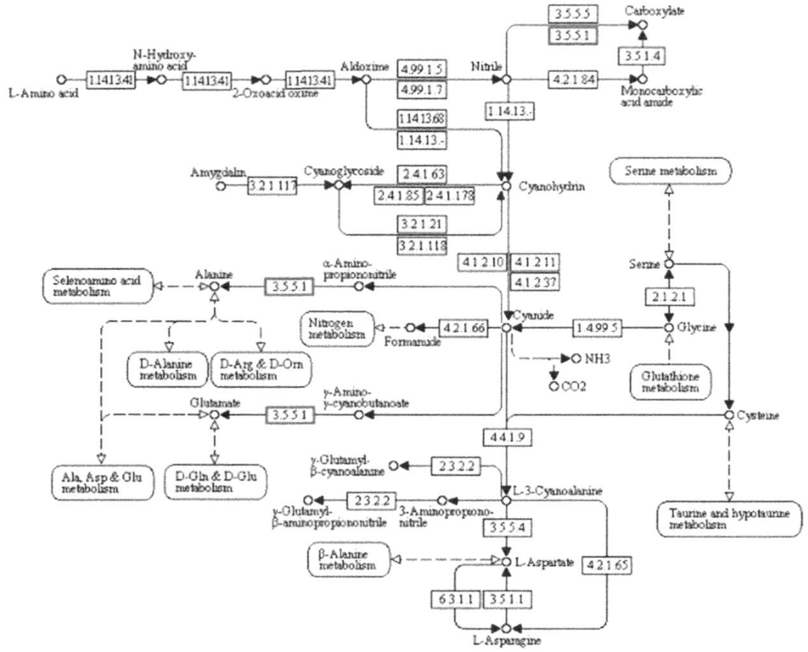

图 4-47　蛋白质主要代谢途径和信号转导图

白质组学等其他组学相比,代谢组学具有以下优点:

(1) 基因和蛋白质表达的微小的变化会在代谢物水平上得到放大;

(2) 代谢组学研究不需要进行全基因组测序或建立大量表达序列标签数据库;

(3) 代谢物种类远少于基因和蛋白质的数目;

(4) 生物体液代谢物分析可反映机体系统的生理和病理状态。通过代谢组学研究可以发现生物体在受到各种不同内外环境扰动后的应答不同,还可以区分同种不同个体之间的表型差异。

目前,代谢组学数据库主要用于各种生物样本中代谢物的结构鉴定。而理想的代谢组学数据库还应包括各种生物体的代谢物组信息以及代谢物的定量数据,如人类代谢组数据库包含了人类体液中1400种以上的代谢产物。数据库中每种代谢产物都有其相应的化学、临床、分子生物学和生化数据。

4.2.5.2　代谢组学研究方法

代谢组学研究一般包括代谢组数据的采集、数据预处理、多变量数据分析、标记物识别和途径,分析等步骤,分析流程图如图4-48所示。

1) 样本采集和处理

代谢组学研究要求严格的实验设计和合适的分析精度。首先需要采集足够数量的样本,从而可有效减少生物样品个体差异对分析结果的影响,得到有统计学意义的分析数据。

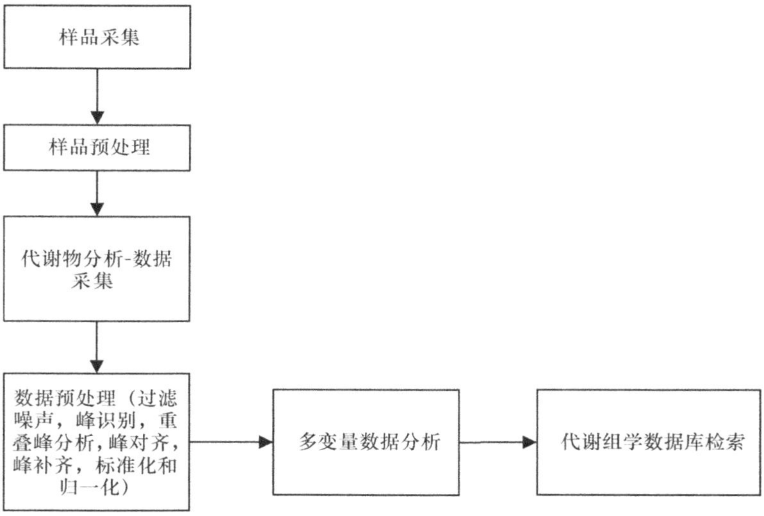

图 4-48 代谢组分析流程图

采用质谱(MS)进行成分分析技术时,样品处理方法相对简单。生物样品(如尿液、血液、组织、细胞和培养液等)采集后进行生物反应灭活、预处理,用 LC-MS 的方法进行分析时,代谢产物通常需用水或者有机溶剂(如甲醇)提取,获得水提取物和有机溶剂提取物,把非极性相和极性相物质分开,进行特征分析,也可选用其他方法进行提取。

2）代谢物分析-数据采集

代谢物分析-数据采集是指运用核磁共振、质谱或色谱等检测其中代谢物的种类、含量、状态及其变化,得到代谢谱或代谢指纹图谱。色谱-质谱联用技术兼备了色谱的高分离度和高通量及 MS 的普适性、高灵敏度和特异性,成为代谢组学最主要的数据采集方法。从色谱或质谱仪下机的数据一般不能直接用于分析,需要进行可视转换及预处理之后才能用于后边的数据统计分析。代谢组学质谱下机数据会因质谱仪不同,产生的数据格式有所差异,不同公司的质谱仪数据需用不同的软件进行处理,详见第二章质谱检测数据格式介绍,质谱下机数据需进行格式转换才可进行后续的数据分析,目前比较流行的做法是将原始数据通过软件转换成 mzXML 格式的数据文件(转换软件见第二章质谱检测数据格式)。

3）数据预处理

数据预处理是指对质谱数据进行包括过滤噪声、峰识别、重叠峰解析、峰对齐、标准化和归一化等处理。数据经软件预处理之后可得到峰表,峰表中一般包含样品质荷比、洗脱时间、峰面积等数据,数据格式说明见表 4-12,接下来,需要对峰面积进行归一化处理,归一化常用的方法有方差归一化法、中心化、pareto 方法等。方差归一化法会放大仪器或者其他原因导致的系统偏差,中心化法是将每个变量减去变量的平均值,而 pareto 将每个变量除以该变量方差的平方根。

表 4-12　质谱数据峰表格式说明

字段	说明	字段	说明
name	样品名	rtmax	洗脱时间最大值
fold	样品组与对照组质荷比比值	nPeaks	峰数量
tstat	*T* 检验统计结果	QC	QC 组峰数量
pvalue	*P* 值	Normal	正常组峰数量
anova	方差检验统计结果	Patient	病例组峰数量
mzmed	质荷比中间值	metlin	Metlin 数据库检索结果
mzmin	质荷比最小值	QC-10	QC 峰面积
mzmax	质荷比最大值	Normal-50	正常组峰面积
rtmed	洗脱时间中间值	Patient-10	病例组峰面积
rtmin	洗脱时间最小值		

4）多变量分析

多变量分析方法有非监督学习方法和有监督学习方法两类。

非监督学习方法将得到的分类信息和这些样本的原始信息(如药物的作用位点或疾病的种类等)进行比较,建立代谢产物与这些原始信息的联系,筛选与原始信息相关的标记物,进而考察其中的代谢途径。用于这个目的的方法没有可供学习利用的训练样本,用于从原始图谱信息或预处理后的信息中对样本进行归类,并采用相应的可视化技术直观地表达出来,不需要有关样品分类的任何背景信息,所以称为非监督学习方法,主要有主成分分析(principal components analysis,PCA)、非线性映射、簇类分析等。

有监督学习方法用于建立类别间的数学模型,使各类样品间达到最大的分离,并利用建立的多参数模型对未知的样本进行预测。在这类方法中,由于建立模型时有可供学习利用的训练样本,所以称为有监督学习。这种方法经常需要建立用来确认样品归类(防止过拟合)的确认集和用来测试模型性能的测试集。

应用于该领域的主要是基于 PCA、偏最小二乘法、神经网络的改进方法,常用的有类模拟软独立建模和偏最小二乘法判别分析(partial least square discrimination analysis,PLS-DA)。PCA 和 PLS-DA 是代谢组学研究中最常用的模式识别方法,这两种方法通常以得分图(scoreplot)(图 4-49、图 4-50)获得对样品分类的信息,载荷图(loadingplot)获得对分类有贡献变量及其贡献大小,从而用于发现可作为生物标记物的变量。此外,在数据处理和分析的各阶段,对数据的质量控制和模型的有效性验证也需引起足够的重视。

5）代谢组学数据库检索

标志物的结构鉴定和生物学解释包括精确分子质量的测定、多级质谱碎片推导结构、数据库比对及相关性分析等。

与基因组学和蛋白质组学已有较完善的数据库供搜索使用相比,目前代谢组学研究尚无类似的功能完备的数据库,一些生化数据库可供未知代谢物的结构鉴定或用于已知代谢物的生物功能解释,如连接图数据库(connections map database,http://www. broadinstitute. org/cmap/);KEGG、PathDB(path database);蛋白质分析专家系统(expert protein an-

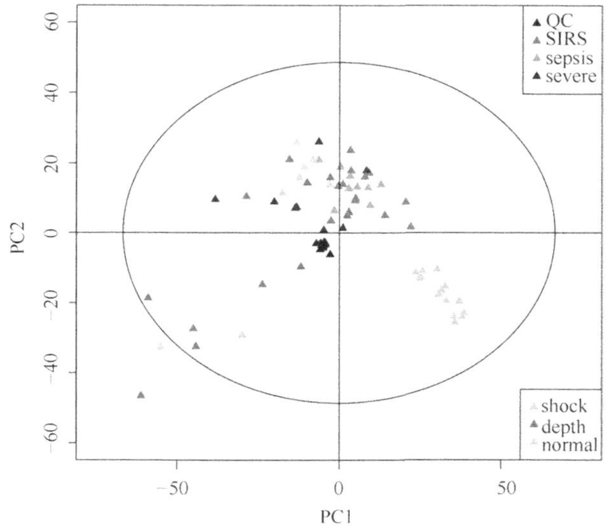

图 4-49 PCA_score 图

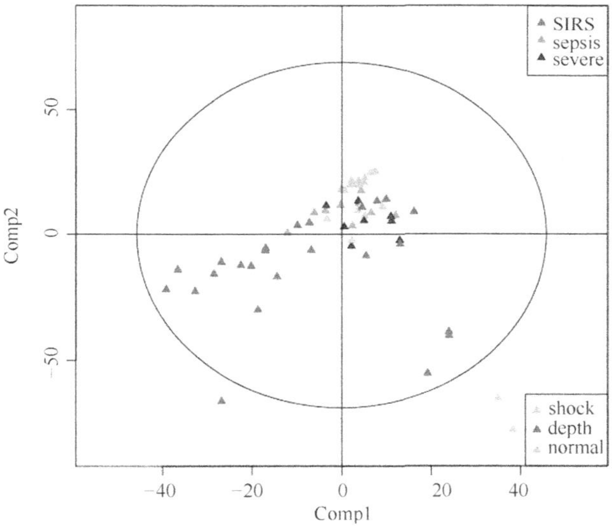

图 4-50 PLS-DA score 图

alysis system,ExPASy,http://www. expasy. org/);人类代谢数据库(Human metabolome database,HMDB,http://www. hmdb. ca/)数据库包含了人类体液中 1400 种以上的代谢产物,收集了超过 2180 个内源性代谢物的记录,并且每天有更新,每种代谢产物都有相应的化学、生化和分子生物学、临床和药物等相关数据等。

4. 2. 6 表观遗传学

4. 2. 6. 1 表观遗传学简介

表观遗传学是研究在基因的核苷酸序列不变的情况下,基因表达发生变化的学科。

表观遗传是以 DNA 为载体的中心法则的重要补充。表观遗传的现象很多,如 DNA 甲基化(DNA methylation)、基因组印迹(genomic imprinting)等,分析的方法包括 ChIP-Seq、MeDIP-Seq、bisulfite-Seq 等,下面简单介绍。

4.2.6.2 表观遗传学研究方法

1) ChIP-Seq 分析

(1)ChIP-Seq 原理。ChIP-Seq(chromatin immunoprecipitation sequencing)是通过染色质免疫共沉淀技术(chromatin immunoprecipitation assay, ChIP)特异性地富集目的蛋白结合的 DNA 片段,并对其进行纯化与文库构建;然后对富集得到的 DNA 片段进行高通量测序。研究人员通过将获得的数百万条序列标签精确定位到基因组上,在全基因组范围内寻找目的蛋白的 DNA 结合位点,从而获得全基因组范围内与组蛋白、转录因子等互作的 DNA 区段信息。并且可以基于多个样品进行差异比较。

它的基本原理是将处于适当生长时期的活细胞用甲醛交联后将细胞裂解,固定蛋白质-DNA 复合物,染色体分离,然后通过酶或超声将其随机切断为一定长度范围内的染色质小片段,再通过特异性抗体免疫沉淀目标蛋白与 DNA 交联的复合物,采用低 pH 条件反交联,DNA 与蛋白质之间的 Schiff 键水解,释放 DNA 片段,通过对目的片段的纯化与检测,从而获得蛋白质与 DNA 相互作用的信息。处理流程为:甲醛处理细胞——收集细胞,超声破碎——加入目的蛋白的抗体,与靶蛋白-DNA 复合物相互结合——加入 ProteinA,结合抗体-靶蛋白-DNA 复合物,并沉淀——对沉淀下来的复合物进行清洗,除去一些非特异性结合——洗脱,得到富集的靶蛋白-DNA 复合物——解交联,纯化富集的 DNA 片段——建库,测序分析,基本流程图如图 4-51 所示。

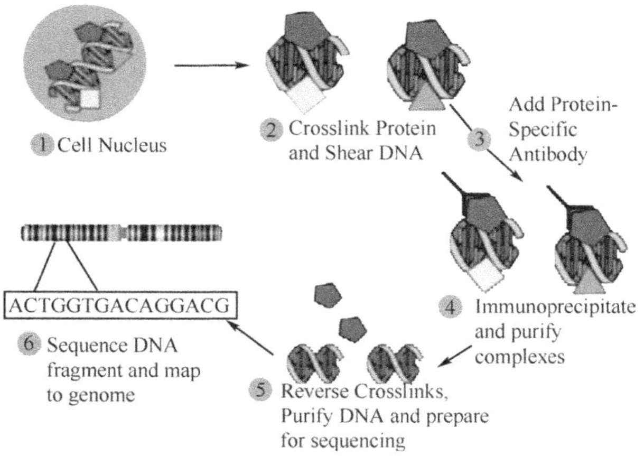

图 4-51 ChIP-Seq 技术工作流程

(2) ChIP-Seq 信息分析。ChIP-Seq 信息分析简介。ChIP-Seq 测序下机的 raw read 经过过滤接头,去除低质量的 read 等处理后,得到 clean read,将 clean read 比对到参考基因组上,统计唯一比对到参考基因组上的 read 在全基因组上的分布,再进行全基因组 Peak 扫描,统计 Peak 在全基因组上的分布,再进行 Peak 相关基因分析、GO 富集分析等,

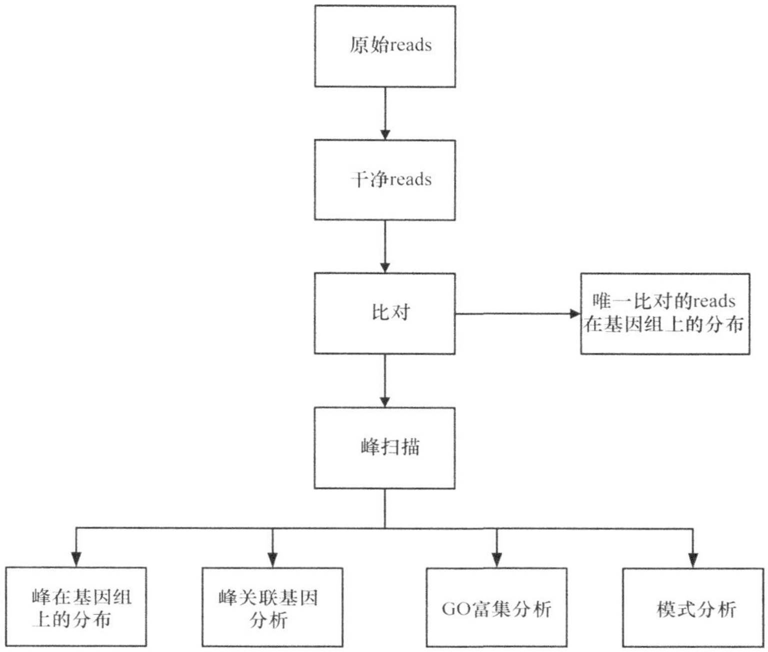

图 4-52 ChIP-Seq 信息分析流程

还可进行个性化的 Motif 预测分析，分析流程图如图 4-52 所示。

基本数据分析。获得原始序列数据进行预处理，过滤接头，根据质量注释去除质量低的 read，得到高保真区，去除各种污染，如接头、PCR 引物、非目标物种 DNA 或 RNA 污染等。

比对分析。将测序所得的 read 比对上参考序列，可用 SOAP、MAQ、Bowtie 等比对软件进行比对。然后统计唯一比对到参考基因组上的 read 在全基因组上的分布；统计唯一比对 read 在各基因功能元件上的分布，将单个样品 mapped read 与基因数据库做比对，统计该样品在基因间区、基因内含子区、基因外显子区、基因上游 2kb 以及基因第一个 exon 区的分布情况；统计唯一比对 read 的全基因组覆盖深度；将基因上游 2kb、gene body 和基因下游 2kb 各等分为 20 份，即 20 个窗口，然后对每个窗口进行扫描，计算 ChIP-Seq read 在该窗口的覆盖深度，最后绘制覆盖深度图；统计唯一比对 read 在 repeat 区域的分布（可通过比对已知物种的 repeat 数据库，获得唯一比对的 read 在 repeat 区域的分布）。

全基因组 Peak 扫描 ChIP-Seq 实验富集的全染色质 DNA 片段被随机打断为较大片段，而测序的片段集中在 200 ~ 500bp，因此不能直接得到与蛋白质结合位点的富集区域，只能根据比对后出现在结合蛋白两侧的 read cluster 计算得到真正的结合位点，如图 4-53 所示。与蛋白质结合的 DNA 片段被富集，片段之间的重叠区域比对上基因组形成峰，在真正的结合位点形成双峰模式，寻找结合位点的基本思路是从双峰模式中计算真正峰所在的位置。目前，进行 Peak 扫描的信息分析软件有很多，包括 Peak call、CisGenome、PeakSeq、Find-Peaks 3.1、F-Seq、SISSR、QuEST、MACS、ChIPDiff、ChIP-seq processing pipeline。

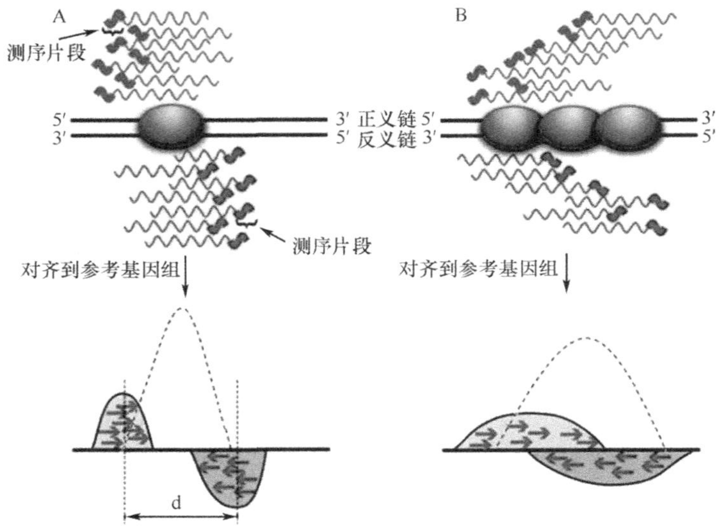

图 4-53 从双峰模式中寻找结合位点

A. 理想双峰模式;B. 分布式结合 DNA 的情况,产生另一种双峰模式;
d. 相当于测序片段的平均长度

Peak 在全基因组上的分布 进行 Peak 长度分布统计,Peak 在全基因组的覆盖度,Peak 在 repeat 区域的分布特征。

Peak 相关基因分析筛选与 GO 功能富集分析 ChIP-Seq 的数据是对某些特定修饰位点或蛋白-DNA 结合位点的富集测序结果,其中最重要的信息就是这些被富集的区域是否为有活性的基因,而这些处于 ChIP-Seq 富集区域的基因功能是否有明显的功能聚类,实际上就说明该区域是否是针对性调控行使某类功能的基因。

多个样品的差异分析 基于 Peak 的差异分析:将多个样品 Peak 进行整合,给出统一的 Peak ID,以及该 Peak 在不同样品的 Peak value。选出 P 值<0.05 的 Peak 作为差异 Peak,然后进行差异性聚类分析。对于 UCSC 上已有 genome 序列的物种,可以将比对上参考基因组的序列上传至 UCSC Genome Browser,并通过 Genome Browser 查看基因组覆盖深度。

Motif 分析 对于转录因子,要寻找与“峰”对应的下游调控基因(靶基因),或者构建转录因子结合位点的保守结合序列,如果转录因子的 Motif 是已知的,则可以计算“峰”序列中包含 Motif 的序列百分比,间接估计实验结果的可靠性。

2) MeDIP-seq 分析

(1) MeDIP-seq 原理。DNA 甲基化免疫共沉淀测序(methylated DNA immunoprecipitation sequencing,MeDIP-seq)利用特异性识别 5-甲基胞嘧啶(5-mC)的抗体特异性富集全基因组发生甲基化的 DNA 片段,对富集的 DNA 进行高通量测序,通过将获得的数百万条序列标签精确定位到基因组上,获得全基因组范围内的甲基化位点,如图 4-54 所示。可以比较不同的细胞、组织、疾病样本间的 DNA 甲基化修饰模式的差异。

(2) MeDIP-seq 信息分析简介。MeDIP-seq 测序下机的 raw read 进行去接头,去除低质量的 read 等处理后，进行比对分析，将唯一比对上参考基因组上的 read 进行下一步分析，并统计唯一比对到参考基因组上的 read 在全基因组上的分布，再进行全基因组 Peak 扫描，对 Peak 进行分析。分析流程图如图 4-55 所示。

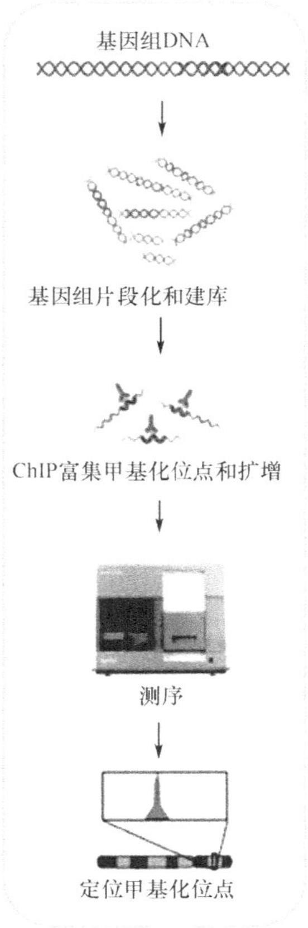

图 4-54 MeDIP 原理

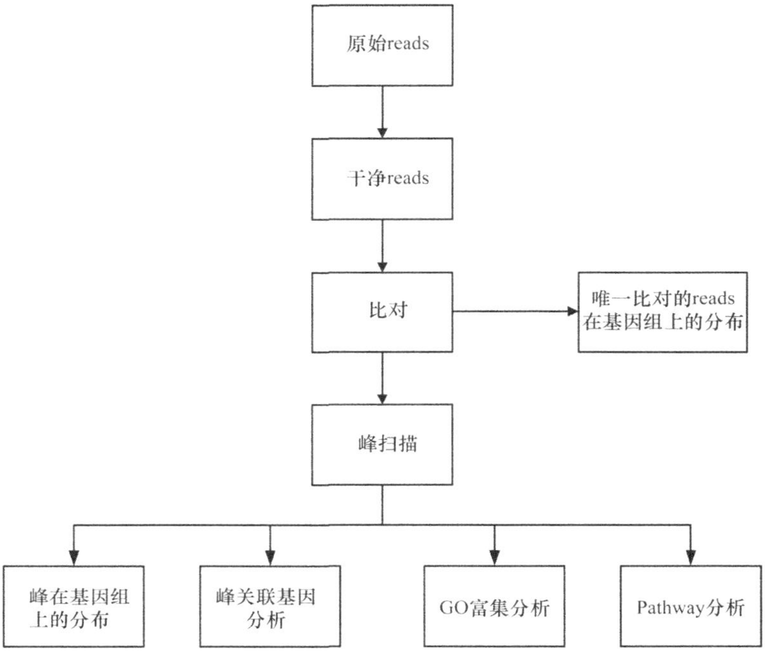

图 4-55 MeDIP-seq 信息分析流程

(3) 基本数据分析。获得原始序列数据进行预处理，过滤接头，根据质量注释去除质量低的 read，得到高保真区，去除各种污染，如接头、PCR 引物、非目标物种 DNA 或 RNA 污染等。

(4) 比对分析。将测序所得的 read 比对上参考序列，每条 read 最多容许两个碱基的错配，然后统计唯一比对到参考基因组上的 read 在全基因组上的分布：MeDIP-seq 测序 read 在全基因组上的覆盖深度；MeDIP-seq 测序 read 在 CpG 位点上的覆盖深度；MeDIP-seq 测序 read 在不同基因功能元件上的分布，统计 read 在 CpG 岛、repeat 区域、基因上游 2kb、第一个外显子、第一个内含子、外显子间区、内含子间区、最后一个外显子、基因下游 2kb 不同 GC 含量区域中的分布，以一定长度大小为窗口对基因组进行扫描，计算 MeDIP-seq 序列在不同的 GC 含量窗口的分布情况，可以反映测序数据在不同 GC 含量区域富集性分布特征。

(5) 全基因组 Peak 扫描。在全基因组范围内进行扫描寻找 Peak 区域，得到 Peak 在基因组上的位置信息。根据 Peak 扫描的结果，寻找 Peak 相关基因。统计 Peak 在不同基因功能元件上的分布，Peak 在基因上游 2kb、第一个外显子、第一个内含子、外显子间区、内含子间区、最后一个外显子、基因下游 2kb 基因功能元件上的个数分布和覆盖度分布；对 Peaks 关联的基因进行 GO 功能富集分析及 pathway 分析。

（6）基于 Peak 的多样品间差异性分析。根据两个样本的 MeDIP 测序数据，针对各基因功能元件区域的 Peak 覆盖度做差异分析，找到具有差异的基因。

3）bisulfite-seq 分析

（1）bisulfite-seq 原理。DNA 甲基化通常发生在胞嘧啶的 C5 位，形成 5-甲基胞嘧啶（5mC），一般是在接近基因启动子位置的 CpG 位点发生。CpG 位点的甲基化可以对基因表现有重要的影响。甲基化与胚胎发育、出生后发育、癌症等密切相关，目前已经成为表观遗传学和表观基因组学的研究热点。

bisulfite-seq 是利用 bisulfite（亚硫酸盐）对基因组 DNA 进行处理，处理后所有未发生甲基化的胞嘧啶（C）被转化成尿嘧啶（U），而甲基化的胞嘧啶 C 不变，再经 PCR 扩增后，尿嘧啶又全部转化成胸腺嘧啶，然后对 PCR 产物进行测序，同未经 bisulfite 处理的原始基因组序列进行比较分析，可以分析出哪些 C 碱基发生了甲基化。

（2）bisulfite-seq 信息分析简介。bisulfite-seq 测序数据及参考基因组需要进行两种转化，将 C 转化成 T，G 转化成 A，之后进行比对，再对基因组甲基化水平进行分析，分析流程图如图 4-56 所示。

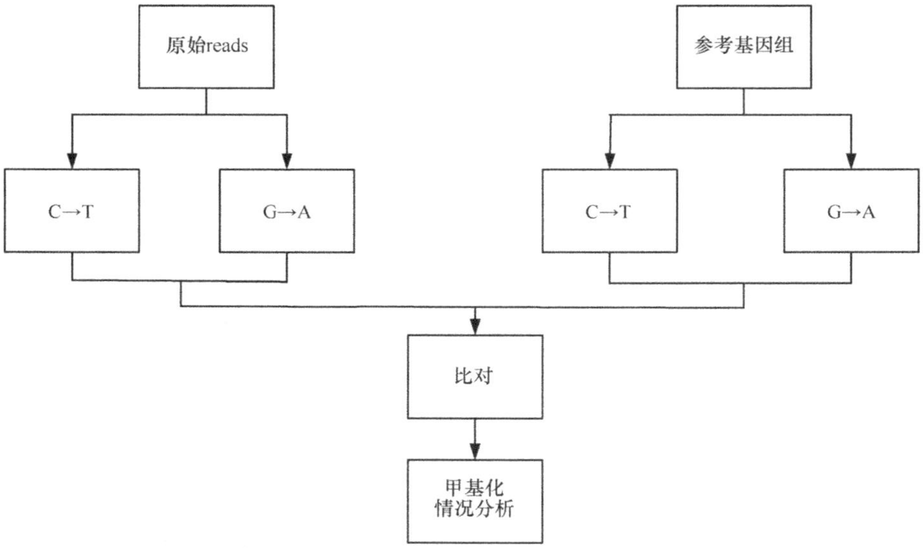

图 4-56　bisulfite-seq 信息分析流程

（3）基本数据处理。对测序的原始数据进行初步质量分析，并去除低质量的测序片段，使得用于后续分析的片段都是可信任的数据。bisulfite 测序实验经过了碱基的转换，为了还原原始信号值，需要对测序后的数据进行两种转化，将 C 转化成 T，G 转化成 A。

（4）比对分析。将转化后的测序序列和参考基因序列进行比对分析，可用 SOAP、

BWA、Bowtie2 等软件。

（5）甲基化情况分析。甲基化情况分析包括各条染色体、不同基因区域和不同基因元件区域中 CG、CHG 和 CHH 中 C 的甲基化水平分析，甲基化 C 碱基中 CG、CHG 和 CHH 的分布比例，不同样品甲基化差异分析，差异甲基化区域（DMR）分析。用于 bisulfite-seq 分析的软件有 Bismark、BiQ Analyzer、BSMAP。Bismark 是用 Perl 写的基于 bowtie 比对的甲基化分析软件，它所用时间短，可同时进行比对和甲基化分析，可得到甲基化 C 碱基的 CG、CHG 和 CHH 信息。还可选择 BiQ Analyzer 分析软件，它的优势在于可进行可视化分析，如图 4-57 所示。BSMAP 读长可达 144bp，允许的错配可为 15bp，gap 可以为 3bp。差异甲基化区域（DMR）分析可用 BSmooth、MeDUSA 等软件。

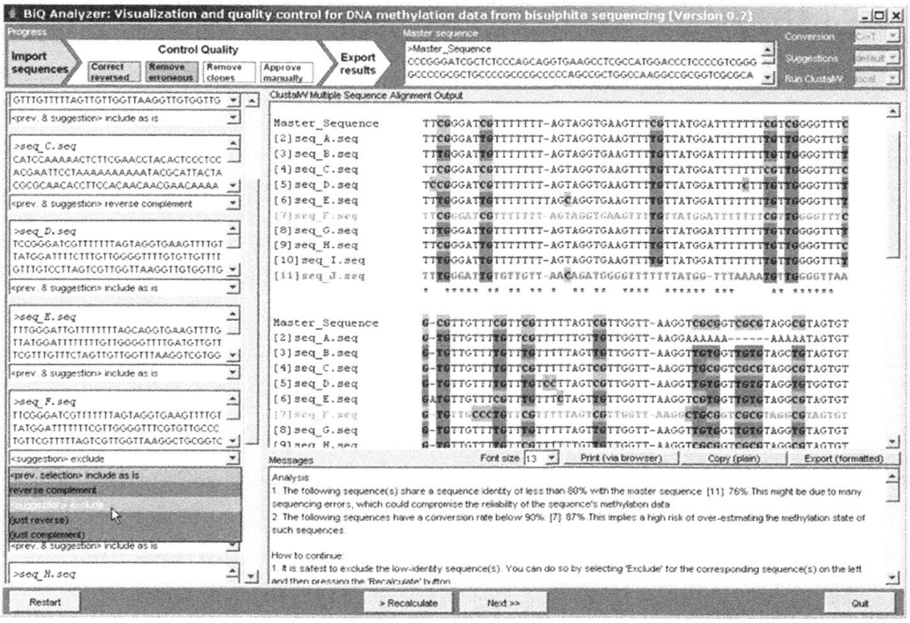

图 4-57 BiQ Analyzer 可视化分析

5 生物信息分析平台

5.1 生物信息分析平台简介

随着测序技术及质谱技术不断地发展,生物信息学产生的数据不断地增加,要求生物信息学分析技术也应不断地发展,基于这样一个前提,各种生物信息分析平台孕育而生。生物信息学分析平台是将各种生物信息学分析软件集成起来,通过网页或者命令行的方式进行核酸和蛋白质序列分析的平台,包括测序数据前期的处理、比对分析、序列注释、功能分析等,其主要目标是能够在该平台上完成核酸和蛋白质序列的基本分析。目前开放性的数据分析平台有 Galaxy、GenePattern、GenomeQuest、UCSC、DNAnexus 等,下面主要以 Galaxy 平台进行介绍。

Galaxy 是一个开放的基于网页的生物信息分析平台,目前已经部署投入使用的公共 Galaxy 分析平台约有 30 个,不同的生物信息分析平台各有各的侧重点。例如,由 Galaxy Project 开发的 Galaxy main 生物信息分析平台(http://usegalaxy. org)是一个非常典型的用于生物医学研究的服务平台,其下面的 Galaxy Test 是 Galaxy main 的一个测试版本。

在国内,由香港中文大学和深圳华大基因研究院合作搭建的 Giga Galaxy(http://galaxy. cbiit. cuhk. edu. hk/)可以使 *Giga Science* 期刊中所报道的软件和数据处理流程应用在实际研究中,另外 Giga Galaxy 还将华大所开发新一代测序数据分析工具 SOAP 软件包包括 SOAPdenovo、SOAPsnp 以及 SNP calling 等个性化工具整合到 Galaxy 流程中。

Galaxy 分析平台还可部署在基于云计算系统的平台上,基于亚马孙弹性云的 Galaxy main 生物信息分析平台就是一个例子,它是通过将计算分布在由计算机组成的资源池上,使得各种应用系统能够根据需求获取计算能力、存储空间和各种软件服务等,为各种海量数据的高速处理、存储、资源扩展等提供有效的途径;而与深圳超算中心合作,由国家基因库搭建、配置和维护的公共开放的 Galaxy 平台(http://galaxy. nationalgenebank. org:8081/galaxy/root),依托超算中心和国家基因库强大的存储能力和信息分析技术,可以为国内外用户提供运算存储资源和流程化分析服务,它整合了各种生物信息学分析工具,可以友好方便地构建生物数据分析工作流,是集数据上传检索及处理、序列比对组装、序列分析、SNP/WGA 分析、数据可视化等众多生物信息分析功能于一体的公共开放性平台。

通过该平台,能够在不下载和安装任何软件和工具的前提下做各种生物信息学分析,并能够记录每一步分析过程,同时可以与其他科研人员分享分析的历史记录和构建的工作流。Galaxy 主页面如图 5-1 所示,首页的左边是各种生物信息分析工具,右边是历史记录部分,显示生物信息操作历史记录和进展。

图 5-1 Galaxy 主页面

5.2 Galaxy 平台

5.2.1 创建一个 Galaxy 平台

环境的准备:包括操作系统的安装、apache 的安装、mysql 的安装、python 的安装。Galaxy 安装:下载并安装 Galaxy,安装完成之后,基本的生物信息分析工具已经包括在平台里;增加新的分析工具,如 soap 分析包等;添加新的数据资源等。

5.2.2 Galaxy 平台工具

目前,Galaxy 平台主要用于测序数据的生物信息分析,包括数据上传、数据文本处理、数据格式转换、数据过滤、质量处理、统计分析、序列比对、变异和进化分析、新一代测序分析包(NGS TOOLBOX BETA)、单核苷酸多态性和全基因组分析包(RGENETICS)以及华大基因 soap 软件包等。

5.2.3 Galaxy 使用

5.2.3.1 Galaxy 使用简介

Galaxy 使用前需先注册,然后上传或查询需要分析的数据,选择合适的分析程序或工作流进行分析,最后得到分析结果,如图 5-2 所示。

5.2.3.2 Galaxy 应用案例——RNA_seq

1) RNA_seq 分析简介

在 Galaxy 平台上应用 TopHat 和 Cufflinks 工具进行 RNA_seq 分析,分析流程主要包括数据上传、数据过滤处理,使用 TopHat 鉴定可变剪切以及用 Cufflinks 进行组装和分析表达差异,分析流程如图 5-3 所示。

2) 数据上传

在 Galaxy 工具里选择"Get Data"里的"Upload File"上传数据,点击浏览可从计算机上传需要分析的数据，然后点击“Execute”进行提交，如图 5-4 所示。

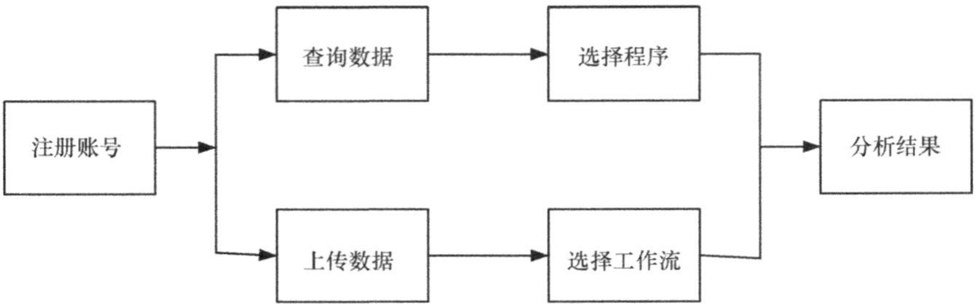

图 5-2 Galaxy 分析流程图

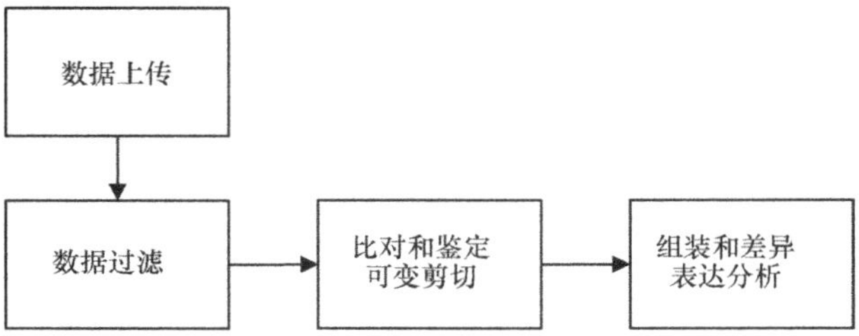

图 5-3 Galaxy RNA_seq 分析流程

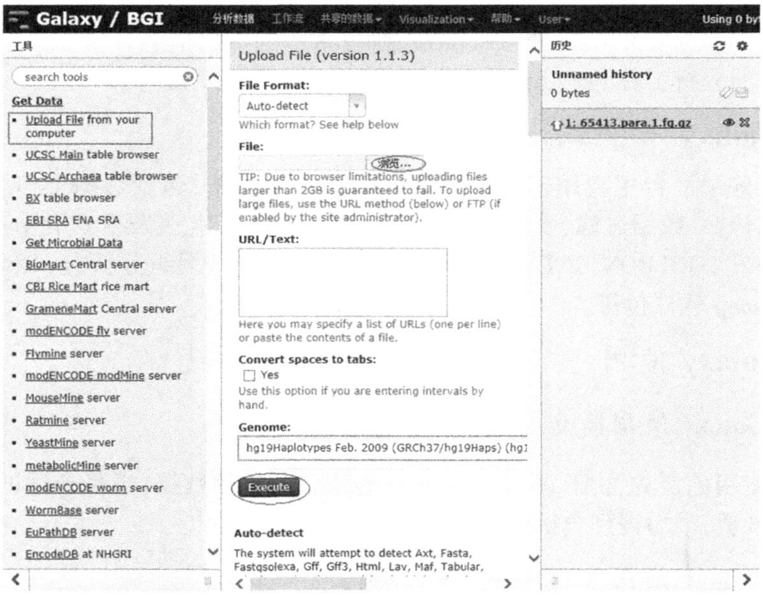

图 5-4 数据上传页面

3）数据过滤处理

在 read 比对之前，需要确保 read 的质量所以需要去除质量低的、被污染的数据。在 Galaxy 工具里选择“NGS：QC and manipulation”里的“Filter by quality”，如图 5-5 所示，设置好过滤参数，运行。

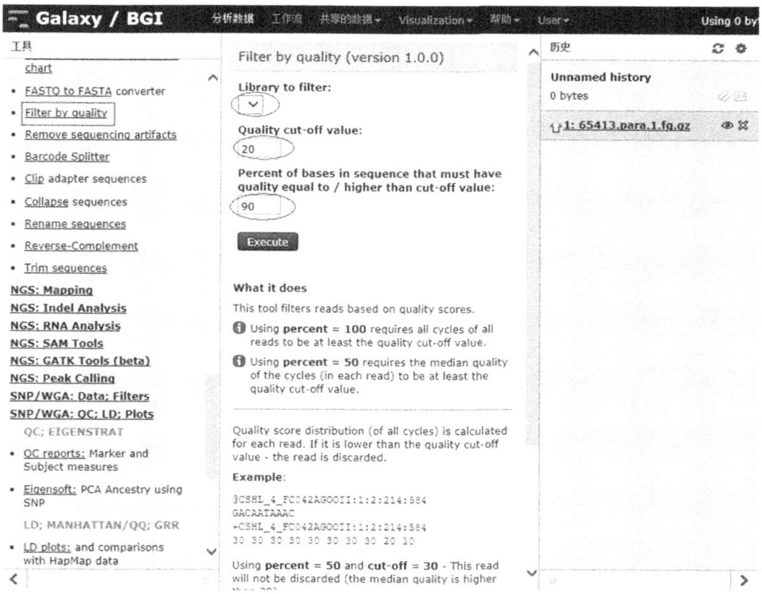

图 5-5 数据过滤处理

4）数据比对分析及鉴定可变剪切

在工具里选择 NGS:Mapping 里的 Bowtie2，如图 5-6 所示，设置测序类型（single-end 或 paired-end），插入片段范围，选择建立索引的参考基因组等，运行 Top Hat 是基于 Bowtie 的将 RNA-Seq 数据 mapping 到参考基因组上，从而鉴定可变剪切，在工具里选择“NGS:RNA Analysis”里的“TopHat2”，如图 5-7 所示，选择相关参数，运行。

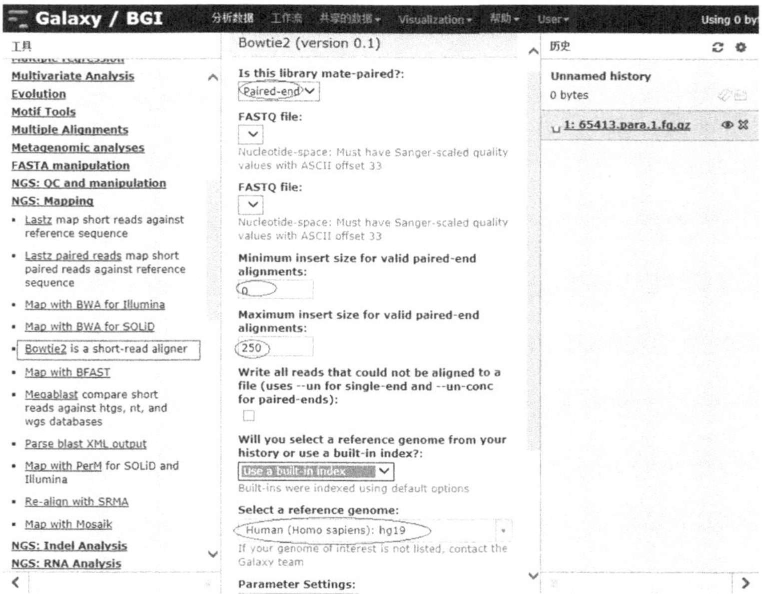

图 5-6 Bowtie2 建立索引

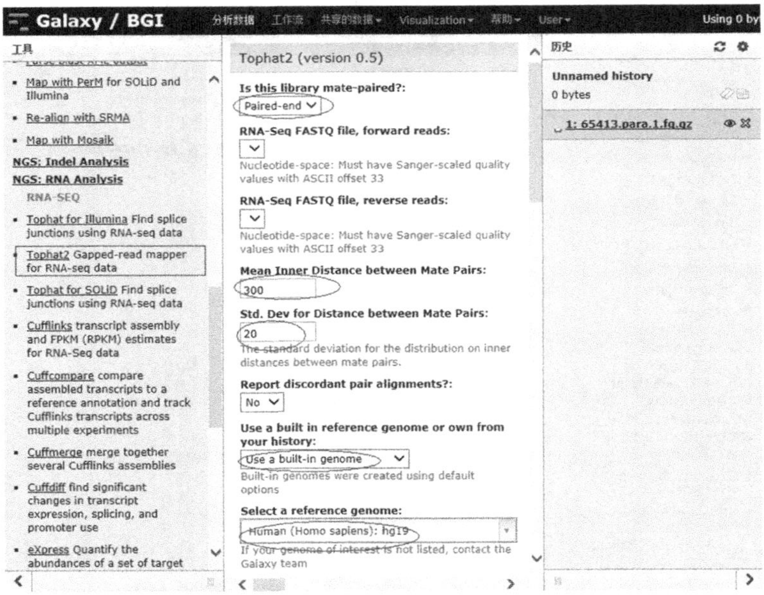

图 5-7　TopHat 鉴定可变剪切

5）组装和差异表达分析

Cufflinks 工具可利用 TopHat 比对的结果（alignment）来组装转录本，估计转录本的丰度，检测样本间的差异表达和可变剪接。这个软件包括 4 个部分：Cufflinks、Cuffcompare、Cuffmerge 及 Cuffdiff。

Cufflinks 是用来组装转录本，估计转录本地丰度。在工具栏里选择“NGS：RNA Analysis”里的“Cufflinks”，如图 5-8 所示，选择好参考注释基因组及其他参数，运行。

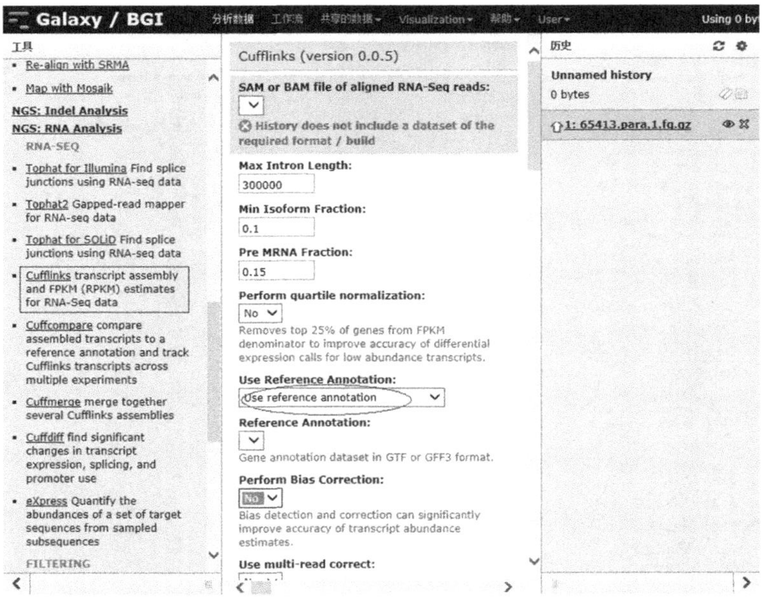

图 5-8　Cufflinks 转录本组装

Cuffcompare 可以对两个或多个转录本相似的情况进行比较，如与参考转录本进行比较，可以评估转录本地构建情况，根据参考转录本地相对位置定义分类，如内含子区域、基因间区域等。在工具栏里选择“NGS：RNA Analysis”里的“Cuffcompare”，如图 5-9 所示，设置相关参数，运行。

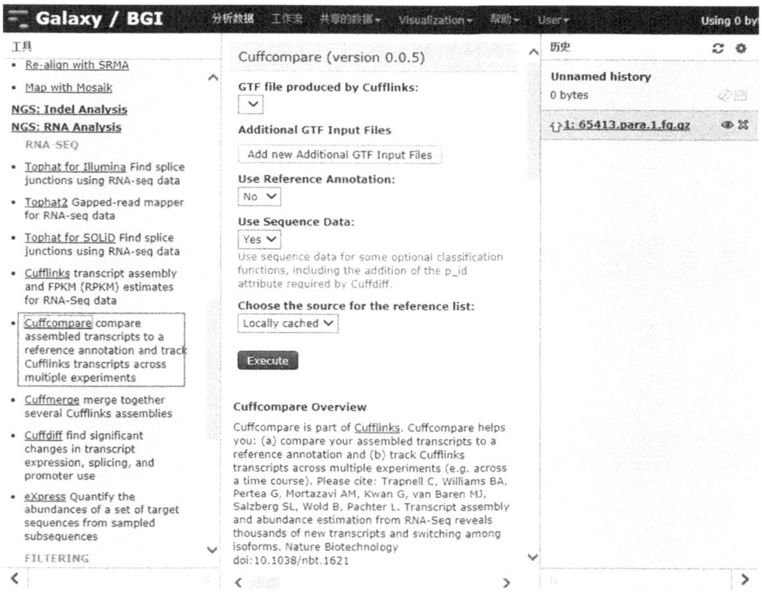

图 5-9　Cuffcompare 转录本比较

Cuffmerge 是将多个转录本集合合并成一套转录本集合，如将多个组织样本或多个同类个体的多套转录本合并成为一套转录本，Cuffmerge 能够去除冗余。在工具栏里选择“NGS：RNA Analysis”里的“Cuffmerge”，如图 5-10 所示，设置相关参数，运行。

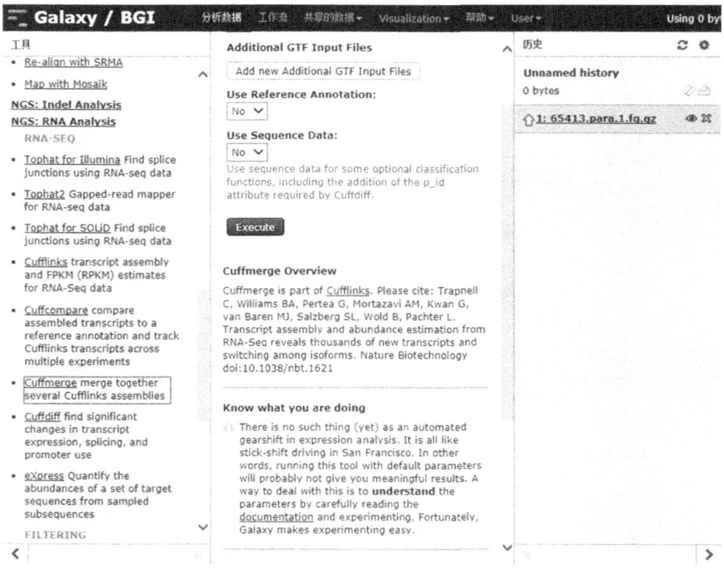

图 5-10　Cuffmerge 合并两个或多个转录本

Cuffdiff 用来检测两个或多个样本间差异表达的基因，如癌症与正常组织中转录本地表达差异，此外还能检测差异可变剪接体。在工具栏里选择“NGS：RNA Analysis”里的“Cuffdiff”，如图 5-11 所示，设置相关参数，运行。

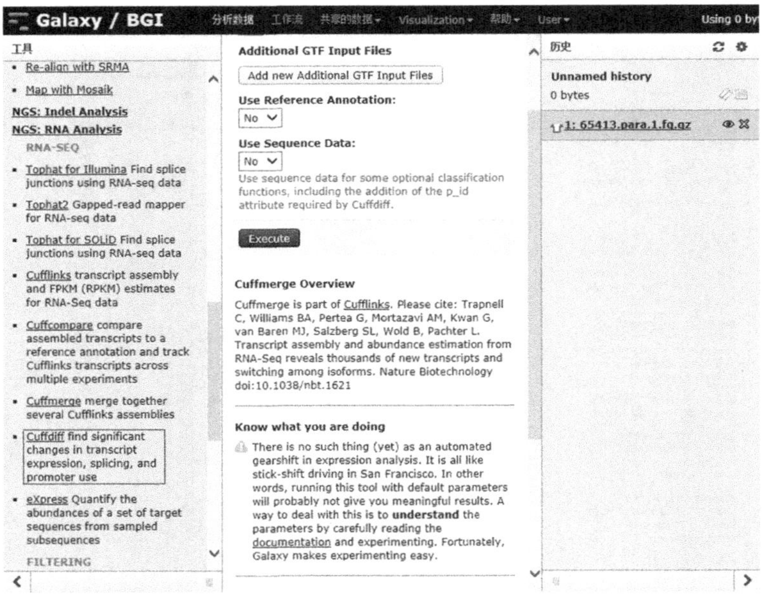

图 5-11　Cuffdiff 比较转录本之间的表达差异及可变剪切差异

5.3　GenePattern 生物分析平台

该平台（图 5-12）提供了用于基因组、RNA-SEQ、蛋白质组、SNP 分析及常见数据处理分析的 150 多个分析工具，并且该平台具有 word 插件，可以将分析流程添加到 . doc 文档中。

图 5-12　GenePattern 生物分析平台

5.4 DNAnexus 生物分析平台

该平台(图 5-13)主要侧重下一代测序技术的信息分析,部分功能可免费使用。DNAnexus(https://www.dnanexus.com/)生物分析平台致力于打造云端数据分析平台,2011 年获 Google Ventures 和 TPG Biotech 投资,DNAnexus 将和 Google 一起建一个开放式 DNA 数据库,而取代美国政府的国家生物技术信息中心(NCBI),该平台最大的特点是使用 Google 的云服务,将数据存在云端,科研人员可通过软件,即服务访问这些数据。

图 5-13 DNAnexus 生物分析平台

5.5 Blast for OneKP Project

OneKP 又称 1KP,全称为 1000 different species of plants,该项目在 2008 年 11 月被倡议发起,旨在获得 1000 种不同植物的基因序列信息。它由来自加拿大亚伯达(Alberta)的 Gane Ka-Shu Wong 和 Michael Deyholos 主导,由 BGI 完成测序和分析。值得注意的是,该项目为转录组测序而非基因组测序。图 5-14 为 Blast for OneKP Project 主页。

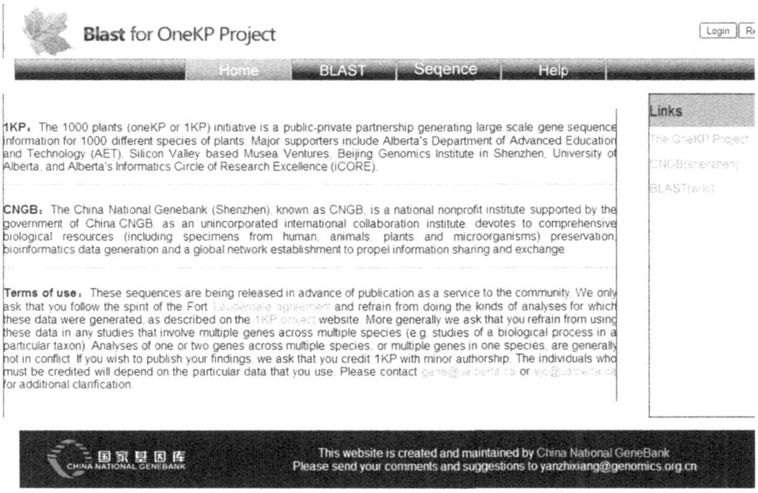

图 5-14 Blast for OneKP Project 主页

Blast for OneKP Project 主要使用 Blast 比对软件，该比对软件是基因短序列的局部比对软件，目前 Blast 比对软件主要有 Blastall 和 NCBI-Blast+两种版本，OneKP 使用 Blastall 版本，对 1000 种植物，涉及 24 个进化树，总共 1431 个组织样本进行了分析。

该项目提供了目前全球规模最大、种类最齐全的植物转录组数据，提供目前最为流行的短序列局部比对软件之一(BLAST)，为植物组学的进化、基因功能、基因分类等研究提供重要的工具。

进入网站进行比对时，可在"Enter Query Sequence"中输入查询序列，也可上传文本文件，一旦上传文件，文本框中的输入将失效，"Clear"可清楚输入。比对参数提供比对工具、比对数据库、E-value 和输出格式的设置。数据库样本提供 Clade 分类和所有样本合并数据，蛋白质或核酸类型由比对工具自动决定。更多资料可以访问 http://www.bioinfodata.org/app/Blast4OneKP/。

6 数据质量管理规范

6.1 数据质量概述

数据质量反映出数据对特定应用的满足程度。数据质量包括数据本身的数据质量和数据的过程质量。其中,数据本身的数据质量是数据本身应具有的属性,也称为数据的绝对质量,是保证数据质量的基础。

数据本身的数据质量主要包括以下三个方面。

(1) 数据的真实性:数据必须真实准确地反映实际发生的结果。

(2) 数据的完备性:指数据是充分的,任何有关操作的数据都没有遗漏。

(3) 数据的自洽性:数据并不是孤立存在的,数据之间往往存在各种各样的约束,这种约束描述了数据的关联关系。

过程质量主要包括以下三个方面。

(1) 数据的使用质量:指数据被正确的使用。再正确的数据,如果被错误地使用,也不可能得出正确的结论。

(2) 数据的存储质量:指数据被安全地存储在适当的介质上。

(3) 数据的传输质量:指数据在传输过程中的效率和正确性。在大数据时代,数据在异地之间的传输越来越多,保证传输过程中的高效性和正确性非常重要。

6.2 生物数据的质量控制

6.2.1 概述

对于生物数据而言,数据质量的控制包括各种测序仪器的数据产出、数据分析及数据存储整个过程。

6.2.2 原始数据的质量控制

目前,随着测序技术的进步,各种高精度和高通量的测序仪不断产生,每种测序仪器都有一套标准的测序流程,从而保证实验产出结果的正确性,使得数据质量控制从源头上得以保证。例如,对于高通量测序,建库质量直接影响到测序数据的产出质量。对于文库的质量检测一般从丰度、假阳性、灵敏度、重复性等方面进行考虑。在启动测序之前,可以通过选样进行 Sanger 测序,对结果进行比对和分布评估。

对于核酸测序仪产出的数据而言(以 Hiseq2000 为例),测序得到的原始图像数据经 base calling 转化为序列数据,我们称之为 raw data 或 raw read,结果以 fastq 文件格式存储,fastq 文件为用户得到的最原始文件,里面存储 read 的序列以及 read 的测序质量。在

fastq 格式文件中每个 read 由 4 行描述。

@ Read ID

TGGCGGAGGGATTTGAACCC

+

bbbbbbbbabbbbbbbbbbb

每个序列共有 4 行,第一行和第三行是序列名称(有的 fq 文件为了节省存储空间会省略第三行"+"后面的序列名称),由测序仪产生;第二行是序列;第四行是序列的测序质量,每个字符对应第二行每个碱基,第四行每个字符对应的 ASCII 值减去 64,即为该碱基的测序质量值,如 h 对应的 ASCII 值为 104,那么其对应的碱基质量值是 40。碱基质量值范围为 0 ~40。表 6-1 为 Hiseq 2000 测序仪产出数据的测序错误率与测序质量值简明对应关系,具体计算公式如下:

$$Q_{\text{phred}} = -10\ \log_{10}(e)$$

表 6-1　Solexa 测序错误率与测序质量值简明对应关系

测序错误率/%	测序质量值	对应字符
5	13	M
1	20	T
0. 1	30	^
0. 01	40	H

同时,对于产出的序列数据,需要考察其插入片段的长度分布形态,正常文库的插入片段长度分布一般围绕中心长度,服从正态分布,良好的长度控制有利于后期的比对分析。另外,对于文库中重复性短序列存在的比例也有要求,依据测序 DNA/RNA 和样本类型的不同,完全重复测出的短序列比例要控制在一定比例内,一般不能高于 10% 的总序列数,太高的比例意味着上机的 PCR 过程控制不当。最后,即使对样本和建库已经进行了严格的控制,但由于实验环境多变,污染来源众多,测序仪的稳定性随着测序的进行也会下降,加上接头引物干扰等,这些因素都会对产出的数据的质量造成影响。

对于质谱而言(以 ABI QTRAP 5500 为例),其产出的原始数据为 raw 文件,通过仪器配套的软件系统转换成图片格式(如 emf 格式等),如图 6-1 所示。其中峰信号高度、峰有无变宽和峰高是否均衡等都是衡量产出数据质量好坏的指标。

因此,在这些原始数据进入到正式后续分析之前,一般要对数据的产出质量进行评估和优化,过滤掉低质量的数据。无论是 DNA 或 RNA 的测序数据还是蛋白质或小分子的质谱数据,最终的数据比对率是对数据质量评估的重要参考标准。最近,有文献报道了一种快速、全面评估高通量测序数据的方法,该方法能够鉴定、定量和过滤掉未知的污染序列,从而获得高质量的数据(clear read)。

6. 2. 3　数据信息分析的质量控制

目前,对于基因组、转录组、蛋白质和代谢组学数据都有一套标准的生物信息分析流程,随着这些流程的不断优化,从原始数据中挖掘到的有价值的信息量也会越来越多。

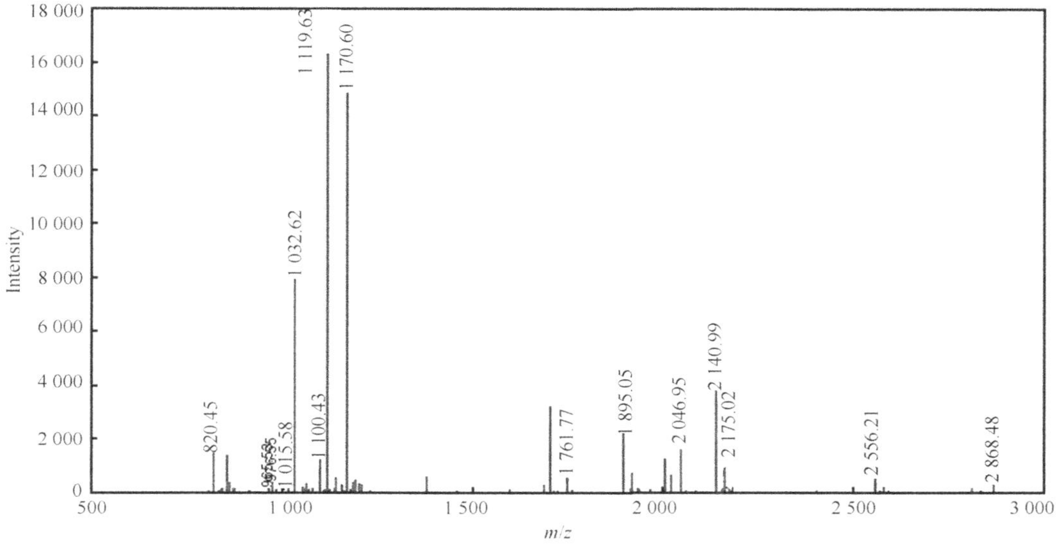

图 6-1 质谱图

对于生物信息分析过程而言,最基本的过程有比对、组装和数据统计等,其中分析结果产生影响的主要参数有容错率等。其中,容错率是指某个体系中能减少一些因素或选择对该系统产生不稳定效果的概率。容错率越高,对效果的影响越小;容错率越低,对效果的影响越大。

而评价分析结果好坏的指标主要有测序的随机性等。例如,对于转录组分析而言,利用 read 在基因上的分布来评价打断随机性。由于不同参考基因有不同的长度,我们把 read 在基因上的位置标准化到相对位置(read 在基因上的位置与基因长度的比值),然后统计基因的不同位置比对上的 read 数。如果打断随机性好,read 在基因各部位应分布得比较均匀。

7 数据存储管理

21 世纪以来,生物行业俨然已经进入"大数据时代",生物数据的容量级别从 GB、TB 到 PB 级急速增长。目前,从生物数据存储趋势来看,一方面,对数据的存储量的需求越来越大,这对生产大容量和高性能的存储介质提出了挑战;另一方面,数据的多样化、地理上的分散性和对重要数据的安全保障等都对数据管理提出了更高的要求。

那么,怎样才能对海量的生物数据进行有效的管理呢?本节将从数据存储内容、存储介质和存储方式三个方面进行探讨。

7.1 存储内容

为了更好地管理数据,在进行数据存储之前,对即将要存储的数据抽象化之后,再进行合理的分类是非常重要的。生物数据是多种多样的,下面我们将介绍一些常用的分类方法。

按数据对象划分,可分为生物测序数据、生物信息分析数据和生物多样性信息学数据。

按数据的物种来源来分类,可分为原生生物界、植物界、动物界、真菌界。当然,可以进一步细分为门、纲、目、科、属、种。

按数据的类别划分,可分为 DNA、RNA、蛋白质序列、小分子等不同性质的数据。也可以按照基因组学、转录组学、蛋白质组学、代谢组学等来进行划分。

按数据重要性来分,存储内容包括保密数据、重要数据、一般数据、可公开数据。

在实际应用中,需要将上述分类方法综合运用,有些数据还可以根据具体项目来进行分类,如千人基因组计划的数据就会单独列出来放在一个存储目录下面。总之,所有存储的内容需要层次分明,条理清晰,同时,需要设置相应的权限来保证数据的安全性。

7.2 大数据存储

随着大数据时代的来临,传统的存储介质,如 U 盘、软盘、光盘等已不能满足要求,因此,计算机集群、云存储等概念应运而生。下面简单介绍一下几种主流的大规模数据存储技术。

7.2.1 计算机集群

计算机集群,简称集群,是一种计算机系统,它通过一组松散集成的计算机软件或硬件连接起来,高度紧密地协作完成计算工作(图 7-1)。在某种意义上说,计算机集群可以看作是一台超级计算机。集群系统中的单个计算机通常称为节点,通常通过局域网连接,但也有其他可能的连接方式。

集群具有很高的性价比和良好的可拓展性。数据共享是计算机集群系统的一个基本需求。当前经常使用的是网络文件系统 NFS 或 CIFS。当一个计算机任务在 Linux 集群上运行时,计算节点首先通过 NFS 协议从存储系统中获取数据,再进行计算处理,然后将计算结果写入存储系统。在这个过程中,计算任务的开始和结束阶段数据读写的 I/O 负载非常大,而在计算过程中几乎没有任何负载。Linux 集群系统处理能力越来越强,可达到几十甚至几百个 TFLOPS,使得数据处理的时间越来越短。I/O 效率的改进,是如今大多数 Linux 并行集群系统提高效率的首要任务。

图 7-1 计算机集群

7.2.2 移动硬盘

移动硬盘具有性价比高、携带方便等优点(图 7-2),这些是其他大容量存储设备所不具有的。目前,移动硬盘的容量可达 4T,体积大小有 1.8 英寸、2.5 英寸和 3.5 英寸(1 英寸=2.54cm,后同)等规格。随着技术的发展,移动硬盘的容量会越来越大,体积会越来越小,性能稳定性和读写速度也会提高。

图 7-2 移动硬盘图

7.2.3 虚拟存储技术

存储虚拟化的核心工作是物理存储设备到单一逻辑资源池的映射,通过虚拟化技术,为用户和应用程序提供虚拟磁盘和虚拟卷,并且用户可以根据需求对它进行任意分割、合并、重新组合等操作,并分配给特定的主机或应用程序,为用户隐藏或屏蔽了具体的物理设备的各种物理特性。存储虚拟化可以提高存储利用率,降低成本,简化存储管理,而基于网络的虚拟存储技术已成为一种趋势。

7.2.4 DNA 存储

DNA 是生物数据库,它的主要功能是存储各种生物信息。DNA 有 A、T、C、G 四种碱基,共同构成了相互缠绕的双链螺旋结构。通过这 4 种碱基不同的排列顺序,编码蛋白质,存储生物的遗传信息。

2013 年 1 月,欧洲生物信息研究所的专家们宣布了一项突破性的研究成果,他们将 DNA 带入一个革命性的数据存储时代,据该成果研究介绍,利用 DNA 存储技术,只需手掌般大小的人造 DNA,便可容纳全世界高达 30 亿 TB 的数据。DNA 存储的优越性十分明显,它海量的存储容量是传统存储介质无法比拟的。目前这项技术所面临的最大障碍就是成本过高,专家表示该技术有望在10年内普及。

谈到存储信息,现有的硬盘无法跟DNA存储相比。研究人员表示,这一基因代码能够把数十亿的信息包含在1g DNA的分子中,而1mg的DNA分子将美国国会图书馆的所有书籍完全编码后仍绰绰有余。不过这一切目前还只停留于理论上。1g DNA能够存储250万光盘容量,但短期内无法普及,DNA存储技术,利用A、T、C、G进行编码存储,制成的DNA粉末可以经过读取器进行读取,但是编码存储和读取过程太过昂贵,DNA存储离商业化还有一段距离。

7.3 存储方式

7.3.1 概述

针对数据的不同类型、不同格式,对数据应该进行分类存储。存储数据时,需建立数据间的逻辑与物理对应关系。目前,常见的存储方式有直接附加存储(direct attached storage,DAS)、网络附加存储(network attached storage,NAS)和存储区域网络(storage area network,SAN)三种存储方式,它们各有优势、相互共存。

7.3.2 DAS存储

这种存储方式与普通的计算机存储架构一样,外部存储设备都是直接挂接在服务器内部总线上,数据存储设备是整个服务器结构的一部分。

DAS存储方式主要适用以下环境。

(1) 小型网络:因为网络规模较小,数据存储量小,且也不是很复杂,采用这种存储方式对服务器的影响不会很大。这种存储方式十分经济,适合拥有小型网络的企业用户。

(2) 地理位置分散的网络:企业总体网络规模较大,但在地理分布上很分散,通过SAN或NAS在它们之间进行互联非常困难,此时各分支机构的服务器也可采用DAS存储方式,这样可以降低成本。

(3) 特殊应用服务器:在一些特殊应用服务器上,如微软的集群服务器或某些数据库使用的原始分区,均要求存储设备直接连接到应用服务器。

DAS存在如下几个固有的缺点。

(1) 低效的存储结构:在服务器与存储的各种连接方式中,DAS曾被认为是一种低效率的结构,而且也不方便进行数据保护。直接存储无法共享,因此经常出现的情况是某台服务器的存储空间不足,而其他一些服务器却有大量的存储空间处于闲置状态却无法利用。如果存储不能共享,也就谈不上容量分配与使用需求之间的平衡。

(2) DAS结构下的数据保护流程相对复杂,如果做网络备份,那么每台服务器都必须单独进行备份,而且所有的数据流都要通过网络传输。如果不做网络备份,那么就要为每台服务器都配一套备份软件和磁带设备,所以说备份流程的复杂度会大大增加。

7.3.3 NAS 存储

它采用独立于服务器,单独为网络数据存储而开发的一种文件服务器来连接存储设备,自形成一个网络。这样数据存储就不再是服务器的附属,而是作为独立网络节点存在于网络之中,可由所有的网络用户共享。

NAS 的优点有如下几个。

(1) 真正的即插即用:NAS 是独立的存储节点,存在于网络之中,与用户的操作系统平台无关,真正的即插即用。

(2) 存储部署简单:NAS 不依赖通用的操作系统,而是采用一个面向用户设计的,专门用于数据存储的简化操作系统,内置了与网络链接所需要的协议,因此使整个系统的管理和设置较为简单。

(3) 存储设备位置非常灵活。

(4) 管理容易且成本低:NAS 数据存储方式是基于现有的企业 Ethernet 而设计的,按照 TCP/IP 协议进行通信,以文件的 I/O 方式进行数据传输。

NAS 的缺点有如下几个。

(1) 存储性能较低。

(2) 可靠度不高。

7.3.4 SAN 存储

SAN 存储方式创造了存储的网络化。存储网络化顺应了计算机服务器体系结构网络化的趋势。SAN 的支撑技术是光纤通道(fiber channel,FC)技术。它是 ANSI 为网络和通道 I/O 接口建立的一个标准集成。FC 技术支持 HIPPI、IPI、SCSI、IP、ATM 等多种高级协议,其最大特性是将网络和设备的通信协议与传输物理介质隔离开,这样多种协议可在同一个物理连接上同时传送。

SAN 的硬件基础设施是光纤通道,用光纤通道构建的 SAN 由以下 3 个部分组成。

(1) 存储和备份设备:包括磁带、磁盘和光盘库等。

(2) 光纤通道网络连接部件:包括主机总线适配卡、驱动程序、光缆、集线器、交换机、光纤通道和 SCSI 间的桥接器。

(3) 应用和管理软件:包括备份软件、存储资源管理软件和存储设备管理软件。

SAN 的优势有如下几个。

(1) 网络部署容易。

(2) 高速存储性能。因为 SAN 采用了光纤通道技术,所以它具有更高的存储带宽,存储性能明显提高。SAN 的光纤通道使用全双工串行通信原理传输数据,传输速率高达 1062.5Mb/s。

(3) 良好的扩展能力。由于 SAN 采用了网络结构,扩展能力更强。光纤接口提供了 10km 的连接距离,这使得实现物理上分离,不在本地机房的存储变得非常容易。

目前国内外也出现了专业的存储产品,如 LoongStore 的 E8000、EMC^2 的 isilon、IBM 的 DS 系列等。

7.3.5 三种存储方式比较

存储应用最大的特点是没有标准的体系结构，这3种存储方式共存，互相补充，已经能很好地满足目前企业或科研院所的信息化应用。

从连接方式上对比，DAS采用的是存储设备直接连接应用服务器，具有一定的灵活性和限制性；NAS通过网络（TCP/IP、ATM、FDDI）技术连接存储设备和应用服务器，存储设备位置灵活，随着万兆网的出现，传输速率有了很大的提高；SAN则是通过光纤通道（fibre channel，FC）技术连接存储设备和应用服务器，具有很好的传输速率和扩展性能。三种存储方式各有优势，相互共存，占到了现在磁盘存储市场的70%以上。SAN和NAS产品的价格仍然远远高于DAS。许多用户出于价格因素考虑选择了低效率的直连存储而不是高效率的共享存储。

客观地说，现在的SAN和NAS系统已经可以利用类似自动精简配置（thin provisioning），使用这样的技术来弥补早期存储分配不灵活的短板。然而，之前它们消耗了太多的时间来解决存储分配的问题，以至于给DAS留有足够的时间在数据中心领域站稳脚跟。此外，SAN和NAS依然问题多多，至今无法解决。

7.4 存储管理一般原则

（1）应根据存储内容的数据对象和重要性进行分类存储并做好记录。

（2）应结合各个应用系统，确定存放在当前数据库系统中的在线数据的有效性，需要更新的要做到及时更新，必要时应与应用开发人员配合做好此项工作。

（3）对暂时不用的数据可转移到海量存储介质中，以腾出数据库系统中有限的磁盘空间。

（4）及时清理过时、冗余数据等。

（5）对存储有数据的海量存储介质必须妥善保管好，既要保证存放的物理环境，也要避免对备份数据的非授权访问。

（6）同一数据必须有两个以上的副本，并且异地存放。

（7）硬件、软件更新换代时，要明确每一项数据的去留与否，做好迁移或清理工作。对一时难以确定去留的数据，可存储在海量存储介质中。

（8）存储在海量存储介质中的数据，必须保证能够正确地读出来，供正常使用。否则必须及时将数据转移到新的海量存储介质中去。

（9）对需要归档的历史数据等，要按照归档的有关规定进行归档。

（10）所有存储事件均应做好存储日志。数据存储日志见表7-1。

表7-1 数据存储日志表

数据类别	数据存放介质	数据时效性	数据完整性	数据更新与否	数据管理人员	备注	

8　数据备份和恢复管理规范

信息是无价的,数据作为信息的载体,它的重要性是不言而喻的。构成数据库的重要数据或历史记录一旦不慎丢失,会造成不可估量的损失,甚至会影响数据库的正常运作。

数据备份,就是将数据用副本的方式另外保存,以便在系统遭受破坏或其他特定情况下,重新加以利用的一个过程。数据备份是数据安全的最后保证手段,数据备份的目的在于最大限度地降低系统风险,保护最重要的数据资源,在系统遇到灾难后,能够提供一种简便、有效的手段来恢复整个系统。

数据恢复就是利用备份数据将数据恢复到事故之前的状态。数据恢复总是与备份相对应,实际上可以看成备份操作的逆过程。

备份是恢复的前提,恢复是备份的目的,无法恢复的备份是没有意义的。为确保数据备份的正常进行,应建立完整的数据备份管理体系。数据备份管理体系包括组织体系、数据备份分级标准、数据备份策略、备份数据管理等部分。

8.1　数据的备份

8.1.1　概述

数据备份简单来说就是将重要的数据复制到其他存储介质,并保存在其他地方,当数据遭到意外损坏或者丢失时,再将保存的数据副本恢复到系统。

为了构建完整的数据备份体系,首先应确定数据备份工作的组织体系,数据备份涉及的人员和职责如下。

(1) 数据备份管理员:负责制定数据备份管理制度,制定并审核数据备份策略及操作规程,并批准数据备份工作中的相关申请。

(2) 数据备份操作员:负责实行日常数据备份工作,并反馈日常备份工作中出现的问题。

(3) 备份介质管理员:负责备份介质的管理,定期检查并维护备份介质,严禁未经授权使用备份数据。

8.1.2　存档属性

存档属性是指文件系统给每个文件或文件夹设立一个标志,记录文件或文件夹是否需要备份,正规的备份程序都会使用这个属性。一个文件或文件夹被建立或修改时操作系统会设置其存档属性,表明文件或文件夹需要备份,备份时只需选中那些有标记的文件和文件夹进行备份,备份程序备份过后立即清除存档属性,表明文件已经备份。

存档属性是用来标记文件改动的，即在上一次备份后文件有所改动，一些备份软件在备份的时候会只备份带有存档属性的文件，备份软件备份后会把存档属性取消。所以说存档属性在备份过程中起着举足轻重的作用。

8.1.3 备份内容

对数据进行分类保护是计算机信息系统实施安全等级保护的基本原则。按照数据的价值划分类别，对不同类别的数据，应实施不同的安全等级保护，而对不同安全等级的数据进行备份，要求也不能相同。因此在开始数据备份之前需要做好备份需求分析，确定什么样的数据需要备份，需要多久备份一次，以及使用什么样的备份策略和备份方式等。

构成数据库的核心数据需要备份是毋庸置疑的，但数据备份不仅仅是数据库里的数据，还应该包括文件的历史记录、系统状态等数据，以便于系统的完全恢复。

8.1.3.1 生物数据

对生物数据库而言，构成数据库的生物数据的重要性不言而喻。为了保证这些生物数据的完整性和可用性，必须对采集到的所有生物数据进行备份。而这些生物数据又分为不同的安全级别。

一是公开数据。该类数据是公开发布的数据，需要进行完整性保护，这类数据进行常规备份。

二是核心数据。该类数据具有很高的使用价值，数据的破坏将会带来一定的损失，需要进行特别保护，因此这类数据要进行重点备份。

8.1.3.2 日志文件

日志文件(Log)是用来记录对数据库进行更新操作的文件。这些信息通常用来统计网络的使用情况，在系统发生异常时，数据恢复人员也可以利用日志文件来对数据进行恢复。其中还可以发现非法用户(Hacker)的行踪，因此网络管理员要经常将这些文件进行备份。备份这些文件的工作很容易，只需要使用系统提供的工具定期转存就可以了。

8.1.4 备份策略

数据备份是保障在数据丢失的情况下，能及时恢复重要数据，防止数据丢失的一种重要手段。因此，在数据库中的数据发生变化后，要及时对重要的数据进行备份。一个合理的数据备份方案，应该能够在数据丢失时，有效地恢复重要数据，同时需要考虑技术实现难度和有效地利用资源。

数据备份方案中重要的一部分就是要确定数据备份策略。目前采用最多的备份策略主要有完全备份、增量备份、差分备份三种。在实际应用中，备份策略通常是以上三种的结合，如每个月进行一次完全备份，每周进行一次差分备份，每天进行增量备份。可根据数据量、数据更新周期等因素来确定不同的备份策略和备份周期。

在制定数据备份策略时，应该充分考虑各方面的因素，如数据备份所需要的时间、系统故障时可接受的停机时间、恢复数据所需要的时间等因素。

8.1.4.1 完全备份

完全备份(full backup)是指每次备份都对所有的数据进行备份。以一个星期为例,备份周期为1天,星期一用备份介质对所有数据进行备份,星期二再用另一份备份介质对所有数据进行备份,以此类推,如图8-1所示。

这种备份策略的好处是:当发生数据丢失的灾难时,不需要其他文件的支持,只要用一份备份介质(即灾难发生前一天的备份介质),就可以恢复丢失的数据,还原过程最简单。然而它也有不足之处:首先,由于每次都会备份数据库中所有的数据,造成备份的数据大量重复,这些重复的数据占用了大量的备份介质空间,这对用户来说就意味着增加成本;其次,由于需要备份的数据量较大,因此备份所需的时间也就较长。但数据量不大时,采用完全备份最可靠;但是对于那些业务繁忙、备份时间有限的单位来说,选择这种备份策略是不明智的。

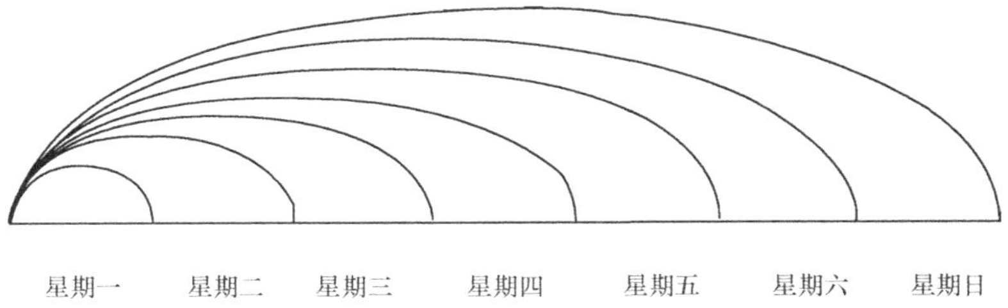

图8-1 完全备份示意图

8.1.4.2 增量备份

增量备份(incremental backup)是指首次进行完全备份,然后备份变化的数据。以一个星期为例,备份周期为1天,星期一进行一次完全备份,然后在接下来的6天里只对当天新增的或被修改过的数据进行备份,如图8-2所示。

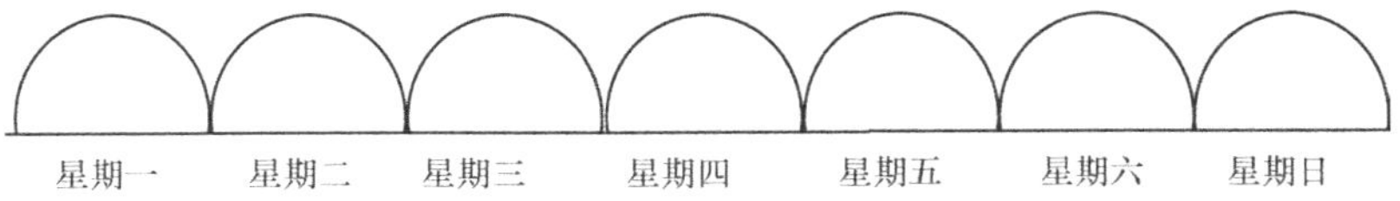

图8-2 增量备份示意图

这种备份策略的优点是节省了备份介质的空间,缩短了备份时间。但它的缺点在于,当灾难发生时,数据的恢复比较麻烦。例如,系统在星期三的早晨发生故障,丢失了大量的数据,那么现在就要将系统恢复到星期二晚上时的状态。这时系统管理员就要首先找出星期一的那盘完全备份介质进行系统恢复,然后再找出星期一的备份介质来恢复星期一的数据,然后找出星期二的备份介质来恢复星期二的数据。很明显,这种方式很繁琐。另外,这种备份的可靠性也很差。在这种备份方式下,各备份介质之间的关系就像链子一样,一环套一环,其中任何一个备份介质出了问题都会导致整条链脱节。例如,在上例中,若星期二的备份介质出了故障,那么管理员最多只能将系统恢复到星期一晚上时的状态。

8.1.4.3 差分备份

差分备份(differential backup)是指首次进行完全备份,定期备份自上次完全备份后发生了更改的数据。差分备份是备份发生了更改的数据,因此在做差分备份前,必须至少有一次完全备份。

以一个星期为例,备份周期为1天,首先在星期一进行一次完全备份,然后在接下来的6天里,将当天所有与星期一不同的数据(新增的或修改过的数据)备份到介质上,如图8-3所示。

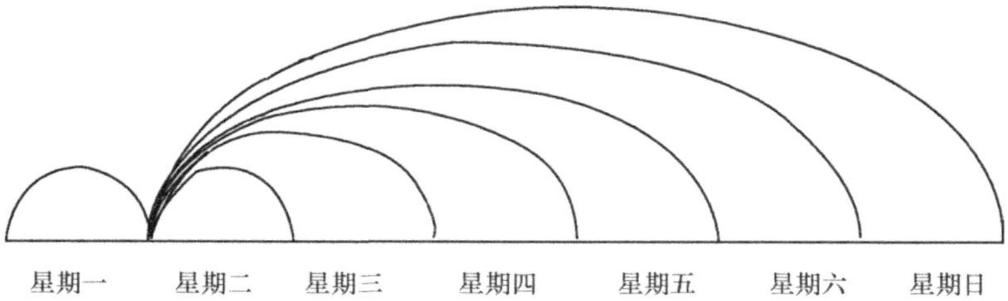

图8-3 差分备份示意图

差分备份策略在避免了以上两种策略缺陷的同时,又具有它们的所有优点。首先,它无需每天都对系统做完全备份,因此备份所需时间短,并节省了备份介质空间;其次,它的灾难恢复也很方便,系统管理员只需两份备份介质,即差分备份前一次的完全备份的介质与灾难发生前一天的备份介质,就可以将数据恢复。但是还原的时候,必须先还原差分备份前一次的完全备份,才能在此基础上进行差异备份数据的还原。

8.1.5 备份方式

目前数据备份主要方式有LAN备份、LAN-Free备份、SAN Server-Free备份三种。LAN备份对所有存储类型都可以使用,LAN-Free备份和SAN Server-Free备份只能针对SAN架构的存储。三种数据备份方式中,LAN备份数据量最小,对服务器资源占用最多,成本最低;LAN-Free备份数据量大一些,对服务器资源占用小一些,成本高一些;SAN Server-Free备份方案能够在短时间内备份大量数据,对服务器资源占用最少,但成本最高。

8.1.5.1 LAN备份

传统的存储模式是直接将存储设备连接到服务器上,传统备份需要在每台主机上安装备份介质来备份数据,采用局域网(local area network,LAN)备份策略的话,在数据量不是很大的时候,可采用集中备份。一台中央备份服务器将会安装在LAN中,然后将应用服务器和工作站配置为备份服务器的客户端。中央备份服务器接受运行在客户机上的备份代理程序的请求,将数据通过 LAN 传递到它所管理的、与其连接的本地存储设备资源上。

这一方式提供了一种集中的、易于管理的备份方案,并通过在网络中共享存储设备资源提高了效率。但它的缺点是当存储容量迅速增加时,这种方式很难扩展。另外,当服务器出现异常时,将会导致数据的丢失。

8.1.5.2 LAN-Free 备份

由于备份时数据通过 LAN 传播,当需要备份的数据量较大,备份时间窗口紧张时,网络容易发生堵塞。存储区域网(storage area network,SAN)是通过特定的互联方式连接若干存储服务器组成一个单独的数据网络域,提供更便捷的数据存储服务。利用 SAN 存储区域网对数据进行传输、备份,减少了对局域网网络资源的占用,改善了数据传输性能;改善了数据访问途径和访问速度,服务器可以通过光纤网络高速、远距离地访问共享存储设备。管理人员也可以集中管理存储系统,强化备份和恢复策略,提高整个系统的效率。

这种独立网络不仅可以使 LAN 流量得以转移,而且它的运转所需的中央处理器(central processing unit,CPU)资源低于 LAN 方式。该方式易于集成,并可扩充,能提高数据的可用性及网络使用的性能。

8.1.5.3 SAN Server-Free 备份

采取 SAN Server-Free 备份时,所有备份在 SAN 存储内部完成。LAN-Free 备份需要占用备份主机的 CPU 资源,如果备份过程能够在 SAN 存储区域网内部完成,而大量数据流无需流过服务器,则可以极大降低备份操作对生产系统的影响。SAN Server-Free 备份就是这样的技术。

8.1.6 数据备份流程

数据备份的大致流程如下。

(1) 数据收集完成后,由数据备份管理员按照数据的重要性、更新周期等因素制定备份方案,并制定数据备份操作手册。

(2) 备份方案完成后,由数据备份操作人员针对需要备份的数据提前填写数据备份申请表(表 8-1),提交数据备份管理员审批。

表 8-1 数据备份申请表

申 请 人		申请时间	
备份的内容描述			
使用介质标志			
数据备份原因			
管理员审批意见			
备注			
其他			

(3) 数据备份管理员审批后,数据备份操作人员应严格按照备份方案和操作手册对

数据进行备份，并填写数据备份日志（表 8-2），备份日志和备份申请表都要保存归档。

表 8-2　数据备份日志

备份内容	备份时间	备份情况	介质标志	备份操作人员签字	管理员签字（接收备份介质）

（4）备份完成后将备份介质交给介质管理员保管，由介质管理员签字确认。

8.1.7　备份介质相关注意事项

完善的数据备份体系必须在备份数据基础上，提供对备份数据的管理，即对备份介质进行管理，以彻底解决数据的备份与恢复问题。备份介质的管理主要包括以下几个方面。

（1）数据备份介质应采用性能可靠、不宜损坏的介质。对备份介质应定期进行检查，以确定是否可以继续存储数据，一旦发现介质不可靠或损坏，应立即更换。

（2）对长期保存的备份介质，应按照制造厂商确定的存储有效寿命进行定期转储处理。需要长期保存的数据，应在介质有效期内进行转存，防止存储介质过期失效。

（3）存放备份数据的介质必须具有明确的标志；标志必须使用统一的命名规范，注明介质编号、备份内容、备份日期、备份时间、介质的启用日期和保留期限等重要信息。

（4）对所有备份介质的访问应严格控制，任何人员不得擅自取用。使用时，应填写备份数据使用表格，填写清楚使用时间、内容、用途，经数据备份管理员批准后，介质管理员方能借出备份。借用人员使用完备份后，应立即归还备份介质，由介质管理员检查确定介质是否完好，填写归还日期，介质管理员及借用人员分别签字确认。

（5）备份介质存放地点要求：防火、防水、防潮、防盗、防鼠。

（6）介质的存入和借出都要按要求填写介质管理日志（表 8-3）。

表 8-3　介质管理日志

介质标志	是否新介质	借出时间	归还时间	借用人员签字	归还确认	
					借用人员签字	管理员签字

8.2　数据的恢复

8.2.1　概述

数据恢复就是把因各种原因遭受破坏或导致丢失的数据还原成正常数据。数据恢复措施在整个数据备份策略中占有相当重要的地位,因为它关系到系统在经历灾难后能否迅速恢复。一旦数据损坏或丢失,为了不对整个系统造成损失,应尽快进行数据恢复。

为了数据恢复的顺利进行,应确定数据恢复工作所需的人员及职责,数据恢复涉及的人员和职责如下。

(1) 数据恢复管理员:负责制定恢复的策略及操作规程,并批准数据恢复工作申请。

(2) 数据恢复操作员:负责实行日常数据恢复工作,并反馈日常备份工作中出现的问题。

8.2.2 数据恢复方式

数据恢复按照数据恢复的内容通常分为两类:一种是全盘恢复,另一种是个别文件恢复。还有一种值得一提的是重定向恢复。

(1) 全盘恢复。全盘恢复一般应用在服务器发生意外导致数据全部丢失、系统崩溃或是有计划地系统升级、形同重组等情况下,也被称为系统恢复。

(2) 个别文件恢复。较大意外发生的可能性比较小,所以在实际情况中,个别文件恢复比全盘恢复要常见。利用备份系统的恢复功能,我们很容易恢复受损的个别文件。只需要找到该文件的备份数据,利用恢复软件恢复指定文件。

(3) 重定向恢复。重定向恢复是将备份的文件恢复到另一个不同的位置或系统上去,而不是进行备份操作时该文件所在的位置。重定向恢复可以是整个系统恢复也可以是个别文件恢复。

重定向恢复时需要慎重考虑,要确保系统或文件恢复后的可用性。

8.2.3 数据恢复流程

(1) 当发现数据损坏或丢失,需要恢复备份数据时,需要及时填写数据恢复申请表(表8-4),向数据恢复管理员申请使用备份介质对此数据进行恢复。

表8-4 数据恢复申请表

申 请 人		申请时间	
需恢复的内容			
使用介质标志			
数据恢复的原因			
数据管理员审批意见			
备注			

(2) 到介质管理员处领取介质,利用软件对数据进行恢复。

(3) 数据恢复完成后,填写数据恢复日志(表8-5),并将介质交还介质管理员。

表8-5 数据恢复日志

恢复内容	恢复时间	恢复操作人员	恢复情况	介质标志	操作人员签名

8.2.4 数据恢复注意事项

(1) 要保证灾难恢复的可靠性,只进行备份系统的建设是不够的,还要对数据恢复工作进行测试。为了在数据损坏或丢失时能够及时进行数据恢复,数据恢复管理员在平常应定期对数据恢复工作进行测试。可以利用淘汰的计算机或多余的存储介质进行灾难模拟,以熟练灾难恢复的操作过程,检验在用的存储备份系统运行是否正常和备份的数据是否可靠,确保数据恢复工作能顺利进行。

(2) 数据恢复的审批文档及数据恢复工作的日志应保存归档,以便以后查阅。

9 数据安全管理规范

相比其他数据而言,生物数据具有其独特性。生物数据包含大量个人遗传信息,一旦泄露出去,对个人的安全性和隐私性来说无疑是巨大的隐患,因此,生物数据的收集和存储过程中尤其要注意生物数据的安全管理,防止数据被恶意地非法共享、泄露、破坏、删除、篡改等。

9.1 数据分类

(1) 保密数据。一类是某些包含个人遗传信息的数据,而当事人并未同意公开数据;另一类就是一些最新研究成果的相关数据,但是尚未公开,此时就需要对这些数据保密,不得对外公布。为了阻止非法用户通过非法拷贝等手段获取这部分数据,应对这部分数据进行加密处理。对这部分数据的使用也必须经过严格的审核。

(2) 重要数据。这类数据可以对外公开,但由于涉及一些所有者的权利,不能提供给外部人员下载。例如,有特殊情况,可将数据下载申请提交系统管理员审核,审核通过后允许下载。

(3) 一般数据。这类数据已经对外公开,可供外部的用户查看,但是这些数据的改变也会造成一定的影响,因此也需要进行适当的保护,如用户可以下载该数据但不能对其进行修改。

9.2 权限管理

对于用于构建数据库的生物数据,任何数据的破坏,都会对数据库的运行造成影响。为保证数据库的正常运行及生物数据的完整性、可用性和隐私性,对生物数据的使用权限管理非常重要。具体的权限及说明见表 9-1。

表 9-1 使用权限及相应说明

权限	符号	权限说明
读	r	文件可以被显示或者查看
写	w	文件可以被修改、移动和删除(只有当目录给出写权限的时候)
执行	x	文件可以被拷贝或下载(拷贝的文件属于新的所有者)
无权限	—	拒绝访问

9.2.1 权限分配

在实行权限分配和管理的过程中采取多级权限管理的思路,即采用基于管理角色树的多级授权管理模型来进行权限的分配和管理。初步可以分为:管理员、一般管理员和一般用户,根据实际情况还可以将每一级细分。

(1) 系统管理员。这是一个管理团队的核心所在,需要由其对所有数据的管理工作做统一的分配,如数据维护申请的审批、对一般管理员账号进行授权等。

(2) 一般管理员。负责数据的日常维护,当数据需要修改或增加时向系统管理员申请,审批通过后进行修改,修改后需记录相关日志;另外,对用户的申请进行审批。

(3) 用户。可以查看对外公布的数据,可以进行被允许的操作,也可以针对数据向一般管理员提出指正。

9.2.2 账号申请

由于采用基于管理角色树的多级授权管理模型来进行权限的分配和管理,每一级用户账号的申请都填写账号申请表(表 9-2),由上一级进行审核,审核通过方可登录对数据进行访问、操作。

表 9-2 账号申请表

申请人		申请日期	
申请权限	□一般管理员 □用户 □数据下载 □其他______		
申请说明			
审核意见			
审核人		审核日期	

9.2.3 权限变更

需要增加另外的权限时,可填写权限变更申请表(表 9-3),提交给上一级的管理员审核。

表 9-3 权限变更申请表

申请人		申请日期	
变更权限	□一般管理员 □用户 □数据下载 □其他______		
申请说明			
审核意见			
审核人		审核日期	

9.3 注意事项

(1) 建立完善的安全管理制度和组织机构,合理划分安全职责和进行角色配置。

(2) 对数据进行任何操作都要通过权限验证。

(3) 任何数据的删除、修改操作都需要提前向管理员申请,并记录下来,以供以后查阅。

(4) 记录数据操作的日志文件应该定期备份保存,以便以后查询。

第三篇　建立生物信息数据库的实用指南

本篇第一章简单介绍数据库的类型(包括文本数据库、关系数据库和面向对象数据库),以及数据库相关的一些概念和术语;第二章介绍数据库设计的方法、原则,并以关系数据库为例介绍了数据库的设计技巧,接下来介绍了常见生物信息数据库的特点(包括数据模型、存储介质、数据的存储形式等),并简单介绍生物数据库系统的开发。

特别说明的是,由于在建立数据库方面的知识有限,所以本篇第二章主要参考《数据库系统基础》(第6版)一书第3部分的第10章和第6部分的第15章。

10 概　　述

10.1 引言

自20世纪60年代数据库技术诞生以来,数据库技术先后已经历了数次的发展,每次的发展都对生物信息学产生了巨大的影响。60年代文件数据库理论为70年代生物信息学数据库的诞生奠定了基础。70年代关系数据库理论又为80年代、90年代EMBL、GenBank、DDBJ等大量生物分子数据库的产生奠定了理论基础。面向对象数据库理论又正引起生物分子数据库的再工程。总结生物信息学中数据的管理技术,主要有三种数据库:flat file数据库(flat file database,FFDB)、关系数据库(relational database,RDB)、面向对象数据库(object-oriented database,OODB)。下面简单介绍一下这三种数据库类型在生物信息数据库系统开发中的作用。

(1) flat file数据库是利用文件系统把存有生物信息的相互独立的文本文件按一定规则收集到一起。该数据库类型通过建立索引来进行查询,索引将指向我们需要的文本信息。许多生物信息数据库刚建立时都是flat file数据库,大部分程序和软件包也都是在此基础上开发的。所以目前该数据库类型一直作为一种重要的数据来源在信息研究中被沿用。

(2) 关系数据库的核心是关系数据模型,而关系模型中数据的逻辑结构是一张二维表。关系数据库管理系统的查询语言是SQL(structured query language)。目前生物信息数据库中关系数据库的应用最为广泛,它可以结合flat file数据库形成关系数据库管理系统,也可以应用面向对象的思想形成面向对象的关系数据库管理系统(ORDBMS)。目前许多系统都在开发基于关系数据库的序列分析工具。因此,本章将重点介绍怎样应用关系数据库建立生物信息数据库。

(3) 面向对象数据库是建立在面向对象理论上的数据库。在面向对象数据库管理系统中任何数据类型都可以用面向对象的思想和语言去表示。无疑在解决生物数据异构问题上,面向对象数据库有其独特的优势。面向对象数据库管理系统查询语言称为object query language(OQL)。目前生物信息学中真正的面向对象数据库比较少,据Bry和Kroger统计,生物分子数据库中约有7%的面向对象数据库。

10.2 数据相关的基本概念

10.2.1 数据库系统

数据库系统是由计算机系统(硬件和软件系统)、数据库、数据库管理系统、数据库管理员和用户组成的具有高度组织性的整体,如图10-1所示。通常数据库系统可简称为数据库。

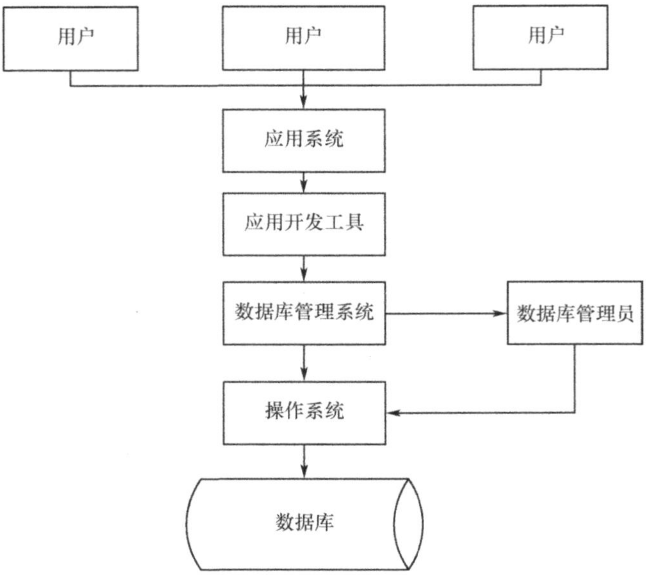

图 10-1　数据库系统组成

具体来讲,数据库系统可划分为不同的模块,每个模块完成整个系统的一个功能。数据库系统建立在计算机操作系统基础上,设计数据库系统必须考虑到数据库系统和操作系统的接口。

数据库系统的功能部件大致可分为查询处理器部件和存储管理器部件。查询处理器基本包括以下部件。

(1) DML 编译器:将查询语言中 DML 语句翻译成查询求值引擎能理解的低级指令,并尽可能地将用户请求转换成一个等价但效率更高的形式,以找到执行查询的更好策略。

(2) 嵌入式 DML 预编译器:将嵌在应用程序中的 DML 语句转化成宿主语言中普通的过程调用语句。

(3) DDL 解释器:解释 DDL 语句并将其记录到包含元数据的一系列表中。

(4) 查询求值引擎:执行由 DML 编译器产生的低级指令。

(5) 权限及完整性管理器:检测是否满足完整性约束,检查试图访问数据的用户的权限。

(6) 事务管理器:保证即使发生了故障,数据库也保持在一致的状态;保证并发事务的执行不发生冲突。

(7) 文件管理器:管理磁盘空间的分配,管理用于表示数据库所存储信息的数据结构。

(8) 缓冲管理器:负责将数据从磁盘上取到内存中来,并决定哪些数据应被缓冲存储在内存中。

另外,还要求几个数据结构,以作为系统物理实现的一部分。

(1) 数据文件:存储数据库自身。

(2) 数据字典：存储关于数据库结构的元数据。

(3) 索引：提供对包含特定值的数据项的快递访问。

(4) 统计数据：存储关于数据库中数据的统计信息。图 10-2 所示为这些部件及其相互间的联系。

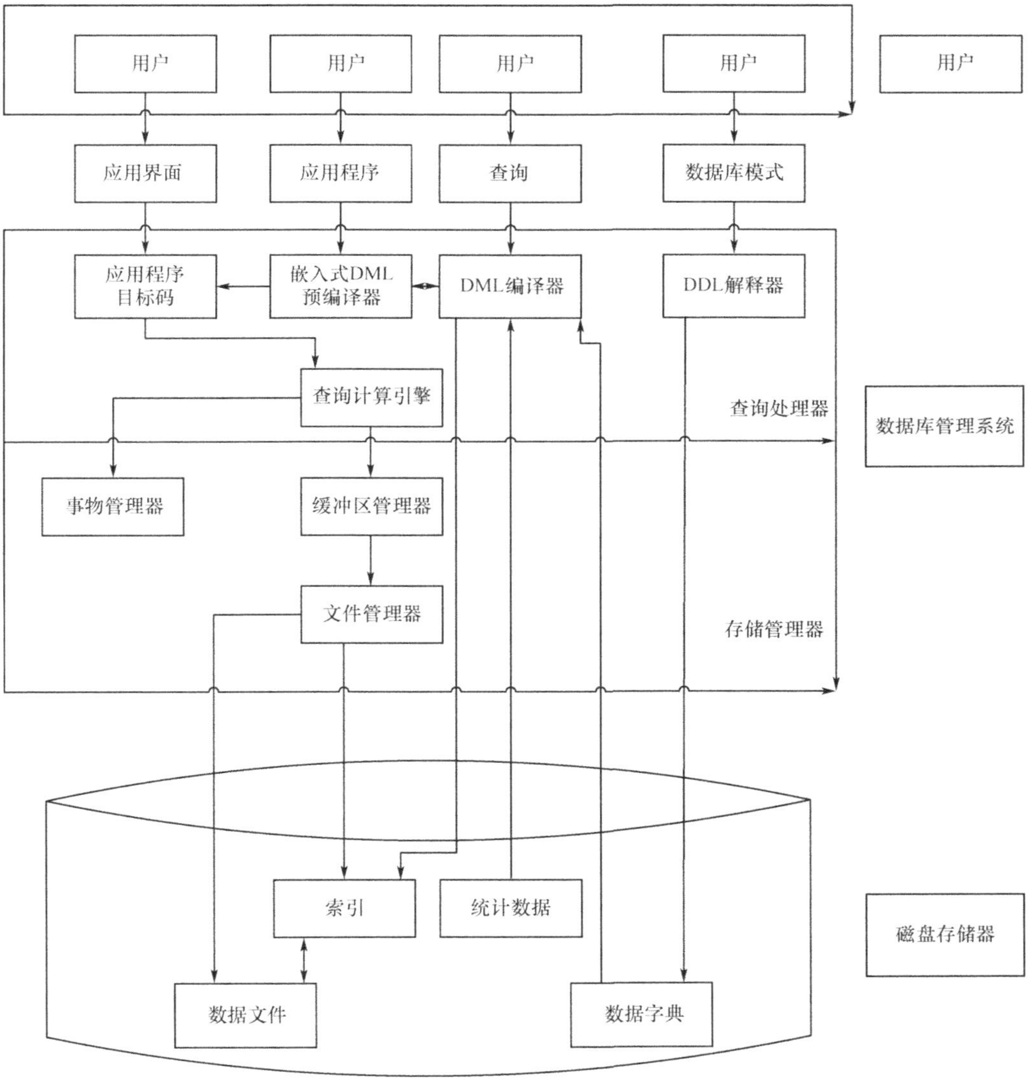

图 10-2　系统结构

10.2.2　数据模型

数据库结构的基础是数据模型。数据模型是现实世界数据特征的抽象，是描述数据、数据联系、数据语义以及一致性约束的概念工具的集合。不同的数据模型提供给我们模拟数据和信息的不同工具。

数据模型应满足以下三个方面的要求。

(1) 能够比较真实的模拟现实世界。

(2) 容易被人理解。

(3) 便于在计算机系统中实现。

现有数据模型可分为三类:基于对象的逻辑模型、基于记录的逻辑模型和物理数据模型。

10.2.2.1 基于对象的逻辑模型

基于对象的逻辑模型用于逻辑层和视图层上描述数据。其特点是能提供灵活的结构组织能力,允许显示定义数据约束。目前,在生物数据库中最常见的基于对象的逻辑模型主要是实体-联系模型(E-R 模型)和面向对象的模型。

1) E-R 模型

E-R 模型是由 P. P. Chen 于 1976 年首先提出的。它提供不受任何 DBMS 约束的面向用户的表达方法,在数据库设计中被广泛用作数据建模的工具。

实体-联系(E-R)数据模型是对现实世界的一种认识:现实世界是由一组称作实体的基本对象以及这些对象间的联系构成的。实体是现实世界中可区别于其他对象的一个"事件"或一个"物体"。

E-R 模型是由实体集、属性和联系集构成的(图 10-3),其表示方法如下。

(1) 实体集用矩形表示,矩形框内写上实体名。

(2) 实体的属性用椭圆框表示,框内写上属性名,用无向边与其实体集相连。

(3) 实体间的联系用菱形框表示,联系以适当的含义命名,名字写在菱形框中,用无向线将参加联系的实体矩形框分别与菱形框相连,并在连线上注明联系的类型,即 1-1、1-*N* 或 *M*-*N*。

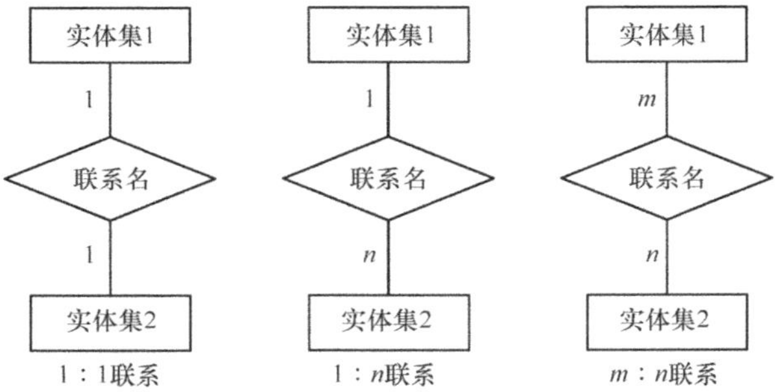

图 10-3 E-R 模型基本构成

2) 面向对象的模型

面向对象的模型基于对象的一个集合。一个对象既包括对象内存储在实例变量中的值,又包括对此对象进行操作的代码体,代码体称作方法。

对象划分为不同的类,含有相同类型的值和相同方法的对象属于同一个类。类可以看作是对象的类型定义。一个对象访问另一个对象数据的唯一途径是激发被访问对象的方法,这一行为称作向对象发送信息。因此,对象方法的调用接口定义了该对象的外部可见部分，对象的内部（实例变量和方法代码）对外部是不可见的，这样就可以产生两个层次的数据抽象。

10.2.2.2 基于记录的逻辑模型

基于记录的逻辑模型用于在逻辑层和视图层描述数据，用来定义数据库的全局逻辑结构和提供有关实现的高层描述。每个记录类型定义了固定数目的字段（或属性），通常每个字段的长度是固定的。目前，基于记录的模型有网状模型、层次模型和关系模型。其中，关系模型最为常见。

1）网状模型

网状模型中的数据用记录的集合来表示，数据间的联系用链接来表示，数据库中的记录可被组织成任意图的集合。

2）层次模型

层次模型与网状模型类似，分别用记录和链接来表示数据和数据间的联系。不同的是，层次模型中的记录只能组织成树的集合而不能是任意图的集合。

3）关系模型

关系模型用表的集合来表示数据和数据间的联系。每个表有多个列，每列有唯一列名。关系模型的数据结构是二维表，由行和列组成，一张二维表称为一个关系。

关系模型的特点如下：

（1）关系模型的数据结构简单；

（2）关系模型中的所有关系都必须是范式化的；

（3）关系模型的数据操作是从原有的二维表得到新的二维表。

10.2.2.3 物理数据模型

物理数据模型用于在低层次上描述数据。实际使用中的物理数据模型较少，在此不作讨论。

10.2.3 关系数据库

关系数据库是建立在关系模型基础上的数据库，借助于集合代数等概念和方法来处理数据库中的数据。关系数据库具有坚实的理论基础，这一理论有助于关系数据库的设计和用户对数据库信息需求的有效处理，是最为常见的数据库类型。目前主流的关系数据库有 Oracle、SQL、Access、DB2、SQLserver，Sybase 等。

关系数据库采用二维表来组织数据，二维表一般具有以下几个性质。

（1）元组个数的有限性：表中的元组个数是有限的。

（2）元组的唯一性：二维表中的元组各不相同。

（3）元组次序的无关性：二维表中元组的次序可以任意交换。

（4）元组分量的原子性：二维表中元组分量是不可分割的数据项。

（5）属性名的唯一性：二维表中的属性名各不相同。

（6）属性的次序无关性：二维表中的属性与次序无关，可任意交换。

11 数据库设计

数据库技术是信息资源管理最有效的手段。数据库设计是指对于一个给定的应用环境,构造最优的数据库模式,建立数据库及其应用系统,有效存储数据,满足用户信息要求和处理要求。

图 11-1 简要概括了数据库的设计过程。如图 11-1 所示,首先要进行的是需求汇集和分析阶段。在这个阶段,数据库设计人员需要与预期的数据库用户见面并讨论,了解用户的数据需求,这一步的最终成果是一个简要的用户需求书面报告。

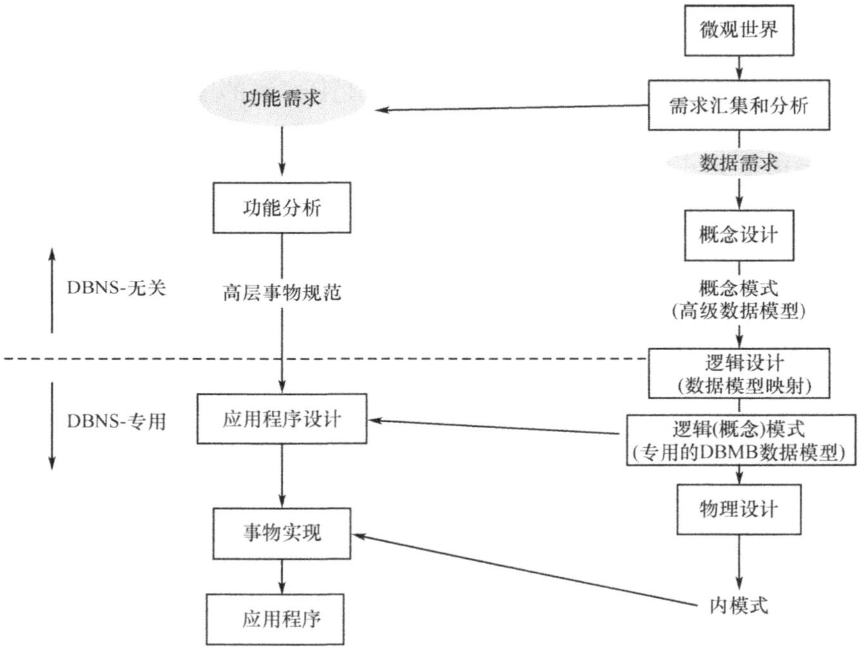

图 11-1 数据库主要设计步骤的简化图

下一步,我们需要使用高级概念数据模型创建数据库的概念模式,即概念设计阶段。概念模式是对用户数据需求的精确描述,包括实体类型、联系和约束的详细描述,这些需求要使用高级数据模型提供的概念表示。由于这些概念并不涉及具体的实现细节,所以它们易于理解,并便于设计人员和非技术用户进行交流。借助高级概念模式,设计人员可以明确用户的所有数据需求是否得到满足、需求之间是否存在冲突,这种方法使得数据库设计人员能够集中精力去确定数据的特性,而无需关心数据的存储和实现细节。

在概念模式的设计过程中或该阶段工作完成后,可以使用基本数据模型来指定高级用户的数据库查询和操作,这些用户操作是在功能分析阶段确定的。这也有助于证实概念模式是否满足所有确定过的功能需求,如果初始的模式不能完成某些功能需求,则需要对该概念进行一定的修改。

接着,我们需要使用 DBMS 进行数据库的实际实现。当前大部分商用 DBMS 使用实现数据模型,如关系数据库模型或对象数据库模型。因此,需要对概念模式由高级数据模型转换为实现数据模型,这一步称为数据库的逻辑设计或数据库模型映射。其结果是用 DBMS 的实现数据模型表示的数据库模式。通常,数据库模型映射由数据库设计工具自动或半自动实现。

数据库设计的最后一个步骤是物理设计阶段。在这个阶段中,要明确数据内部存储结构、索引、存储路径和数据库文件的物理设计参数。与此同时,根据高层事物规范,把应用程序作为数据库的事务进行设计和实现。

关于整个设计过程的具体描述见 12.2。

11.1 数据库设计过程

11.1.1 需求分析阶段

在有效地设计数据库之前,要尽可能详细地了解和分析用户的需求和数据库的用途,这个过程称为需求收集和分析。通过需求收集和分析,将得到数据字典描述的数据需求和数据流图描述的处理需求。需求分析的重点是调查、收集与分析用户在数据管理中的信息要求、处理要求、安全性与完整性要求。

通常,这个阶段包括如下的活动。

(1) 确定数据库的主要应用领域和用户组,他们将使用数据库,或者其工作将会受到数据库的影响。选出每个用户组中的关键人物及群体,以便进行下一步需求收集和规范说明。

(2) 对已有的、与应用有关的文档进行研究和分析。对于其他文档,如政策条例、表单、报告和组织图等,也需要进行简单的浏览,以确定它们是否与需求收集和规范说明有关。

(3) 对当前的操作环境和信息的使用计划进行研究,包括对事务的类型、使用的频率和系统内部信息流的分析。对用户、事务来源和报表流向等业务特征进行分析。确定事务的输入和输出数据。

(4) 有时需要从潜在的数据库用户或用户组那里获得针对某些问题的书面回答。这些问题涉及用户的优先权以及用户对不同应用的重视程度。可能需要某些关键用户帮助设计人员对信息的价值进行评价,确定优先级。

一般情况下,要由专门的分析人员和需求专家组成需求分析小组,来针对数据库系统的最终用户或顾客进行需求分析。关于需求的最终说明可能是不正式、不完整、不一致的,某些部分甚至是不正确的。因此,需要做大量工作对这些早期的需求进行修改,直至得到应用系统的详尽的规范说明,这个规范既是开发人员编码实现的起点,也是测试人员进行测试的依据。由于需求只是初步反映出对一个尚未实现的系统的理解,所以不可避免地对其进行修改。因此,借助一定的技术帮助用户快速地确定和实现相关要求是非常重要的。

许多证据表明,让用户参加系统的开发过程可增加用户对未来交付系统的满意程度。基于这个原因,许多开发人员目前通过会议或工作组,让所有用户介入到开发过程中来。这种对初始需求进行细化的方法被认为联合应用设计。最近,又出现了一些新的技术,如语境设计,此方法是让设计人员融入到将要使用应用的工作环境中。为了帮助用户更好地理解所设计的系统,通常还要遍历工作流或事务场景,或者创建应用的原始模型。

上述做法有助于结构化和细化用户需求,但用户需求仍然是非正式的。借助需求规格说明技术,可把用户需求表示为一个更为结构化的形式。需求规格说明技术包括面向对象分析(object-oriented analysis,OOA)、数据流图(data flow diagram,DFD)和应用目标的改进。这些方法使用图表技术对信息处理的需求进行组织和表示。除图表之外,还有文本、表格、示意图决策等形式的文档。目前还有一些技术能够把用户需求直接转换成正式的规范说明,并可以使用数字方法验证需求说明的一致性和进行 what-if 符号分析。对于信息系统中关键任务功能,必须严格依照计划进行。因此,将来这些方法将成为信息系统中的标准。基于模型的正式规范说明方法可以看作是 ER 模型的扩展,对于信息系统的设计来说是非常实用的。Z 表示法及方法学就是其中的典型示例。

需求收集和分析可能是非常耗时的,但对于信息系统的成功与否至关重要。改正需求中的一个错误,要比修改实现过程中的一个错误有价值得多,这是因为需求中的错误往往会导致大量后续工作的返工。如果不改正这个错误,就意味着系统将不能满足用户的需求,甚至根本无法使用。

11.1.2 概念数据库设计阶段

概念数据库设计阶段涉及两个并行的活动。第一个活动为概念模式设计,它对第一阶段得到的数据需求进行检验,并得出概念数据库模型。第二个活动为事务和应用设计,它对第一阶段所分析的数据库应用进行检验,并生成高级的规范说明。下面就这两个活动分别详细论述。

11.1.2.1 概念模式设计

基于下述原因,在该阶段得到的概念模式通常包括在一个与 DBMS 无关的高级数据库模型中。

(1) 概念模式设计的目标是获取对数据库结构、含义(语义)、相互联系和约束的全面了解。最好要独立于特定的 DBMS,这是由于每个 DBMS 都有各自的特点和限制,而这些不应该影响到概念模式的设计。

(2) 作为数据库内容的静态描述,概念模式的价值是无法估量的。DBMS 的选择以及其后的设计决策都可能会改变,但不会改变独立于 DBMS 的概念设计。

(3) 对于数据库用户和应用设计人员来说,充分理解概念模式非常关键。因此,高级数据模型的使用也很重要,它要比单个的 DBMS 数据模型具有更强的表达能力和通用性。

(4) 概念模式的图示描述更有助于数据库用户、设计人员和分析人员之间的交流。与低级的特定的 DBMS 数据模型或数据的语法的定义相比,高级数据模型涉及的基本概念易于理解,从而使得关于概念设计的交流可以更为准确和直接。

在概念数据库设计阶段,使用具有以下特性的高级概念数据模型非常重要。

(1) 表达性:数据模型应该具有足够强的表达能力,以区分数据的不同类型、联系和约束。

(2) 简单性和易理解性:模型应尽量简单,以便非专业用户能够理解和使用模型的相关概念。

(3) 最小性:模型应只具有少量的基本概念,这些概念应互不相同,并且含义互不重叠。

(4) 图形表示:模型应提供图形化表示法,用于显示易于解释的概念模型。

(5) 形式化:数据模型中所表示的概念模式必须能够对数据进行无歧义的形式化规范说明。因此,必须对模式概念进行准确且无歧义的定义。

对于概念模式的设计,必须确定模式的基本组成:实体类型、联系类型、属性、码属性、联系的基数和参与约束、弱实体类型和特化/泛化、层次/格等。根据第一阶段收集的用户需求,一般有两种概念模式设计的方法,下面将一一详细论述。

(1) 集中式(或称一拍式)模式设计方法:这种方法在开始进行模式设计之前,先将在第一阶段中从不同应用和用户组获得的需求合并到单个的需求集合中,然后根据这个需求集合设计一个与之相对应的模式。当存在多个用户和应用时,合并所有需求可能是一项非常耗力耗时的工作。这样做的前提是假设采用集中式授权方式,即由数据库管理员(database administrator,DBA)负责确定如何合并这些需求,并设计出整个数据库的概念模式。一旦设计并最终确定了概念模式,就有 DBA 指定针对不同用户组和应用的外模式。

(2) 视图集成方法:该方法不需要对用户需求进行合并,而是根据每个用户组和应用的各自需求,分别为他们设计相应的模式。因此,需要为每个用户组和应用设计一个高级模式,在后面的视图集成阶段,这些模式被合并或集成为整个数据库的全局概念模式。完成视图集成之后,可将单个视图重构为外模式。

这两种方法的主要区别是多个用户和应用的多个视图或需求的合并方式和合并时机不同。对于集中式方法,在模式设计之前,由 DBMS 对用户或应用的需求进行手动调优,并直接应用到第一阶段收集的需求中。使用这种方法时,对用户组间的差异和冲突进行调优的任务由 DBA 负责。在实际工作中解决这个问题的典型方法是借助组织外部的顾问或设计专家,用他们自己的方式来解决这些冲突。由于这一任务的管理困难,所以视图集成方法更多地得到了人们的认可。

对于视图集成方法,每个用户组或应用在 DBA 的辅助下,根据自己的实际需求设计各自的概念模式。然后再由 DBA 通过对这些模式进行集成以形成全局集成模式。虽然可以手工进行视图集成,但对于具有数十个用户组的大型数据库,则需要一种方法学,并需要借助自动化工具辅助进行视图集成。在视图集成之前,首先必须确定各种视图的属性、实体类型、联系类型之间的对应关系。除此之外,还要处理有冲突的视图的集成,以及验证特定的模式相互间对应关系的一致性等问题。

给定一个需求集合，无论是对单个用户还是对一个用户团体，都必须创建满足这些需求的概念模式。设计这样的模式存在着多种策略。绝大多数策略遵循增量方法，即先根据需求创建一些模式构造，然后在此基础上增量地进行修改、细化或构建。目前，常见设计概念模式的策略有自顶而下策略、自底向上策略、由内向外策略和混合策略等，下面将一一讨论。

（1）自顶向下策略：首先从一个包含高级抽象的模式开始，然后连续应用自顶向下的细化。例如，可以先指定几个高级实体类型，然后在指定其属性时，把这些实体类分裂为较低级的实体类型和联系。

（2）自底向上策略：首先从一个包含基本抽象的模式开始，然后在此基础上对这些抽象进行组合和添加，如可以先确定一些属性，然后把属性分组为不同的实体类型和联系。在设计过程中可能需要在实体类型之间增加新的联系。

（3）由内向外策略：这是自顶向下策略的一个特例。首先，把注意力集中在最为明显的一个核心概念集合上。其次，考虑在现存概念集合周围增加的新概念，从而使得建模过程向外扩展。使用该策略，可以先确定模式中比较明显的一些实体类型，然后继续添加其他相关的实体类型和联系。

（4）混合策略：该策略是在设计过程中不遵循任何一个特定的策略，而是先根据自顶向下的策略把需求进行划分，然后根据自底向上的策略对每个划分设计模式。最后将模式的各个部分进行组合。

对于具有多个预期用户和应用的大型数据库，可以采用先对单个模式进行设计，然后再将它们合并起来的视图集成方法来实现。由于单个视图相对较小，因此简化了模式的设计工作。不过，要把视图集成所需的全局数据库模式，则需要一种方法学。模式集成可以划分为如下的子任务。

（1）识别模式之间的对应关系和冲突：由于模式是分别设计的，因此有必要对模式中表示同一现实世界概念的构造加以确定，并且必须在集成之前确认模式间的对应关系。在这个过程中，可能会发现模式间存在下述类型的冲突。

命名冲突：有两种，即同义词和异义词。同义词是指两个模式使用不同的名字描述相同的概念。例如，一个模式中的实体类型 CUSTOMER 和另一个模式中的实体类型 CLIENT 描述的可能是相同的概念。同名异义词是指两个模式使用相同的名字描述不同的概念。例如，一个模式中的实体类型 PART 可能表示计算机部件，而另一个模式中的实体类型 PART 可能描述的是家具部件。

类型冲突：相同的概念在不同模式中可能由不同的建模构造表示。例如，DEPARTMENT 的概念在一个模式中表示为实体类型，但在另一个模式中则表示为属性。

域（值集）冲突：一个属性在两个模式中可能具有不同的域。例如，在一个模式中 Ssn 可能被声明为整数，但在另一个模式中却表示一个字符串。如果一个模式以磅（1 磅＝0.453 592kg，后同）为单位表示 WEIGHT，而在别的模式中却是以千克为单位，这就有可能发生计量单位的冲突。

约束冲突：两个模式可能使用不同的约束，如不同模式中某个实体类型的码可能不同。另一个例子是联系上的不同结构约束,如 TEACHS,一个模式使用 $1:N$ 表示(一门课程由一个讲师讲授),而另一个模式用 $M:N$ 表示(一门课程可由多个讲师讲授)。

(2) 修改视图使其相互一致:对一些模式进行修改,以便与其他模式相一致。在这一步中,可以解决上一步所发现的冲突。

(3) 合并视图:通过合并单个模式来创建全局模式,对应的概念在全局模式中只出现一次,并且要确定视图和全局模式之间的映射。在涉及数百个实体和联系的现实数据库中,这一步难度最大。因为这需要牵扯到大量的人为干预,通过协商来解决冲突,并且提出一个最合理、最可以被接受的全局模式解决方案。

(4) 重构:作为最后的一个可选步骤,可能会对全局模式进行分析和重构,以删除冗余并减少不必要的复杂性。

在现实的设计过程中,模式集成的处理需要一个更加严格和系统化的方法,下面将介绍一些用于视图集成处理的策略。

(1) 二元梯度集成:首先对两个十分相似的模式进行集成,然后把结果模式与另外一个模式集成,不断重复该过程直到所有的模式都被集成。可以根据模式的相似程度确定模式集成的顺序。由于集成是逐步进行的,所以该策略适用于手工集成。

(2) N 元集成:对视图的对应关系进行分析和规范化说明之后,在一个过程中完成所有视图的集成。对于规模较大的设计问题,这个策略需要使用计算机辅助工具。

(3) 二元平衡策略:首先将模式成对地进行集成,然后再将结果模式成对地进一步集成,不断重复该过程直至得到最终的全局模式。

(4) 混合策略:首先,根据模式的相似性把它们划分为不同的组,对每个组单独进行集成,然后对中间结果进行分组并再集成,重复该过程直至集成结束。

11.1.2.2 事务设计

该阶段的目标是对于已知的数据库事务(应用)所具有的特性使用与 DBMS 无关的方式去设计它们。当开始对数据库系统进行设计时,设计人员就会意识到一旦实现了这个数据库,就会在这个数据库上运行大量已知的应用(或事务)。

数据库设计的一个重要部分就是要在设计过程的开始阶段,尽早确定这些事务的功能和特性。这样能确保数据库模式包括这些事务所需要的全部信息。同时,在物理数据库设计过程中,了解不同事务的相对重要程度以及事务的预期调用频率是非常关键的。一般情况下,在设计阶段能了解到的数据库事务的目的是有限的,在数据库系统实现之后,会不断发现新的事务并要求对其进行实现。但是,在系统实现之前,往往能够了解那些最重要的事务,应当在初期阶段确定这一类事务。根据非形式化的“80-20”规则,即占总事务数 20% 的最常用的事务表示了全部工作量的 80% ,正是这些事务决定着整个设计工作。在需要有特定查询或批处理频繁的应用中,必须要确定那些处理大量数据的查询和应用。

在概念层确定事务时,一个常用的技术是识别事务的输入/输出和功能行为。通过指定输入和输出参数(变量)和内部功能的控制流,设计者可以用一种与系统无关的、概念性的方式来确定事务。事务通常被分为如下三类。

(1) 检索事务,用于对数据进行检索以便在屏幕上显示或生成报表。

(2) 更新事务,用于在数据库输入新数据或修改现有的数据。

(3) 混合事务,用于一些涉及检索和更新的复杂应用。

需求规范说明的若干技术包括指定过程的表示法,在这里,过程是更为复杂的操作,它可能由多个事务组成。UML 语言使用类图和对象图对数据建模提供支持,它拥有各种过程建模图,包括状态转换图、行为图、序列图和写作图。所有这些涉及信息系统的行为、事件和操作、输入和输出过程、序列或需求同步及其他一些条件。可对这些说明进行细化,并从中提取单个事务。

事务设计和模式设计具有同等的重要性,但人们常常认为这是软件工程的研究领域,而并非数据库设计的内容。因此,目前许多设计方法学总是只强调其中的某一个。在具体的设计工作中,概念模式设计和事务设计应该同时进行,并借助反馈环不断细化直至得到稳定的模式和事务的设计。

11.1.3 DBMS 的选择

DBMS 的选择取决于一系列因素,包括来自技术方面、经济方面及组织管理策略方面的影响。技术因素涉及 DBMS 是否能够胜任所要完成的工作。在这里,需要考虑以下几个问题:DBMS 的类型(关系 DBMS、对象-关系 DBMS、面向对象 DBMS 或其他 DBMS)、DBMS 支持的存储结构和存放路径、有效的用户界面和开发界面、高级查询语言的类型、有效的开发工具、通过标准接口和其他 DBMS 交互的能力,以及与客户/服务器操作相关的结构选项等。非技术因素包括财务状况和厂商提供的支持。本节将集中讨论影响 DBMS 选择的经济因素和组织因素。在选择 DBMS 时,需考虑以下成本。

(1) 软件采购成本:涉及的软件包括语言选项、不同的接口选项(如表单、菜单和基于 Web 的图形用户界面工具)、备份/恢复工具、特殊存取方法,以及文档。另外,还必须选择特定操作系统下正确的 DBMS 系统。通常,基本报价中不包括开发工具、设计工具和附加的语言支持。

(2) 维护成本:这是获得厂商的标准维护服务以及保证 DBMS 的最新版本所需不断支付的成本。

(3) 硬件采购成本:某些情况下可能需要购置新硬件,如额外的内存、终端、硬盘驱动器和控制器或专门的 DBMS 存储设备和归档存储设备等。

(4) 数据库创建和转换成本:这是新建数据库系统或从现有系统向新的 DBMS 软件转换时必须花费的成本。在后一种情况下,旧系统通常要和新系统同时运行一段时间,直到新的应用程序被完全实现并通过测试。这项成本很难预测,而且往往会低估该项成本。

(5) 人员成本:如果某个组织是第一次使用 DBMS 软件,必须要对该组织的数据处理部门进行重组。大部分使用 DBMS 的组织都会为 DBA 和维护人员留有职位。

(6) 培训成本:由于 DBMS 属于复杂的计算机系统,相关人员必须经常接受培训以便使他们能够使用并应用 DBMS。需要培训各个层次的人员,包括编程人员、应用开发人员和数据库管理员等。

(7) 运行成本:数据库系统连续运行的成本通常不在估计范围之内。因为该成本与 DBMS 的选择无关。

与传统的文件系统相比,DBMS 具有很多优点,如易用性、更好的数据可用性和信息的快速存取等。

11.1.4 逻辑数据库设计阶段

该阶段也成为数据模型映射,即通过对概念模式设计阶段所得到的模式进行映射,在选定的 DBMS 的数据模型基础上创建数据库的概念模式和外模式。映射过程分为两个阶段。

(1) 系统无关的映射:在这个阶段中,对于任何数据模型的 DBMS 在实现中的一些具体特性和特殊情况,映射不予考虑。

(2) 为特定的 DBMS 定制模式:不同的 DBMS 使用各自的建模特性和约束来实现数据模型。因此,可能需要对在步骤(1)中获得的模式进行调优。这样,对于选定的 DBMS 所使用的数据模型,模式可以更好地与数据模型的特定实现相一致。

该阶段得到的结果是使用选定的 DBMS 的语言编写 DDL(数据定义语言)语句,DDL 语句指定了数据库系统的概念模式和外模式。如果 DDL 语句包括某些物理数据库设计参数,则必须等到全部物理数据库设计结束后才能得到完整的 DDL 规范说明。

目前,关系模型是生物信息数据库系统中最为常见的,在其设计过程中,将 E-R 图转换为关系模型,也就是将实体、实体的属性和实体之间的联系转化为关系模式,这种转换一般遵循的原则如下。

(1) 一个实体型转换为一个关系模式。实体的属性就是关系的属性。实体的码就是关系的码。

(2) 一个 $m:n$ 联系转换为一个关系模式。与该联系相连的各实体的码以及联系本身的属性均转换为关系的属性。而关系的码为各实体码的组合。

(3) 一个 $1:n$ 联系可以转换为一个独立的关系模式,也可以与 n 端对应的关系模式合并。如果转换为一个独立的关系模式,则与该联系相连的各实体的码以及联系本身的属性均转换为关系的属性,而关系的码为 n 端实体的码。

(4) 一个 $1:1$ 联系可以转换为一个独立的关系模式,也可以与任意一端对应的关系模式合并。

(5) 三个或三个以上实体间的一个多元联系转换为一个关系模式。与该多元联系相连的各实体的码以及联系本身的属性均转换为关系的属性。而关系的码为各实体码的组合。

(6) 同一实体集的实体间的联系,即自联系,也可按上述 $1:1$、$1:n$ 和 $m:n$ 三种情况分别处理。

(7) 具有相同码的关系模式可合并。

为了进一步提高数据库应用系统的性能,通常以规范化理论为指导,还应该适当地修改、调整数据模型的结构,这就是数据模型的优化。确定数据依赖。消除冗余的联系。确定各关系模式分别属于第几范式。确定是否要对它们进行合并或分解。一般来说将关系分解为 3NF 的标准,即:

表内的每一个值都只能被表达一次;

表内的每一行都应该被唯一的标志(有唯一键);

表内不应该存储依赖于其他键的非键信息。

11.1.5 数据库物理设计阶段

为逻辑数据模型选取一个最适合应用环境的物理结构(包括存储结构和存取方法),从而使各种数据库应用都能获得最佳性能的过程。通常,每个 DBMS 都提供多种选项,这些选项用于文件组织和存储路径的选取。选项包括多种索引类型、在磁盘块上聚簇的相关记录、使用指针连接的相关记录,以及各种类型的散列技术。一旦选定所使用的 DBMS,物理数据库的设计过程就被限定为从该 DBMS 所提供的选项中为数据库文件选择最合适的结构。下面将介绍一下给出物理设计决策的通用指导原则,这些原则适用于任何类型的 DBMS。通常使用如下标准来指导选择物理数据库设计的选项。

(1) 响应时间:指从提交数据库事务开始执行起,到收到相应该事务的结果所花费的时间。影响响应时间的最主要因素是:事务所用数据项的数据库存储时间,这是由 DBMS 控制的。响应时间也受到非 DBMS 因素的影响,如系统负载、操作系统调度以及通信延迟等。

(2) 空间利用:是指被磁盘上的数据库文件及其存取路径结构所占用的存储空间的数量,包括索引和其他存储路径。

(3) 事务吞吐量:即系统每分钟能够处理事务的平均数量。

通常,上述参数的平均值和最坏情况限定值被指定为系统性能需求的一部分。在不同的物理设计中,可以使用分析技术和实验技术,包括原型法和仿真法,来估计上述参数的平均值和最坏情况限定值,以确定是否满足性能需求。

性能取决于文件中记录的大小和记录的数目。因此,还必须对每个文件估计上述参数。此外,还需要估计所有事务对数据库文件的更新和检索方式。那些用于检索特定记录的属性应当为其创建主存取路径和辅助索引。无论是因为新增属性而导致记录大小增加,还是因为记录数目的增长,这些对文件增长的估计,都应在物理数据库设计阶段加以考虑。

11.1.6 数据库实施阶段

运用 DBMS 提供的数据语言(如 SQL)及其宿主语言(如 C 语言),根据逻辑设计和物理设计的结果建立数据库,编制与调试应用程序,组织数据入库,并进行试运行。数据库实施主要包括以下工作:用 DDL 定义数据库结构、组织数据入库、编制与调试应用程序、数据库试运行等。

11.1.7 数据库运行和维护阶段

数据库应用系统经过试运行后即可投入正式运行。在数据库系统运行过程中必须不断地对其进行评价、调整与修改。包括:数据库的转储和恢复,数据库的安全性、完整性控制,数据库性能的监督、分析和改进,数据库的重组织和重构造。

11.1.8 建模工具的使用

为加快数据库设计速度,目前有很多数据库辅助工具(CASE 工具),如 Rational 公司的 Rational Rose,CA 公司的 Erwin 和 Bpwin,Sybase 公司的 Power Designer 以及 Oracle 公司的 Oracle Designer 等。

Erwin 主要用来建立数据库的概念模型和物理模型。它能用图形化的方式,描述出实体、联系及实体的属性。ERwin 支持 IDEF1X 方法。通过使用 ERwin 建模工具自动生成、更改和分析 IDEF1X 模型,不仅能得到优秀的业务功能和数据需求模型,而且可以实现从 IDEF1X 模型到数据库物理设计的转变。ERwin 工具绘制的模型对应于逻辑模型和物理模型两种。在逻辑模型中,IDEF1X 工具箱可以方便地用图形化的方式构建和绘制实体联系及实体的属性。在物理模型中,ERwin 可以定义对应的表、列,并可针对各种数据库管理系统自动转换为适当的类型。

设计人员可根据需要选用相应的数据库设计建模工具。例如,需求分析完成之后,设计人员可以使用 Erwin 画 ER 图,将 ER 图转换为关系数据模型,生成数据库结构,画数据流图,生成应用程序。

11.2 数据库设计规范(以关系数据库为例)

一个关系数据库模式由多个关系模式构成,一个关系模式由多个属性构成。在前两节已经简单讨论了数据库设计过程,但是到目前为止仍未找到一种能够衡量和评判设计质量好坏的标准。本节将讨论一些完善的评价关系模式好坏的理论。

一般情况下,在两个层次上讨论关系模式的优劣。第一个层次是逻辑层(或概念层),即用户如何解释关系模式及其属性的含义。在这个层次上一个好的关系模式可以使得用户清楚地理解关系模式及其属性的含义,从而能正确地表达他们的查询要求。第二个是实现层(或存储层),即一个基本关系中的元组如何被存储和更新,这个层次仅应用于在物理上可以存储为文件的基本关系模式,而在逻辑层次上,我们感兴趣的是基本关系模式和视图模式。

关系数据库设计最终将生成一个关系的集合。设计活动的目标是信息保持和最小冗余。在概念设计向逻辑设计映射后,关系设计应仍保持在概念设计中所有这些概念的信息。关于最小冗余,是指相同信息冗余存储的最小化,以及在响应现实事件的更新中,为保持相同信息多个备份间的信息一致性而导致更新次数的最小化。

11.2.1 关系模式的非形式化设计准则

关系模式的非形式化设计准则主要是针对属性的语义和元组提出的,目标是为了在实现最小冗余度的前提下进行信息保存。总结起来,主要包括以下几个准则。

准则 1:要明确定义关系中的属性。设计一个关系模式要能够容易地解释它的含义。不能将多个实体类型和联系类型的属性组合成单个的联系。一般情况下,若一个关系对应于多个实体和联系的混合体,就会导致语义不清,也就不容易对该关系进行解释。反之,如果一个关系模式对应于一个实体类型或一个联系类型,那么它的含义就很清晰。

准则 2:尽可能减少元组中的冗余信息和更新异常。设计基本关系模式要使得关系中不出现插入、删除和修改异常。如果有任何异常出现,则需要明确加以注解,以确保更新数据库的程序能够正确地操作。

准则3:尽量减少元组中的NULL值。设计一个基本关系时要尽可能避免在其中放置经常为NULL值的属性。如果NULL值是不可避免的,需要确保它们仅适用于特殊情况,而不适用于关系中的大部分元组。NULL值会导致存储空间的浪费,并使得执行选择、聚集操作和连接NULL值时产生困难。

准则4:不允许存在生成伪元组的可能性。设计关系模式时,要使得它们可以作为主码/外码属性进行等值条件的连接,并且这种连接保证不会生成伪元组。需要避免关系中包含非主码/外码组合的匹配属性,因为在这类属性上进行连接可能会生成伪元组。

11.2.2 关系的规范化

规范化过程是指通过对关系模式进行一系列的检验,以验证一个关系模式是否满足某个特定的范式。规范化理论最早是由关系数据库的创始人E. F. Codd提出的,后经许多专家学者对关系数据库理论作了深入的研究和发展,形成了一套有关关系数据库设计的理论。

数据的规范化基于关系模式的函数依赖和主码,对给定的关系模式进行分析,以达到所期望的特性,即最小的冗余和最小的插入、删除和更新异常。不满足某些范式检验条件的不令人满意的关系模式,可将其分解成更小的关系模式,以满足检验条件并具有所期望的特性。因此,规范化过程为数据库设计者提供了如下内容。

(1) 一个形式化的框架,基于关系模式的码和关系模式的属性间的函数依赖来分析关系模式。

(2) 一系列可以在单个关系模式上实现的范式检测,以便将关系数据库规范化到任何需要的程度。

这里,需要提到一个非常重要的概念,即关系的范式。关系的范式是指该关系能够满足的最高范式条件,因此,它表明了该关系规范化的程度。

规范化有好几种形式,包括第一范式(1NF)、第二范式(2NF)和第三范式(3NF)等。其中,3NF通常被认为在性能、扩展性和数据完整性方面达到了最好平衡。简单来说,遵守3NF标准的数据库的表设计原则是某个表只包括其本身基本的属性(one fact in one place),当不是它们本身所具有的属性时需进行分解。表之间的关系通过外键相连接。它具有以下特点:有一组表专门存放通过键连接起来的关联数据。

现实中大多数设计项目都需要从以前的设计、传统模型的设计或者从现有的文件中来获得现存的数据库设计,再在实践中完成规范化,从而获得高质量的设计,并满足前面给出的所期望的性质。

11.2.3 键和索引选择原则

11.2.3.1 键选择原则

1) 键设计4原则

(1) 为关联字段创建外键。

(2) 所有的键都必须唯一。

(3) 避免使用复合键。

(4) 外键总是关联唯一的键字段。

2) 使用系统生成的主键

设计数据库的时候采用系统生成的键作为主键,那么实际控制了数据库的索引完整性。这样,数据库和非人工机制就有效地控制了对存储数据中每一行的访问。采用系统生成键作为主键还有一个优点:当拥有一致的键结构时,找到逻辑缺陷很容易。

3) 不要用用户的键(不让主键具有可更新性)

在确定采用什么字段作为表的键的时候,可一定要小心用户将要编辑的字段。通常的情况下不要选择用户可编辑的字段作为键。

4) 可选键有时可做主键

把可选键进一步用做主键,可以拥有建立强大索引的能力。

11.2.3.2 索引使用原则

索引是从数据库中获取数据的最高效方式之一。95% 的数据库性能问题都可以采用索引技术得到解决。

(1) 逻辑主键使用唯一的成组索引,对系统键(作为存储过程)采用唯一的非成组索引,对任何外键列采用非成组索引。考虑数据库的空间有多大,表如何进行访问,还有这些访问是否主要用作读写。

(2) 大多数数据库都索引自动创建的主键字段,但是不要忘记索引外键,它们也是经常使用的键,如运行查询显示主表和所有关联表的某条记录就用得上。

(3) 不要索引 memo/note 字段,不要索引大型字段(有很多字符),这样做会让索引占用太多的存储空间。

(4) 不要索引常用的小型表。不要为小型数据表设置任何键,假如它们经常有插入和删除操作就更不要这样操作。对这些插入和删除操作的索引维护可能比扫描表空间消耗更多的时间。

11.2.3.3 数据完整性设计

1) 完整性实现机制

实体完整性:主键

参照完整性:父表中删除数据:级联删除;受限删除;置空值

父表中插入数据:受限插入;递归插入

父表中更新数据:级联更新;受限更新;置空值

DBMS 对参照完整性可以有两种方法实现:外键实现机制(约束规则)和触发器实现机制。

用户定义完整性:NOT NULL;CHECK;触发器。

2) 用约束而非商务规则强制数据完整性

采用数据库系统实现数据的完整性。这不但包括通过标准化实现的完整性而且还包括数据的功能性。在写数据的时候还可以增加触发器来保证数据的正确性。不要依赖于商务层保证数据完整性;它不能保证表之间(外键)的完整性所以不能强加于其他完整性规则之上。

3）强制指示完整性

在有害数据进入数据库之前将其剔除。激活数据库系统的指示完整性特性。这样可以保持数据的清洁而能迫使开发人员投入更多的时间处理错误条件。

4）使用查找控制数据完整性

控制数据完整性的最佳方式就是限制用户的选择。只要有可能都应该提供给用户一个清晰的价值列表供其选择。这样将减少键入代码的错误和误解,同时提供数据的一致性。某些公共数据特别适合查找:国家代码、状态代码等。

5）采用视图

为了在数据库和应用程序代码之间提供另一层抽象,可以为应用程序建立专门的视图而不必非要应用程序直接访问数据表。这样做还等于在处理数据库变更时给你提供了更多的自由。

11.3 数据库命名规范

11.3.1 实体(表)的命名

(1) 表以名词或名词短语命名,确定表名是采用复数还是单数形式,此外给表的别名定义简单规则(如果表名是一个单词,别名就取单词的前4个字母;如果表名是两个单词,就各取两个单词的前两个字母组成4个字母长的别名;如果表的名字由3个单词组成,从头两个单词中各取一个然后从最后一个单词中再取出两个字母,结果还是组成4个字母长的别名,其余以此类推)。

对工作用表来说,表名可以加上前缀WORK_后面附上采用该表的应用程序的名字。在命名过程当中,根据语义拼凑缩写即可。注意,由于Oracle会将字段名称统一成大写或者小写中的一种,所以要求加上下划线。

(2) 如果表或者是字段的名称仅有一个单词,那么建议不使用缩写,而是用完整的单词。

(3) 所有的存储值列表的表前面加上前缀Z,目的是将这些值列表类排序在数据库最后。

(4) 所有的冗余类的命名(主要是累计表)前面加上前缀X;冗余类是为了提高数据库效率,非规范化数据库的时候加入的字段或者表。

(5) 关联类通过用下划线连接两个基本类之后,再加前缀R的方式命名,后面按照字母顺序罗列两个表名或者表名的缩写,关联表用于保存多对多关系。如果被关联的表名大于10个字母,必须将原来的表名进行缩写。如果没有其他原因,建议都使用缩写。

11.3.2 属性(列)的命名

(1) 采用有意义的列名,表内的列要针对键采用一整套设计规则。每一个表都将有一个自动 ID 作为主键,逻辑上的主键作为第一组候选主键来定义,如果是数据库自动生成的编码,统一命名为 ID;如果是自定义的逻辑上的编码则用缩写加“ID”的方法命名;如果键是数字类型,你可以用_NO 作为后缀;如果是字符类型则可以采用_CODE 后缀。对列名应该采用标准的前缀和后缀。

(2) 所有的属性加上有关类型的后缀。注意,如果还需要其他的后缀,都放在类型后缀之前。

注:数据类型是文本的字段,类型后缀 TX 可以不写。有些类型比较明显的字段,可以不写类型后缀。

(3) 采用前缀命名,给每个表的列名都采用统一的前缀,那么在编写 SQL 表达式的时候会得到大大的简化。这样做也确实有缺点,如破坏了自动表链接工具的作用,后者把公共列名同某些数据库联系起来。

11.3.3 视图的命名

(1) 视图以 V 作为前缀,其他命名规则和表的命名类似。

(2) 命名应尽量体现各视图的功能。

11.3.4 触发器的命名

触发器以 TR 作为前缀,触发器名为相应的表名加上后缀,Insert 触发器加“_I”,Delete 触发器加“_D”,Update 触发器加“_U”。

11.3.5 存储过程名

存储过程应以“UP_”开头,和系统的存储过程区分,后续部分主要以动宾形式构成,并用下划线分割各个组成部分。

11.3.6 变量名

变量名采用小写,若属于词组形式,用下划线分隔每个单词,如@ my_err_no。

11.3.7 命名中其他注意事项

(1) 以上命名都不得超过 30 个字符的系统限制。变量名的长度限制为 29 个字符(不包括标志字符@)。

(2) 数据对象、变量的命名都采用英文字符,禁止使用中文命名。绝对不要在对象名的字符之间留空格。

(3) 小心保留词,要保证你的字段名没有和保留词、数据库系统或者常用访问方法冲突。

(4) 保持字段名和类型的一致性,在命名字段并为其指定数据类型的时候一定要保证一致性。假如数据类型在一个表里是整数,那在另一个表里就不要变成字符型。

12 常见生物信息数据库特点

12.1 数据模型

以 NCBI 数据模型为例。NCBI 使用的是序列相关信息模型，该模型的基本原理：将数据输入计算机的目的有两个，即重现和发现。重现是最大限度地找回它原来的本身。这个过程尽管很重要，但如果能找回比数据本身更多的信息，也就是从信息中得到发现，这当然是更有价值的。从识别数据库中完全不相关的两条数据中发现它们之间的关系，或者对数据进行新角度的分析计算，科学家能从中得到发现。强调 NCBI 数据模型就是为了促进这种发现，从而定义了能描述信息间的联系和适合计算的数据模型。

这种模型有以下特点：它能轻而易举地从已公布的 DNA 序列映射到编码蛋白，到基因的染色体设计，到三维蛋白质的结构。该模型对生物学家使用 Entrez 有很大的帮助。

NCBI 数据模型直接构造了包含 DNA 和蛋白质质序列的模型。翻译的过程是由两种序列间的关系决定而不是由一种对另一种的解释确定。和蛋白质相关的注解（如肽切分产物）是由蛋白质序列特征直接注释。这样，用 BLAST 或其他序列搜索工具去分析由 CDS 特征得到的蛋白质序列就变容易了，尽管返回基因时可能会丢失精确的中间联系。一组 DNA 序列和由它翻译的蛋白质被称为核酸-蛋白质组，它是 NCBI 为使用这些数据的中间数据。GenBank 数据格式只是人类可读的一种特殊数据形式。它失去了有联系的序列集合，而倒退回比较熟悉的那种序列（以 DNA 为中心的视角）。Entrez 的目标是更直接的反映数据的底层结构。由 BLAST 实现的从 GenBank 到蛋白质序列的翻译实际上是从蛋白质-核酸组，得到蛋白质序列。

12.2 数据库的存储

12.2.1 存储介质

构成数据库的数据集合必须物理地存储在某种计算机的存储介质上。这样，DBMS 软件才可以在需要时检索、更新和处理这些数据。组成存储层的计算机存储介质主要包括两类。

(1) 主存：主存包括计算机中央处理器（central processing unit，CPU）、直接操作的存储介质，如计算机的主存，以及容量比较小但速度更快的高速缓存。主存通常提供数据的快速处理，但是存储容量受到限制。尽管今年来，主存的容量快速增大，但因其仍然较为昂贵，容量远不及辅存和三级存储器。

(2) 辅存和三级存储器：这类存储器包括磁盘、光盘（CD、DVD 和其他类似的存储媒体)和磁带。硬盘设备被划归为辅存,可移动的介质(光盘和磁带等)被划为三级存储。这些设备与主存相比,容量大、成本低,但存储数据的速度比较慢。CPU 不能直接对辅存中的数据进行操作,必须首先把数据复制到主存中。

数据库中通常都存储有大量必须要长期保存的数据。在此期间会反复地存取和处理数据库中的数据。这一点和临时数据结构的概念截然相反,临时数据结构仅在程序执行期间的一段有限时间内保存。大部分数据库都会在磁盘上永久地存储,主要原因如下。

(1) 通常,数据库都太大,不适合全部存储在主存中。

(2) 相对于主存,导致磁盘永久性丢失存储数据的情况会比较少见。因此,也把磁盘和其他二级存储设备称为非易失性存储器,而将主存称为易失性存储器。

(3) 磁盘上每个数据单元的存储成本远远小于主存。

对数据库的设计者、DBA 和 DBMS 的实现者来说,在磁盘上存储大量结构化数据的技术是至关重要的。数据库设计者和 DBA 在特定的 DBMS 上设计、实现和操作数据库时,他们必须了解各种存储技术的优缺点。通常,DBMS 系统实现者也必须深入研究数据组织技术,只有这样才能够高效地实现这些技术,从而为 DBA 和 DBMS 的用户提供成分的选择余地。

另外,在第二篇也曾提到三种新兴的存储系统技术 DAS、NAS 和 SAN,这三种存储技术是大部分数据库系统体系结构的集成部分。

12.2.2 数据存储形式

12.2.2.1 FTP 的数据存储形式

当前生物信息数据库的 FTP 数据大多根据(以 DNA 序列为例)测序者、所在生物组织、序列本身等信息进行存储。为了节省空间,一般大文件会以压缩格式进行存储,如 . gz 格式。同时,每次 FTP 的更新内容等相关信息都会记录在相应的文件里面,如 NCBI 的 FTP 中的 GenBank 的更新和发布,都会将更新和发布的内容等信息写入特定的目录(http://ftp. ncbi. nih. gov/genbank/release. notes/)下面,其内容格式规则也会有相应的文件说明,还是以 NCBI 的 FTP 中的 BenBank 为例,会生成 README. genbank. release. notes (http://ftp. ncbi. nih. gov/genbank/release. notes/README. genbank. release. notes),这个文件会具体说明文件命名规则等信息。

然而,大多生物信息数据库的 FTP 存储有海量的生物数据,数据类型也多种多样。如果不事先对这些文件建立一套管理系统的话,随着数据的增多,很容易造成文件混乱,导致后来对数据的查询、共享和管理困难。

但是,如此多的文件类型和内容格式,怎样才能很好地进行组织和管理呢?本节将尝试提供一种方法,即对所有将要存储的内容进行抽象化并建立存储规则,这些规则包括文件命名方式、数据存储格式、数据更新和发布周期、每次更新和发布的时间、内容等信息。当然,这些规则要根据数据库的实际情况而定。

那怎样对要存储的内容进行抽象化呢?对于生物信息数据库而言,要存储的数据信息主要包括 5 个方面:基本信息(basic information)、物种(species)、类别(category)、功能(function)、测序方法(sequencing)。将抽象出来的每一个方面看作一个“拟类”,这五大“拟类”是所有存储内容的基础。在创建“拟类”的同时,根据其特点和内容设计大量的“派生拟类”,然后按照特定需求对部分“派生拟类”进行组装和改进,形成最终的不同数据存储模式。后述的数据提交和存储即可看作是“拟类”的实例化。通过这种方式,不但使数据的描述更加详细、全面,并且可使海量数据形成层次分明,枝干交错的大型结构体系,便于查询和管理。同时,因为“类”的封装性,每个“拟类”中描述的信息对其他“拟类”是相对独立的,这样更加便于用户找到自己想要的数据。

下面将一一介绍这五大生物数据信息的抽象过程。

(1) 基本信息类:主要包括序列发现者、测序者、组织来源、相关文献、统一索引序号、注释、序列具体位置、数据大小等信息。设计此类的目的是为了让数据可以有据可查,同时保持数据的完整性。对此类不进行细化派生,保持其字段的平等性。此类文件一般以 XML Schema 文件形式保存。

(2) 物种类:设计此类的目的是从数据来源上区别不同的生物学数据。生物信息学中的每一条数据均来自于某一生物体,这也是最基本的生物特征。将物种信息单独抽象出来,可按照物种对数据进行分类存储,有利于数据的查询和管理。

物种类的抽象根据现实中生物学对物种的分类理论。将其按照物种划分为五界(类):原核生物界、原生生物界、植物界、动物界、真菌界,其下又分为门、纲、目、科、属、种(均视为派生类)。以“人”为类,如图 12-1 所示。

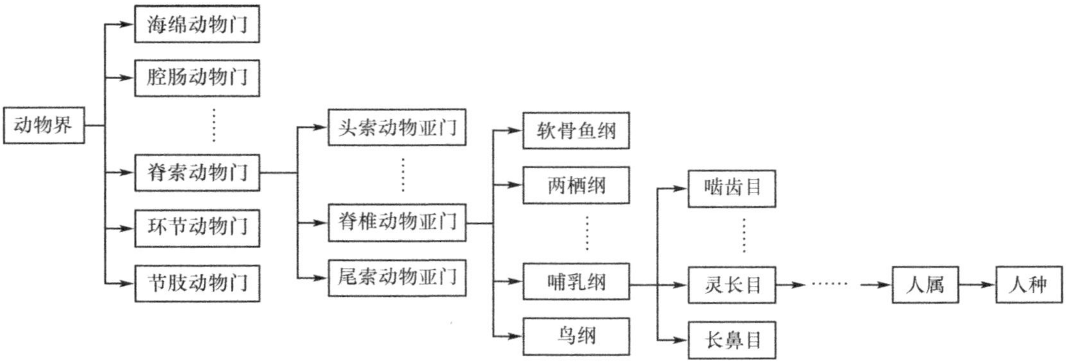

图 12-1 人的物种分类树

以这种树状层次结构对数据进行存储,有利于海量生物数据的组织和管理。

(3) 类别类:当前生物数据库中包括 DNA、RNA、蛋白质序列等不同性质的数据,设计类别类是为了区分数据本身。这三类数据之间存在十分紧密的联系,如 DNA 是某些 RNA 合成的模板,RNA 会翻译成蛋白质等,使用统一的存储模式来存储 DNA、RNA 和蛋白质序列数据,为以后科学家研究这几种数据间的关系提供了便利。

DNA、RNA 和蛋白质的种类很多,在此,我们根据分子类型及其表现出的基本功能对生物数据进行划分。其分类图如图 12-2 所示。

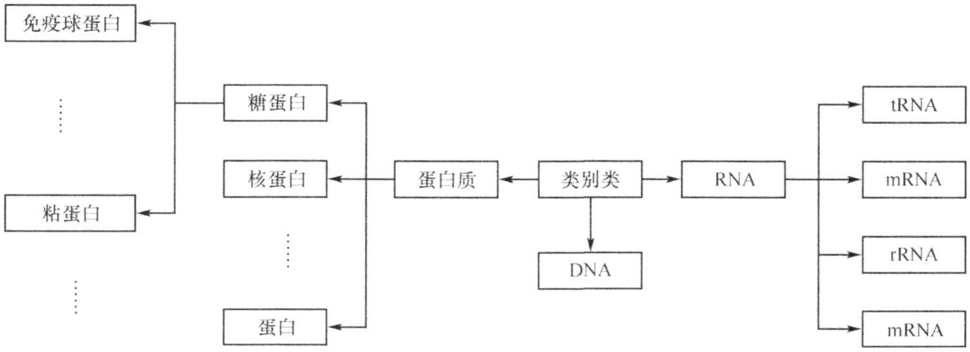

图 12-2 “类别类”派生图

上述的“类别类”派生图适用于复合型生物信息数据库,而核酸数据库或蛋白质数据库等相对较为简单,可根据具体情况进一步细化分类。

(4) 功能类:对生物信息学的研究并不仅仅局限于序列本身,对其外延信息的研究种类繁多,如 DNA 序列所包括的基因功能、与致病基因的关系、蛋白质的作用等。通过“功能类”分类,对于以后进行数据检索和数据挖掘起着关键作用。

根据领域的不同进行划分,再在各领域进行细化。完成这些工作首先需要对生物信息学所涉及的各个领域进行调查,了解各领域学者对生物信息学数据的需求,然后用尽可能少的派生类涵盖尽可能多的应用。图 12-3 简要列出了生物信息学数据在生物学、医学、农业等领域中的部分研究方向。

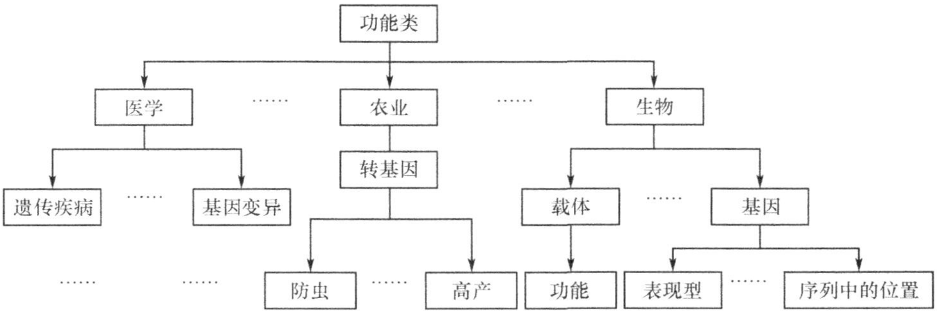

图 12-3 “功能类”派生图

(5) 测序类:随着测序技术的快速发展和成熟,产生了各种各样的测序仪和质谱仪。即使针对同一样本,每种测序仪器产生的数据结果也是不同的,同时,基于这些仪器设计的算法和生物信息分析软件也有所不同。设计此类的目的主要有两个:一是可以使研究序列拼接算法的学者,更方便地查询及比对实验结果;二是生物信息分析软件是在不断进步和更新的,若某种算法大大提供了精度,更轻易地检索到用此算法测序的核酸或蛋白质序列,进行数据比对和更新数据。

总之,在实际应用中,应将这 5 个方面结合在一起根据实际情况建立合理的数据抽象规则,并在数据存储过程中严格遵循这一规则,这样有利于海量数据的组织和管理,同时使其具有灵活性、可拓展性。

12.2.2.2 数据库的数据存储形式

随着测序技术的快速发展，生物数据呈指数级增长，面对大量的文本和非文本格式的生物数据，如果对生物数据不加任何处理，那么以文件的形式存储生物数据将是非常困难的事情。因为生物数据文件数量非常大，且生物数据文本文件中的数据内容又多种多样，如果只是通过文件命名的方式区别生物数据文件将很难从成千上万的生物数据文件查寻我们需要的信息。

原始生物实验数据是由分布在世界各地的实验终端产生的，而这些实验终端是由很多实验仪器组成，每类实验产生的数据都有一定的格式，但是单从仪器产生的文本文件中无法得出每个数据的具体含义，但是实验人员都知道每个数据的具体含义。整个文件中的相应位置的数据的含义就构成了该生物数据文件的一个规格，它规定了一类实验的实验数据文件中各部分数据所代表的含义。

由于大量的生物数据的文本文件不便于管理，而且很难实现对文本文件中的数据进行查询。因此，需要一种标准格式作为信息交换的格式，它需要能够很方便地转换为其他格式，且这种格式文件中的数据可以方便地存储在数据库中。

通常，数据库的数据存储形式有两种：一种是以关系数据库（relational data base，RDB）的关系元组形式存储，一种是以计算机可识别的文本形式存储，即 XML 和 ASN.1。

1）RDB 的关系元组形式

大多生物信息数据库是关系数据库，这种数据库以 RDB 形式，即将获取的信息经过解析后以关系元组形式存放，如图 12-4 所示。

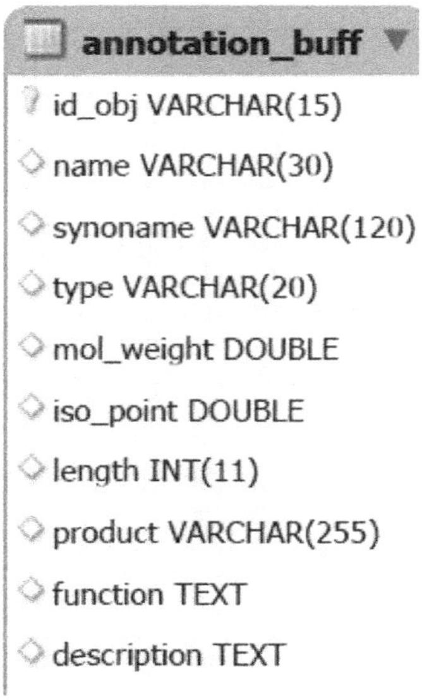

图 12-4 数据库关系元组图

2）文本形式

（1）XML。可扩展标记语言（extensible markup language，XML）是世界万维网联盟（world wide web consortium，W3C）提出的一种定义其他语言的元语言，是SGML（standard generalized markup language，ISO-8879）的一个精简子集，用于标记电子文件使其具有结构性，可以用来标记数据、定义数据类型。

设计之初，XML的目标之一是取代超文本标记语言（hyper text markup language，HTML），为新出现的复杂的Web应用提供标准的Internet语言。然而，由于XML在可扩展性、可移植性和结构性等方面的突出优点，它的应用范围早已突破了HTML所达到的范围。今天，XML在很多领域中崭露头角，这其中包括传统的数据库技术的范畴。例如，人们开始考虑用XML文档来存储、组织和管理Internet上海量的信息资源。

XML文档由标记和内容组成。XML中共有6种标记：元素（elements）、属性（attributes）、实体引用（entity refrences）、注释（comments）、处理指令（processing instructions）和CDATA段（CDATA sections）。其中，元素最为常见，由尖括号分隔，和人们熟知的HTML中的标记看起来没什么区别。

XML与HTML最大、也是最显著的不同是XML文档中引入了"文档类型声明"（doeument type declarations，DTD）。DTD使文档可以与分析器交流关于它的内容的元信息。元信息包括：被允许的标注的次序和嵌套，属性值和它们的类型以及默认值，可能引用到的外部文件的名字和它们是否包含XML可能包含的一些外部数据（非XML）的格式，以及可能遇到的实体。

DTD的出现，赋予了XML文档可扩展性、结构性和可验证性。正因为如此，XML具备了类似于数据库的一些性质，人们可以利用XML来组织和管理信息。与此同时，又可以与HTML一样在浏览器中方便地表示，在Internet上高效地传递和交换。考虑到与HTML的兼容，DTD并不是XML文档必需的成分。具有DTD的XML文档称作"Valid"，否则就是"well-formed"。

目前，处理XML文档的方式主要有SAX与DOM两种。SAX（simple API for XML）是一种基于流的、以事件处理方式工作的接口。DOM（document object model）则是在对XML文档进行分析后，在内存中建立起一个完整的树的结构，然后在此基础上进行各种操作。简单地比较来看，SAX对系统资源要求低，速度快，但对文档的操作是只读的；DOM的处理能力强大，但要求大量的系统资源，尤其是对于大的文档。

目前，常见的几种XML模式语言，包括DTD、XML Schema、SOX、XDR、Schematron。除了XML Schema和SOX（Schema for object-oriented XML）之外，其他模式语言均不支持继承的概念。

XML在存储数据方面有如下优势。

XML除了可以表示结构化和半结构化的数据之外，还有许多其他特性，使其成为一种被广泛采用的数据表示格式。XML是可扩展的，与平台无关的，并且由于其完全采用Unicode而支持国际化。XML是基于文本的格式。因此，用户可以根据需要使用标准的文本编辑工具读取和编辑XML文档。

XML 具有可扩展性,XML 的可扩展性表现在多个方面。首先,与 HTML 不同,XML 没有固定的词汇表,其最大的特点是允许用户根据需要创建自己的标记,创建标记的范围可涉及数据的结构、数据的语义约束条件、数据的内容、数据显示样式、数据的操作等。

XML 提供了一种灵活的数据描述方式。XML 支持数据模式、数据内容、数据显示方式三者的分离,符合内容与形式分离这一规律,使得主要依赖于数据显示方法的用户界面、数据的使用和数据的定义相分离,使得同一数据内容在不同终端设备上的个性化数据表现形式成为可能,在数据描述方式上更加灵活。

目前已经有很多关系数据库支持对 XML 文件的存储,只要 XML 有 Schema,就可以通过 XMLSchema 映射到关系数据库生成数据库表格,然后再把一个个符合 XML Schema 的 XML 文件导入到关系数据库就可以了,这比用数据库存储生物信息数据的文本文件方便多了。

每一类生物实验数据文本文件都对应一个规格,这个规格对应与 XML 文件就成了 XML 文件的 Schema,因此只要把生物信息数据文件转换为符合 XML Schema 的 XML 文件就可以了。

XML 文件可以很方便地转换为其他格式,也可以在因特网上进行系统之间的数据交换。将生物信息数据转化成为 XML 文档结构可大大降低数据交换的复杂性。而且 XML 的查询语言 xQuery 支持对 XML 文档中任何信息的查询,所以用 XML 格式存储生物信息数据,既方便了对生物信息数据的存储管理,也方便了对生物信息数据的查询。

例如,EMBL 利用 XEMBL 根据用户请求访问 CORBA 服务器,并从 EMBL 数据库中得到以对象格式保存的信息,然后将这些对象根据选择的 DTD 映射到一个 XML 文档中。

DDBJ 为了方便用户从大量的生物数据条目中获得自己感兴趣的相关信息,将数据转换成 XML 格式进行存储,从而设计出了自身的 DDBJ-XML 格式。DDBJ 还开发了一个 XML 查询系统,这个系统使得整合现存的检索系统成为可能,包括关系数据库系统、同族和关键字搜索系统。人们甚至可以轻易地通过结合查询结果,创建一个本地数据库,因为结果都是标准的 XML 格式。

(2) ASN. 1。ASN. 1 抽象语法标记(abstract syntax notation one)是一种 ISO/ITU-T 标准,描述了一种对数据进行表示、编码、传输和解码的数据格式。它提供了一整套正规的用于描述对象的结构的格式,而不管语言上如何执行及这些数据的具体指代,也不用去管到底是什么样的应用程序。

ASN. 1 格式出现在 NCBI 数据库中,NCBI 数据模型就是采用 ASN. 1 来描述,其他生物数据库中比较少出现。早在 2009 年,NCBI 将支持 XML 输出的功能加到了 ASN. 1 工具包中。因此,一个 ASN. 1 的说明文件可以自动地被转译成 XML 的 DTD 文件。由 ASN. 1 编码的数据可以由标准的 XML 工具根据 DTD 文件自动地转换为 XML 格式输出。NCBI 希望这样可以令更多喜欢使用 XML 格式工作的人,更容易地访问结构序列,映射结构数据以及 BLAST 这种工具的输出结果。

(3) 两种存储形式的比较。从技术角度讲,两种存储形式同属于数据管理的方法,下面对两种方法进行了较为深入全面的比较,其中,文本形式以 XML 为例,见表 12-1。

表 12-1 RDB 与 XML 存储形式比较

	比较指标	XML	RDB
相似点	数据存储	文件系统	数据库系统
	数据访问	不关心物理结构,只关心逻辑组织	
	模式描述	XML Schema(包括 DTD、XML-Schema 等)	关系模式
	逻辑接口	SAX、DOM	ODBJ、JDBC、各数据库的专用接口
	检索语言	XQuery、XML-QL 等	SQL
RDB 的优势	安全性	差	具有健全的安全机制
	并发访问	尚无有效的并发访问控制	稳定可靠的并发访问控制机制
	应用情况	Internet 数据表达的事实标准	主导的数据管理方法
	技术成熟度	具有发展前景,处于研究应用状态	技术成熟
	修改语言	较低	较高
XML 的优势	语义表达	自描述	依赖数据字典、技术文档、自动化程度低、传递性差
	数据交换范围	纯文本,不受操作系统、平台限制	受 DBMS 及所依赖的操作系统的限制
	Internet 应用	支持直接的 Internet 应用	需要专门程序开发,才可以将数据应用到 Internet 环境
	描述范围	结构化、半结构化、非结构化数据	高度结构化数据
	名字冲突	基于命名空间机制,使得 Internet 环境下的唯一命名成为可能	数据库之间的名字冲突无法有效避免
	可拓展性	数据模式具有灵活的可拓展机制	相对较差
	开放性	具有很好的开放性	具有开放接口,开放性较差

13　生物信息数据库系统开发

随着生物测序技术和生物信息学的发展,产生了海量的基因组学、转录组学、蛋白质组学和代谢组学数据,这迫使人们寻求一种强有力的工具去组织和共享这些数据,生物信息数据库系统是目前解决这一问题的有效方法。可以从生物学意义角度,整合各种生物学数据资源,为用户提供一个统一的查询平台。如图 13-1 所示。

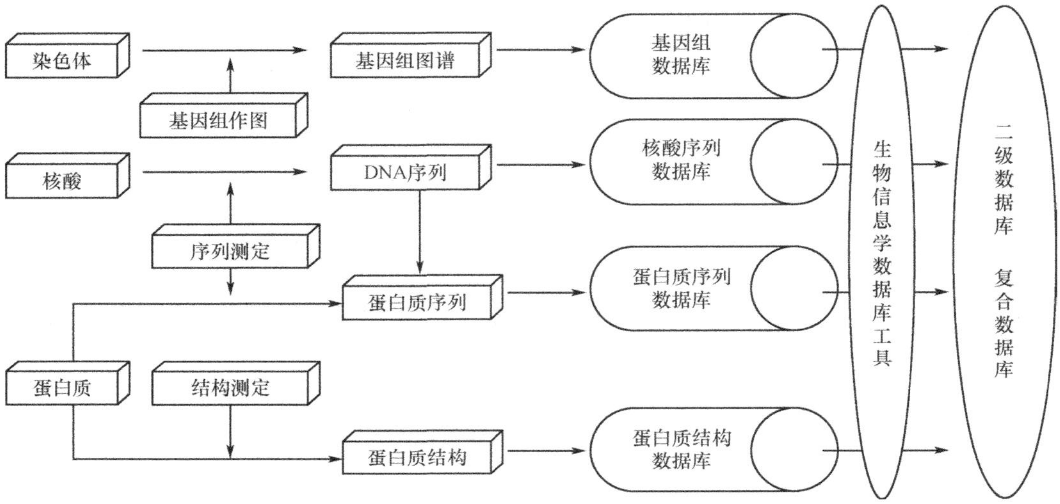

图 13-1　生物信息数据库系统开发过程图

总体来说,生物信息数据库可以分为虚拟本地数据库和本地数据库,下面简单介绍一下。

13.1　虚拟本地数据库

该类数据库一般为二级数据库,其数据来源于一级数据库,如国际三大核酸数据库 GenBank、欧洲分子生物学实验室(EMBL)的数据库和日本的 DNA 数据库(DDBJ),且该平台不需将一级数据库的数据下载到本地提供查询,而是进行远端分布式查询,用户在查询页面提交请求,经本地服务器分析后,生成新的查询请求发送至远端,得到多个数据库返回的结果,在本地服务器整合后返回给用户。这

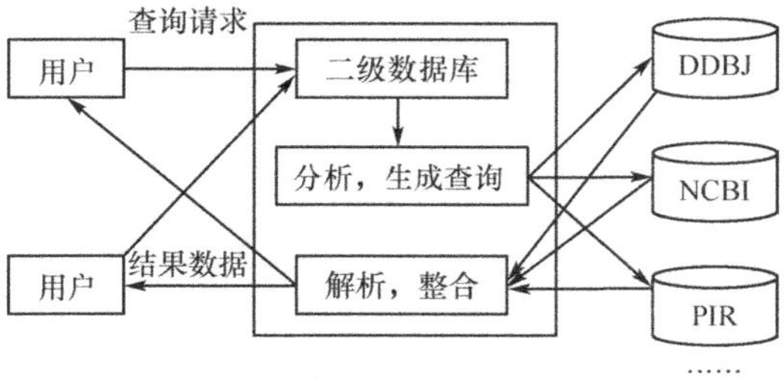

图 13-2　虚拟数据库原理图

样,在用户看来似乎在本地有一个真实的数据库。实际上可免去新建大型数据库的成本及更新数据的麻烦。其原理如图 13-2 所示。

13.2 本地数据库

本地数据库可为一级生物信息数据库或二级生物信息数据库。本地数据库可以不依赖于其他数据库的数据资源,也可以将其他数据库的资源下载到本地,然后上传到本地数据库。一般情况下,本地数据库的数据来自于全国各地的实验终端产生的原始数据、生物信息分析数据等,这些数据一般还需要经过数据过滤,最终将我们感兴趣的数据储存在本地,作为用户查询或下载的数据来源。其基本原理如图 13-3 所示。

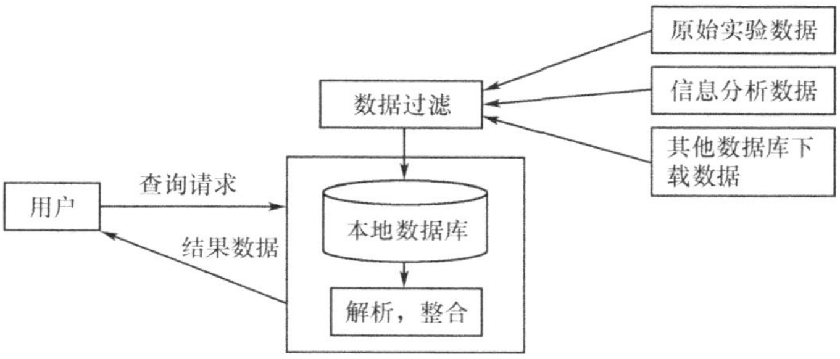

图 13-3 本地数据库原理图

第四篇　生物信息数据库的使用管理规范

在建设好生物信息数据库之后,怎样进行管理呢?对于此方面的问题,本篇进行一个简单的解答。首先,数据库的安全性管理是很重要的,本篇第一章介绍了数据库的安全性管理方面涉及的基础知识;接着,以NCBI为例介绍了数据库的数据提交、数据检索和数据查询方面的问题。

14 数据库的安全性管理

14.1 安全性的类型

数据库的安全性主要涉及以下几个方面。

(1) 对某些信息的访问涉及法律和道德问题。例如,某些信息被认为是私人信息,不能被授权的组织或个人合法访问,在美国,有大量法律条款保护信息的隐私性。

(2) 政府、机构或公司级别上的政策规定问题,这些政策规定决定哪些类型的信息不应向公众开放,如医院中的个人医疗记录等。

(3) 与系统相关的问题。例如,不同的安全功能应实施在哪个系统层次上,是在物理硬件层上,还是操作系统层,抑或是在 DBMS 层。

(4) 有些组织需要划分多个安全级别,如绝密、机密、秘密和一般,并基于这些级别对数据和用户进行划分。这些组织必须执行相应的安全性规定,从而能够访问不同类别的数据。

通常被认可的安全性目标包括:完整性、可用性和机密性。数据库的安全性威胁会导致损失或削弱下述安全性目标中的某些或全部。

(1) 损失完整性:数据库的完整性是指防止对信息进行不恰当的修改。对数据的修改包括创建、插入、更新、改变数据状态和删除等。如果有意或无意的行为而对数据进行了未授权的改变,可能会损失数据库的完整性。如果损失了完整性的系统或数据没有得到纠正,继续使用受损数据库或被破坏的数据,会导致不准确的、欺骗性的或错误的决定。

(2) 损失可用性:数据库的可用性是指具有合法权限的用户或程序可以使用数据库对象。

(3) 损失机密性:数据库的机密性是指防止未授权的数据泄漏。对机密信息的未授权泄漏,从违反数据保密法令,到危害国家安全,其影响范围广泛。未授权的、未曾预料的或未意识到的信息泄漏会导致公众信任的丧失、令人困窘的局面或违反组织的合法行为。

在多用户数据库系统中,DBMS 必须能提供这样的技术,即使得某些用户或用户组能访问数据库的指定部分,而不能访问数据库的其他部分。这对于同一组织中很多不同用户使用的大型集成数据库来说尤为重要。DBMS 一般会包括一个数据库安全和授予子系统,该系统负责数据库的安全部分,确保数据库免受未授权用户的访问。目前,一般是指两种类型的数据库安全性机制。

(1) 自主安全性机制:用于向用户授予权限,包括以指定方法(如读、插入、删除或更新)访问指定数据文件、记录或字段的能力。

(2) 强制安全性机制:用于实现多级别的安全性,将数据和用户划分为多个安全类别(或级别),然后执行机构中相应的安全性策略。例如,一个典型的安全性策略是允许某个分类(或许可)级别的用户只能看到其所在(或更低)分类级别上的数据项。对这一机制上的一个扩展是基于角色的安全性,它根据组织机构中的角色概念来实施策略和授权。

14.2 数据库安全性控制方法

在数据库中主要使用4种控制措施来提供数据安全性。

(1) 访问控制:DBMS的安全性机制必须包括限制对数据库系统整体访问的方法,这个功能被称为访问控制。一般它是DBMS通过创建用户账号和密码来控制。此种方法在生物信息数据库中最为常用,后面14.3节将重点介绍。

(2) 推理控制:主要是针对统计数据库而言,用于确保统计数据库中的个人信息不能被访问,即使从一些分组统计信息中推导或猜测出有关个人信息也是不允许的。

(3) 流控制:用来防止信息流向未授权用户,违反组织机构安全性策略的信息流动路径被称为隐蔽信道。

(4) 数据加密:用于保护通过某类通信网络传输的敏感数据,也可以用于对数据库的敏感部分提供附加保护。可以使用一些编码算法对数据进行编码,未授权用户访问已编码数据,将很难对其进行破译,但已授权用户可以获得解码或解密算法(或密钥)来破译数据。

14.3 基于角色访问控制的安全性和权限管理

数据库类型有很多,如Oracle Database、mySQL、SQL server等。在数据库应用设计中,管理用户对资源存取的传统方法是直接为每个用户赋予一组权限,这里权限和用户是一种多对多的关系,这种机制的特点是权限管理任务繁重且不灵活,安全管理层次低且容易出错。目前,一些大型数据库,如Oracle Database等采用一种新型的数据库权限管理机制,即基于角色的权限管理机制。这种机制的基本思想是根据组织视图中不同的职能权限来划分角色,资源访问权限被封装在角色中,通过角色间接访问资源。这种机制的特点是对资源的访问控制更安全且易于管理,使存储管理位于组织视图这一较高抽象级上。

14.3.1 基本概念

14.3.1.1 数据库管理员

使用数据库管理系统(database management system,DBMS)的一个主要原因是对数据和访问的程序进行集中控制。对系统进行集中控制的人称作数据库管理员(database administrator,DBA)。DBA的作用如下。

(1) 模式定义:DBA通过书写一系列的定义来创建最初的数据库模式,这些定义被

DDL 编译器翻译成永久地存储在数据字典中的表集合。

(2) 存储结构及存储方式定义:DBA 通过书写一系列的定义来创建适当的存储结构和存储方式,这些定义由数据存储和数据定义语言编译器来翻译。

(3) 模式及物理组织的修改:程序设计人员偶尔也会对数据库模式或物理存储组织的描述进行修改,这是通过书写一系列的定义来实现的。DDL 编译器或数据存储和数据定义语言编译器使用这些定义,对适当的内部系统表(如数据字典)产生修改。

(4) 数据访问授权:通过授予不同的权限,数据库管理员可以规定不同的用户各自可以访问的数据库部分。授权信息保存在一个特殊的系统结构中,一旦系统中有访问数据的要求,数据库系统就会去查阅这些信息。

(5) 完整性约束的定义:数据库中所存储的数据值必须满足一定的一致性约束,这种约束必须由数据库管理员显示定义。完整性约束保存在一个特殊的系统结构中,一旦系统发生更新,数据库系统就会去查阅这些约束。

14.3.1.2 数据库用户

数据库系统的一个基本目标是提供从数据库中检索信息和向数据库中存储新信息的环境。按照与系统交互方式的不同,数据库系统的用户可以分为 4 种不同的类型。

(1) 应用程序设计人员是计算机专业人员,他们通过 DML 调用,同系统进行交互,DML 调用嵌在用宿主语言(如 Pasal、C 等)书写的程序中,这些程序通常称为应用程序。

(2) 富有经验的用户并非通过编写程序来同系统交互,而是通过数据库查询语言来表达他们的请求。每个这样的查询都被提交给查询处理器,其作用是将 DML 语句分解为能被存储管理器所能理解的指令。分析员通过提交查询来研究数据库中的数据,故属于此类用户。

(3) 专门的用户是编写专门的、不适合于传统数据处理模式的数据库应用程序的富有经验的用户。这样的应用包括:计算机辅助设计系统、知识库和专家系统、存储复杂结构数据(如图像数据和声音数据)的系统以及环境建模系统。

(4) 新用户,即没有经验的用户,他们通过激活以前已经写好的一个永久的应用程序同系统进行交互。

14.3.2 用户、角色和权限的关系

在生物信息数据库系统中,用户、角色和权限主要可分为三部分。

(1) 数据库管理者对数据库账号进行分配、更改、删除,同时,数据库管理者对用户提交的数据进行审核、发布和更新等。

(2) 计算机或服务器快速反馈用户提交的查询请求等。

(3) 数据库用户按照既定规则向数据库提交各种指令并得到相应的反馈信息。

14.3.3 权限分配

在基于角色分配的访问控制机制中,角色是核心部分。用户账号分配是指根据用户在组织中的职责和能力被赋予对应各个角色的账号。权限分配是指角色按其需求与一

组操作权限相关联。进行权限分配时，应遵循最小特权原则，即分配的权限既能保证角色能够充分的满足其既定需求，又不能超越事先提出的需求范围，如果需要增加需求，可更改相应的权限范围，这种基于角色的权限管理使得系统安全机制具有很大的灵活性。

14.3.4 访问控制、用户账户和数据库审核

只要一个人或一组人需要访问数据库系统，就需要首先为他们申请一个用户账户。如果对数据库的访问请求是合法的，那么 DBA 就为用户创建一个新的账户和密码。当用户想要访问数据库时，就必须输入账号和密码以登录到 DBMS 中，DBMS 检查账号和密码是否有效，如果有效，则允许用户使用 DBMS 并访问数据库。应用程序也可被看作是用户，也要求登录才能访问数据库。

为了跟踪数据库用户和他们的账户及密码，需要创建一个含有两个字段（账号和密码）的加密表或加密文件。DBMS 可以很容易地维护这个表，只要创建一个新账户，就向表中插入一条新记录。当账户被取消时，也必须从这个表中删除相应的记录。

数据库系统还要跟踪数据库上的所有操作，这些操作是用户在每个登录会话期间应用于数据库上的，用户登录开始到用户注销为止，用户执行的操作构成了数据库交互操作的序列。当用户登录时，DBMS 会记录用户账号，并与用户登录使用的计算机或设备相关联。从这个计算机或设备发出的所有操作都属于这个账户，直到用户注销为止。用这种跟踪方式作用于数据库的更新操作尤为重要，如果数据库被篡改，DBA 可以确定是哪个用户进行的篡改。

为了跟踪记录于数据库的所有更新以及执行这些用户的更新，我们可以修改系统日志。系统日志中记录作用于数据库的每个操作，在事务故障或系统崩溃时能够据此恢复数据库。我们可以扩展日志项，将用户账号以及执行这些操作的在线计算机或设备的 ID 记录到日志中。如果怀疑数据库被篡改，则执行数据库审计，它将扫描日志，检查某一特定时间段内所有作用于数据库的访问和操作。如果发现一个非法或未授权的操作，DBA 就可以执行这个账户的账号。

15 数据提交管理

15.1 概述

要进行生物信息学分析，从数据库中获得 DNA 序列信息是必需条件。借助一个已知生物序列，与其进行比对，可以尝试确定测序序列的部分生物学功能。

近 20 年来，分子生物学发展的一个显著特点是生物信息的剧烈膨胀，且迅速形成了巨量的生物信息库。大量生物（甚至包括我们人类自身）的整个基因组序列被测定完成或正在进行中，遍布世界各地研究实验室的高通量大型测序仪在日夜不停地运转，每天都有成千上万的数据产生。这就给我们提出了一个新的问题：如何收集、有效管理这些数据，让这些数据得以充分使用。

下面将从数据提交到数据库的内容、数据如何提交到生物信息库（一种基于网页的如 BankIt，另一种是离线工具 Sequin）、数据提交的格式及数据如何共享等方面进行阐述。

15.2 提交内容

15.2.1 提交内容分类

GenBank、EMBL（the European molecular biology laboratory）、DDBJ（DNA data bank of Japan）的数据主要来源是：由序列发现者提交的序列、由测序中心提交的大量表达序列标签（expressed sequence tag，EST）序列、与其他数据机构协作交换而来的数据，以及已发表专利的序列数据和其他测序数据。根据其来源可分为表达序列标签、高通量基因组序列（high throughput genomic sequence，HTG）、全基因组鸟枪序列（whole genome shotgun sequence，WGS），三个数据库数据的分类都大同小异，下面将参考 NCBI（national center for biotechnology）的 GenBank 数据库的数据分类方法（http://www.ncbi.nlm.nih.gov/guide/howto/submit-sequence-data/）。

15.2.1.1 简单序列

提交到 NCBI 的简单序列主要包括以下几类。

（1）单个的核苷酸序列或者不同基因或不同位点的几条核苷酸序列、连续的 cDNA 或 gDNA 碱基序列，但不是完整的基因组。

（2）相同基因或位点的一组核苷酸序列，包括种群研究序列、系统发育研究序列和环境样本序列等，其具体含义如下。

种群研究序列：通过测序同种生物不同个体的同一基因而得出的一组序列。

系统发育研究序列：通过测序不同生物的同一基因而得出的一组序列。

环境样本序列：通过测序一群未分类的或未知生物的同一基因而得出的一组序列。

(3) 批量序列：主要包括表达序列标签(EST)、序列标签位点(sequence-tagged site, STS)和基因鉴定序列(genome survey sequence, GSS)等，其具体含义如下。

表达序列标签：是指短的、单次(测序)阅读的 RNA 序列，也包括来自于差异显示和 RACE(rapid-amplification of cDNA ends)实验的 cDNA 序列。EST 通常大量生成，占 GenBank 数据的很大一部分，因为数量大，所以数据库需为该数据提交和记录设计新的系统，然而该记录的结构简单，提交方法较简单。一个单独的联系信息、发表信息，一个或多个数据库信息文件将和大量序列文件连接起来生成许多完全的 EST 记录。

序列标签位点：是指短的在基因组上可以被唯一操作的序列，用于产生基因图谱作图位点。

基因鉴定序列：是指短的、单次(测序)阅读的 cDNA 序列，外显子捕获获得的序列，cosmid/BAC(细菌人工染色体，bacterial artificial chromosome)/YAC(酵母人工染色体，yeast artificial chromosomes)末端等。

15.1.1.2 基因组组装序列

按照基因组的大小、完整性等可以分为以下几类。

(1) 小的基因组：包括叶绿体、线粒体、质粒、噬菌体、病毒。

(2) 大的基因组：包括配对的染色体和质粒，像细菌或真核生物染色体。

(3) 不完整基因组序列：如全基因组鸟枪序列(whole genome shotgun sequence, WGS)。

(4) 高通量基因组序列(high throughput genome sequence, HTG)：基于基因组测序项目的大规模克隆序列。

15.1.1.3 其他

除上述介绍的几类常见的序列类型以外，还包括以下几种类型。

(1) 生物条形码序列(barcode of life sequences)：具有标准的、有足够变异的、容易扩增且相对较短的、在物种内具有特异性和物种间具有多样性的 DNA 序列。

(2) 非参考记录的新序列注释(new sequence annotation)：对已经在数据库中有记录但进行新的注解的序列。

(3) 计算机组装的转录本序列：不通过实验方法而是通过计算机进行组装获得的转录组序列。

(4) 突变或多态性序列、单核苷酸多态性或者短的插入或缺失、大的结构变异以及拷贝数变异序列。

(5) 引物(primer)、siRNA(small interfering RNA)及探针序列：其中引物，是一小段单链 DNA 或 RNA，作为 DNA 复制的起始点，在核酸合成反应时，作为每个多核苷酸链进行延伸的出发点而起作用的多核苷酸链；siRNA 是一种小 RNA 分子(21 ~ 25 个核苷酸)，由 Dicer 酶加工而成；探针是一小段单链 DNA 或者 RNA 片段，长 20 ~ 500bp，用于检测与其互补的核酸序列。

（6）高通量序列(high throughput sequences)：人类基因组高通量测序序列、宏基因组(metagenome)序列数据、非人类和环境宏基因组数据、功能基因组研究序列，如 RNA-Seq、miRNA-Seq(microRNA sequence)、染色质免疫共沉淀测序(chromatin immunoprecipitation sequence，ChIP-Seq)或 methyl-Seq 等。

15.2.2 数据提交的序列格式

15.2.2.1 概述

序列可以以单个序列或批量相关序列提交，生物学意义上相关的一批序列可以被归类为环境样本(environmental samples)、种群(population)、系统发育(phylogenetic)、突变(mutation)研究或序列片段集合(segment set)。这些序列可以以 FASTA 格式提交，也可以以 FASTA+GAP、PHYLIP、NEXUS Interleaved 和 NEXUS Contigsuous 等序列比对格式进行提交，参考 Sequin 提交工具的帮助文档(http://www.ncbi.nlm.nih.gov/Sequin/Sequin.hlp.html)。

15.2.2.2 FASTA 格式

FASTA 格式，又称为 Pearson(FASTA 的主要作者)格式，是最简单的格式，使用也最多。FASTA 序列格式包括三个部分。

（1）在注释行的第一列用字符“>”标志，后面表示的是序列的名字和来源(图 15-1)。

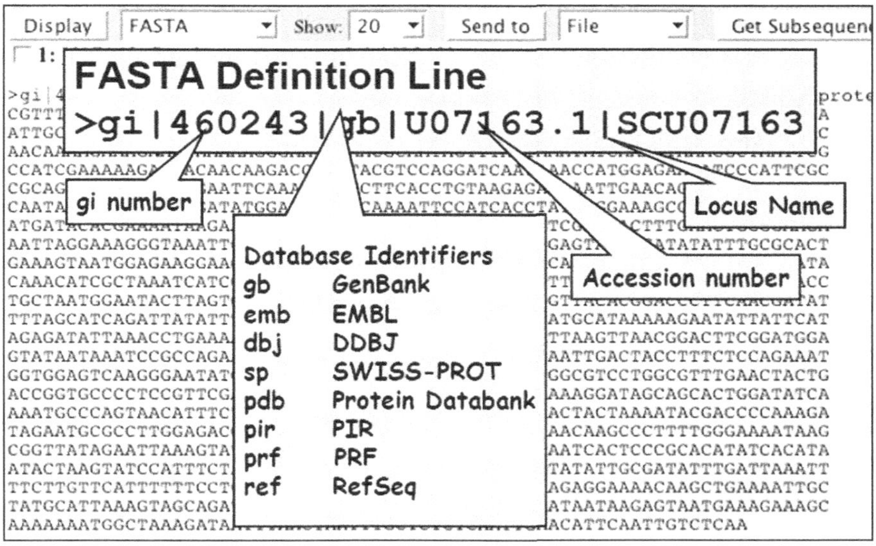

图 15-1 FASTA 格式

（2）第二行是标准的单字符标记的序列。

（3）可选的“ * ”表示序列的结束，它可以有也可以没有，但它是许多序列分析程序正确读取序列所必需的。通常核苷酸符号大小写均可，而氨基酸常用大写字母。使用时应注意有些程序对大小写有明确要求。FASTA 文件的每行字母一般不应超过 80 个字符。一个文件可以有很多条序列。包括核酸序列和氨基酸序列,下面是给出的核酸和氨基酸序列示例。

核酸序列

>gi|187608668|ref|NM_001043364.2| Bombyx mori moricin(Mor),mRNAA
AACCGCGCAGTTATTTAAAATATGAATATTTAAAACTTTTCTTTGTTTTTATTGTGG
CAATGTCTCTGGTGTCATGTAGTACAGCCGCTCCAGCAAAAATACCT

氨基酸序列

>MCHU-Calmodulin-Human,rabbit,bovine,rat,and chicken
ADQLTEEQIAEFKEAFSLFDKDGDGTITTKELGTVMRSLGQNPTEAELQDMINEVDAD
GNGTIDFPEFLTMMARKMKDTDSEEEIREAFRVFDKDGNGYISAAELRHVMTNLGEKL
TDEEVDEMIREA DIDGDGQVNYEEFVQMMTAK *

15.2.2.3 序列比对格式

1) FASTA+GAP 格式

FASTA+GAP 格式是 FASTA 的比对格式,是包括多个比对的 FASTA 格式。许多程序都可以 FASTA 格式输出序列对比的结果。

为了比较这些序列,有时需要插入一些空白区。在 FASTA+GAP 格式中,空白区用“—”表示,禁止使用“?”表示在序列对比中不能确定的碱基,因为在序列提交的时候,Sequin 将会在其输入序列时自动地去除非 IUPAC 字符。所有序列包括其空白区,长度都应该相同。这些空白区只会出现在序列对比中,而不会在单个的序列。FASTA+GAP 格式类似于 FASTA 格式,第一行是序列的注释信息,第二行表示序列的本身,接下来是另一个 FASTA 序列。另外所有的 FASTA+GAP 格式的序列应保存于同一文件中。下面是一个 FASTA+GAP 格式的例子。

>A-0V-1-A [org=Gallus gallus] [strain=C]
TCACTCTTTGGCAACGACCCGTCGTCATAATAAAGATAGAGGGGCAACTAAAGGAAGCTC
TATTAGATACAGGAGCAGATGATACAGTATTAGAAGAAAT
>A-0V-2-A [org=Drosophila melanogaster]
[strain=D]TCACTCTTTGGCAAC---GCGTCGTCACAATAAAGATAGAGGGGCAACTAAA
GGAAGCTCTATTAGATACAGGAGCAGATGATACAGTATTAGAAGAAAT
>A-0V-3-A [org=Caenorhabditis elegans]
[strain=E]TCACTCTTTGGCAAC---GCGTCGTCACAATAAAGATAGAGGGGCAACTAAAG
GAAGCTCTATTAGATACAGGAGCAGATGATACAGTATTAGAAGAAAT
>A-0V-4-A [org=Rattus norvegicus]
[strain=F]TCACTCTTTGGCAACGACCCGTCGTCACAATAAAGATAGAGGGGCAACTAAAG
GAAGCTCTATTAGATACAGGAGCAGATGATACAGTATTAGAAGAAAT
>A-0V-7-A [org=Aspergillus nidulans]
[strain=G]TCACTCTTTGGCAACGACCAGTCGTCACAATAAAGATAGAGGGGCAACTAAA

GGAAGCTCTATTAGATACAGGAGCAGATGATACAGTATTAGAAGAAAT

2）PHYLIP 格式

PHYLIP 格式的第一行包含了序列的个数，以及每条序列的氨基酸数目，接下来是并排的序列。PHYLIP 格式中不确定的碱基也是以"-"表示，禁止使用"?"表示在序列对比中不确定的碱基，因为在序列提交的时候 Sequin 将会在其输入序列时自动去除非 IUPAC 字符。很多程序也都可以 PHYLIP 格式输出的核酸序列对比信息。下面是一个 PHYLIP 格式的例子。

```
5      100
A-0V-1-A TCACTCTTTG GCAACGACCC GTCGTCATAA TAAAGATAGA GGGCAACTA
A-0V-2-A TCACTCTTTG GCAAC---GC GTCGTCACAA TAAAGATAGA GGGGCAACTA
A-0V-3-A TCACTCTTTG GCAAC---GC GTCGTCACAA TAAAGATAGA GGGGCAACTA
A-0V-4-A TCACTCTTTG GCAACGACCC GTCGTCACAA TAAAGATAGA GGGGCAACTA
A-0V-7-A TCACTCTTTG GCAACGACCA GTCGTCACAA TAAAGATAGA GGGGCAACTA
         AAGGAAGCTC TATTAGATAC AGGAGCAGAT GATACAGTAT TAGAAGAAAT
         AAGGAAGCTC TATTAGATAC AGGAGCAGAT GATACAGTAT TAGAAGAAAT
         AAGGAAGCTC TATTAGATAC AGGAGCAGAT GATACAGTAT TAGAAGAAAT
         AAGGAAGCTC TATTAGATAC AGGAGCAGAT GATACAGTAT TAGAAGAAAT
         AAGGAAGCTC TATTAGATAC AGGAGCAGAT GATACAGTAT TAGAAGAAA
```

在这个例子中，第一行说明这里有 5 个序列，每个序列均为 100 个核苷酸。接下来是 5 个含有序列号的 5 行，然后接着核酸序列。例如，第一个序列的序列号是 A-0V-1-A，而接下来的序列区中均不再含有序列号。

3）NEXUS 格式

NEXUS 也是一种序列比对的格式，包括两种：交叉 NEXUS 和连续 NEXUS。第一部分是序列的描述信息，包括数据来源描述、序列的条数及每条序列的碱基数、数据的类型等；第二部分是序列信息。同样 NEXUS 格式中不确定的碱基以"-"表示，禁止使用"?"来表示在序列对比中不确定的碱基，很多程序也都可以 NEXUS 格式输出的核酸序列对比信息。下面是一个交叉 NEXUS 格式的例子。

```
#NEXUS
[This data assembled using sequencher * ,from gene codes corporation. ]
begin data;
   dimensions ntax=5 nchar=100;
   format datatype=dna gap=:interleave;
   matrix
A-0V-1-A TCACTCTTTG GCAACGACCC GTCGTCATAA TAAAGATAGA GGGCAACTA
A-0V-2-A TCACTCTTTG GCAAC---GC GTCGTCACAA TAAAGATAGA GGGCAACTA
A-0V-3-A TCACTCTTTG GCAAC---GC GTCGTCACAA TAAAGATAGA GGGCAACTA
A-0V-4-A TCACTCTTTG GCAACGACCC GTCGTCACAA TAAAGATAGA GGGCAACTA
A-0V-7-A TCACTCTTTG GCAACGACCA GTCGTCACAA TAAAGATAGA GGGCAACTA
```

A-0V-1-A TCACTCTTTG GCAACGACCC GTCGTCATAA TAAAGATAGA GGGCAACTA
A-0V-2-A TCACTCTTTG GCAACGACCA GTCGTCACAA TAAAGATAGA GGGCAACTA
A-0V-3-A TCACTCTTTG GCAACGACCA GTCGTCACAA TAAAGATAGA GGGCAACTA
A-0V-4-A TCACTCTTTG GCAACGACCC GTCGTCACAA TAAAGATAGA GGGCAACTA
A-0V-7-A TCACTCTTTG GCAACGACCA GTCGTCACAA TAAAGATAGA GGGCAACTA

在这个例子中,最初的几行提供了对这些比对序列的一些说明,如 ntax=5,表示序列的条数是 5 条,nchar=100 表示每条序列 100 个碱基,数据的类型是 DNA 等。接下来的 5 行含有序列号,然后接核酸序列。接下来的序列区中也含有序列号。下面是一个连续 NEXUS 格式的例子。

```
#NEXUS
BEGIN DATA;
DIMENSIONS NTAX=5 NCHAR=100;
FORMAT MISSING=? GAP=-   DATATYPE=DNA;
MATRIX
A-0V-1-A
TCACTCTTTGGCAACGACCCGTCGTCATA-
ATAAAGATAGAGCAACGACCCG-
GCAACGACCCGGCAACGACCCGTTCATAATAAAGATAGA
A-0V-2-A
TCACTCTTTGGCAAC---GCGTCGTCACAATAAAGATAGAG-
CAACGACCCGGCAACGACCCGGCAACGACCCGTTGCAACGACCCG
A-0V-3-A
TCACTCTTTGGCAAC---GCGTCGTCACAATAAAGATAGAG-
CAACGACCCGGCAACGACCCGGCAACGACCCGGCAACGACCCGTT
A-0V-4-A
TCACTCTTTGGCAACGACCCGTCGTCA-
CAATAAAGATAGAGCAACGACCCG-
GCAACGACCCGGCAACGACCCGGCAACGACCCGGCAACGACCCGTT
A-0V-7-A
TCACTCTTTGGCAACGACCAGTCGTCA-
CAATAAAGATAGAGCAACGACCCGGCAACGACCCGGCAACGACCCGGCAACGACCCGTT
```

在这个例子中,最初的几行提供了对这些对比序列的一些说明。接下来是一条序列都完整的显示,然后再是另外一条序列。

15.3 提交方式

15.3.1 提交工具简介

测序工作者可以根据个人的情况将获得的新序列提交给 NCBI 的 GenBank,EBI 的

EMBL、DDBJ 数据库。

NCBI 提供了一个在线提交序列的工具 BankIt (http://www. ncbi. nlm. nih. gov/BankIt),BankIt 是一种网络提交工具,它适用于独立测序工作者提交较少量序列,特别是只有一条或者很少几条记录需要提交的时候,应该选择 BankIt。BankIt 不适合大量序列的提交,也不适合提交很长的序列,以及 EST 序列和 GSS 序列。独立的多平台提交程序 Sequin 可以用来提交批量的数据,网址为 http://www. ncbi. nlm. nih. gov/Sequin, Sequin 程序能方便地编辑和处理复杂注释,并包含一系列内建的检查函数来提高序列的质量保证。它还被设计用于提交来自系统进化、种群和突变研究的序列,可以加入比对的数据。

EMBL 核酸序列数据库提交序列可以通过网页提交工具 Webin 进行提交,Webin 是基于 Web 的序列提交工具,是将核酸序列和生物学注释信息提交给 EMBL 数据库的首选系统,可支持单个、多个及大批量序列信息的快速提交。批量数据提交也可用 Sequin 工具。

而向 DDJB 提交数据可以用 Sakura 进行提交,用户可以按软件提供的模板格式(start from template)进行数据提交,也可进行标准格式提交。序列的批量提交可用 MSS(mass submission),该提交方法要求在数据正式提交之前,通过 mass@ ddbj. njg. ac. jp 与该机构工作人员取得联系,并且向机构工作人员提供数据提交日期、要求获得登录号的日期、公布日期及联系人信息(姓名、联系地址、Email 等)。因 BankIt 和 Sequin 使用较为广泛,所以下面以这两种工具为代表进行介绍。

15. 3. 2 BankIt 提交

BankIt 是一种方便快捷的基因序列数据网页提交工具,它允许你输入序列信息进入一个表格,并进行简单的序列生物学注释,填完基本表格和信息之后,数据转换成 GenBank 记录格式,直接提交给 GenBank,提交正常,可在两天之内收到基因库返回的存取号。

BankIt 适用于下列几种情况:有一个或几个序列要提交;愿意使用建立在 WWW 基础上的提交工具;提交的序列注释不复杂;不要求序列分析工具对所提交的序列进行分析。下面简要描述下 BankIt 提交序列的过程。

15. 3. 2. 1 整理序列信息

进行 BankIt 提交之前,先要将提交的序列信息整理好,包括病原采集地、病原的寄主、寄主症状、采集人等基本信息;序列分析结果,包括序列的全长大小,可读框(open reading frame,ORF)的长度、位置及特定 ORF 序列翻译的氨基酸序列等基因水平的信息,这对于接下来的快速准确提交序列及提交成功后为全世界其他作者准确全面分享此类信息很重要。

15. 3. 2. 2 登录 BankIt 站点

首先,通过网址(http://www. ncbi. nlm. nih. gov/WebSub/? tool = genbank) 进入 BankIt 登录页面,如图 15-2 所示。点击页面右边的“Sign in to use BankIt”标签进入(注:需先注册才能登录)。

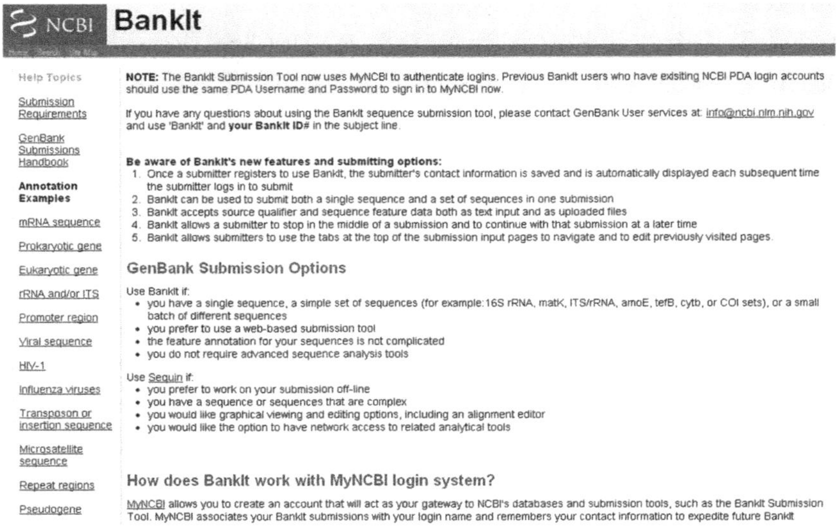

图 15-2　BankIt 登录页面

15. 3. 2. 3　登录到 BankIt

输入账号和密码后，将进入到 BankIt 提交页面，可看到一个文件夹形式的表单。

1）联系信息页（Contact Information）

进入提交页面后，第一个看到的是联系信息页，页面如图 15-3 所示，该页要求填写提交者的姓名、机构、联系地址、传真、联系方式、邮箱等。

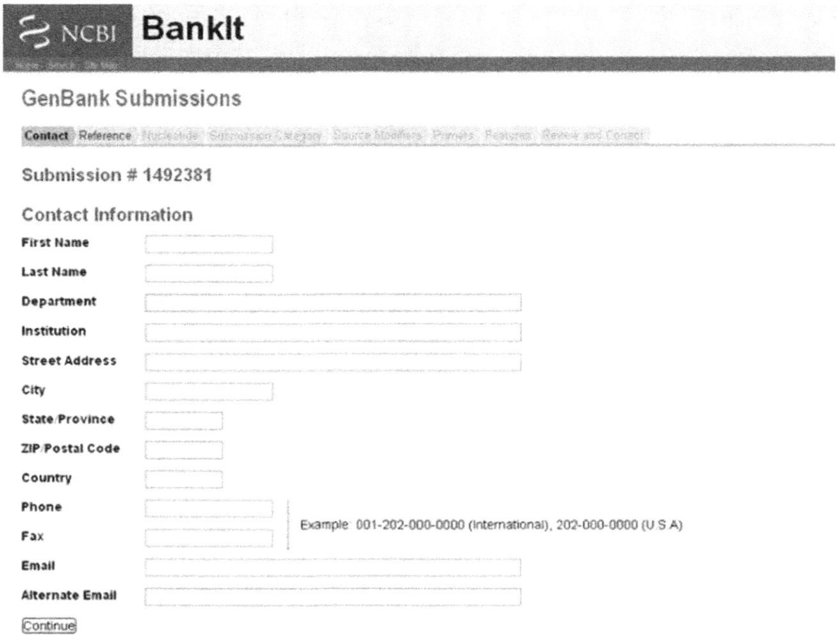

图 15-3　联系信息页

2）参考文献信息页（Reference）

联系信息填完后，点击“Continue”按钮，进入到参考文献信息页面（图 15-4），此页要求填写提交者和合作者的姓名，如 Robert W. 引用文献信息，如果单纯提交序列则只需选择“Unpublished”即可（“Reference title”项可以填入“Direct Submission”），文章已发表可填写已发表文章的信息（卷、期等），还需要选择该序列的提交作者是否为序列的发现者信息，填写完毕点“Continue”；接下来会有一个“Sequencing Technology”表格，有 454、Illumina、SOLiD 及 Other 等测序方法选择，提交的序列是原始序列还是组装序列（assembled sequences），以及组装的软件和版本，需正确填写。

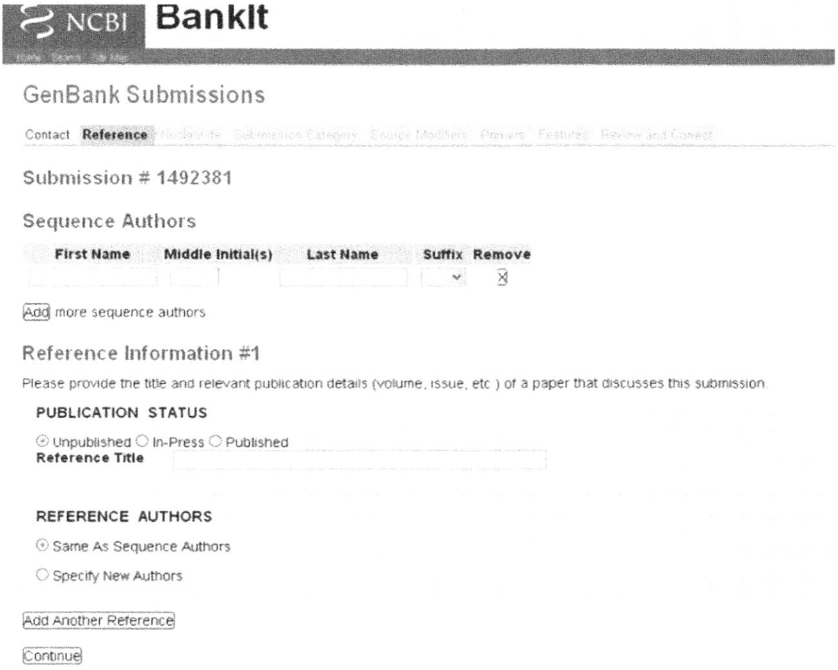

图 15-4　参考文献信息页

3）核酸页（Nucleotide）

核酸页（图 15-5）包括三个小项：提交序列公布的日期（submission release date）、该序列是否为 16S rRNA（16S rRNA submissions）、Sequence（s）and Definition Line（s）（序列的类别 genomic DNA，tRNA 等、线状或环状等、序列长度，选择序列文件或粘贴你要提交的序列到框中），如提交的序列长度与你填写的序列长度不一样，会提示错误，需要重新提交序列，依次选择即可。提交完后审查看有没有错误，点击“Continue”。

4）生物体（Organism）

生物体页（图 15-6）需填写 Organism 的名字，点击“Continue”后会出现自动检索项目，核对后继续（Continue）。

5）提交分类（Submission Category）

提交分类页（图 15-7）提交分类，可选择原始数据或第三方注释数据，原始数据一般是自己测序获得的数据，第三方数据是在数据库已经有了 ID 号，需要修改或更新的数据。完成后点击“Continue”。

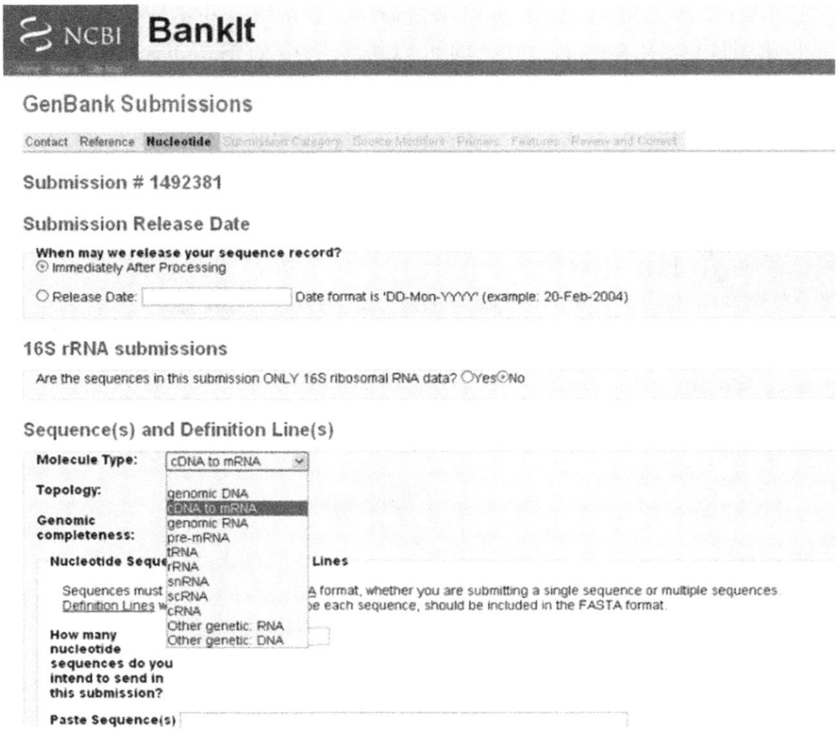

图 15-5　核酸页

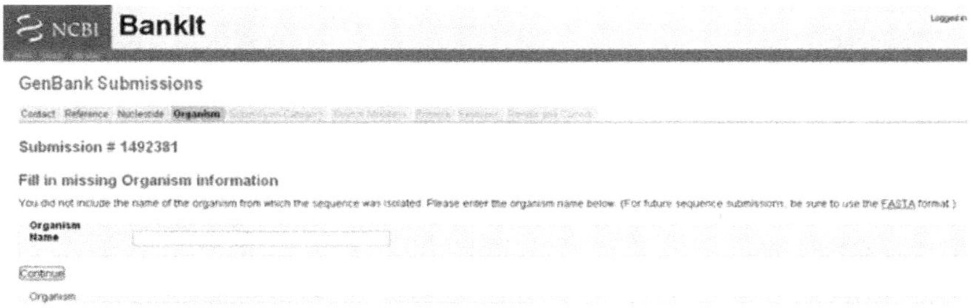

图 15-6　生物体页

6）资源描述（Source modifier）

资源描述页（图 15-8）选择该病原物的种类，如质粒、线粒体等；Source modifier 下拉菜单及后面的 Value 设置：进一步选择该病原物获取信息，如 Country、Host、Clone、Collection date、Strain/Isolate 等，信息尽量全面真实，需要继续添加则点击“Add”，填写完毕查看下方已填写表格进行信息核对，然后点击“Continue”。

7）引物（Primers）

引物页（图 15-9）填写 PCR 引物项目，为可选项目，不想填写或填写完后可点击“Continue”。

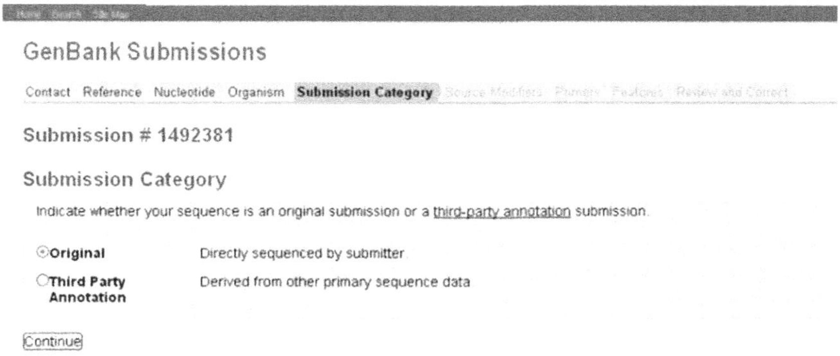

图 15-7 提交分类页

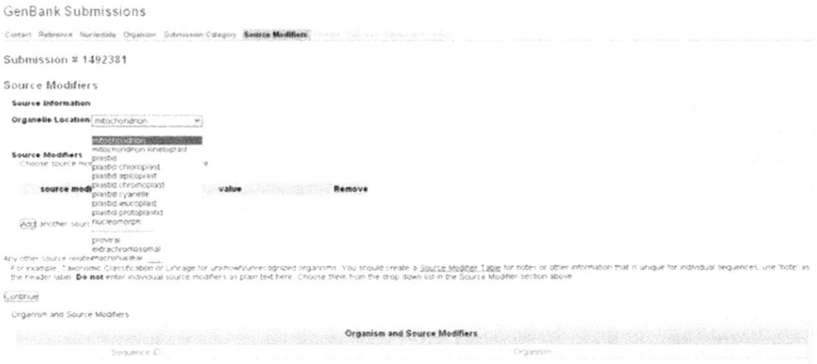

图 15-8 资源描述

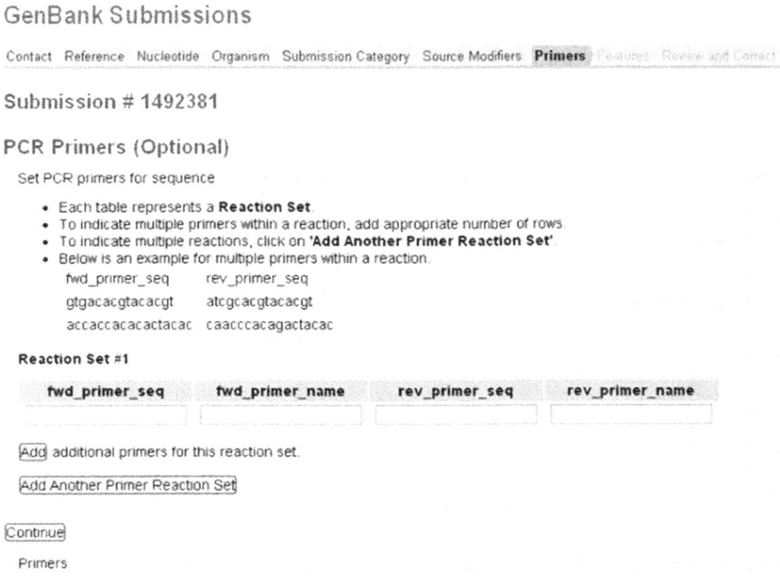

图 15-9 引物页

8）特征（Features）

序列特征页（图 15-10）将用到第一步准备的内容，填写序列的特征信息。可选择序列的编码序列（coding sequence，CDS）描述、RNA 信息、重复区域等。

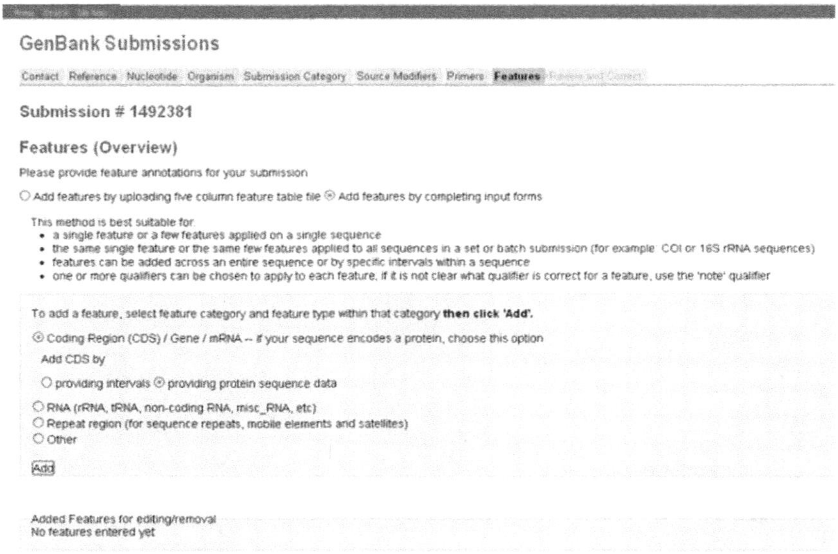

图 15-10　序列特征页

点击下方“Add”键，页面将切换为图 15-11 所示页面，这个页面可输入更多关于序列的特征信息，如蛋白质名称、蛋白质简单描述、蛋白质序列信息、基因信息等。

9）回顾和修改（Review and Correct）

回顾和修改页面（图 15-12），进入到该页面可对已填写信息进行复核及提交。

15.3.2.4　等待审核通过邮件

数据提交完并提交成功后，大概两个工作日后会收到来自 NCBI 工作人员的电邮，如有问题会通知你进一步修改信息直到完全无误，并返回一个唯一的存取号。

15.3.3　Sequin 提交

15.3.3.1　Sequin 介绍

Sequin 是 NCBI 为了方便各国参与测序工作的分子生物学研究人员将序列输入到由 GenBank、EMBL、DDBJ 联合组成的国际协作核酸序列数据（international nucleotide sequence database collaboration，INSDC）而设计的一个客户端软件，是一个独立的多平台提交程序。

用户可以不需要上网就能够实现序列输入，格式的定制以及在序列数据库中的注册、修改、更新。与其他的提交方法，如 NCBI 提供的另外一种在线序列注册工具 BankIt 相比，Sequin 有很多优势。Sequin 提供许多自动处理功能，用来对序列进行格式定制，避免了手工输入的麻烦和格式不统一的缺陷。

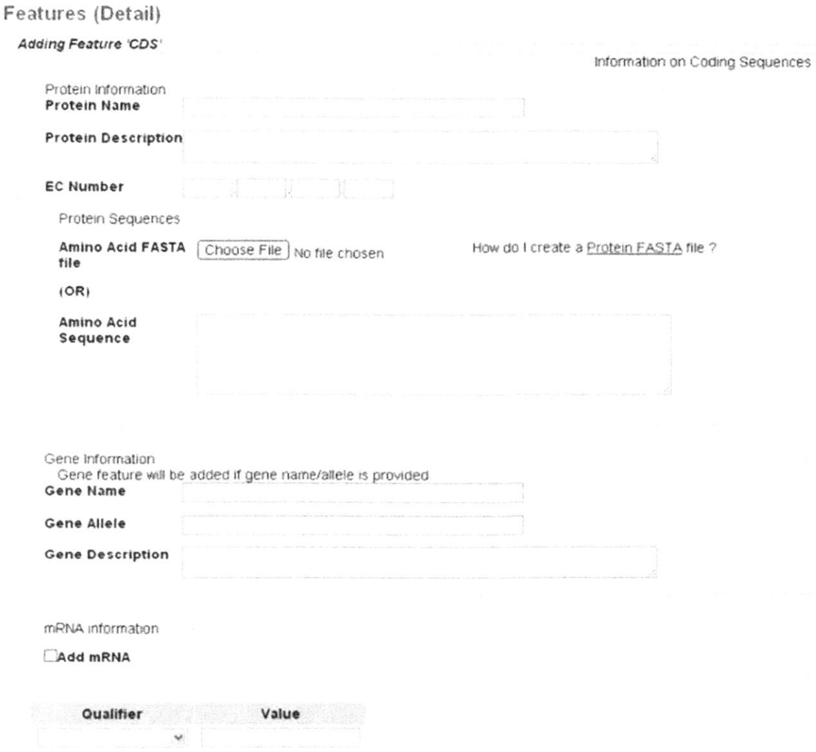

图 15-11　添加序列的 CDS 信息页

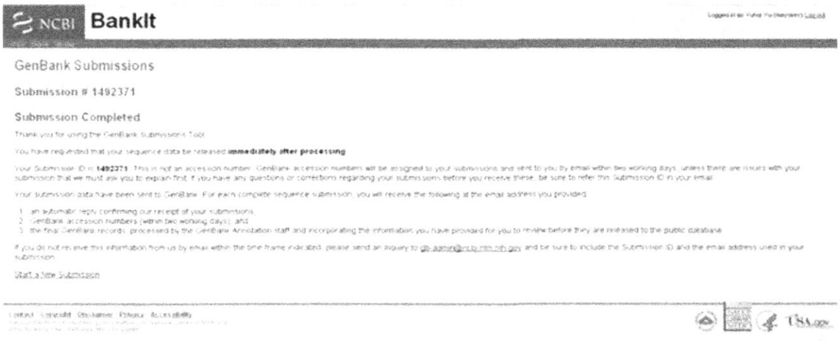

图 15-12　回顾和修改页

Sequin 适用于各种不同长度的序列和各种复杂序列提交，包括传统的核苷酸序列，分段的序列（如剪接的基因组），有许多注解特征的长序列，系统进化、种群和突变研究的序列；Sequin 可用来提交蛋白质序列，对蛋白质进行特征注解（如信号肽、跨膜区或二硫键）。

Sequin 还可用来提交种群、系统、变异研究的多个相关或相近的比对序列；Sequin 还大大简化了对提交序列进行注解的过程，如在只给定核苷酸序列、蛋白质产物序列和遗传密码(从生物的名称中自动获得)的情况下，可自动计算 CDS 特征间隔。在计算中考虑了一致的剪接位点。传统上这些间隔是手工输入的，这是一个既耗时又易错的过程，尤其是对于一个在可变剪接或分段时有许多外显子的基因序列；Sequin 的另一个作用在于能在序列数据库文件的定义行上以一种简单的格式输入相关注解，在读序列时，Sequin 识别和提取这一信息，并将其放置在记录中合适的位置。对于核苷酸序列，可以输入生物体的科学名称、品系或克隆名称和几个其他的修饰基因。对于蛋白质序列，可以输入基因和蛋白质名称。除了组建合适的 CDS 特征以外，Sequin 将自动利用该信息生成基因和蛋白质特征；Sequin 对同一条记录提供了许多不同的格式，如 FASTA、GenBank、EMBL、抽象语法标记(abstract syntax notation one，ASN. 1)、可扩展标记语言(extensible markup language，XML)、graphic 等，graphic 显示了序列的特征间隔，这对于观察可变剪接的编码区非常有意义。

Sequin 中的序列编辑器能在编辑序列时自动调节特征间隔，这样在已提交的序列记录中加入一段 5′端的序列变得更方便。在 Sequin 出现之前，需要手工去添加，并纠正序列中所有生物特征间隔，这样很有可能要从头开始提交。

对于种群，系统发育和变异研究的序列，通常是以比对的序列格式提交，如 PHYLIP、NEXUS 或 FASTA+GAP 形式。对于这些比对的序列，只要给一条序列添加注解，该注解就会被复制到其他的序列中。一般情况下，单个的核苷酸序列有一个或多个蛋白质产物。CDS 特征编辑器可用来输入蛋白质序列，并且输入或修改蛋白质的特征。

图 15-13 Sequin 的初始窗口

15.3.3.2 Sequin 序列提交流程

打开 Sequin 时，会出现 Sequin 的初始窗口如图 15-13 所示，提示用户可以开始进行序列提交或者查看以前提交的序列。用户可选择“Start New Submission”提交原始文件，初始文件建立后，可将文件保存。可选择“Read Existing Record”读一个已经存在的文件，选择“Network Configure”进行网络设置。点击“Show help”会出现一个帮助文档。

在提交页面(submitting 页)，如图 15-14 所示，包括 4 个表格，分别是 submission、contact、authors、affiliation，这些表格使用文件夹标签将窗口划分为几页，这些表格项下方有前一页和后一页的按钮，当用户到达一个表格的最后一页时，下一页按钮变成了下一个表格按钮。

在 Submission 页，可选择公布序列的时间,可以是提交序列之后就可公布,也可以设定一个可以公布的日期,"Tentative title for manuscript"这里是用来给序列添加一个标题,可以是发表了的文章的标题,若文章未发表或未写,可以添加一个临时性的标题。

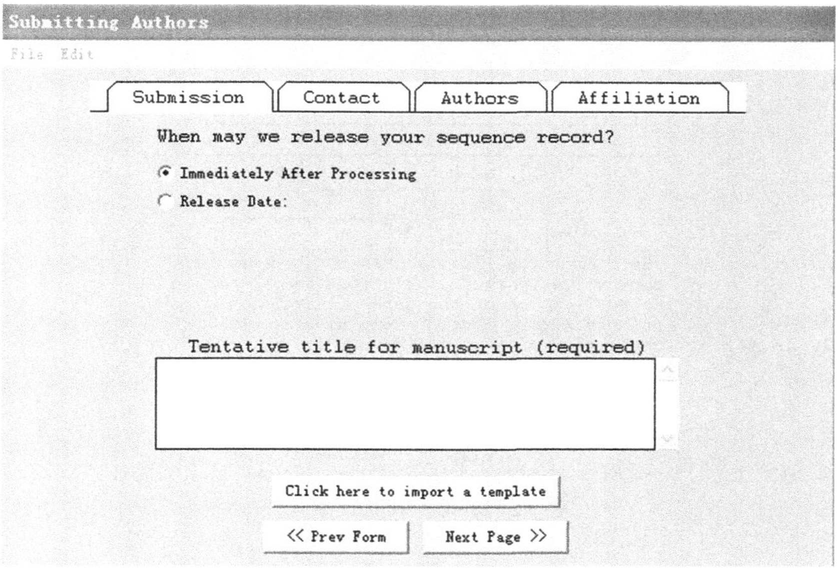

图 15-14 submitting 页

Contact 页,如图 15-15 所示,需填写联系人姓名(通常是序列提交人),联系方式包括电话、传真和邮箱。

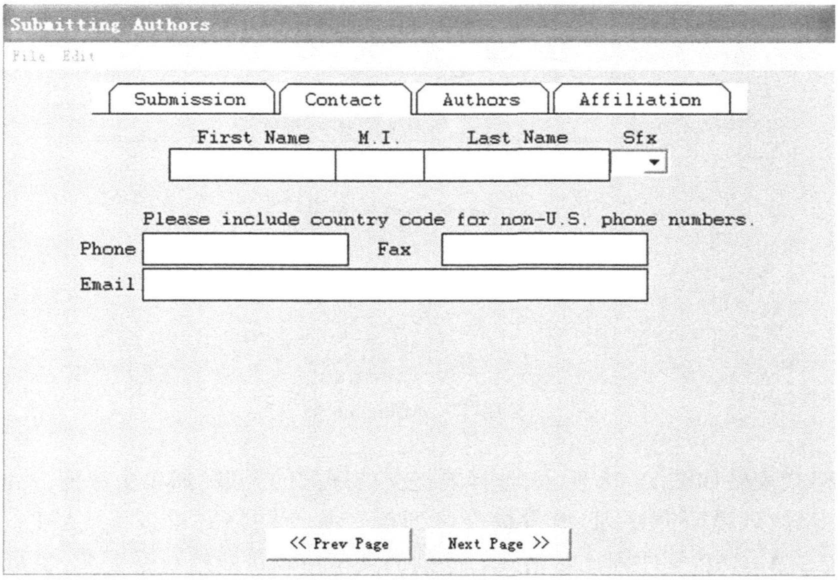

图 15-15 Contact 页

Authors 页，如图 15-16 所示，需填写撰写测序文章的作者，可以是一个或多个作者。

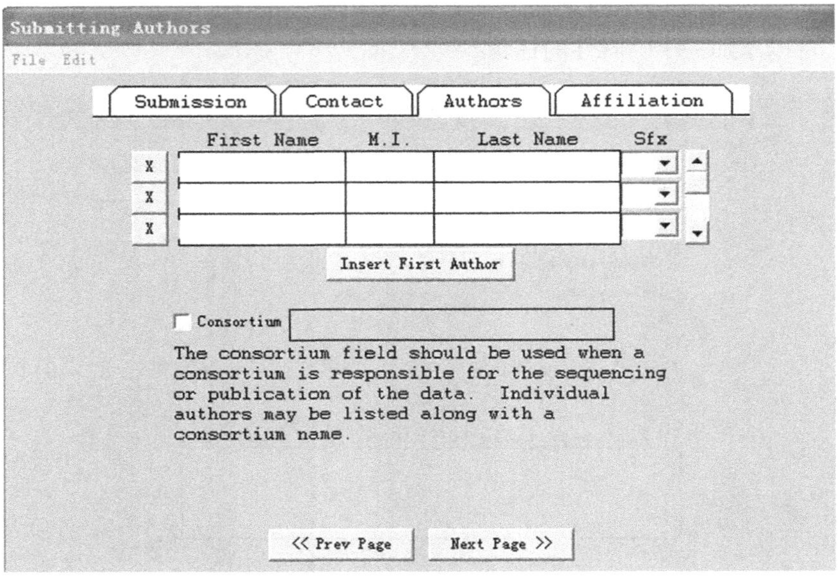

图 15-16　Authors 页

Affiliation 页，如图 15-17 所示，是用来填写序列提交人所属的机构、部门、地址。

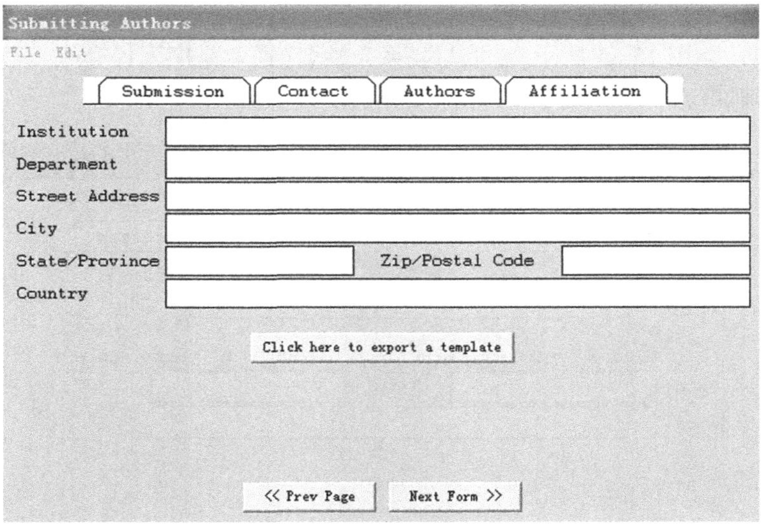

图 15-17　Affiliation 页

序列格式表格如图 15-18 所示，选择要提交的序列的类型（如单个序列、片段序列、种群、系统、变异、环境研究序列、批量提交序列等），提交的格式可以是 FASTA、PHYLIP、NEXUS、FASTA+GAP 等序列比对格式。序列的类型可以是原始数据提交，也可以是第三方注释数据。

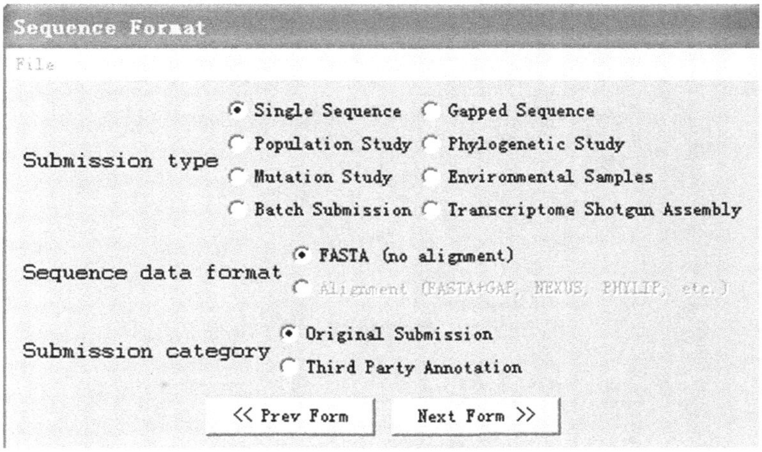

图 15-18 Sequin 的序列格式表格

核酸表格,包含两个页面,nucleotide 页,如图 15-19 所示,用来填写提交的核酸序列,可点击"Import Nucleotide Alignment"从文件中导入,也可以直接手工添加。

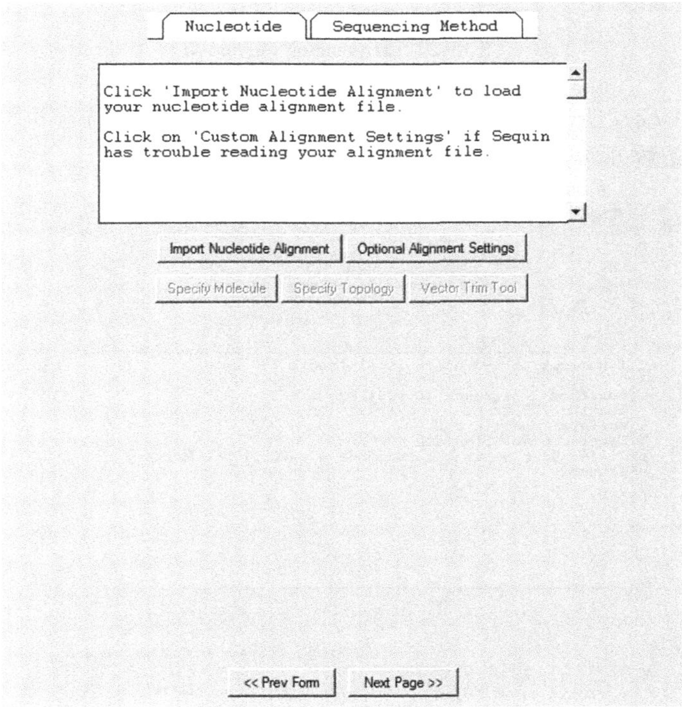

图 15-19 nucleotide 页

Sequencing Method 页,如图 15-20 所示。在这一页,可选择测序的仪器,如第一代测序 Sanger、Roche 454、Illumina 等,提交的序列是组装序列还是原始序列,如果为组装序列,需提交组装使用的软件及其版本信息等。

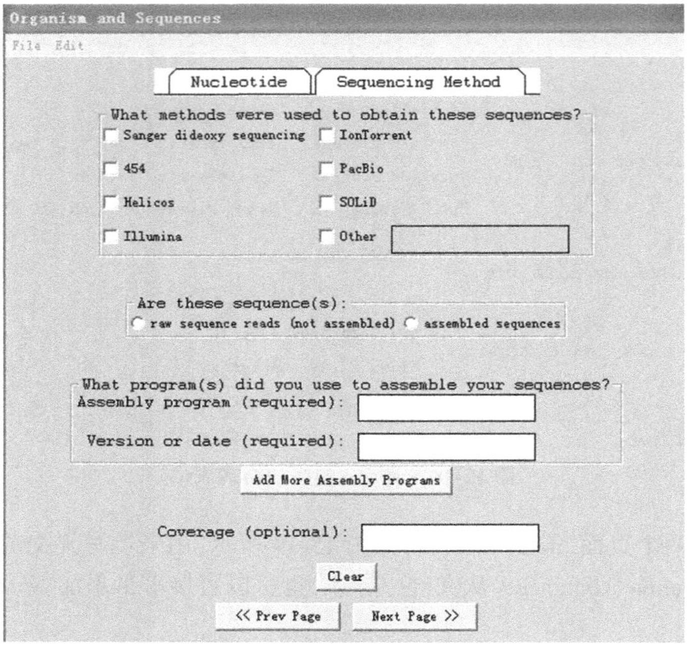

图 15-20　Sequencing Method 页

输入 FASTA 或其他格式的序列之后，会出现一个序列简单描述页面，如图 15-21 所示，包含序列的条数、序列长度等信息。

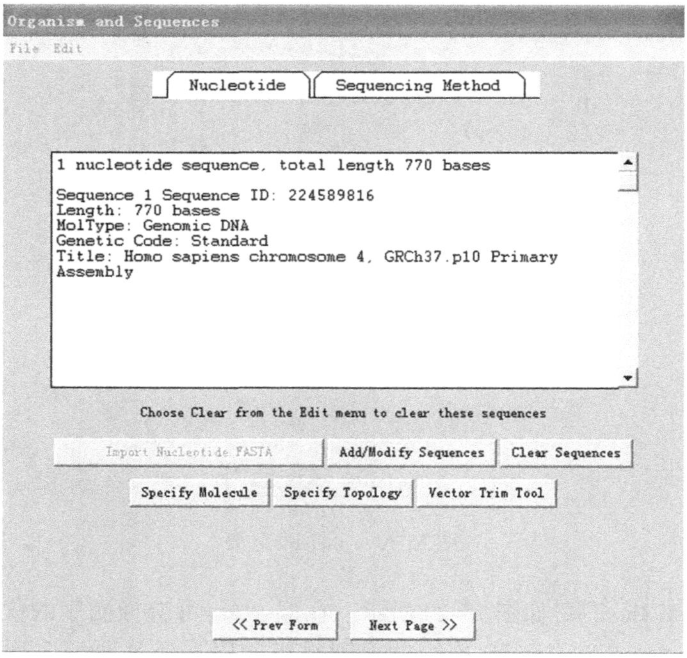

图 15-21　核酸序列描述页

在生物体(Organism)页面上(图 15-22),Sequin 保存了 GenBank 中存在的最多的 800 种生物体。因此在键入几个字母后,用户可以通过在列表中单击合适的项来补全生物体名称的其余部分。现在 Sequin 知道了科学名称、一般名称、GenBank 分类、分类学联系和其中最重要的——使用的遗传密码。

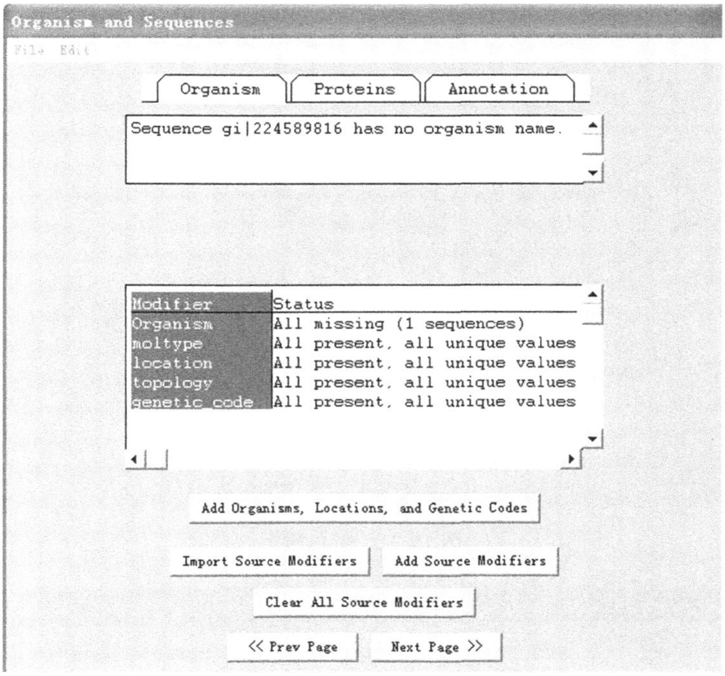

图 15-22　organism 页

蛋白质页面,如图 15-23 所示,允许输入蛋白质序列。与核酸页相同表格的下面也有上一页和下一页按钮。可选择"Import Protein FASTA" 选择输入 FASTA 格式的蛋白质序列。

读入蛋白质也会产生一个报告,如图 15-24 所示,报告包含序列长度、解析的局部 ID 号、解析定义行的基因和蛋白质以及剩余标题。报告也指出蛋白质列表中不存在的非法特征,可选择编辑菜单中的清除按钮修正该页面。

之后会产生一个阅读器表格,会显示记录的 GenBank 简单文件表格,如图 15-25 所示。这个阅读器有各种菜单项,在"file"菜单项中,能将记录保存,"annotation"菜单项中,可以添加各种注释。

图 15-25 GenBank 格式是缺省的序列记录,此时在某段落双击,将显示该段落的详细信息,如双击本例的 source,将出现图 15-26 所示页面。

填写完之后,可点击图 15-25 中"Done"按钮进行序列提交。数据提交完并提交成功后,大概两个工作日后会收到来自 NCBI 工作人员的电邮,如有问题会通知你进一步修改信息直到完全无误,并返回一个唯一的存取号。

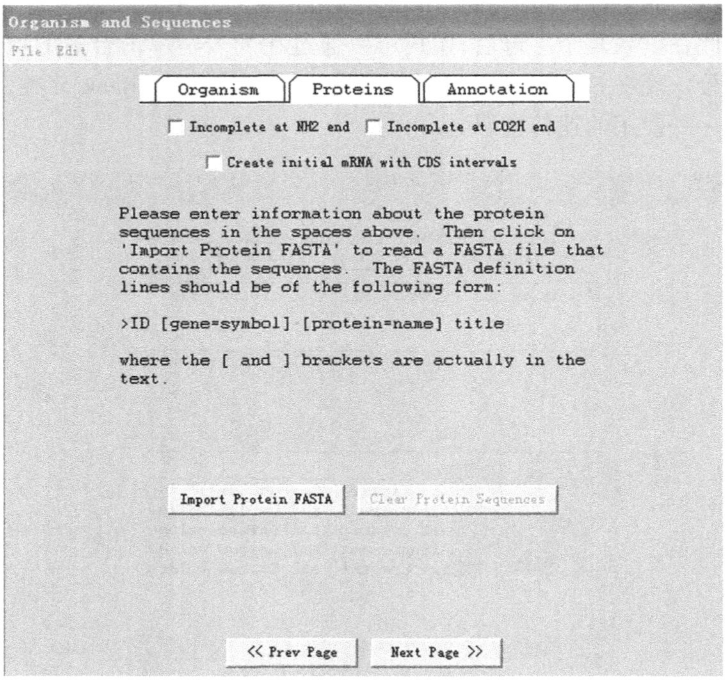

图 15-23　蛋白质页

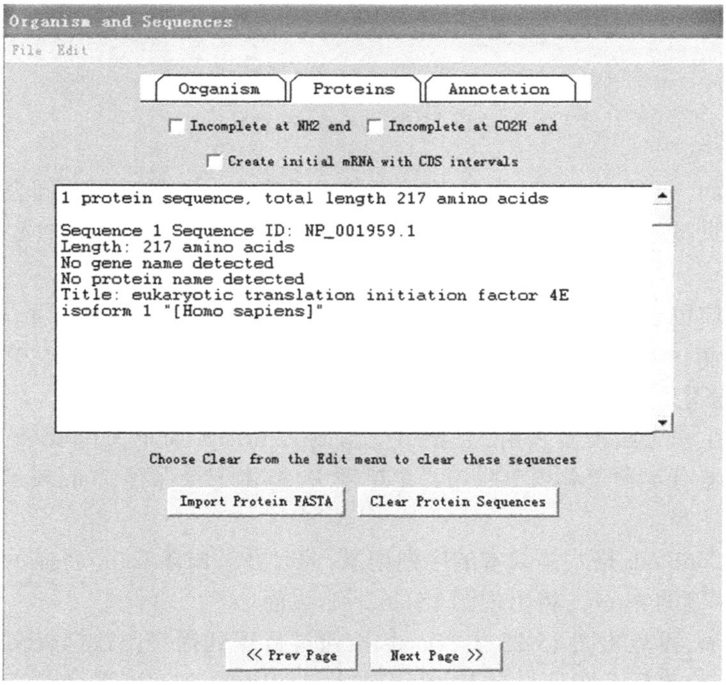

图 15-24　蛋白质序列报告页

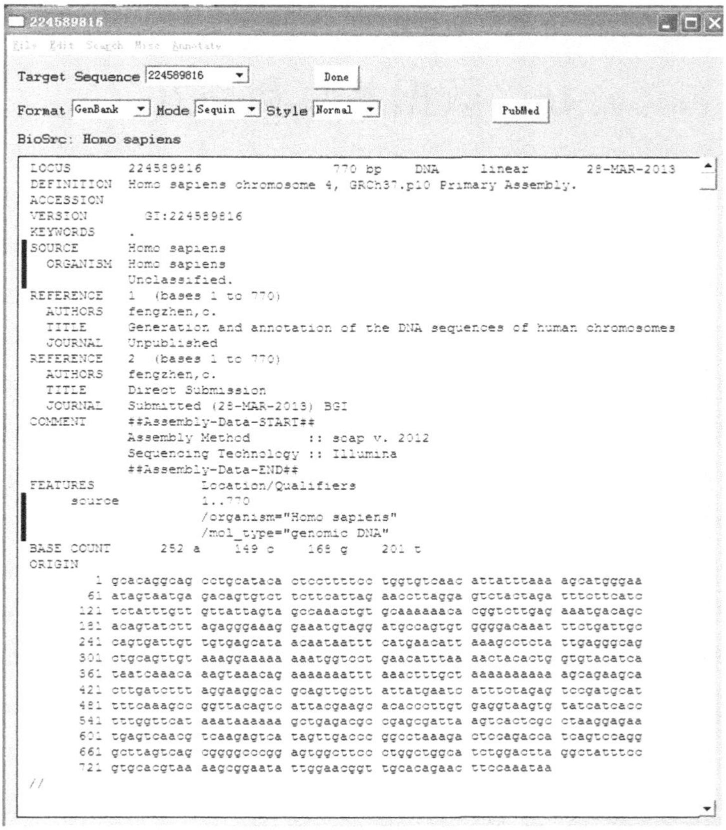

图 15-25 阅读器表格页

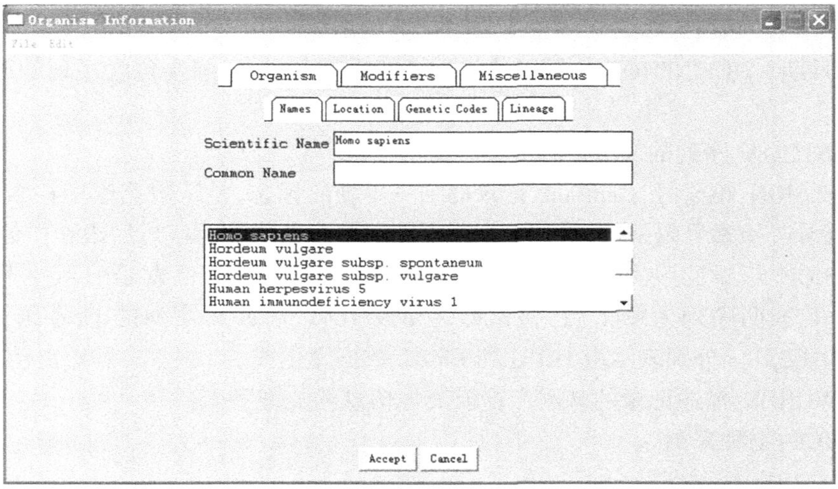

图 15-26 source 页

16 数据共享和交互

国际上比较有名的 3 个数据库——GenBank、EBI 和 DDBJ，它们是国际性协作数据库，用户向 3 个数据库中的任一个提交的记录几天后都将在另两个数据库中出现，然后这些序列记录将被许多研究组和研究中心传送到世界范围，供其他用户使用。

GenBank flatfile(GBFF)是 GenBank 数据库的基本信息单位，也是最广泛地用以表示生物序列的格式之一。最重要的是它也是从 GenBank 到 DDBJ 和 EMBL 数据库，以及 EMBL、DDBJ 之间或向其他数据库交换数据时所采用的格式。因采用了一种共同的数据格式进行交换，才使得向其他数据库提交记录，另外两个数据库也能在很短的时间内共享到数据成为可能。

简单地讲，GBFF 可以分成 3 个部分，第一部分包含关于整个记录的信息(描述符)。第二部分包含了注释这一记录的特性，也是最重要的一部分，它直接表达了记录的生物背景知识。第三部分是核苷酸序列自身。需要注意的是，GenBank 格式在最后的末尾必须以//结尾，以示终结。

GBFF 格式各部分解释如下。

LOCUS：LOCUS 行的第一项是 LOCUS 名称。这一成分开始于一个英文字母，总长度不能超过 10 个字符。第二个字符以后可以是数字或字母，所有字符均要大写。第二项是序列长度，为 1 ~ 350 000bp。第三项表明生物分子的类型。“分子类型”包括 DNA、RNA、tRNA、rRNA、mRNA 和 uRNA，以表明生物分子的最初来源。第四项是 GenBank 分类码，由三个字母组成，如 EST、STS、GSS、HTG、CON 等。第五项是日期，表示的序列最后被公开的日期。DEFINITION 行用以总结记录的生物意义，一般会包含序列的属种信息、基因名等。

DEFINITION：序列的简明注释。

ACCESSION：检索号，GenBank 记录的唯一不变的标志，是从数据库中检索一个记录的主要关键词，检索号码采取 2+6 格式，2+6 格式是指 2 个大写字母后跟 6 位数字。

VERSION：记录的版本号，包含检索号及版本。格式是：检索号 . 版本号。例如，AJ971041. 1，表明序列为第 1 版，检索号为 AJ971041，后面是序列的 gi 号码，g 表示由 GenBank 生成，d、e 分别表示由 DDBJ 和 EMBL 数据库生成。

KEYWORDS：描述记录的基因产物或其他信息的关键字。

SOURCE：物种来源。

ORGANISM：物种名及分类。

REFERENCE：相关文献，参考文献提供了科学证据以及一个背景来解释这个特定的序列为何会这样确定。

AUTHORS：作者列表。

CONSRTM:相关团体单位。
TITLE:文献标题。
JOURNAL:杂志名称、期刊、年份、页码等。
MEDLINE:medline 索引号,允许链接到 MEDLINE 数据库。
PUBMED:pubmed 索引号,允许链接到 PubMed 数据库。
REMARK:相关引用。
COMMENT:交叉引用、名称改变等信息。
FEATURES:序列编码信息几个生物识别位点。
CONTIGS:序列组装方式。
ORIGN:序列开始标志。
//:记录的结束标志。
GenBank flatfile 格式文件简单示例如下:

```
LOCUS       AJ971041    1287 bp    mRNA    linear   PLN 18-MAY-2005
DEFINITION  Brassica napus mRNA for glycosyltransferase(pglcat8 gene).
ACCESSION   AJ971041
VERSION     AJ971041.1  GI:66347020
KEYWORDS    glycosyltransferase;pglcat8 gene.
SOURCE      Brassica napus(rape)
  ORGANISM  Brassica napus
            Eukaryota;Viridiplantae;Streptophyta;Embryophyta;Tracheophyta;
            Spermatophyta;Magnoliophyta;eudicotyledons;core eudicotyledons;
            rosids;malvids;Brassicales;Brassicaceae;Brassiceae;Brassica.
REFERENCE   1
  AUTHORS   Ouzzine,M.,Magdalou,J.,Fournel-Gigleux,S.,Mollicone,R. and
            Oriol,R.
  TITLE     Phylogeny of beta3-glucuronyltransferases
  JOURNAL   Unpublished
REFERENCE   2(bases 1 to 1287)
  AUTHORS   Oriol,R.
  TITLE     Direct Submission
  JOURNAL   Submitted(13-MAY-2005)Oriol R.,U504,Inserm,16 Av. Paul
            Vaillant-Couturier,94807,FRANCE
FEATURES             Location/Qualifiers
     source          1..1287
                     /organism="Brassica napus"
                     /mol_type="mRNA"
                     /db_xref="taxon:3708"
     gene            1..1287
```

```
                    /gene = " pglcat8"
     CDS            19..1281
                    /gene = " pglcat8"
                    /function = " contributes to the synthesis of
                    glycoseaminoglycans"
                    /codon_start = 1
                    /product = " glycosyltransferase"
                    /protein_id = " CAI94899.1"
                    /db_xref = " GI:66347021"
                    /db_xref = " GOA:Q4VZ80"
                    /db_xref = " InterPro:IPR005027"
                    /db_xref = " UniProtKB/TrEMBL:Q4VZ80"

/translation = " MKLLSAFRSSYLNRRGSTFRSLDPSSFDGAFIPKPSPSSIFWLAIHCLCCLISLIL
GFRFSHLVLFFLYSTSVTNLYTTTAGVSRLLQLKPLEKANVTAKSSRVVVGRHGIRIRPWPHP
NPIEVMRAHQLLERVQKEQKSLYGVRSPRAVIAVTPTYVRTFQALHLTGVMHSLMLVPYVV
VWIVVEAGGKSNETASFVGKSRLKTIHVGFDQKMPNYWEDRGKLESKMRLRALRVVKEEK
LDGVVMFADDSNMHSMEFFDEIQNVKWFGAVSVGILAHSGNAEEMVMSMDKRREMEKEE
VQGPACNATDKLIGWHVFNTLPYAGKSAVYIDDVAAVLPQKLEWCGFVLNSRILWDEAESK
PEWVKEFGLLNENEGVESPLSLLNDPSMVEPLGSCGRQVLLWWLRVEARADSKFPSRDGD"
   ORIGIN
          1 ggagaagaag cggagaagat gaagctcctc tctgcatttc gatcgagtta cttgaatcgt
         61 cgaggaagca ccttcagatc gttagatccg tcgtcgttcg acggagcttt catcccccaag
        121 ccatctccat cctcaatctt ctggctagcg attcactgcc tctgctgctt gatcagcttg
        181 attctagggt tccgattcag ccacttggtc ctcttcttcc tctactccac ctccgtcacc
        241 aatctataca ccaccaccgc cggggtgagc cggcttctcc agctgaagcc tctggagaaa
        301 gccaacgtca cggcgaagag ctctcgagtg gtggttggaa gacacgggat ccggatccgt
        361 ccctggcctc acccgaaccc gatcgaagtc atgagagctc accagctgct cgagagagtg
        421 cagaaggagc agaagtcgct ctacggcgtg aggagcccca gggctgtgat cgcggtgacg
        481 ccgacttacg tacggacgtt ccaggcgctt cacctgaccg gagtcatgca ctcgctgatg
        541 ctcgtgcctt acgtcgtggt gtggatcgtg gtggaagctg gtgggaagag caacgagacg
        601 gcttcgttcg tcgggaaatc gagattgaag acgattcacg ttggttttga tcagaagatg
        661 ccgaattact gggaagatcg cggcaagctg gagagtaaga tgagacttcg agctttgaga
        721 gttgtgaagg aagagaagct tgatggggtt gtgatgtttg ctgatgatag taacatgcat
        781 agtatggagt ttttcgatga gattcagaac gtgaagtggt tcggtgctgt ttccgttgga
        841 atcttggcgc attcggggaa tgcggaagag atggttatgt cgatggataa gagaagagag
        901 atggagaaag aagaggtaca aggtcctgcg tgtaacgcga ccgataagct gatcggttgg
        961 catgttttca atacgttgcc atacgcgggg aagagtgcgg tttatataga cgatgtagct
```

```
1021 gcggttttgc cgcagaagct ggagtggtgt gggtttgtat tgaactcgag gattctttgg
1081 gatgaggctg agagtaagcc ggagtgggtt aaggagtttg ggttgttgaa cgagaacgaa
1141 ggcgtggaga gtcctttgtc tctgttgaat gatccttcga tggttgagcc tcttggaagc
1201 tgtggaagac aggttctgct ttggtggctt cgtgttgaag cacgcgctga tagcaagttc
1261 ccctcccggg atggtgattg atcctcc
//
```

17 数据检索

17.1 检索工具

17.1.1 引言

目前，主流的数据库检索工具有 SRS(sequence retrieval system)和 Entrez。SRS 和 Entrez 等查询系统为生物信息资源的利用提供了极为有效的工具。它们把各种类型的数据库整合在一起，通过统一的界面和查询方法，利用计算机网络，实现了资源共享。

17.1.2 SRS 检索系统

SRS 是一个开放的数据库查询系统，由欧洲分子生物学实验室开发，最初是为核酸序列数据库 EMBL 和蛋白序列数据库 SwissProt 的查询开发的，随着分子生物信息数据库应用和开发需求的不断增长，SRS 已经成为欧洲各国主要生物信息中心必备的数据库查询系统。

SRS 系统将不同类型的数据库整合在一起，通过统一的用户界面进行数据库查询，并通过建立索引文件实现数据库的快速查询，其主要特点是不同数据库之间的链接，除了超文本链接外还可以根据数据库中各个记录之间的交叉引用通过并、交、非等逻辑运算进行快速查询。SRS 的另一个特点是允许用户将自己的数据库整合到该系统中，并与其他数据库之间实现链接，如图 17-1 所示。

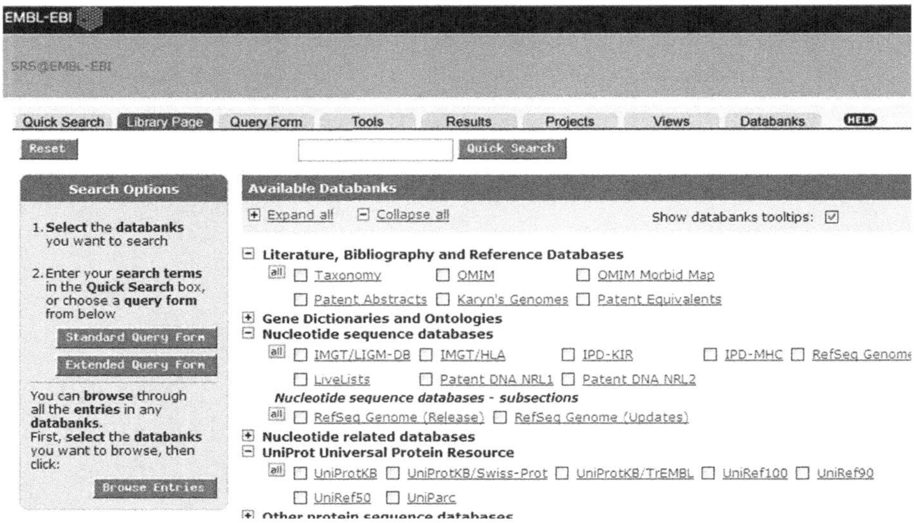

图 17-1 SRS 检索系统链接的数据库

序列一般可通过记录号或该序列注释中的一些信息进行检索。SRS 的优势在于它可以通过普通的终端去检索大范围的数据库,并且通过 DR 栏链接到其他数据库。

17.1.3 Entrez 检索系统

Entrez 由美国 NCBI 开发,用于对文献摘要、序列、结构和基因组等数据库进行关键词查询,找出相关的一个或多个数据库条目。该系统目前主要包括核酸序列数据库、蛋白质序列数据库、基因组数据库、系统分类数据库、人类遗传疾病和遗传缺失在线数据库,以及基因信息数据库、种群亲缘关系核酸序列比对数据库、表达序列标签数据库等,如图 17-2 所示。

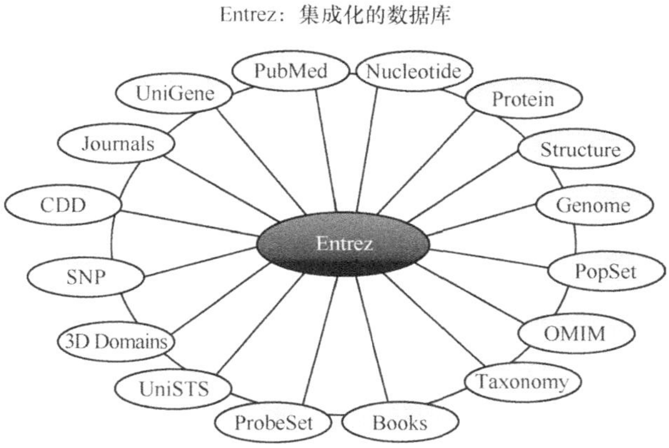

图 17-2 Entrez 系统中各数据库的网络图

Entrez 提供了方便实用的检索服务,所有操作都可以在网络浏览器上完成。用户可以利用 Entrez 界面上提供的限制条件(Limits)、索引(Index)、检索历史(Syntax Notation),在对于文献摘要中的关键词查询时,不仅考虑了查询对象和数据库中单词的实际匹配,而且考虑了意义相近的匹配。

对于 GenBank 等生物信息学数据库以及生物医学文献摘要(MEDLINE)等数据库的查询,Entrez 采取自动列出相关记录的方法,实现同一数据库中不同条目或不同数据库之间的链接。当用户以关键词查询某一条目时,可以从查询结果所列出的条目中找到与其相关的其他条目,包括文献摘要、基因组和染色体图谱、核酸和蛋白质序列数据库、蛋白质结构数据库等,使用十分方便。

与 SRS 不同的是,Entrez 是一个封闭的数据库系统,用户无法添加自己的数据库。

17.2 检索结果格式

在数据库中数据查询到的结果有以下几种格式。

17.2.1 摘要(Summary)

该格式以图表摘要的形式显示条目,第一行显示序列名字及序列类型,可通过此链接查看序列的详细信息，第二行是序列的长度等信息，第三行是序列的进入号、gi 号等，第四行可以快速的链接以其他格式查看序列信息，如 FASTA、GenBank。下面是一个实际的例子。

Arabidopsis thaliana chromosome 3, complete sequence

23,459,830 bp linear DNA

Accession: CP002686.1 GI: 332640072

GenBank FASTA Graphics Related Sequences

17.2.2 图形(Graphic)

该格式以图的形式显示条目，如图 17-3 所示，顶部的条代表核酸序列。底部箭头或者条代表序列的不同特征。双击箭头或者打开相应的编辑窗口。

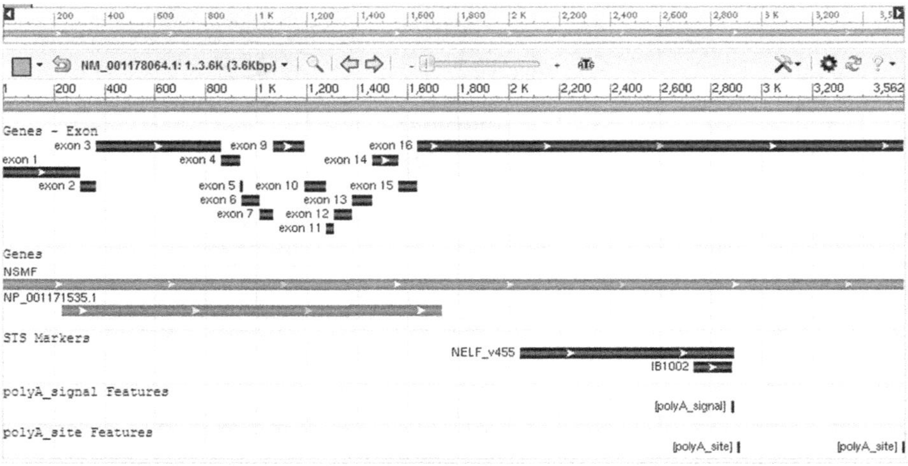

图 17-3 检索结果以图形格式显示

17.2.3 FASTA 序列格式

FASTA 格式是最为常见和简单的格式。那些只需要序列数据的程序，最好使用 FASTA 格式的序列来进行查询。尽管 FASTA 格式的信息含量比其他格式少，但它提供了人和计算机都可理解的处理原始数据的简单方法。

17.2.4 GenBank 格式

GenBank 格式是 NCBI 数据库中数据显示的格式，具体格式描述见数据共享和交流章节。

17.2.5 EMBL 序列格式

EMBL 格式是 EBI 数据库数据显示格式，EMBL 格式则每行都带有前缀，以表明本行的信息类型。注释部分前缀为“FT”，在内容上与其他数据库相同。所有这些格式实际上都是由更结构化的 ASN.1 生成的。但是主要由于历史的原因,许多用户(专家或非专家)在工作中使用 GBFF(或 EMBL flatfile 格式),与 GenBank 类似,通过大量信息来描述每个序列。该信息组织成一个个字段,每个字段有一个标识符。这些标识符缩写成两个字母,某些字段还有次级字段。每行序列后面的数字显示片段的位置。EMBL 格式各部分解释如下。

ID:表示序列的标识符行,包括登录号、类型、分子的长度。

XX:表示分隔符号行。

AC:表示登录号行。

SV:表示序列版本行,其数据的形式为"登录号．版本号"。

DT:表示创建和更新日期行。

DE:表示序列描述行。

KW:表示关键字行。

OS:表示描述生物体种属。

OC:表示描述生物体分类信息。

"RN"、"RP"、"RX"、"RA"、"RT"、"RL"分别描述参考文献的编号、页码、到其他文献数据库的链接、作者、题目、参考文献出处。

FT:表示特征表开始符号,为特征表行。FT 行具体的信息有:序列的长度,序列来自于何种生物体、何种组织,在染色体上的定位,蛋白质编码序列片段在整个序列中的位置,外显子和内含子的位置,与基因对应的蛋白质序列等。

FT 行主要有三项。

(1) Feature Key,它是描述特征的关键字,如"source"、"CDS"等。

(2) Location,指明特征在序列中的特定位置。

(3) Qualifiers,描述关于一个特征的辅助信息。

SQ:表示序列信息。

//:表示序列结束。

EMBL 序列格式示例如下:

```
ID              identification code for sequence in the database
AC              accession number giving origin of sequence
DT              dates of entry and modification
KW              key cross-reference words for lookup up this entry
OS,OC           source organism
RN,RP,RX,RA,RT,RL   literature reference or source
DR              i. d.   In other databases
CC              Description of biological function
FH,FT           information about sequence by base position or range of positions
                  source range of sequence,source organism
                  misc_signal range of sequence,type of function or signal
                  mRNA range of sequence,mRNA
```

CDS range of sequence, position of Intron

mutation sequence position, change in sequence for mutation

SQ count of A, C, G, T and other symbols

gaattcgata aatctctggt ttattgtgca gtttatggtt ccaaaatcgc cttttgctgt 60

atatactcac agcataactg tatatacacc cagggggcgg aatgaaagcg ttaacggcca 120

// symbol to indicate end or sequence

17.2.6 蛋白质序列格式

这里以 SwissProt 序列格式作描述，这种格式比较复杂，描述的信息较多，每段内容以两个大写字母开始，包括序列的描述部分、序列行（序列行以两个空格开始而非两个字母编码，序列每行 60 个氨基酸，每 10 个一组，从该行的第 6 个字符开始）、记录结束标志//。以下是一个蛋白质序列格式的示例。

ID G5EDX1_CAEEL Unreviewed; 700 AA.

AC G5EDX1;

DT 14-DEC-2011, integrated into UniProtKB/TrEMBL.

DT 14-DEC-2011, sequence version 1.

DT 28-NOV-2012, entry version 11.

DE SubName: Full=Protein KAL-1;

GN Name=kal-1;

OS Caenorhabditis elegans.

OC Eukaryota; Metazoa; Ecdysozoa; Nematoda; Chromadorea; Rhabditida;

OC Rhabditoidea; Rhabditidae; Peloderinae; Caenorhabditis.

OX NCBI_TaxID=6239;

RN [1]

RP NUCLEOTIDE SEQUENCE [LARGE SCALE GENOMIC DNA].

RC STRAIN=Bristol N2;

RX MEDLINE = 99069613; PubMed = 9851916; DOI = 10.1126/science.282.5396.2012;

RG Caenorhabditis elegans Sequencing Consortium;

RT "Genome sequence of the nematode C. elegans: a platform for

RT investigating biology.";

RL Science 282:2012-2018(1998).

CC ---

CC Copyrighted by the UniProt Consortium, see http://www.UniProt.org/terms

CC Distributed under the Creative Commons Attribution-NoDerivs License

CC ---

DR EMBL; Z81561; CAB04551.2; -; Genomic_DNA.

DR EMBL; Z92828; CAB04551.2; JOINED; Genomic_DNA.

DR PIR;T23271;T23271.

DR RefSeq;NP_493468. 2;NM_061067. 6.

DR ProteinModelPortal;G5EDX1;-.

DR SMR;G5EDX1;101-147,226-390,515-542,562-658.

DR EnsemblMetazoa;K03D10. 1;K03D10. 1;K03D10. 1.

DR GeneID;173282;-.

DR KEGG;cel:CELE_K03D10. 1;-.

DR CTD;42865;-.

DR WormBase;K03D10. 1;CE35892;WBGene00002181;kal-1.

DR GeneTree;ENSGT00440000033720;-.

DR OMA;IELPLES;-.

DR NextBio;878993;-.

DR GO;GO:0005576;C:extracellular region;IEA:InterPro.

DR GO;GO:0030414;F:peptidase inhibitor activity;IEA:InterPro.

DR GO;GO:0010466;P:negative regulation of peptidase activity;IEA:GOC.

DR Gene3D;2. 60. 40. 10;Ig-like_fold;4. 2.

DR Gene3D;4. 2. 10. 75. 10;Whey_acidic_protein_4-diS_core;1.

DR InterPro;IPR015874;4-disulphide_core.

DR InterPro;IPR003961;Fibronectin_type3.

DR InterPro;IPR013783;Ig-like_fold.

DR InterPro;IPR008197;Whey_acidic_protein_4-diS_core.

DR Pfam;PF00041;fn3;1.

DR Pfam;PF00095;WAP;1.

DR PRINTS;PR00003;4DISULPHCORE.

DR SMART;SM00060;FN3;3.

DR SMART;SM00217;WAP;1.

DR SUPFAM;SSF49265;FN_III-like;3.

DR SUPFAM;SSF57256;WAP;1.

DR PROSITE;PS50853;FN3;3.

DR PROSITE;PS51390;WAP;1.

PE 4:Predicted;

KW Complete proteome;Reference proteome.

SQ SEQUENCE 700 AA; 78490 MW; 75D673729E4C81E8 CRC64;

MILLLLLFIL GSVSPDELIS TRCQAQCLHL MDQRLQNNME LRKTLKHHII QLCKEDATCS ACSAPCREQF DDIKACKKSC VASDDRETCE DSCHYLQRIY QEKPGACPSV SNQSNYECSA LCQMDGECPE TQKCCSSGCS RQCLKPRSSD IKLLPIPRNI SVQERKRKRS IIIRWATGRL SKAQQNENAN LFLVQWRWGL HADESAMTEW QTVTVRNKPY AILKHLLSPG RFYEFRTAAV SQEGSLGFSS PSKPFKISKE AKAPPPPKDL SLGASKVVAS GLWNQMVHWN PPPSDLPIKN

YQISWASSTK SEADAFEEQM RKKSTLEFAA HEKRSLQSDD DEEFIGIQER DRQSVVVPSH ATSSEITGLF PNSVYLVEIH ASVDSSDGEL HGEKGVVFIR TADSLSAVPE DREPYTGPKA RIAHGSEELK IEASLKDLKT SSHAPNRPNS PQPAHLEIQT PFFDTELQTQ LNWLNAAHCT PAKRQFSVKV RKTLCREYQP NHHSDTRWHD LRVTDCSALL KGLSFDCDYK VEVTDTLTGD FVVDGVFSTD TCDQTSSLTP IDCSSVTTPI QCQVTSESSA HCHWTRHHDA MQTVIGYRIL LSSPINHDTN TTINQPQLRE VRYENLAPGY VYTVEVQSIT NKGLGRTVST QFVTHPDLDS NAIQRFPGGE IIELPLESSG KLSIFSIFSS FFLVLLLRLL

//

17.2.7 ASN.1 序列格式

ASN.1 是 NCBI 用来存储和维护所有数据的格式(http://www.ncbi.nlm.nih.gov/Sitemap/Summary/asn1.html),NCBI 的 asn2ff 程序可以将 ASN.1 文件转换为多种 flatfile 文件格式,它可以生成 GenBank、EMBL、GenPept、SwissProt 以及 FASTA 格式的文件。它是描述在网络上传输信息格式的标准方法。它包含两部分:一部分描述信息内数据、数据类型及序列格式;另一部分描述如何将各部分组成消息。ASN.1 格式示例如下:

```
seq {
    id { local id 1 },
    descr { title "" },
    inst {
      repr raw, mol dna, length 630, topology linear,
      seq-data
iupacna
"GGTTCGGGCAGCGCTCTCCCGGGAGCGGCGGCACGCGCGGAGCGCCGGGTGCGGCCATGC
GGGGACCGGGCCCGACCCCGAGCCCGACCCCGAGCCCAAGCCCGAGCCGGAGCCCGAGCG
AGACCCCGAGCCCGAGCCCGAGCGCGACCCCCGGTGCGGCGCGGCTACCCCGGCGGAGGC
GGCGGGCGCGGGGCGCGCTCTGAGGCCCGGGGGATGCGCCGCCGCCTCGACCATGGGCGC
CGCCGCCTCCAGGAGGAGGGCGCTGAGGAGCGAGGCCATGTCCTCGGTGGCGGCCAAAGT
GCGAGCAGCCCGAGCGTTTGGAGAGTACCTGTCCCAGAGTCACCCTGAGAACCGCAACGGC
GCAGATCACCTGCTGGCTGATGCCTACTCTGGCCACGACGGGTCCCCCGAGATGCAGCCGG
CCCCCCAGAACAAGCGCCGCCTGTCCCTCGTCTCCAACGGCTGCTACGAGGGCAGCCTCTC
AGAGGAGCCCAGCATTAGGAAGCCCGCAGGCGAGGGCCCTCAGCCTCGAGTGTACACCATC
TCTGGGGAGCCTGCCCTGCTGCCCAGCCCTGAGGCGGAGGCCATTGAGCTGGCGGTGGTGA
AGGGGCGGCGGCAGCGGCACCCTCA"
      } }
```

17.2.8 XML 格式

XML 是 EMBL、DDBJ 数据库使用的数据描述语言,XML 具有易于解读、标准开放(world wide web consortium,W3C)、可扩展和跨平台的优点,且可以方便地将 XML 文档转换为便于 Web 发布的超文本标记语言(hyper text markup language,HTML)文档,有利于数据资源共享与分析。XML 也正逐渐被越来越多的生物学领域国际研究组织和机构所采用,如 GenBank 提供多种序列文件存储格式的同时,也提供简约的 XML 格式文件。以下是 XML 格式文件示例。


```
<? xml version="1.0" encoding="UTF-8" ? >
-<UniProt xmlns = "http://UniProt.org/UniProt" xmlns:xsi = "http://www.w3.org/2001/XMLSchema-instance" xsi:schemaLocation = "http://UniProt.org/UniProt http://www.UniProt.org/support/docs/UniProt.xsd">
-<entry dataset = "SWISS-PROT" created = "1991-11-01" modified = "2013-02-06" version="135">
    <accession>P23352</accession>
    <accession>B2RPF8</accession>
    <name>KALM_HUMAN</name>
-<protein>
-<recommendedName>
        …
precursor="true">MVPGVPGAVLTLCLWLAASSGCLAAGPGAAAARRLDESLSAGSVQ
RARCASRCLSLQITRISAFFQHFQNNGSLVWCQNHKQCSKCLEPCKESGDLRKHQCQSFCEP
LFPKKSYECLTSCEFLKYILLVKQGDCPAPEKASGFAAACVESCEVDNECSGVKKCCSNGCG
HTCQVPKTLYKGVPLKPRKELRFTELQSGQLEVKWSSKFNISIEPVIYVVQRRWNYGIHPSE
DDATHWQTVAQTTDERVQLTDIRPSRWYQFRVAAVNVHGTRGFTAPSKHFRSSKDPSAPP
APANLRLANSTVNSDGSVTVTIVWDLPEEPDIPVHHYKVFWSWMVSSKSLVPTKKKRRKTT
DGFQNSVILEKLQPDCDYVVELQAITYWGQTRLKSAKVSLHFTSTHATNNKEQLVKTRKGG
IQTQLPFQRRRPTRPLEVGAPFYQDGQLQVKVYWKKTEDPTVNRYHVRWFPEACAHNRT
TGSEASSGMTHENYIILQDLSFSCKYKVTVQPIRPKSHSKAEAVFFTTPPCSALKGKSHKPVG
CLGEAGHVLSKVLAKPENLSASFIVQDVNITGHFSWKMAKANLYQPMTGFQVTWAEVTTE
SRQNSLPNSIISQSQILPSDHYVLTVPNLRPSTLYRLEVQVLTPGGEGPATIKTFRTPELPPSS
AHRSHLKHRHPHHYKPSPERY</sequence>
    </entry>
    <copyright>Copyrighted by the UniProt Consortium, see http://www.UniProt.org/terms Distributed under the Creative Commons Attribution-NoDerivs License</copyright>
    </UniProt>
```

第五篇　伦理学问题

伦理学问题主要是围绕人的基因或遗传信息展开。本篇首先主要讨论了国际伦理法则、生物大数据中的伦理学问题和国内生物信息数据库中的伦理问题;接着阐述了伦理的一般原则和知情同意模型;最后提出了关于伦理审查建设的一些建议。

18　国际伦理法则

20 世纪初，第二次世界大战期间发生的用人体做实验的不人道事件，推动产生了涉及人体实验的国际标准的制定，即《纽伦堡法典》，并于 1946 年公布于世，这是第一部规范涉及人类受试者研究的国际伦理准则，但它没有区分治疗性研究与以健康人为对象的研究，也没有建立对有关科研人员的行为审查制度。不过，《纽伦堡法典》明白揭示“任何人体试验均须出于受试者完全自主同意”这个原则。

1964 年，世界医学协会（World Medical Association）发表了《赫尔辛基宣言》（以下简称《宣言》）。《宣言》允许当受试者在法律或身体上没有行为能力表示同意时，由其代理人同意来参加研究，并区分了分子治疗性研究与非治疗性研究。该《宣言》强调应该试图努力告知研究参与者正要求他们参与的研究的详细计划。

联合国在 1997 年通过了《人类基因组和人权国际宣言》，2003 年进一步通过《人类基因数据国际宣言》，并在 2005 年 10 月通过《生命伦理与人权国际宣言》以建立国际的共识和规范。在《人类基因数据国际宣言》中，最重要的条款是如何保障取得个人和家族的基因信息是当事人自愿同意的，取得的这些基因信息资料如何被保密，如何被合乎伦理的使用。宣言更明确列出收集和使用这些数据的目的只有 4 类：健康照护、医学和科学研究、符合国内和国际法律的犯罪调查、符合国际人权法和《人类基因组和人权国际宣言》的研究。

除了明确收集和使用任何基因资料都要得到当事人的同意，参加者在任何时候都有退出的权利之外，《人类基因数据国际宣言》严格排除诸如雇主、商业机构、教育机构和家庭三方获取这些个人资料。不过，这一条款有两个例外，即在符合国内和国际人权公约下，涉及重要的公共权益才可取用这些个人基因信息。这个条款的主要目的是要避免对于个人的工作、就业、教育等权利的伤害。对于家庭的限制，一方面是源于西方重视个人独立自主的观念，另一方面则是想排除个人可能被家庭其他成员质疑其家族身份和相关的问题。许多西方国家已立法不准追踪个人的父系根源。

19　生物大数据中的伦理问题

人类基因组研究涉及的伦理学问题较多。人类基因组是一个浩瀚的遗传信息库。在人类基因组计划于2003年完成之后，全球的生命科学家和医药研究者的主要研究方向是解开人类基因与疾病之间的关系，这将产生巨大的社会效益和经济效益，将给人类带来福利。但人类基因组计划面临着许多严峻的伦理学问题，如遗传信息的隐私权问题，基因图谱和信息的使用与人的社会权利问题，基因组信息的解释与心理、名誉损害问题，基因资源外流、垄断问题，DNA银行管理问题等。解决这些问题的焦点在于如何以平等和尊重去对待不同基因的个人，自主、保密为何重要并怎样去实现等。

与人类基因组研究计划同时进行的是人类基因组多样性研究计划(human genome diversity project)。后一计划要到资源贫乏的社区或社群，甚至行将灭亡的部落收集样本。这样就提出了我们研究人员对社区或社群是否有责任和应负什么样责任的问题。如果我们研究人员下去就是收集他们的样本，而对他们的疾苦不闻不问，这是否应该结果，由于一些研究人员没有很好地处理这个问题，当地社区或社群被当成单纯的"样本提供者"，土著部落则称研究人员为"基因掠夺者"，从而未能完成这个研究计划。

我国比较顺利地完成了人类基因组多样性研究计划。根据这些经验教训，形成了"受益分享"(benefit-sharing)概念，即人类基因组研究的成果应与社区或社群分享，国际人类基因组组织(Human Genome Organization，HUGO)伦理委员会建议，如果研究成果能在商业上得到应用，应将利润的3%分给提供样本的社区或社群；如果没有利润，也没有专利，研究人员也应该写感谢信给社区或社群。

随着测序技术的快速发展，产生海量的生物学数据，并产生了成千上万的生物信息数据库，许多个人基因信息都在当事人已知或未知的情况下被收集，而后续的运作和使用一般都没有明确的规范，这些将产生一系列的伦理学问题。

20 国内生物信息数据库中的伦理问题

伦理问题是指应该做什么和应该如何做的问题。应该做什么是实质伦理学问题，应该如何做是程序伦理学问题。这两个问题需要体现在办法、准则、条例或法律上，成为所有有关专业人员必须遵循的规范。卫生部最近颁布《涉及人的生物医学研究伦理审查办法》就是涉及人的生物医学研究的人都必须遵循这一规范。但不是所有伦理学规范都体现在条例或法律上，对相关专业人员的伦理学自律的培养和训练仍然十分重要。

生物信息库涉及生物样本或信息的采集、处理、使用和保存。本书仅讨论生物遗传信息的伦理问题，关于生物样本的伦理问题在此不做论述。在建立生物信息库的各个环节都存在伦理问题，主要有如下几点：

（1）在获取或使用个人遗传信息时是否获得相关人员的知情同意？

（2）在不知道个人遗传信息用于未来什么样的研究情况下将怎样给出知情同意？

（3）将采取什么措施来确保个人的基因信息和其他信息的安全？如果安全被破坏了将采取什么补救措施？

（4）收集的样本遗传信息将用于什么类型的研究？谁将涉及政策的制定？

（5）怎样管理这些遗传信息的商业使用？

生物技术的飞速发展，必然导致其伦理研究的相对滞后。在生命科学和生物技术的研究中，因研究者所持有的价值观受到社会制度、宗教信仰、意识形态、历史背景及传统伦理道德观念等因素的影响，对研究的问题所持的伦理见解可能有很大的差异，这些问题需要通过具体深入的思考、分析和讨论，才能较妥善解决。

因此，我们需要妥善应对这些伦理挑战，制定符合我国国情同时能被国际公认的伦理原则，进而合理地使用和保护中国的基因资源。

21 伦理规范

21.1 伦理的原则

1979年,美国著名生命伦理学家比彻姆(Tom Beauchamp)和丘卓斯(James Childress)合著了一部生殖教科书《生物医学伦理学原理》。这部著作明确提出和阐释了后来影响极大并被广泛应用的"四大伦理原则",即尊重自主原则(respect for autonomy)、不伤害原则(nonmaleficence)、有利原则(beneficence)和公正原则(justice),下面简单一一介绍。

21.1.1 尊重自主原则

尊重自主原则是指尊重一个有自主能力的个体所做的自主选择,即承认该个体拥有基于个人价值信念而持有的看法,做出选择并采取行动的权利。尊重和自主原则主张尊重个体的自主性,要求自愿和同意。其核心是对人权的尊重,包括知情同意原则、隐私权、保密等内容,这体现了自主选择的充分性。

21.1.2 不伤害原则

不伤害原则是指一种不伤害他人的义务。不伤害的基本内容包括个人或集体的行为不应该对其他人或集体造成不必要的伤害。

在生物医学上,伤害包括身体的伤害(如患者身体的疼痛、组织的伤残、功能的损害)或精神上的伤害(如泄漏患者或受试者的隐私,人格、尊严被侵害等造成精神上的、心理上的不舒适),以及经济利益的损失(如患者为补救伤害而付出的诊治费用以及因此而减少的正常经济收入)。

21.1.3 有利原则

有利原则是指一个为了他们利益而行动的道德义务。有很多有利的行为都不是义务性的,但有利原则则是帮助他们以促进他们利益的义务。

该原则分为两种:确有助益原则和效用原则。确有助益原则要求当事人提供利益,效用原则要求当事人权衡利益与损害以达到最佳效果。效用原则是确有助益原则的延伸。效用原则不同于传统的实用主义的实用原则,它既不是伦理学的唯一原则,也不凌驾于所有其他原则之上,只是一系列原则中的一个。这个原则仅限于权衡行为的可能利益、危害和代价,以达到最大利益。

21.1.4 公正原则

公正原则是指公平的分配利益、风险和代价的准则,是一个最基本的伦理原则,是所有原则的基础。一个伦理道德如果失去了公正这一条重要的原则,它将失去伦理评判的意义。

约翰·罗尔斯认为:"社会公正原则主要的问题是社会的基本结构,是一种合作体系中的主要社会制度安排。我们知道,这些原则要在制度中掌管权利与义务的分派,决定社会生活中利益和负担的恰当分配"。

总的来说,这四大伦理原则虽然并不是在一个统一的理论框架内提出,且各个原则有着自己的独立性,可能存在相互碰撞和冲突。但是这四大原则为在实践中和不同情境下面对道德难题时应该如何行为提供了有效的解决途径,作为一种普遍的伦理原则逐渐被广泛的接受。

21.2 关于知情同意

21.2.1 概述

在法律领域内,"知情同意"(informed consent)是英美法系的产物,是英美普通法系侵犯身体权的衍生。

1947 年,第二次世界大战后的纽伦堡审判提出了《纽伦堡纲领》,该纲领首次提出了具有现代意义上的知情同意权。

1767 年,英国的 Slater 案首次涉及知情同意,在该案中,法院认为,在实施手术前取得患者的同意是"外科医生之惯例和法则"。

20 世纪 80 年代中后期,知情同意率先出现在我国学者的译著、教材里和高等医学院校的讲台上、国内的学术会议、杂志中。

1994 年 2 月《医疗机构管理条例》第三十三条规定:"医疗机构施行手术、特殊检查或者特殊治疗时,必须征得患者同意,并应当取得其家属或者关系人同意并签字;无法取得患者意见时,应当取得家属或者关系人同意并签字;无法取得患者意见又无家属或者关系人在场,或者遇到其他特殊情况时,经治医师应当提出医疗处置方案,在取得医疗机构负责人或者被授权负责人的批准后实施"。

1998 年,这一理念被纳入《中华人民共和国执业医师法》,曾在人们的思想上引起了极大的震撼。

2002 年,《医疗事故处理条例》及其一系列配套法规对"知情同意"再次提出更加明确的规定。

可见,自 1994 年开始的强调患者自己签字以强化知情同意机制的正式实施,几乎可以说是开始了一场知情同意的"革命"。

当前,多数人已经认识到知情同意对生物学样本研究的重要性,但在生物信息库的建设过程中,通常遇到样本收集和对样本的实际研究的分离,如随着知识和研究问题的深入,某一时刻收集的样本及其产生的研究信息可能随后将要被使用很多年,那么,怎么确保有意义的知情同意呢?

21.2.2 知情同意模型

尽管大家都认识到知情同意对建立生物信息库的重要性,但是在新的研究使用中什么时候获得知情同意和应该获得什么类型的知情同意并没有达成统一意见。

目前常见的知情同意模型有三种,即经典的知情同意、层列式同意和“选择不参加”三种模型。

21.2.2.1 经典的知情同意

大部分人认为,在最初收集生物学样本以及以后涉及新的使用研究都要求获得知情同意。首先,知情同意是对研究者提出的一项法律要求和伦理要求,研究者在科研过程中必须遵照知情同意的规定,给予参与者充分的自主权,尊重他们的选择;其次,知情同意改变了以往研究者和研究对象不平等的权利关系,使两者成为一种平等合作的伙伴关系。

但也有一部分人反对。首先,知情同意的要求没有金标准。知情同意是一个过程,个人通过这个过程了解对其的医疗干预过程或参与研究所有相关方面之后,自愿表达其批准这些干预或其参加该项研究的意愿。

著名的英国哲学家 O' Neill 认为,在医学伦理学中,知情同意通常被看作主要是尊重患者的自主性,这种主张被无尽地重复,但其却相当不清楚。因为有很多不同的个人自主性的观念,有人把自主性等同于自由、尊严、独立、责任等,有人则把它等同于隐私、自愿、自我掌握、自由选择等。但对他而言,知情同意在伦理学上重要不是因为它保证了某种形式的个人自主性,而是不被欺骗或强迫。

其次,生物信息库的一个重要特征并且对它们的科学效用很关键的是它能把 DNA 信息、个人的临床信息和相关的非医学信息联系起来。因此,这些信息库产生了深远的法律和伦理问题,尤其在隐私、保密和可及方面。在传统研究背景下,这些问题常常通过获得以研究为目的,使用个人健康信息的知情同意得以解决。但是虽然研究人员为了某个特定的研究项目取血、细胞或组织样本可能获得知情同意。但是建立这样大的信息库的真正目的排除了对所有可能将起源于那些样本的信息用于未来研究的情形都获得知情同意。在收集样本时就预测对捐赠的样本未来可能的使用是不可能的。

最后,反复要求生物信息库参与者的个体同意对研究者和参与者来说难以承受,并且可能妨碍参与。

21.2.2.2 层列式同意(tiered consent)

“层列式同意”方式通常提供参与者关于他们样本的未来使用的选择。其目的是提供许多选项,以帮助参与者充分理解他们被要求做出的决定的性质。这些选项可能包括以下一项或更多项。

(1) 仅仅允许在当前的研究中使用样本(如果在特定的研究情况下收集的)。

(2) 仅仅允许在当前的研究中使用样本,但是允许为寻求未来研究的同意而进行联系。

(3) 允许确定的而不允许不确定的未来研究。

(4) 未来的研究仅限于某种类型的研究(如与特定的疾病相关或者由某类研究者开展的)。

（5）允许样本的商业使用。

“层列式同意”允许参与者更多地控制他们的样本是否、怎样或者与谁共享能尊重并加强自主性。

但是，“层列式同意”也被批评为难以使用或者不必要的。首先，它为参与者和调查者产生了不合理的负担。允许参与者选择参加或不参加某种类型的研究，要求生物信息库追踪每个参与者批准使用了的研究，并且批准了的使用来制定在各个样本上所要做的研究。这可能会破坏生物信息库的科学价值并且极大地增加研究的花费。其次，通过疾病来划分研究受到了阻碍，因为一个基因可能与多种表型相关。最后，“层列式同意”难以平衡确保参与者充分的理解和避免太多的选项引起的负担。

21.2.2.3 选择不参加(opt-out)方式

本文“opt-out 方式”的含义是在样本捐赠时给予捐赠者一次是否参与研究的选择，一旦选择参加，就默认为同意参加以后所有的研究，除非捐赠者自己主动明示要求退出。该方式包含了“一揽子同意”，即一旦样本捐赠者没有选择不参加，那么这就意味着对其样本以后的研究使用也是默示的同意（不会选择不参加）。将不再次征求他们对参加与否的态度，除非他改变主意主动前来表示不同意今后再次利用他的样本。

所以，opt-out 方式就是在潜在样本捐赠者目标人群确定后，推定潜在样本捐赠者都会同意提供样本并参加所有未来的研究。但与推定同意不同的是，仍然给样本捐赠者一个机会选择不参加本次提供样本以及利用该样本所做的未来所有研究。

总之，知情同意原则在任何情景下都应该坚持，但具体做法应考虑不同情景而异。

21.2.3 制定符合中国的知情同意原则

为了避免知情同意原则的滥用或误用，我国需要采取恰当的措施加以管理。

（1）在收集捐赠者样本前必须通过政府或资助生物信息库机构直接发布公告或通过媒体告知公民或目标人群，捐赠者可以自由地明确表示不参加生物信息库样本或相关数据的捐赠，并可在任何情况下撤回对同意的承诺，且既不会因此而受损失，也不会因此而受到惩罚。

（2）必须告知公众生物信息库的性质和意义，样本或数据捐赠者可能的风险（即使风险很小），样本或数据使用的目的、性质、范围和持续时间，样本或数据可能转移（尤其出口）的范围和条件，将研究结果告之捐赠者的可能，对遗传分析结果告之捐赠者及其亲属可能结果的建议，样本和数据储存和链接的形式，样本和数据去标志（匿名化或假名化），其他保护捐赠者的措施，研究的任何商业前景以及捐赠者费用的支付、报销或受益分享等，以便捐赠者在充分知情后，做出是否不参加的选择。

（3）科学和社会正不断变化。一个既定的计划可能由于科学知识的不断发展而很快变得过时。当前的社会一致态度可能并不能反映明天的价值观和对科学的态度。因此在整个计划的过程中，“透明”对于维持公众的信任是非常必要的。

（4）建立生物信息库和利用样本或数据进行任何研究都必须经过伦理审查委员会的审查和批准。

22 伦理审查建设

在生物信息库伦理建设过程中,通过参考国际经验和我国的现状,我们提出了以下建议,供生物信息库的伦理建设者参考。

22.1 公开透明的政策和社会广泛参与

生物信息库倡议的成功需要所有合作者,包括公众的信任,一个公开透明的政策应该贯穿于整个项目过程中,这样才能确保生物信息库未来的使用将与科学发展兼容。同时,随着科学和社会的进步,一个既定的项目可能很快变得过时。当前社会的一致态度可能不会反映将来对研究的价值观和态度。因此,在整个项目期间实施公开透明的政策对于维护公众的信任非常关键。

此外,我国在采集、处理、使用和保存人类遗传数据以及评估其管理工作方面,尤其是在开展群体基因研究时,应努力促使社会广泛参与各种政策的决策。这项决策工作可借鉴国际经验,并应保障各种观点的自由表达。

22.2 信息的处理(保密和告知研究结果)应以参与者利益为重

生物信息库应承诺保护信息和样本的保密性,维护捐赠者的隐私权利。在同意的过程中应向参与者解释保密的措施,并应尽一切可能避免捐赠者因参与研究而招致严重的伤害。

在为医学和科学研究目的采集人类遗传信息或生物样本时,提供必要的信息以征求捐赠者同意时应向其说明当事人有权决定是否要了解研究的结果。如果一项研究已把数据与可识别的个人不可逆转地切断关联,或并不产生有关参与者的个性化结果,则不适用此规定。必要时,享有不知情权利的人员范围应扩大到可能受研究结果影响的可识别的亲属。

22.3 建立有效的监督和责任机制

为了有效地执行生物信息库的伦理建设,我们必须在这样的项目中建立监督和责任机制。特别是在以下 3 个关键领域建立责任(aceountability)、透明(transpareney)和恰当的监督(monitoring)机制。

(1) 项目和草案评估过程。

(2) 整个研究平台的管理。

(3) 信息的隐私保护。

22.4 加强伦理审查能力建设

20 世纪 90 年代以来，伦理审查制度逐渐成为医学研究的制度保证之一。但审查体制的建立非一日之功，潜在的问题主要有审查不严格、程序不规范、缺乏保护受试者权益的意识。

为更好地建设中国的人类遗传数据库，需要加强我国的伦理审查能力。实现数据储存标准化，防止巨大的资源浪费；探索国际合作中的利益分享，更好地保护受试者的权益；明确样本和数据的产权归属；促进遗传信息的自由流动。

国际经验表明，研究伦理和伦理审查的能力建设体现在建立一个有效的伦理审查基础结构(infrastructure)，其内容为：有一个官方认可的有关伦理审查的条例、规章或指导准则；有一个功能良好的伦理审查组织体系；对研究人员和伦理审查委员会委员进行有效的培训；对伦理审查有一个监督、督察体系。

总之，我们必须通过清楚的条例保护那些捐赠了身体物质的人免于对其个人信息的滥用。同时，也要避免由于过度的管理而妨碍科技的进步。要建立的框架必须满足这些条件。

第六篇　生物信息数据库知识产权保护

本篇首先引出了生物信息数据库知识产权保护的必要性；接着介绍了国内外数据库权利保护的相关条约和协议；最后探讨了目前我国生物信息数据库的保护模式，并对生物信息数据库的知识产权保护提出了一些建议。

23 引　　言

生物信息技术是应用计算机技术对生命科学研究中的生物信息进行存储、检索和分析的科学,而生物信息数据库是生物信息技术的主要内容之一,是典型的生物技术与信息技术相结合的产物。

目前,国际上已经建设了一批具有很高应用价值的生物信息数据库系统,极大地推动了生命科学的发展。虽然生物信息数据库所带来的科技、经济和社会效益已日益显现,但国际上对其知识产权保护的研究仍处在初级阶段。生物信息数据库不同于其他传统的数据库,在开发、建设上与传统数据库有明显差别,因此与传统数据库相比其知识产权保护问题更加复杂。

目前国际上对生物信息数据库的保护仍主要沿用各个国家自身原有的数据库保护办法,未考虑生物信息数据库自身的特点,这使得生物信息数据库的知识产权保护问题日渐突出。

24 国内外数据库权利保护相关条约、协议

24.1 欧盟数据库法律保护

基于现有法律保护数据库的困境以及快速增长的欧盟数据库产业保护需要,欧盟于1996年3月颁布了《数据库法律保护指令》(E. C. Directive on the Legal Protection of Databases),以消除成员国之间对数据库法律保护的分歧并赋予数据库制作者重大投资收回之保障。该指令于1998年1月1日生效,包括了一个长达60段的序文和共计17条的正文。

欧盟数据库法律保护指令中指出,数据库的建立可能未能达到版权保护的门槛,但如对其建立上有重大投资,即有必要赋予其类似于反不正当竞争法意义上的特别权利保护,因此创设了一种独立的特别权利模式。依该指令规定,只要从质或量上观察,数据库的制作者对于数据内容的取得、核查或呈现有重大投资的话,则成员国应赋予数据库的制作者就该数据库内容的全部或质与量上的重要部分,禁止他人提取或再利用的权利。

该指令将数据库特别权利的主题限定为数据库的制作者,并在立法理由中进一步说明,所谓数据库的制作者是指发起建立数据库并承担投资风险的人,而将实际收集、分析、归类、整合的具体操作者排除在外。

该指令中所谓提取权,是指数据库的制作者有权禁止他人未经许可,永久或暂时地将数据库的全部内容或质或量上的实质性内容转移至另一种介质上的行为。再利用权是指数据库制作者有权禁止他人仅为许可,以发行、出租、在先传输或者其他传输方式向公众提供数据库全部内容或质与量上的实质性内容的行为。虽然这与反不正当竞争法相类似,但欧盟数据库法律保护指令并不以"商业交易"行为为限,也不以具有"竞争关系"为限,所以适用范围比反不正当竞争法更广泛,而为数据库权利人创设出一种新的财产权,"在性质上属于效力极强的对世权"。

当然,除了保护数据库制作者的权利外,欧盟数据库法律保护指令还是在维护合法用户最低限度的权利以及社会公共利益方面作了一定程度的平衡。该指令第9条规定了下列行为可以不经数据库权利人的允许,提取或再利用数据库质或量的重要部分内容。

(1) 基于私人使用的目的,提取非电子数据库的实质内容。

(2) 非基于商业目的的教学或学术研究目的的提取,但应注明数据的来源。

(3) 基于公共安全或行政、司法目的,提取或再利用数据库内容的实质部分。

2001年欧盟部长理事会颁布了《信息社会某些版权及相关权利协调指令》该指令在原来特例基础上允许公共图书馆、博览馆和档案馆可以复制数据,只要不涉及直接或间接的商业利益。此外,该指令规定数据库特别权利的保护期限,原则上自数据库建立完成时起存续15年,但数据库若已经提供给公众使用,这一保护期限应自数据库首次提供

给公众使用时起计算，以鼓励权利人将数据库提供给公众使用；另外数据库的内容在质或量上有重大变更，也享有独立的保护期限。

目前欧盟是唯一给予数据库制作者完善知识产权保护的地方，虽然欧盟《数据库法律保护指令》激励数据库的生产，以促进欧盟数据库产业追上美国的长期效益并未显现，但是美国的数据库制作者更倾向于把数据库放在欧盟成员国运作却是不争的事实。

24.2 美国数据库法律保护

美国在数据库产业上，一向居于先驱和领导地位，因而关于数据库是否应取得法律上完整、全面的保护，始终为美国立法、司法机构以及数据库权利人和数据库使用人的高度关注。美国版权法上对数据库的保护，体现在第101条关于“汇编著作”的规定上。所谓汇编著作系指对既存的素材或资料加以收集组合而成的著作，且该素材或资料必须经由选择、组织或编排，并且此成果在整体上足以构成具有原创性的创造。

在美国版权法的构架下，数据库所能享有版权保护并不在于素材本身，而是在数据库建置的过程中，对素材或资料选择、编排的方式才是版权保护的客体。也就是说，数据库必须在资料选择、组织或编排等资料分类或收集体系上具有独创性，才能受到美国版权法的保护。对于独创性的标准，美国长期坚持“辛勤收集原则”，只要汇编者付出足够的劳动和投资，不管是文字、表格、符号、时间表、目录、数字还是其他材料的汇集，就具有独创性，构成汇编著作，受到版权法的保护。

但是1991年联邦最高法院在 Feist publication, Inc. V. Rural Telephone Service Co. 一案判决中，否定了“辛勤收集原则”，确立了版权“最低独创性”标准，即版权保护必须具备两个最本质的条件，“独立创作加上最低限度的一定创造性，不论版权保护所要求的独创性水平是多么的低，但这一标准却是真实存在的”。

美国国会于1996年提出了《数据库投资与知识产权反剽窃法》(Database Investment and Intellectual Property Antipiracy Act of 1996, H. R. 3531)，该法案赋予数据库制作者对数据库享有25年的专有提取权和再利用权。该法案所保护的客体必须是用于(欲用于)商业或供商业利用，而投入质或量上相当的人力、技术、财力或其他资源在资料的搜集、整合、核查或呈现的成果的数据库。依据该法案规定，权利人能禁止他人未经授权进行下列行为。

(1) 与所有人利用行为相冲突或对数据库实质或潜在市场上造成不利影响、提取、利用或再利用数据库全部或质或量重要部分的行为。

(2) 除例外许可行为之外，对数据库的质或量上非重要部分的内容，以反复或由系统的方式进行利用或再利用，且对该数据库的现在或潜在的市场，造成利益冲突或影响的行为。

但是该法案由于保护范围过宽、侵权要件过于严苛、保护期限过长等原因，遭到科研机构、图书馆、消费者权益保护组织及广大用户的强烈批评而最终夭折。

此后，美国国会先后于相继提出了1997年《信息集合反剽窃法》(The Collections of Information Antipiracy Act, H. R. 2652)、1999年《消费者和投资者获取信息法案》

(Consumer and Investor Access to Information Act, H. R. 1858)、1999 年《信息集合反剽窃法》(The Collections of Information Antipiracy Act, H. R. 354)、2003 年《数据库与信息集合反盗用法》(Database and Collections of information Misappropriation Act, H. R. 3261)等法案。虽然美国国会力图平衡数据库投资者、教育和科研机构、用户等各方面的需求，兼顾数据库投资者的利益和社会公共利益，但是由于各方利益的冲突，上述法案都未予通过。美国数据库产业界要求给予数据库特殊权利保护的努力仍在进行当中。

24.3 WIPO 数据库法律保护

面对传统版权法保护数据库产生的困境，在美国和欧盟的倡议下，世界知识产权组织(World Intellectual Property Organization, WIPO)于 1996 年就数据库保护的议题草拟了《WIPO 数据库保护公约草案》，该草案并于同年在日内瓦举行的“著作权与邻接权问题的外交会议”中讨论。

该草案认为当前数据库对于经济、文化和科技进步具有相当的重要性，乃至成为了全球信息基础建设发展不可或缺的因素，但是数据库的建设虽然需要大量的投资，却极易被他人利用和复制；而且许多收集大量信息并容易检索方式编排的数据库，很难达到独创性要求而无法取得版权法保护；再者由于网络环境的无国界趋势，以各个国家或地区单独立法解决模式存在很大不足。因而为了促进数据库的生产与国际贸易的发展，有必要针对数据库建立新的保护模式，使得数据库建置者避免遭受不正当利用、不正当获取的侵害，保证其投资的收回。

该公约草案虽在 1996 年召开的外交会议上被提出，然而该次会议并未就数据库公约草案做进一步的探讨。

此后 1997 的“知识产权信息会议”以及 1998 ~ 2004 年的著作权及相关权利常设委员会共 11 次会议中的 9 次会议，均曾分别对数据库法律保护的相关问题进行了讨论，但是由于数据库立法涉及各种利益的冲突，特别是发展中国家对立法必要性和急迫性的质疑，所以该草案至今未获通过。

《WIPO 数据库保护公约草案》中规定的权利人为数据库的制作者，所谓数据库制作者，参照公约草案第 2 条第 3 款的定义，是指在数据库建置上就重大投资的进行予以控制或负责的自然人或法人，而排除实际参与数据库建置工作的受雇人或转包人。公约草案赋予数据库制作者的权利包括提取权和利用权。所谓提取是指将数据库的内容的全部或重要部分以任何方式永久或暂时地转移至另一媒介；所谓利用是指以包括散布复制品、出租、线上或其他形式以传输在内的任何方式，将数据库内容的全部或重要部分提供给公众，对其公众中任何一成员于其个别选择的时间、地点提供利用的。

由此可见，公约草案中并不禁止数据库内容的非实质部分的使用，因而提取或者利用数据库的非实质部分属于合法使用行为。公约草案规定的保护期限针对不同情形做出了不同规定：对于未提供公众使用的数据库自对数据库内容的搜集、组合、验证、组织或呈现重大投资的要件目的的翌年 1 月 1 日起算，至少享有(A)25 年、(B)15 年的保护期限；提供给公众使用的数据库的，无论以何种方式提供，于该数据库首次提供公众使用日的翌年1月1日起算,至少享有(A)25年、(B)15年的保护期间;对于数据库任何质或量上进行重大改变的,包括在组织上或呈现上相继地附加、删除、核实所作的修改或其他变更造成重大改变且该重大改变构成重大投资的,则因该重大投资所产生的数据库也享有独立的保护期限。

24.4 我国数据库法律保护现状

我国1990年9月7日颁布的《中华人民共和国著作权法》,该法于1991年6月1日起施行。依据该法第十二条规定:“改编、翻译、注释、整理已有作品而产生的作品,其著作权由改编、翻译、注释、整理人享有。”可见,我国对数据库的版权保护范围极窄,仅限于对已有“作品”的集合进行保护。

2001年5月24日《实施国际著作权条约的规定》第8条的规定:“外国作品是由不受保护的材料编辑而成,但是在材料的选取和编排上有独创性的,依照著作权法第14条的规定予以保护。此种保护不排斥他人利用同样的材料进行编辑。”

2001年10月27日,我国对《中华人民共和国著作权法》进行了修正,按新著作权法的规定数据库为“若干作品、作品的片段或者不构成作品的数据或其他材料,对其内容的选择或编排体现独创性的作品。”因此,新《中华人民共和国著作权法》保护的范围较老《中华人民共和国著作权法》宽,仅以“独创性”为条件,而不管构成数据库的信息是否为作品。

由此可见我国目前对数据库采取的完全是《伯尔尼公约》、TRIPS协定的保护模式,一是只保护具有独创性的数据库,二是采取了版权保护的方法。

25 生物信息数据库的保护模式探讨

25.1 存在的问题

目前,科研工作者大多使用免费使用的生物信息数据库,这些数据库大部分都在政府或其他公共基金的资助下运营,但许多已面临经费紧张的问题。部分数据库由于经费缺乏导致信息资源的数量和质量下降,该类数据库是否应该一直为公众提供免费服务有待商榷。

此外,有些公共生物信息数据库和商用生物信息数据库经常存在数据内容重复、数据库结构相似的现象,导致两者在知识产权保护模式上一直存在较大的冲突。对于两者究竟应采取何种知识产权利益分享模式需进一步探讨。此外,生物信息数据库在制作过程中对于原始文献和数据的引用,也会引发知识产权保护及其涉及的利益平衡等问题。

25.2 生物信息数据库知识产权保护建议

目前,国际上对生物信息数据库的知识产权保护同其他数据库知识产权保护方法相同,其中联盟主要以特殊权利对其进行保护,美国、日本等国家和我国主要采取版权法对其进行保护。

虽然现有的保护方法仍可以起到一定的作用,但随着生物信息数据库的进一步发展,不同类型的生物信息数据库在其资金来源、数据来源、使用方式等方面都会大相径庭,现有的保护办法也将无法解决生物信息数据库存在的诸多问题,逐渐显露弊端。

众所周知,生物信息数据库可以分为一级生物信息数据库和二级生物信息数据库,这两类数据库在其建设方式、数据库内容的选择和编排上都有一定的区别,如果采用相同的法律保护模式会导致这两类数据库在知识产权保护过程中出现种种问题。两者在建设方式和数据库内容的选择和编排上的主要区别有以下几点:

(1) 一级生物信息数据库中许多是由政府资助或由其他公共基金资助建设的,而二级生物信息数据库除了部分由政府和公共资金资助外,许多为企业或个人资助建设。

(2) 为保证数据的全面性和权威性,一些大型一级生物信息数据库每天都利用因特网相互交换数据,而二级生物信息数据库的数据多数情况下是不能互换的。

(3) 一级生物信息数据库的数据量大,而且更新速度很快,而二级生物信息数据库的数据是在一级生物信息数据库数据的基础上开发的,有些还需要应用一些软件才能开发得到,数据量较一级生物信息数据库小得多,更新速度也远不及一级生物信息数据库快。

(4) 许多一级生物信息数据库在设计内容的编排方式时为方便使用,采取较为通用的编排方式,并且一些重要的一级生物信息数据库的内容编排方式相似或相同,而二级生物信息数据库的内容编排方式较一级生物信息数据库具有更多独特的设计。

鉴于上述两者各自的特点，我们建议对一级生物信息数据库和二级生物信息数据库应采取分级保护方式，首先，一级生物信息数据库包括政府或由其他公共基金资助的一级生物信息数据库。目前，世界上一些重要的一级生物信息数据库大多数是由政府或其他公共基金出资建设的，如核酸序列数据库 GenBank、EMBL、DDBJ 和蛋白质三维结构数据库 PDB 等，对于此类数据库，应采取公开的方式，原因如下。

(1) 大多数一级生物信息数据库在内容的选择和编排上较难达到版权法要求的独创性标准，使其无法获得版权法保护。一级生物信息数据库由于内容庞大，更新速度很快，而且数据库制作者在内容选择原则上一般以全面、客观为标准，因此内容的选择较难达到版权法所要求的独创性标准。此外，一级生物信息数据库制作者在内容的编排上也尽可能采取用户较为熟悉的方式，这往往也导致数据库内容的编排无法满足版权法的独创性要求。

(2) 如果对该类数据库采取知识产权保护，设置一定的壁垒，必将引起科技界的震动。目前在生命科学研究领域，一些内容复杂、难度较大的工作越来越需要以一种集体合作模式来进行，而因特网上的免费生物信息数据库资源的利用，增进了研究人员的各种交流，减少了各领域中的重复研究，对攻克研究技术难关和取得快速突破具有重要的现实意义。因此，若限制一些重要的一级生物信息数据库的使用，必将对生命科学领域的研究造成极大的负面影响，并在一定程度上阻碍科学的发展。

(3) 许多重要的一级生物信息数据库的版权人难以界定。许多重要的一级生物信息数据库的数据并非完全由建设数据库的单位提供，从事生命科学研究的许多科研工作者也一直参与其中的建设。如 GenBank 数据库的序列信息来源于多种途径，其中一部分来源于期刊、专利等出版物，另一部分是由世界各国的研究机构和研究人员直接注册提供。由于国际上大多数学术杂志都要求作者提供序列的数据库登记号(只有将新发现的序列提交到公共数据库，才可获得发表高水平文章的机会)，因此，国际上许多研究学者在研究成果正式发表前，都首先到相关数据库注册。而这种提交注册方式也导致了数据库的版权所有人难以界定的问题。此外，许多数据库之间经常交换数据、更新数据库，而这些数据库又由不同国家的研究机构掌管，谁是这些数据库的真正版权人也同样难以界定。

(4) 对于具有相同内容的数据库，各国的保护策略不同。一级生物信息数据库目前主要集中在美国、日本、欧盟等几个数据库产业发达的国家和地区，并且这几个国家和地区的部分一级生物信息数据库内容是互通的，而这几个国家和地区的数据库知识产权保护办法有很大区别，因此很难采取保护应有统一的保护政策。例如，欧盟目前采用的是特殊权利保护，美国和日本等国家则采用的是版权法保护数据库，这使得一些具有相同内容但无独创性的一级生物信息数据库在欧盟可获得保护，而在美国和日本等国家则很难获得保护。当然若对由政府出资建设的一级生物信息数据库不采取一定的获利方式，也同样会带来一些问题。

根据调查，虽然目前许多生物信息学数据库提供免费下载和免费查询服务，但数据库的开发者却面临经费紧张的问题。因此，对于一级生物信息数据库应采取什么方法获得相应的回报是数据库制作者急需解决的问题。

目前有些一级生物信息数据库制作者已经展开了这方面的工作,如日本的国立遗传研究所就通过出售其维护的数据库中收藏的基因克隆片段来获取经济效益。此外,也可通过对开发以该一级生物信息数据库为基础的二级生物信息数据库作为获取利润的手段之一。一级生物信息数据库还包括公司资助的一级生物信息数据库。

对于二级生物信息数据库,我们建议无论是政府或由其他公共基金资助的,还是企业资助的都应予以知识产权保护,原因有以下几点。

(1)二级生物信息数据库与一级生物信息数据库的数据内容不同。一级生物信息数据库的主要内容是生物体原始序列、结构数据,就数据本身而言并不具备创新性,仅仅是一种发现。而二级生物信息数据库则大多数是在一级生物信息数据库数据的基础上挖掘出来的,有些数据具有一定的创新性。

(2)二级生物信息数据库内容的选择或者编排较一级生物信息数据库更容易达到数据库版权法所要求的独创性标准。就数据库内容的选择而言一级生物信息数据库一般较难达到独创性要求,而二级生物信息数据库一般是在生物信息软件的帮助下对原始数据的再加工,是集合了大量的创造性劳动在里面的,许多数据库内容的选择具有一定的独创性。

此外,许多二级生物信息数据库内容的编排是经过特别设计的,同一级生物信息数据库相比也体现出更多的独创性,具备了版权法保护的必要条件。

(3)对于政府或由其他公共基金出资建设的生物信息数据库如果不加区别地全部投放到公共领域,必将导致大量的投入无法获得有效回收,从而导致资助减少或中断的问题。

因此,通过保护二级生物信息数据库使政府投资得到相应回报将有助于生物信息数据库的发展。通过对二级生物信息数据库的保护,可大大提高开发人员的积极性,推动生物信息数据库产业的进步和健康发展。但对其保护也要有一定的尺度,若对其过度保护,必将引起科技界的强烈反对。

因此,对二级生物信息数据库的使用者不能不加区分的进行限制,无论是哪种保护方式都应设定较为广泛的合理使用范围,特别是为了教育、科学或研究等非商业性目的传播或摘录数据库内容的行为不应在保护之列,而对具有一定盈利性质的企业采取限制使用,这样才能真正做到既保护了投资者的利益,又有利于科技的进步。

参 考 文 献

白云峰,陆昌华,栾德琴,等.2009. 基于XML中国地方鸡种核酸序列元数据模型的建立. 江苏农业科学,(2):191-193

陈静,单圆鸿,严沁,等.2009. 一种基于液相色谱-质谱技术进行血清代谢组学研究的方法:从代谢指纹到潜在标志物. 中国科学B辑:化学,39(10):1268-1276

陈益君,蔡栋.2003. 专利查新与因特网免费生物信息学数据库的利用. 现代图书情报技术,(2):65-67

杜永莉,王志萍,程瑾.2004. 因特网生物信息学数据库资源及其利用. 中国医学图书情报杂志,13(6):43-45

樊龙江.2010. 生物信息学札记. 第三版:http://ibi. zju. edu. cn/bioinplant/courses/Bioinformatics_note_V3. htm

龚贺华,朱成钢,潘杰,等.2004. 基于VC++6.0的生物信息处理软件的设计和实现. 计算机工程与设计,25(5):671-672

郭春燕,詹克慧.2010. 蛋白质组学技术研究进展及应用. 云南农业大学学报,25(4):583-591

黎斌,陈建平,陈彦生,等.2003. 生物多样性信息系统的研究进展. 计算机与农业,(10):35-38

李玲.2010. 黑腹果蝇种组ary基因和spe基因的进化和分子系统学研究. 湖北大学硕士学位论文

李霞,李亦学,廖飞.2010. 生物信息学. 北京:人民卫生出版社:10,13

李扬.2004. 数据库法律保护研究. 北京:中国政法大学出版社:175

李英帅.2008. 应用代谢组学技术进行中医药研究探讨. 安徽中医学院学报,27(6):1-4

廖小燕,黄菁.2001. 基因结构预测. 自然杂志,23(5):262-270

梅启鹏.2004. 蛋白质二级结构中的简化编码技术. 华中科技大学硕士学位论文

邱仁宗,翟晓梅.2008. 在国际背景下我国伦理审查的能力建设:理念和实践. 中国医学伦理学,21(2):3-5

人类遗传资源收集知情同意技术规程.http://www. egene. org. cn/opencms/export/sites/default/nipcgr/pdf/llyj/glxw/06. pdf

任保青,陈之端.2010. 植物DNA条形码技术. 植物学报,45(1):1-12

孙洁.2009. 欧盟数据库特别权利保护实施成效与影响. 电子知识产权,(7):46

万跃华,何立民.2002. 网上生物信息学数据库资源. 情报学报,21(4):497-512

汪明明,程海婷,薛明.2011. 基于LC-MS的代谢组学分析流程与技术方法. 国家药学研究杂志,38(2):130-136

王俊,丛丽娟,郑洪坤.2008. 常用生物数据分析软件. 北京:科学出版社:160-170,250-256,306-310

王曦,汪小我,王立坤,等.2010. 新一代高通量RNA测序数据的处理与分析. 生物化学与生物物理进展,37(8):834-846

王晓敏.2005. 基因组中重复序列识别与分析. 北京国防科学技术大学硕士学位论文

韦建明.2002. 计算机安全管理及数据备份和灾难恢复. 网络安全技术与应用,(11):38-42

肖革新,付丽娟,代解杰.2005. 系统生物学的发展与思维方法的变革. 医学与哲学,26(1):50-51

邢美园,苏开颜.2003. 生物信息学数据库—日本DDBJ数据库及其检索应用. 情报杂志,(5):59-61

徐成兵.2002. GenBank的序列提交软件. 医学情报工作,(5):278-279

许春明.2003. 欧盟数据库特殊权利剖析(上). 电子知识产权,(1):39-43

余鑫煜,许正平.2008. 蛋白质相互作用数据库及其应用. 中国生物化学与分子生物学报,24(3):189-196

詹黎锋.2002. 我国数据库知识产权保护问题探讨. 情报杂志,(8):40-41

占爱瑶,罗培高.2011. DNA测序技术概述. 生物技术通讯,22(4):584-588

张宝珠,刘鑫.2004. 医疗告知与维权指南—知情同意权理论与实践. 北京:人民军医出版社:42

张江华,胡奕.2000. 美国企业对不同基因组的知识产权保护策略. 知识产权,(2):47-48

张晓东,张传富,彭科峰,等.2006年. 生物信息学数据库研究进展. 生物信息学,4(3):143-145

张阳德. 2009. 生物信息学. 第二版. 北京:科学出版社:3

赵玮. 2011. 基于配对信息的 DNA 从头测序组装算法研究. 哈尔滨工业大学博士学位论文

郑国清,黄静,段韶芬,等. 2003. 生物信息学研究进展与展望. 河南农业科学,(1):4-7

周帆,林标扬. 2012. 第二代测序在检测人类基因突变种的应用. 生命科学研究,16(5):451-456

周晓光,任鲁风,李运涛,等. 2010. 下一代测序技术:技术回顾与展望. 中国科学:生命科学,40(1):23-37

Alfarano C,Andrade C E,Anthony K,et al. 2005. The biomolecular interaction network database and related tools 2005 update. Nucleic Acids Res,33(Database issue):D418-D424

Andreas D,Baxevanis B F,Francis O. 2000. 生物信息学-基因和蛋白质分析的实用指南. 李衍达,孙之荣,等译. 北京:清华大学出版社:297-298

Baker M. 2012. One-stop shop for disease genes. Nature,491(7423):171

Benson G. 1999. Tandem Repeats Finder:a proguam to analyze DNA sequences. Nucleic Acids Res,27(2):573-580

Black D L. 2003. Mechanisms of alternative pre-messenger RNA splicing. Annual Reviews of Biochemistry,72(1):291-336

Bowers P M,Pellegrini M,Thompson M J,et al. 2004. Prolinks:a database of protein functional linkages derived from coevolution. Genome Biol,5(5):R35

Boyle A P, Guinney J, Crawford G E, et al. 2008. F-Seq: a feature density estimator for high-throughput sequence tags. Bioinformatics,24(21):2537-2538

Celli J,Dalgleish R,Vihinen M,et al. 2012. Curating gene variant databases(LSDBs):Toward a universal standard. Hum Mutat,33(2):291-297

Chatr-aryamontri A,Ceol A,Palazzi L M,et al. 2007. MINT:the Molecular INTeraction database. Nucleic Acids Res,35(Database issue):D572-D574

Chhabil D. 2007. Fundamentals of Contemporary Mass Spectrometry. New York:John Wiley & Sons Inc:5

Cole T,Brian A W,Geo P,et al. 2010. Transcript assembly and abundance estimation from RNA-Seq reveals thousands of new transcripts and switching among isoforms. Nature Biotechnology,28(5):511-515

Comisarow M B,Marshall A G. 1974. Fourier transform ion cyclotron resonance spectroscopy. Chemical Physics Letters,25(2):282-283

Conesa A,Götz S,García-Gómez J M,et al. 2005. Blast2GO:a universal tool for annotation,visualization and analysis in functional genomics research. Bioinformatics,21(18):3674-3676

David R M,David L S,Wayne P M. 1997. NEXUS:an extensible file format for systematic information. Systematic Biology,46(4):590-621

David S W,Dan T,Craig K,et al. 2007. HMDB:the human metabolome database. Nucleic Acids Res,35(Database issue):D521-D526

David W. 2006. One-time general consent for research on biological samples. BMJ,332:544-547

Davidson A, Fuchs M, Hedin M, et al. 1999. Schema for Object-Oriented XML 2. 0. http://www. w3. org/TR/NOTE-SOX [2013-10-21]

Daviss B. 2005. Growing pains for metabolomics. The Scientist,19(8):25-28

Deane C M, Salwinski L, Xenarios I, et al. 2002. Protein interactions: two methods for assessment of the reliability of high throughput observations. Mol Cell Proteomics,1(5):349-356

Delcher A L,Kasif S,Fleischmann R D,et al. 1999. Alignment of whole genomes. Nucleic Acids Res,27(11):2369-2376

Deng M, Mehta S, Sun F, et al. 2002. Inferring domain-domain interactions from protein-protein interactions. Genome Res,12(10):1540-1548

Dongwon L Wesley W C. 2000. Comparative Analysis of Six XML Schema Languages. ACM SIGMOD Record,29(3):73-75

Duan X J,Xenarios I,Eisenberg D. 2002. Describing biological protein interactions in terms of protein states and state transitions:the LiveDIP databas. Mol Cell Proteomics,1(2):104-116

Dwight S S,Harris M A,Dolinski K,et al. 2002. Saccharomyces Genome Database(SGD) provides secondary gene annotation using the Gene Ontology(GO). Nucleic Acids Res,30(1):69-72

Eddy S R. 2001. Non-coding RNA genes and the modern RNA world. Nat Rev Genet,2(12):919-929

Elizabeth H,Gabriel R. 2002. Bioinformatics databases:Questions of copyright. Biopharm International,2002,(15):46-48

Ewing B,Green P. 1998. Base-calling of automated sequencer traces using phred. II. Error probabilities. Genome Res,8(3):186-194

Extensible Markup Language. http://www. w3. org/XML

Fejes A P,Robertson G,Bilenky M,et al. 2008. FindPeaks 3. 1:A tool for identifying areas of enrichment from massively parallel short-read sequencing technology. Bioinformatics,24(15):1729-1730

Fernández-Suárez X M,Rigden D J,Galperin M Y. 2014. The 2014 Nucleic Acids Research Database Issue and an updated NAR online Molecular Biology Database Collection. Nucleic Acids Res,42(Database issue):D1-D6

François B,Peer K. 2003. A Computational Biology Database Digest:Data,Data Analysis,and Data Management. Distributed and Paralled Databases,13(1):7-42

Functional Dependency and Normalization for Relational Databases. http://cs. tsu. edu/ghemri/CS346/ClassNotes/Normalization. pdf

Galperin M Y. 2007. The molecular biology database collection:2007 update. Nucleic Acids Res,35(Database issue):D3-D4

Genome Sequencer 20 System. http://www. ndsu. edu/pubweb/-mcclean/plsc411/roche-454-gs20-sequencing_system. pdf

Go where the biology takes you. http://res. illumina. com/documents/products/brochures/brochure_genome_analyzer. pdf

Graeber T G,Eisenberg D. 2001. Bioinformatic identification of potential autocrine signaling loops in cancers from gene expression profiles. Nat Genet,29(3):295-300

Graziano P,Cecilia S. 2003. Handbook of comparative genomics:principles and methodology. New York:John Wiley & Sons Inc:133

Gross S S,Do C B,Sirota M,et al. 2007. CONTRAST:A discriminative,phylogeny-free approach to multiple informant de novo gene prediction. Genome Biology,8(12):R269

Hansen K D,Langmead B,Irizarry R A. 2012. BSmooth:from whole genome bisulfite sequencing reads to differentially methylated regions. Genome Biol,13(10):R83

Harris R A,Wang T,Coarfa C,et al. 2010. Comparison of sequencing-based methods to profile DNA methylation and identification of monoallelic epigenetic Modifications. Nat Biotechnol,28(10):1097-1105

Hirota K,Miyoshi T,Kugou K,et al. 2008. Stepwise chromatin remodelling by a cascade of transcription initiation of non-coding RNAs. Nature,456(7218):130-134

Holmes E,Nicholson J K,Nicholls A W,et al. 1998. The identification of novel biomarkers of renal toxicity using automatic data reduction techniques and PCA of proton NMR spectra of urine. Elsevier Science,44(1-2):245-255

Horaitis O,Talbot C C Jr,Phommarinh M,et al. 2007. A database of locus-specific databases. Nat Genet,39(4):425

Howe D G,Bradford Y M,Conlin T,et al. 2013. ZFIN,the Zebrafish Model Organism Database:increased support for mutants and transgenics. Nucleic Acids Res,41(Database issue):D854-D860

Hu Q Z,Robert J N,Li H Y,et al. 2005. The Orbitrap:a new mass spectrometer. Journal of Mass Spectrometry,40(4):430-443

Hutchinson G B,Hayden M R. 1992. The predicition of exons through an analysis of spliceable open reading frames. Nucleic Acids Res,20(13):3453-3462

Hüttenhofer A,Schattner P,Polacek N. 2005. Non-coding RNAs:hope or hype? Trends Genet,21(5):289-297

Inman J T,Flores H R,May G D,et al. 2001. A high-throughput distributed DNA sequence analysis and database system. IBM System Journal,40(2):464-486

Ion 316™ Chip Kit. https://products. invitrogen. com/ivgn/product/4466616? ICID=search-product

Ion Torrent™. http://zh. invitrogen. com/site/cn/zh/home/brands/Ion-Torrent. html

Jan K. 2004. DNA sequencing:optimizing the process and analysis. Burlington:Jones and Bartlett Publishers,Inc:190

Ji H,Jiang H,Ma W,et al. 2008. An integrated software system for analyzing ChIP-chip and ChIP-seq data. Nat Biotechnol,26(11):1293-1300

Johnson D S,Mortazavi A,Myers R M,et al. 2007. Genome-wide mapping of in vivo protein-DNA interactions. Science,

316(5830):1497-1502

Jothi R, Cuddapah S, Barski A, et al. 2008. Genome-wide identification of in vivo protein-DNA binding sites from ChIP-Seq data. Nucleic Acids Res, 36(16):5221-5231

Kanehisa M, Araki M, Goto S, et al. 2008. KEGG for linking genomes to life and the environment. Nucleic Acids Res, 36(Database issue):D480-D484

Karas M, Bachman D, Bahr U, et al. 1987. Matrix-Assisted Ultraviolet Laser Desorption of Non-Volatile Compounds. Int J Mass Spectrom Ion Proc, 78:53-68

Kerrien S, Alam-Faruque Y, Aranda B, et al. 2007. IntAct —open source resource for molecular interaction data. Nucleic Acids Res, 35(Database issue):D561-D565

King C, Scott-Horton T. 2008. Pyrosequencing: a simple method for accurate genotyping. J Vis Exp, (11):630

Krawczak M, Cooper D N. 1997. The human gene mutation database. Trends Genet, 13(3):121-122

Krueger F, Andrews S R. 2011. Bismark: a flexible aligner and methylation caller for Bisulfite-Seq applications. Bioinformatics, 27(11):1571-1572

Kummerfeld S K, Teichmann S A. 2006. DBD: a transcription factor prediction database. Nucleic Acids Res, 34(Database issue):D74-D81

Kurtz S, Choudhuri J V, Ohlebusch E, et al. 2001. REPuter: the manifold applications of repeat analysis on a genomic scale, Nucleic Acids Res, 29(22):4633-4642

Lamesch P l, Berardini T Z, Li D, et al. 2012. The Arabidopsis Information Resource(TAIR): improved gene annotation and new tools. Nucleic Acids Res, 40(Database issue):D1202-D1210

Langmead B, Trapnell C, Pop M, et al. 2009. Ultrafast and memory-efficient alignment of short DNA sequences to the human genome. Genome Biol, 10(3):R25

Laurence R M, Ann S Z, Angie S H, et al. 2013. The UCSC Genome Browser database: extensions and updates 2013. Nucleic Acids Res, 41(Database issue):D64-D69

Law J A, Jacobsen S E. 2010. Establishing, maintaining and modifying DNA methylation patterns in plants and animals. Nat Rev Genet, 11(3):204-220

Lawrence R R. 1989. A Tutorial on Hidden Markov Models and Selected Applications in Speech Recognition. Proceedings of the IEEE, 77(2):257-286

Lee Y W, Strong D M. 2003. Knowing-why about data processes and data quality. Journal of Management Information Systems, 20(3):13-39

Leslie E W, Bernard L. 2004. Untapped potential: IRB guidance for the ethical research use of stored biological materials. IRB, 26(4):1-8

Li H, Handsaker B, Wysoker A, et al. The Sequence Alignment/Map format and SAMtools. Bioinformatics, 25(16):2078-2079

Li R, Zhu H, Ruan J, et al. 2009. De novo assembly of human genomes with massively parallel short read sequencing. Genome Res, 20(2):265-272

Li Z, Chen Y, Mu D, et al. 2012. Comparison of the two major classes of assembly algorithms: overlap-layout-consensus and de-bruijn-graph. Brief Funct Genomics, 11(1):25-37

Lim L P, Lau N C, Weinstein E G, et al. 2003. The microRNAs of Caenorhabditis elegans. Genes Dev, 17(8):991-1008

Lister R, Pelizzola M, Dowen R H, et al. 2009. Human DNA methylomes at base resolution show widespread epigenomic differences. Nature, 462(7271):315-322

Lowe T M, Eddy S R. 1999. A computational screen for methylation guide snoRNAs in yeast. Science, 283(5405):1168-1171

Marsden R L, Lewis T A, Orengo C A. 2007. Towards a comprehensive structural coverage of completed genomes: A structural genomics viewpoint. BMC Bioinformatics, (8):86

Marygold S J, Leyland P C, Seal R L, et al. 2013. FlyBase: improvements to the bibliography. Nucleic Acids Res, 41(Database issue):D751-D757

Matlin A J, Clark F, Smith C W. 2005. Understanding alternative splicing: towards a cellular code. Nat Rev Mol Cell Biol,

6(5):386-398

Maxam A M, Gilbert W. 1977. A new method for sequencing DNA. Proc Natl Acad Sci USA, 74(2):560-564

McGuire A, Gibbs R. 2006. Meeting the growing demands of genetic research. J. Law. Med. Ethics, 34(4):809-812

Mishra G R, Suresh M, Kumaran K, et al. 2006. Human protein reference database-2006update. NucleicAcidsRes, 34(Database issue):D411-D414

Monya B. 2012. De novo genome assembly: what every biologist should know. Nat Methods, 9(4):333-337

Myléne D, Clémentine S. 2005. Accountability in population biobanking: Comparative Approaches. The Journal of law, Medicine and Ethics, 33(1):40-53

Nicole R. 2011. Torrents of sequence. Nature Methods, 8(1):44

Overview of SOLiD Sequencing Chemistry. http://www.appliedbiosystems.com/absite/us/en/home/applications-technologies/solid-next-generation-sequencing/next-generation-systems/solid-sequencing-chemistry.html

Pagel P, Kovac S, Oesterheld M, et al. 2005. The MIPS mammalian protein-protein interaction database. Bioinformatics, 21(6):832-834

Pedrioli P G, Eng J K, Hubley R, et al. 2004. A common open representation of mass spectrometry data and its application to proteomics research. Nat Biotechnol, 22(11):1459-1466

Persico M, Ceol A, Gavrila C, et al. 2005. HomoMINT: an inferred human network based on orthology mapping of protein interactions discovered in model organisms. BMC Bioinformatics, 6(Suppl 4):S21

Peter F. 2001. XQuery Formal Semantics State and Challenges. ACM SIGMOD Record, 30(3):14-19

Porreca G J. 2010. Genome Sequencing on Nanoballs. Nature Biotechnology, 28(1):43-44

Praneenararat T, Takagi T, Iwasaki W. 2012. Integration of interactive, multi-scale network navigation approach with Cytoscape for functional genomics in the big data era. BMC Genomics, 13(Suppl 7):S24

Ratnasingham S, Hebert P D. 2007. BOLD: The Barcode of Life Data System. Molecular Ecology Notes, 7(3):355-364

Raymond E M. 2000. Quadrupole ion trap mass spectrometry: a view at the turn of the century. International Journal of Mass Spectrometry, 200(1-3):285-312

Riley M L, Schmidt T, Artamonova I I, et al. 2007. PEDANT genome database: 10 years online. Nucleic Acids Res, 35(Database issue):D354-D357

Robertson K D. 2005. DNA methylation and human disease. Nat Rev Genet, 6(8):597-610

Rothberg J M, Hinz W, Rearick T M, et al. 2011. An integrated semiconductor device enabling non-optical genome sequencing. Nature, 475(7356):348-352

Rozowsky J, Euskirchen G, Auerbach R K, et al. 2009. PeakSeq enables systematic scoring of ChIP-seq ex-periments relative to controls. Nat Biotechnol, 27(1):66-75

Ruike Y, Imanaka Y, Sato F, et al. 2010. Genome-wide analysis of aberrant methylation in human breast cancer cells using methyl-DNA immunoprecipitation combined with high-throughput sequencing. BMC Genomics, 11:137

Rätsch G, Sonnenburg S, Srinivasan J, et al. 2007. Improving the C. elegans genome annotation using machine learning. PLoS Computational Biology, 3(2):313-322

Salwinski L, Miller C S, Smith A J, et al. 2004. The database of interacting proteins: 2004 update. Nucleic Acids Res, 32(Database issue):D449-D451

Salzberg S L, Delcher A L, Kasif S, et al. 1998. Microbial gene identification using interpolated Markov models. Nucleic Acids Res, 26(2):544-548

Sammeth M, Foissac S, Guigó R. 2008. A general definition and nomenclature for alternative splicing events. PLoS Comput Biol, 4(8):e1000147

Sanger F, Nicklen S, Coulson A R. 1977. DNA sequencing with chain-terminating inhibitors. Proc Natl Acad Sci USA, 74(12):5463-5467

Schattner P, Brooks A N, Lowe T M. 2005. The tRNAscan-SE, snoscan and snoGPS web servers for the detection of tRNAs and snoRNAs. Nucleic Acids Res, 33(Web Server issue):W686-689

Schwartz J C, Senko M W, Syka J E. 2002. A two-dimensional quadrupole ion trap mass spectrometer. Journal of the American Society for Mass Spectrometry, 13(6): 659-669

Schweikert G, Behr J, Zien A, et al. 2009. mGene. web: a web service for accurate computational gene finding. Nucleic Acids Res, 37(Web Server issue): W312-316

Sherry S T, Ward M H, Kholodov M, et al. 2001. dbSNP: the NCBI database of genetic variation. Nucleic Acids Res, 29(1): 308-311

Shickle D. 2006. The consent problem within DNA biobanks. Stud. Hist. Phil. Biol. &Biomed. Sci, 37(3): 503-519

Smigielski E M, Sirotkin K, Ward M, et al. 2000. dbSNP: a database of single nucleotide polymorphisms. Nucleic Acids Res, 28(1): 352-355

SMRT TECHNOLOGY. http://www. pacificbiosciences. com/products/smrt-technology/

Sonkin D, Hassan M, Murphy D J, et al. 2013. Tumor suppressors status in cancer cell line encyclopedia. Molecular Oncology, 7(4): 791-798

Stein L D, Bao Z, Blasiar D, et al. 2003. The genome sequence of Caenorhabditis briggsae: a platform for comparative genomics. PLoS Biology, 1(2): 166-192

Stenson P D, Ball E V, Mort M, et al. 2003. Human gene mutation database (HGMD): 2003 update. Hum Mutat, 21(6): 577-581

Tam P Sneddon, Peter Li, Scott C Edmunds. 2012. GigaDB: announcing the GigaScience database. GigaScience, 1(1): 11

The International HapMap Consortium, et al. 2010. Integrating common and rare genetic variation in diverse human populations. Nature, 467(7311): 52-58

Thermo Scientiflc LTQ Orbitrap XL Hardware Manual. http://sjsupport. thermofinnigan. com/techpubs/manuals/LTQ-Orbitrap-XL_Hardware. pdf

Thompson J F, Steinmann K E. 2010. Single molecule sequencing with a HeliScope genetic analysis system. Current protocols in molecular biology, Chapter 7: Unit7. 10

Trapnell C, Pachter L, Salzberg S L. 2009. TopHat: discovering splice junctions with RNA-Seq. Bioinformatics, 25(9): 1105-1111

Trapnell C, Roberts A, Goff L, et al. 2012. Differential gene and transcript expression analysis of RNA-seq experiments with TopHat and Cufflinks. Nature Protocols, 7(3): 562-578

Trapnell C, Williams B A, Pertea G, et al. 2010. Transcript assembly and abundance estimation from RNA-Seq reveals thousands of new transcripts and switching among isoforms. Nature Biotechnology, 28(5): 511-515

Valouev A, Ichikawa J, Tonthat T, et al. 2008. A high-resolution, nucleosome position map of C. elegans reveals a lack of universal sequence-dictated positioning. Genome Res, 18(7): 1051-1063

Valouev A, Johnson D S, Sundquist A, et al. 2008. Genome-wide analysis of transcription factor binding sites based on ChIP-Seq data. Nat Methods, 5(9): 829-834

Venter J C, Adams M D, Myers E W, et al. 2001. The sequence of the human genome. Science, 291(5507): 1304-1351

Walter M F. 1971. Toward defining the course of evolution: minimum change for a specified tree topology. Systematic Biology, 20(4): 406-416

Wang K, Singh D, Zeng Z, et al. 2010. MapSplice: Accurate mapping of RNA-seq reads for splice junction discovery. Nucleic Acids Res, 38(18): e178

Wang Z, Gerstein M, Snyder M. 2009. RNA-Seq: a revolutionary tool for transcriptomics. Nature Rev Genetics, 10(1): 57-63

Wilkins M. 2009. Proteomics data mining. Expert Rev Proteomics, 6(6): 599-603

Williams R, Peisajovich S G, Miller O J, et al. 2006. Amplification of complex gene libraries by emulsion PCR. Nature methods, 3(7): 545-550

Wollnik H. 1993. Time-of-flight mass analyzers. Mass Spectrometry Reviews, 12(2): 89-114

Xi Y, Li W. 2009. BSMAP: whole genome Bisulfite Sequence MAPping program. BMC Bioinformatics, 10: 232

Xu H, Wei C L, Lin F, et al. 2008. An HMM approach to genome-wide identification of differential histone modi-fication sites from ChIP-seq data. Bioinformatics, 24(20): 2344-2349

Yandell M, Ence D. 2012. A beginner's guide to eukaryotic genome annotation. Nat Rev Genet, 13(5): 329-342

Ye J, Fang L, Zheng H, et al. 2006. WEGO: a web tool for plotting GO annotations. Nucleic Acids Res, 34(Web Server issue): W293-297

Ye X, Yao Y H, Zhang Z Y, et al. 2005. Building a SAN and NAS integrated storage system in hospitals. Zhongguo Yi Liao Qi Xie Za Zhi, 29(2): 134-137

Zhang W, Chait B T. 2000. ProFound: an expert system for protein identification using mass spectrometric peptide mapping information. Anal Chem, 72(11): 2482-2489

Zhang Y, Liu T, Meyer C A, et al. 2008. Model-based analysis of ChIP-Seq(MACS). Genome Biol, 9(9): R137

Zhang Z D, Rozowsky J, Snyder M, et al. 2008. Modeling ChIP sequencing in silico with applications. PLoS Comput Biol, 4(8): e1000158

Zhou Q, Su X, Wang A, et al. 2013. QC-Chain: fast and holistic quality control method for next-generation sequencing data. PLoS One, 8(4): e60234

缩略语表

BAC——bacterial artificial chromosome
BLAST——basic local alignment search tool
CATH——class, architecture, topology and homologous superfamily
ChIP——chromatin immunoprecipitation
CPU——central processing unit
DBA——database administrator
DDBJ——DNA Data Bank of Japan
DFD——data flow diagram
DSSP——database of secondary structure of protein
EBI——European Bioinformatics Institute
EMBL——European Molecular Biology Laboratory
ENV——environment sample
ExPASy—— expert protein analysis system
FFDB——flat file database
FTP——file transfer protocol
GBFF—— GenBank flatfile
GDB——the genome database
GO——gene ontology
GS FLX——genome sequencer FLX
HGP——human genome project
HMDB——human metabolome database
HSSP——homology-derived secondary structure of proteins
HTML——hyper text markup language
HUGO——Human Genome Organization
INSDC——International Nucleotide Sequence Database Collection
JIPID——Japanese International Protein Information Database
KEGG——Kyoto Encyclopedia of Genes and Genomes
LINE——long interspersed nucleotide acids element
MIPS——Munich Information Center for Protein Sequences
MRC——Medical Research Council
NAR——Nucleic Acids Research
NBRF——National Biomedical Research Foundation
NCBI——National Center of Biotechnology Information
NDB——nucleic acid database
NGS——next-generation sequencing
NRDB——non-redundant database
NSF——National Science Foundation
OOA——object-oriented analysis
OODB—— object-oriented database
OQL——object query language
PDB——protein data bank
PIR——protein information resource
PPI——protein-protein interaction
RACE——rapid-amplification of cDNA ends
RCSB——Research Collaboratory for Structural Bioinformatics
RDB——relational database
SCOP——structural classification of proteins
SGD——Saccharomyces Genome Database
SIB——Swiss Institute of Bioinformatics
SINE——short interspersed nuclear element
SQL—— structured query language
SRS——sequence retrieval system
TrEMBL——translation of EMBL
WIPO——World Intellectual Property Organization
YAC——yeast artificial chromosomes

名词术语

1NF(first normal form)第一范式

数据库表的每一列都是不可分割的基本数据项,同一列中不能有多个值,即实体中的某个属性不能有多个值或不能有重复的属性。如果出现重复的属性,就可能需要定义一个新的实体,新的实体由重复的属性构成,新实体与原实体之间为一对多关系。在第一范式(1NF)中表的每一行只包含一个实例的信息。

2NF(second normal form)第二范式

第二范式(2NF)要求数据库表中的每个实例或行必须可以被唯一的区分。为实现区分通常需要为表加上一个列,以存储各个实例的唯一标志。第二范式(2NF)要求实体的属性完全依赖于主关键字。

3NF(third normal form)第三范式

满足第三范式(3NF)必须先满足第二范式(2NF)。简而言之,第三范式(3NF)要求一个数据库表中不包含已在其他表中包含的非主关键字信息。

AFM(atomic force microscopy)原子力显微镜

可用来研究包括绝缘体在内的固体材料表面结构的分析仪器。

APCI(atmospheric pressure chemical ionization)大气压化学电离

属最软的电离方式,样品被迫通过一根窄的管路喷雾针,使其得到较高的线速度,并且给喷雾针高温加热及雾化气,使液流在脱离管路的时候快速蒸发成液体,然后在大气压条件下利用尖端高压放电而使分析物发生气相化学电离,更适宜做弱极性小分子。

ASCII

是基于拉丁字母的一套电脑编码系统。它主要用于显示现代英语和其他西欧语言。它是现今最通用的单字节编码系统。

ASN. 1(abstract syntax notation one)抽象语法标记

是一种 ISO/ITU-T 标准,描述了一种对数据进行表示、编码、传输和解码的数据格式。

barcode of life sequences 生命条码序列

具有标准的、有足够变异的、容易扩增且相对较短的、在物种内具有特异性和物种间具有多样性的 DNA 序列。

big data 大数据

无法在一定时间内用常规软件工具对其内容进行管理和处理的数据集合。

CCD(charge-coupled device)电荷耦合元件

一种半导体器件,能够把光学影像转化为数字信号。

CDS(coding sequence)编码序列

是与蛋白质序列一一对应的 DNA 序列,且该序列中间不含其他非该蛋白质对应的序列。

CI(chemical ionization)化学电离

其核心是质子转移,通过引入一定的反应气进入离子化室,反应气在具有一定能量的电子流的作用下电离或裂解，生成的离子和反应气分子进一步反应或和样品分子发生离子分子反应，然后通过质子交换使样品分子电离。

contig

拼接软件基于 read 之间的 overlap 区，将很多 read 根据序列拼接在一起形成的片段，拼接获得的序列称为 contig（重叠群）。

DAS（direct attached storage）直接附加存储

跟普通的个人计算机存储架构一样，外部存储设备直接挂接在服务器内部总线上，数据存储设备是整个服务器结构的一部分。

DBMS（database management system）数据库管理系统

是一种操作和管理数据库的大型软件，用于建立、使用和维护数据库。

DBS（database systems）数据库系统

是由数据库及管理软件组成的系统。它是一个实际可运行的存储、维护和应用系统提供数据的软件系统，是存储介质、处理对象和管理系统的集合体。

EI（electron impact ionization）电子轰击电离

是一种硬电离，利用一定能量的电子与气相中的样品分子相互作用（轰击），从而使分子失去电子，电离成离子。

EMI（electromagnetic interference）电磁干扰

经辐射或传导的电磁能量对设备或信号传输造成的不良影响。

ESI（electrospray ionization）电喷雾电离

属最软的电离方式，样品溶液从毛细管流出时，在电场及辅助气流的作用下喷成雾状的带电液滴，液滴中溶剂被蒸发，使液滴直径变小，发生“库伦爆炸”，把液滴炸碎，此过程不断重复，形成样品离子，适宜极性分子的分析。

EST（expressed sequence tag）表达序列标签

是从一个随机选择的 cDNA 克隆进行 5′端和 3′端一次测序获得的短的 cDNA 部分序列，代表一个完整基因的一小部分，在数据库中其长度一般为 20 ~7000bp，平均长度为（360 ±120）bp。EST 来源于一定环境下一个组织总 mRNA 所构建的 cDNA 文库，因此 EST 也能说明该组织中各基因的表达水平。

FAB（fast atom bombardment）快原子轰击源

是将样品调在基质中，用高动能的重原子，如 Ar、He 等，对其轰击，从而导致样品的蒸发和离解。

FD（field desorption）场解吸电离

是一种软电离，由一个电极和一组聚焦透镜组成，形成高达几千伏的强电场，使气态分子的电子被拉出而电离。

FT-ICR-MS（Fourier-transform ion cyclotron resonance mass spectrometer）傅里叶变换离子回旋共振质谱仪

是一种高性能的高分辨质谱仪。也可直接用 FT-MS 表示（Fourier-transform mass spectrometry）。傅里叶变换质谱法是基于离子在均匀磁场中的回旋运动，离子的回旋频率、半径、速率和能量是离子质量和离子电荷及磁场强度的函数。通过一个空间均匀的射频场（激发电场）的作用，当离子的回旋频率与激发射频场频率相同（共振）时，离子将同相位加速至一较大的半径回旋，从而产生可被接受的像电流的信号。傅里叶变换法所采用的射频范围覆盖了欲测定的质量范围，所有离子同时被激发，所检测的信号经傅里叶变换处理,转变为质谱图。

GSS(genome survey sequence)基因鉴定序列

短的、单次(测序)阅读的 cDNA 序列,外显子捕获获得的序列,cosmid/BAC(Bacterial Artificial Chromosome)/YAC(yeast artificial chromosomes)末端等。

HMM(hidden Markov model)隐马尔可夫模型

是统计模型,它用来描述一个含有隐含未知参数的马尔可夫过程。

HTG(high throughput genomic sequence)高通量基因组序列

基于基因组测序项目的大规模克隆序列。

InDel(insertion/deletion)插入缺失位点

指的是两种亲本中在全基因组中的差异,相对另一个亲本而言,其中一个亲本的基因组中有一定数量的核苷酸插入或缺失。

ion trap 离子阱

由一对环形电极(ring electrod)和两个呈双曲面形的端盖电极(end cap electrode)组成。在环形电极上加射频电压或再加直流电压,上下两个端盖电极接地。逐渐增大射频电压的最高值,离子进入不稳定区,由端盖极上的小孔排出。因此,当射频电压的最高值逐渐增高时,质荷比从小到大的离子逐次排除并被记录而获得质谱图。

Kmer(kilo mer)千个聚合单位

是将一条 Read,连续切割,挨个碱基划动得到的序列长度为 K 的核苷酸序列。

LAN(local area network)备份

备份的数据全部通过网络传输到备份服务器,再经由备份服务器备份到磁带机/库中,由本地服务器进行备份操作。

LAN-Free 备份

SAN 存储区域网在服务器之间,以及服务器和存储设备之间建立了高速的数据传输链路,数据的传输是通过 SAN 存储区域网,而不需占用 LAN 资源。

LTR(long terminal repeat)长末端重复序列

是存在于 LTR 反转录转座子(LTR)两侧翼的长末端重复序列。

MALDI(matrix assisted laser desorption)基体辅助激光解吸电离

将分析物分散在基质分子中并形成晶体,当用激光照射晶体时,由于基质分子经辐射吸收能量,导致能量蓄积并迅速产热,从而使基质晶体升华,致使基质和分析物膨胀并进入气相。

metagenome 宏基因组

生境中全部微小生物遗传物质的总和。

MS(mass spectrometry)质谱法

是一种与光谱并列的谱学方法,通常意义上是指广泛应用于各个学科领域中通过制备、分离、检测气相离子来鉴定化合物的一种专门技术。

NAS(network attached storage)网络附加存储

采用独立于服务器,单独为网络数据存储而开发的一种文件服务器来连接所存储设备,自形成一个网络。

ORF(open reading frame)可读框

是生物个体的基因组中，可能是蛋白质编码序列的部分。基因中的ORF包含并位于开始编码与终止编码之间。由于一段DNA或RNA序列有多种不同读取方式，因此可能同时存在许多不同的可读框。

PCA(principal components analysis)主成分分析

是一种掌握事物主要矛盾的统计分析方法。

PCR(polymerase chain reaction)聚合酶链反应

是一种分子生物学技术，用于扩增特定的DNA片段，每一循环包括变性、退火、延伸三个步骤，每经过一个循环，DNA含量即增加一倍。

PLS-DA(partial least square discrimination analysis)

偏最小二乘法是一种数学优化技术，它通过最小化误差的平方和找到一组数据的最佳函数匹配。用最简的方法求得一些绝对不可知的真值，而令误差平方之和为最小。

Quadrupole 四极杆

由四根带有直流电压(DC)和叠加的射频电压(RF)的准确平行杆构成，相对的一对电极是等电位的，两对电极之间电位相反。

Read

高通量测序平台产生的序列标签。

SAN Server-Free 备份

备份过程能够在SAN存储区域网内部完成，而大量数据流无需流过服务器，则可以极大降低备份操作对生产系统的影响。

SAN(storage area network)区域存储网络

是一种通过光纤集线器、光纤路由器、光纤交换机等连接设备将磁盘阵列、磁带等存储设备与相关服务器连接起来的高速专用子网。

Sanger sequencing 桑格测序法

用双脱氧核苷酸作为链终止试剂通过聚合酶的引物延伸产生一系列大小不同的分子后再进行分离的方法。测序引物与单链DNA模板分子结合后，DNA聚合酶用dNTP延伸引物。延伸反应分A、T、C、G四组进行，每一组分别用四种ddNTP(双脱氧核苷酸)中的一种来进行终止，再用PAGE分析四组样品，从得到的PAGE胶上可以读出我们需要的序列。

scaffold

基因组De novo测序，通过read拼接获得contig后，往往还需要构建454 paired-end库或Illumina mate-pair库，以获得一定大小片段(如3kb、6kb、10kb、20kb)两端的序列。基于这些序列，可以确定一些contig之间的顺序关系，这些先后顺序已知的contig组成scaffold。

scaffold N50

是国际公认的评价基因组组装完整性的标准，即指将拼接的scaffold按照长度进行降序排列，并从上至下进行scaffold长度累加，规定当累加长度达到序列总长度的50%时的那条scaffold的长度为N50的长度。

siRNA(Small interfering RNA)小干扰RNA

siRNA是一种小RNA分子(21～25个核苷酸)，由Dicer(RNase Ⅲ家族中对双链RNA具有特异性的酶)加工而成。

SNP(single nucleotide polymorphism)单核苷酸多态性

主要是指在基因组水平上由单个核苷酸的变异所引起的 DNA 序列多态性。

SOLiD(supported oligo ligation detetion)寡核苷酸连接测序

以 4 色荧光标记寡核苷酸的连续连接反应为基础的新一代测序技术。

ssDNA(single-stranded DNA)单链 DNA

大部分 DNA 以双螺旋结构存在,但一经热或碱处理就会变为单链状态。单链 DNA 就是指以这种状态存在的 DNA。

STM(scanning tunneling microscope)扫描隧道显微镜

是一种利用量子理论中的隧道效应探测物质表面结构的仪器。

STS(sequence-tagged site)序列标签位点

短的在基因组上可以被唯一操作的序列,用于产生作图位点。

SV(structural variations)结构变异位点

是基因组变异的一类主要来源,主要由大片段序列(一般>1kb)的拷贝数变异。

TOF(time of flight)飞行时间

由离子源产生的离子加速后进入无场漂移管,并以恒定速度飞向离子接收器。离子质量越大,到达接收器所用时间越长,离子质量越小,到达接收器所用时间越短,根据这一原理,可以把不同质量的离子按 m/z 值大小进行分离。

WGS(whole genome shotgun strategy)全基因组鸟枪法

基因测序的方法,是在获得一定的遗传及物理图谱信息的基础上,绕过 BAC 克隆逐个排序的过程,将基因组 dna 分解成 2kb 左右的小片段进行随机测序,辅以一定数量的 10kb 的克隆和 bac 克隆的末端测序,利用超级计算机进行整合序列组装。用该方法获得的序列称为全基因组鸟枪序列(whole genome shotgun sequence,WGS)。

XML(extensible markup language)可扩展标记语言

用于标记电子文件使其具有结构性的标记语言,可以用来标记数据、定义数据类型,是一种允许用户对自己的标记语言进行定义的源语言。

差分备份(differential backup)

指首次进行完全备份,定期备份自上次完全备份后发生了更改的数据。

存档属性

指文件系统给每个文件或文件夹设立一个标志,用来标记文件的改动。

等电位联结带(bonding bar)

将等电位联结网格、设备的金属外科、金属管道、金属线槽、建筑物金属结构等连接其上形成等电位联结的金属带。

等电位联结导体(bonding conductor)

将分开的诸导电性物体连接到接地汇集排、等电位联结带或等电位联结网格的导体。

电磁屏蔽(electromagnetic shielding)

用导电材料减少交变电磁场向指定区域的穿透。

电磁屏蔽室 (electromagnetic shielding enclosure)

专门用于衰减或隔离来自内部或外部电场、磁场能量的建筑空间体。

焊接式电磁屏蔽室(welded electromagnetic shielding enclosure)

主体结构采用现场焊接方式建造的具有固定结构的电磁屏蔽室。

截止波导通风窗(cut-off waveguide vent)

截止波导与通风口结合为一体的装置,该装置既允许空气流通,又能够衰减一定频率范围内的电磁波。

静电泄放(electrostatic leakage)

带电体上的静电电荷通过带电体内部或其表面等途径,部分或全部消失的现象。

可拆卸式电磁屏蔽室(modular electromagnetic shielding enclosure)

按照设计要求,由预先加工成型的屏蔽壳体模块板、结构件、屏蔽部件等,经过施工现场装配,组建成具有可拆卸结构的电磁屏蔽室。

列头柜(array cabinet)

为成行排列的机柜提供网络布线或电源配线管理或传输服务的设备,一般位于一列机柜的端头。

容错(fault tolerant)

容错系统是具有两套或两套以上相同配置的系统,在同一时刻,至少有两套系统在工作。按容错系统配置的场地设备,至少能经受住一次严重的突发设备故障或人为操作失误事件而不影响系统的运行。

实时智能管理系统(real time intelligent patch cord management system)

采用计算机技术及电子配线设备对机房布线中的接插软线进行实时管理的系统。

体积电阻(volume resistance)

在材料相对的两个表面上放置的两个电极间所加直流电压与流过两个电极间的稳态电流之商。

完全备份(full backup)

指每次备份都对所有的数据进行备份。

增量备份(incremental backup)

指首次进行完全备份,然后备份上一次备份后,所有发生变化的数据。